"十三五"国家重点出版物出版规划项目
高分辨率对地观测前沿技术丛书
主编 王礼恒

# 高分辨率微波成像雷达
## 有源阵列天线

鲁加国 汪 伟 王小陆 著

国防工业出版社
·北京·

# 内 容 简 介

本书针对高分辨率微波成像雷达对地观测中遇到的"看不见、分不清"技术难题,紧扣"频率和极化"两个要素,研究和探讨了应用于高分辨率微波成像雷达的有源阵列天线分析、优化和设计方法。在讨论和介绍有源阵列天线基本原理、分析方法和性能参数的基础上,以低剖面、高效率和轻量化为目标,系统地阐述了有源阵列天线实现宽频带、多波段、多极化和共孔径的架构形式、分析方法和工程实践,研究了数字阵列天线、微波光子阵列天线、有源封装天线等热点技术,提出了"有源阵列天线"高级阶段是"天线阵列微系统"新概念,对有源阵列天线新技术和发展方向进行了讨论和展望。

本书可用作雷达、通信、微波和天线专业本科高年级、研究生的教学参考书,也可供相关专业科研和工程技术人员参考。

图书在版编目(CIP)数据

高分辨率微波成像雷达有源阵列天线/鲁加国,汪伟,王小陆著.—北京:国防工业出版社,2021.7
(高分辨率对地观测前沿技术丛书)
ISBN 978-7-118-12239-8

Ⅰ.①高⋯ Ⅱ.①鲁⋯ ②汪⋯ ③王⋯ Ⅲ.高分辨率–微波成像–研究 Ⅳ.①O435.2

中国版本图书馆 CIP 数据核字(2020)第 215550 号

※

国防工业出版社出版发行
(北京市海淀区紫竹院南路 23 号 邮政编码 100048)
北京龙世杰印刷有限公司印刷
新华书店经售
*
开本 710×1000 1/16 印张 26 字数 418 千字
2021 年 7 月第 1 版第 1 次印刷 印数 1—2000 册 定价 158.00 元

(本书如有印装错误,我社负责调换)

国防书店:(010)88540777　　书店传真:(010)88540776
发行业务:(010)88540717　　发行传真:(010)88540762

# 丛书学术委员会

| | |
|---|---|
| 主　　任 | 王礼恒 |
| 副 主 任 | 李德仁　艾长春　吴炜琦　樊士伟 |
| 执行主任 | 彭守诚　顾逸东　吴一戎　江碧涛　胡　莘 |
| 委　　员 | (按姓氏拼音排序) |

白鹤峰　曹喜滨　陈小前　崔卫平　丁赤飚　段宝岩
樊邦奎　房建成　付　琨　龚惠兴　龚健雅　姜景山
姜卫星　李春升　陆伟宁　罗　俊　宁　辉　宋君强
孙　聪　唐长红　王家骐　王家耀　王任享　王晓军
文江平　吴曼青　相里斌　徐福祥　尤　政　于登云
岳　涛　曾　澜　张　军　赵　斐　周　彬　周志鑫

# 丛书编审委员会

主　　编　王礼恒

副 主 编　冉承其　吴一戎　顾逸东　龚健雅　艾长春
　　　　　彭守诚　江碧涛　胡　莘

委　　员　（按姓氏拼音排序）
　　　　　白鹤峰　曹喜滨　邓　泳　丁赤飚　丁亚林　樊邦奎
　　　　　樊士伟　方　勇　房建成　付　琨　苟玉君　韩　喻
　　　　　贺仁杰　胡学成　贾　鹏　江碧涛　姜鲁华　李春升
　　　　　李道京　李劲东　李　林　林幼权　刘　高　刘　华
　　　　　龙　腾　鲁加国　陆伟宁　邵晓巍　宋笔锋　王光远
　　　　　王慧林　王跃明　文江平　巫震宇　许西安　颜　军
　　　　　杨洪涛　杨宇明　原民辉　曾　澜　张庆君　张　伟
　　　　　张寅生　赵　斐　赵海涛　赵　键　郑　浩

秘　　书　潘　洁　张　萌　王京涛　田秀岩

# 序　言

高分辨率对地观测系统工程是《国家中长期科学和技术发展规划纲要（2006—2020年）》部署的16个重大专项之一，它具有创新引领并形成工程能力的特征，2010年5月开始实施。高分辨率对地观测系统工程实施十年来，成绩斐然，我国已形成全天时、全天候、全球覆盖的对地观测能力，对于引领空间信息与应用技术发展，提升自主创新能力，强化行业应用效能，服务国民经济建设和社会发展，保障国家安全具有重要战略意义。

在高分辨率对地观测系统工程全面建成之际，高分辨率对地观测工程管理办公室、中国科学院高分重大专项管理办公室和国防工业出版社联合组织了《高分辨率对地观测前沿技术》丛书的编著出版工作。丛书见证了我国高分辨率对地观测系统建设发展的光辉历程，极大丰富并促进了我国该领域知识的积累与传承，必将有力推动高分辨率对地观测技术的创新发展。

丛书具有3个特点。一是系统性。丛书整体架构分为系统平台、数据获取、信息处理、运行管控及专项技术5大部分，各分册既体现整体性又各有侧重，有助于从各专业方向上准确理解高分辨率对地观测领域相关的理论方法和工程技术，同时又相互衔接，形成完整体系，有助于提高读者对高分辨率对地观测系统的认识，拓展读者的学术视野。二是创新性。丛书涉及国内外高分辨率对地观测领域基础研究、关键技术攻关和工程研制的全新成果及宝贵经验，吸纳了近年来该领域数百项国内外专利、上千篇学术论文成果，对后续理论研究、科研攻关和技术创新具有指导意义。三是实践性。丛书是在已有专项建设实践成果基础上的创新总结，分册作者均有主持或参与高分专项及其他相关国家重大科技项目的经历，科研功底深厚，实践经验丰富。

丛书5大部分具体内容如下：**系统平台部分**主要介绍了快响卫星、分布式卫星编队与组网、敏捷卫星、高轨微波成像系统、平流层飞艇等新型对地观测平台和系统的工作原理与设计方法，同时从系统总体角度阐述和归纳了我国卫星遥感的现状及其在 6 大典型领域的应用模式和方法。**数据获取部分**主要介绍了新型的星载/机载合成孔径雷达、面阵/线阵测绘相机、低照度可见光相机、成像光谱仪、合成孔径激光成像雷达等载荷的技术体系及发展方向。**信息处理部分**主要介绍了光学、微波等多源遥感数据处理、信息提取等方面的新技术以及地理空间大数据处理、分析与应用的体系架构和应用案例。**运行管控部分**主要介绍了系统需求统筹分析、星地任务协同、接收测控等运控技术及卫星智能化任务规划,并对异构多星多任务综合规划等前沿技术进行了深入探讨和展望。**专项技术部分**主要介绍了平流层飞艇所涉及的能源、囊体结构及材料、推进系统以及位置姿态测量系统等技术,高分辨率光学遥感卫星微振动抑制技术、高分辨率 SAR 有源阵列天线等技术。

丛书的出版作为建党 100 周年的一项献礼工程,凝聚了每一位科研和管理工作者的辛勤付出和劳动,见证了十年来专项建设的每一次进展、技术上的每一次突破、应用上的每一次创新。丛书涉及 30 余个单位、100 多位参编人员,自始至终得到了军委机关、国家部委的关怀和支持。在这里,谨向所有关心和支持丛书出版的领导、专家、作者及相关单位表示衷心的感谢!

高分十年,逐梦十载,在全球变化监测、自然资源调查、生态环境保护、智慧城市建设、灾害应急响应、国防安全建设等方面硕果累累。我相信,随着高分辨率对地观测技术的不断进步,以及与其他学科的交叉融合发展,必将涌现出更广阔的应用前景。高分辨率对地观测系统工程将极大地改变人们的生活,为我们创造更加美好的未来!

2021 年 3 月

# 前　言

高分辨率对地观测重大专项是国家层面设立的一项重大科研项目,现已交出一份份圆满的答卷,让我们中国人有史以来有了自己独立的高远目光和博大视野,将给国人乃至我们这个地球村的福祉和安宁带来佳音。

一部成像雷达的历史,沉甸甸,意味深远。能够看清地面目标是高分辨率对地观测的首要"使命",成像雷达在完成了品质塑造,并做深呼吸的时刻,其视野紧紧盯住我们人类居住的地球。地球,这个太阳系里的唯一的我们人类的居所,它的动静和沉浮,成像雷达均已历历在目。曾有战争前兆,江河横溢,成为成像雷达的记忆;今有美丽家园,劳动者喜获丰收的动人场景,是成像雷达聚精会神时刻的最新发现。

合成孔径雷达是微波成像雷达谱系皇冠上的一颗明珠。从为了能够看见到已经能看见,从为了能够分清到已经能分清,有源阵列天线应用于合成孔径雷达,令明珠熠熠生辉。有源阵列天线重在对"天线"的研精阐微,这就是雷达的发展史,这蕴含着探索者追求真理、更上层楼的精神,成像雷达的"又大又薄又轻"天线就是探索精神的具象和永不放弃的品质表现,体现着一代又一代雷达人博天揽地的胸怀、超越目标后的强大自信。当天线精确定位并瞄准目标的时刻,我们已看清目标世态万象、动静细微,并清晰地映入眼帘,有如一幅关于世界动静的绘画主题,立意在我,主题由我挥墨完成。"两山夹一景,必有红日出。"有源阵列天线伴随着红日而出,在人类命运共同体里,看清世界,看清自我,一颗鲜红的太阳永不落。不忘初心,呵护人类命运共同体,雷达人任重道远。

本人有幸见证了高分辨率对地观测重大专项这一历史进程,针对高分辨率对地观测微波成像雷达"看不见、分不清"的技术难题,紧紧抓住"频率和极化"两个要素,三十多年潜心研究高密度集成有源阵列天线的宽频带、高效率、低剖面和轻重量等核心技术,推动着我国高分辨率对地观测微波成像雷达高分辨率、多波段、多极化和多模式技术的发展。

撰写本书的目的是为了使读者能系统、全面、深入了解和掌握有源阵列天线的基本概念、工作原理和类型划分，了解和掌握有源阵列天线工作方式、架构组成和分析方法及其与常规有源相控阵天线的不同之处，以及有源阵列天线设计和研究的思路、方法和一些特殊考虑。

本书在讨论和介绍有源阵列天线基本原理、阵列综合与分析方法以及天线辐射特性建模技术的基础上，以有源阵列天线低剖面、高效率和轻量化为目标，系统地阐述了有源阵列天线实现宽频带、多波段、多极化和共孔径的架构、分析方法和工程实践，研究了数字阵列天线、微波光子阵列天线、有源封装天线等热点技术。

本书共分9章。第1章介绍高分辨率微波成像雷达与有源阵列天线特点，提出了"天线阵列微系统"新概念，对有源阵列天线新技术和发展方向进行了讨论和展望；第2章基于微波成像具体应用，分析线性阵列、平面阵列、稀疏阵列及波束赋形优化技术；第3章分析有源阵列天线误差因素的影响，介绍天线测量技术，给出微波成像雷达二维相控阵天线快速测量和精确建模技术；第4章从天线瞬时宽带的机理出发，分析真实时间延时线的配置方法，详细介绍常用微波延时组件设计方法和实验结果；第5章在探讨有源阵列天线低剖面、高效率和轻质化的基础上，重点研究"瓦片式"阵列模块、片式收发组件微小型化、三维异构集成方法等问题；第6章介绍宽带多波段多极化共口径天线的需求及其实现方法，重点给出微带贴片和波导缝隙两类多极化/多波段共口径天线设计技术，在此基础上介绍了三波段双极化共口径天线研究成果；第7章在介绍封装天线分类和宽带封装天线单元的基础上，进行多物理量在微小尺度下的耦合和互扰机理分析，研究多参量间相互作用而产生的寄生效应，探索内埋器件实现微波无源器件小型化、轻量化和高度集成化技术方法。第8章介绍数字阵列天线的基本原理，DDS频谱特性分析方法，基于DDS杂散抑制的数字化信号产生、数字采样、数字下变频等数字化接收技术基础上，研究降低数字阵列天线系统噪声系数、提高系统动态范围的技术途径，提出了超越传统频率合成器的分布式频率源设计思想；第9章研究分析微波光子数字阵列天线和光控相控阵天线，详细阐述了解决宽带有源阵列天线的光真实时间延迟、微波信号调制与解调、光学模数转换和微波光子滤波等基本原理和实现方法。

本书作者发表了80余篇有源阵列天线方面的学术论文，这些论文是作者30多年有源阵列天线方面的研究工作的结晶。作者紧紧地瞄准高分辨率对地观测微波成像雷达技术前沿，一直从事合成孔径雷达系统与有源阵列天线方面的研究，具有丰富的专业知识和实际经验。因此，本书可供从事高分辨率合成孔径雷达、相控阵雷达及其他新体制相控阵天线技术方面的工程技术设计和科学研究人员参考，对高等院校相关专业师生也有参考价值。

本书第 1、7、8、9 章由鲁加国撰写，第 2、3、6 章由汪伟撰写，第 4、5 章由王小陆撰写。全书由鲁加国策划和统稿。感谢刘宗昂、李彤、方立军、张卫清、杨鹏毅、王燕、刘俊永、孟儒、张玉梅、金谋平、朱庆明、祝清松和王传声等专家学者提供的帮助和支持。感谢审稿专家西安电子科技大学刘英教授、中国电子科技集团公司第十四研究所张金平研究员提出的很好的修改意见和建议。感谢国防工业出版社和丛书编委会的支持，以及责任编辑付出的辛勤劳动。

我们编写这部专著的初心是想为我国现代雷达事业的发展做出一点贡献，但鉴于水平有限，难免存在错误和不足之处，敬请广大读者批评指正。

鲁加国

2021 年 2 月 18 日

# 目 录

## 第1章 绪论 ········· 1

### 1.1 高分辨率微波成像雷达 ········· 1
### 1.2 天线技术的发展 ········· 3
#### 1.2.1 线天线 ········· 5
#### 1.2.2 面天线 ········· 6
#### 1.2.3 平面阵列天线 ········· 6
#### 1.2.4 有源阵列天线 ········· 7
### 1.3 有源阵列天线 ········· 8
#### 1.3.1 有源阵列天线的特征 ········· 8
#### 1.3.2 半导体集成电路技术 ········· 11
#### 1.3.3 混合集成电路技术 ········· 13
### 1.4 有源阵列天线的技术发展与展望 ········· 15
#### 1.4.1 成像雷达与天线之间关系 ········· 16
#### 1.4.2 有源阵列天线技术 ········· 23
#### 1.4.3 天线阵列微系统 ········· 27
### 1.5 本书的概貌 ········· 33

## 第2章 阵列天线分析与优化 ········· 36

### 2.1 基本参数 ········· 36
#### 2.1.1 端口参数 ········· 37
#### 2.1.2 辐射参数 ········· 40
### 2.2 线性阵列 ········· 45
#### 2.2.1 线阵 ········· 45

- 2.2.2 等幅线阵 ... 47
- 2.2.3 非等幅线阵 ... 52
- 2.2.4 非等间距线阵 ... 53
- 2.2.5 单元方向图对阵列方向图的影响 ... 54
- 2.3 平面阵列天线 ... 57
  - 2.3.1 阵元布局 ... 57
  - 2.3.2 平面阵列综合 ... 60
- 2.4 阵列稀疏 ... 66
  - 2.4.1 随机稀疏布阵 ... 67
  - 2.4.2 子阵级布阵 ... 68
  - 2.4.3 稀疏阵单元 ... 73
- 2.5 波束赋形综合 ... 77
  - 2.5.1 相位加权 ... 77
  - 2.5.2 幅相加权 ... 78
  - 2.5.3 应用举例 ... 79

## 第3章 阵列天线误差与补偿 ... 84

- 3.1 概述 ... 84
- 3.2 辐射特性参数 ... 86
  - 3.2.1 副瓣电平 ... 86
  - 3.2.2 波束指向 ... 88
  - 3.2.3 天线增益 ... 92
- 3.3 误差分析 ... 96
  - 3.3.1 阵列天线误差源 ... 96
  - 3.3.2 误差源分析 ... 97
  - 3.3.3 误差获取 ... 100
  - 3.3.4 误差分析 ... 100
- 3.4 天线测量 ... 104
  - 3.4.1 天线测试方法 ... 105
  - 3.4.2 近场测量 ... 108
  - 3.4.3 口径场反演校正 ... 109
  - 3.4.4 逐一校正 ... 113

3.5 辐射性能精确计算 ·············································· 114
  3.5.1 基本原理 ·············································· 114
  3.5.2 精确建模 ·············································· 115
  3.5.3 计算实例 ·············································· 116

# 第4章 宽带有源阵列天线 118

4.1 瞬时带宽的限制 ·············································· 118
  4.1.1 波束指向偏差限制 ·············································· 120
  4.1.2 孔径渡越时间限制 ·············································· 123
  4.1.3 信号调频速率限制 ·············································· 125

4.2 时延补偿方法 ·············································· 126
  4.2.1 单元级延迟线配置 ·············································· 126
  4.2.2 子阵级延迟线配置 ·············································· 127
  4.2.3 阵列天线坐标系 ·············································· 131
  4.2.4 延迟线配置设计 ·············································· 132
  4.2.5 一维子阵延迟线配置举例 ·············································· 134
  4.2.6 二维子阵延迟线配置举例 ·············································· 139

4.3 射频延时组件 ·············································· 143
  4.3.1 概述 ·············································· 143
  4.3.2 实时延迟基本原理及分类 ·············································· 145
  4.3.3 延迟线组件参数 ·············································· 149
  4.3.4 实时延迟线设计 ·············································· 151

4.4 实时延迟线举例 ·············································· 157

# 第5章 有源阵列模块集成 159

5.1 概述 ·············································· 159
5.2 阵列馈电结构 ·············································· 160
  5.2.1 串联馈电 ·············································· 161
  5.2.2 并联馈电 ·············································· 164
  5.2.3 空间馈电 ·············································· 165
  5.2.4 多波束形成 ·············································· 169

5.3 模块化集成架构 ·············································· 173

　　　　5.3.1　模块架构分类 ················································· 173
　　　　5.3.2　砖块式 SAM 模块 ············································ 174
　　　　5.3.3　瓦片式 SAM 构架 ············································ 176
　5.4　射频链路信号分析 ························································ 179
　　　　5.4.1　射频链路模型 ················································· 179
　　　　5.4.2　射频链路信号分析 ············································ 182
　5.5　微型化收发组件 ··························································· 185
　　　　5.5.1　基本组成 ······················································ 186
　　　　5.5.2　基本原理 ······················································ 187
　　　　5.5.3　基本参数 ······················································ 188
　　　　5.5.4　组件集成架构 ················································· 190
　　　　5.5.5　电路分析与设计 ··············································· 193
　5.6　环境适应性技术 ··························································· 198
　　　　5.6.1　空间环境要求 ················································· 199
　　　　5.6.2　电磁兼容设计技术 ············································ 199
　　　　5.6.3　热设计技术 ···················································· 201
　5.7　应用举例 ·································································· 204

## 第6章　共口径阵列天线 ························································ 207

　6.1　概述 ······································································· 207
　　　　6.1.1　双极化天线构型 ··············································· 207
　　　　6.1.2　多波段双极化共口径构型 ····································· 209
　6.2　基本原理 ·································································· 210
　　　　6.2.1　基本参数 ······················································ 210
　　　　6.2.2　双极化共口径 ················································· 212
　　　　6.2.3　多波段、多极化共口径 ········································ 213
　6.3　天线单元 ·································································· 215
　　　　6.3.1　介质基天线 ···················································· 215
　　　　6.3.2　金属基天线 ···················································· 215
　　　　6.3.3　混合基天线 ···················································· 216
　6.4　双极化微带天线 ··························································· 217
　　　　6.4.1　微带天线单元 ················································· 217

  6.4.2 双极化微带天线阵列 ………………………………………… 223
  6.4.3 双圆极化天线 …………………………………………………… 237
6.5 双极化缝隙波导天线阵 ……………………………………………………… 238
  6.5.1 波导缝隙构形 …………………………………………………… 239
  6.5.2 带宽展宽技术 …………………………………………………… 241
  6.5.3 交叉极化抑制 …………………………………………………… 246
  6.5.4 双极化缝隙波导天线 …………………………………………… 249
  6.5.5 双圆极化缝隙波导天线 ………………………………………… 253
  6.5.6 双极化开口波导天线 …………………………………………… 254
6.6 多波段多极化共口径 ………………………………………………………… 256
  6.6.1 双波段单极化 …………………………………………………… 256
  6.6.2 双波段双极化 …………………………………………………… 258
  6.6.3 三波段双极化共口径天线 ……………………………………… 263

## 第7章 有源封装阵列天线 ………………………………………………………… 266

7.1 概述 …………………………………………………………………………… 266
  7.1.1 封装天线的构型 ………………………………………………… 266
  7.1.2 有源阵列封装天线 ……………………………………………… 267
7.2 封装天线单元 ………………………………………………………………… 269
  7.2.1 多层微带天线 …………………………………………………… 269
  7.2.2 背腔天线 ………………………………………………………… 270
  7.2.3 带宽与阻抗匹配 ………………………………………………… 273
7.3 多层垂直互连技术 …………………………………………………………… 275
  7.3.1 板间毛纽扣互连 ………………………………………………… 276
  7.3.2 板间 BGA 互连 ………………………………………………… 278
  7.3.3 板间 LGA 互连 ………………………………………………… 278
  7.3.4 板内层间互连 …………………………………………………… 279
  7.3.5 硅通孔互连 ……………………………………………………… 280
7.4 热设计与散热技术 …………………………………………………………… 281
  7.4.1 芯片散热分析 …………………………………………………… 282
  7.4.2 微流道冷板 ……………………………………………………… 283
  7.4.3 热仿真技术 ……………………………………………………… 284

7.5 内埋微波器件 ·············································································· 285
    7.5.1 电感、电容、电阻 ································································ 286
    7.5.2 双工器、耦合器 ···································································· 291
    7.5.3 滤波器 ················································································· 293
    7.5.4 功率分配/合成网络 ······························································ 294
7.6 封装天线材料与工艺 ·································································· 295
    7.6.1 LTCC 材料及工艺 ································································ 296
    7.6.2 HTCC 材料及工艺 ······························································· 298
    7.6.3 有机物材料及工艺 ······························································· 299
7.7 应用举例 ··················································································· 302

## 第 8 章 数字阵列天线 ··································································· 305

8.1 概述 ·························································································· 305
8.2 数字化信号产生 ········································································· 307
    8.2.1 相位累加器 ········································································· 308
    8.2.2 相位/幅度转换器 ································································· 309
    8.2.3 直接数字波形合成 ······························································· 310
    8.2.4 直接数字频率合成 ······························································· 311
    8.2.5 DDS 频谱 ············································································ 314
    8.2.6 DDS 杂散抑制 ····································································· 317
8.3 数字化接收机 ············································································ 318
    8.3.1 数字采样 ············································································ 319
    8.3.2 数字下变频 ········································································· 320
    8.3.3 噪声系数 ············································································ 323
    8.3.4 动态范围 ············································································ 330
    8.3.5 实例 ··················································································· 333
8.4 频率源 ······················································································· 336
    8.4.1 噪声相参性 ········································································· 337
    8.4.2 频率源体制 ········································································· 338
    8.4.3 分布式频率源特性 ······························································· 339
    8.4.4 分布式频率源实现 ······························································· 341
8.5 应用举例 ··················································································· 341

# 第 9 章 微波光子阵列天线 345

## 9.1 概述 345
### 9.1.1 微波光子数字阵列天线 345
### 9.1.2 光控相控阵天线 347
### 9.1.3 移相器与延迟线 349

## 9.2 真实时间延迟线 350

## 9.3 微波光子链路 354
### 9.3.1 微波信号调制与解调 354
### 9.3.2 光学模数转换 356
### 9.3.3 微波光子滤波 358

## 9.4 微波光子器件 359
### 9.4.1 激光器与探测器 359
### 9.4.2 调制器与解调器 361
### 9.4.3 光纤与光放大器 363
### 9.4.4 光分路器与光波分复用器 365
### 9.4.5 光隔离器与环行器 366
### 9.4.6 光移相器与光开关 368

## 9.5 微波光子链路分析 368
### 9.5.1 噪声源 368
### 9.5.2 噪声系数 370
### 9.5.3 动态范围 371
### 9.5.4 隔离度 373
### 9.5.5 链路插损 374
### 9.5.6 增益平坦度 376
### 9.5.7 幅相误差 376

## 9.6 应用举例 379

# 参考文献 384

# 第 1 章 绪论

## 1.1 高分辨率微波成像雷达

微波成像雷达包括主动式和被动式,主动式最典型的是合成孔径雷达(Synthetic Aperture Radar,SAR)。合成孔径雷达是一种典型的主动式传感器,是高分辨率对地观测的重要手段之一,如图 1-1 所示,其工作波长通常位于米

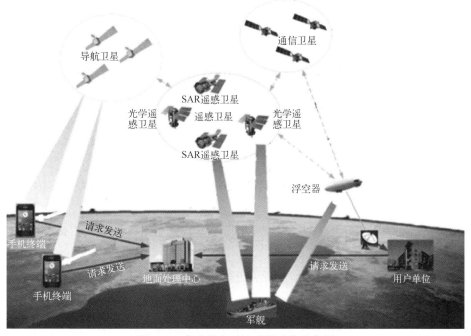

图 1-1 高分辨率对地观测系统示意图

波、微波、毫米波和亚毫米波,一般采用侧视工作模式。与其他被动式的高分辨率传感器相比,如可见光成像仪或红外传感器等,合成孔径雷达具有明显的侦察监视性能优势,主要表现在:成像不受昼夜、天气等自然条件的限制,可以全天时、全天候工作;选择合适的雷达工作波长,能够穿透一定的遮蔽物发现目标;雷达图像分辨率与波长、飞行高度以及雷达作用距离无关。合成孔径雷达是雷达发展的一个重要里程碑,合成孔径雷达成像技术的运用,使得雷达不仅能测定所观测对象的位置与运动参数,而且还能获得目标和场景的图像。此外,具有从固定背景中区分运动目标的能力,这些使合成孔径雷达受到广泛重视[1]。

正是由于合成孔径雷达集高分辨率、穿透性、全天候以及全天时工作能力于一身的特点,确立了SAR在情报侦察、目标侦察监视和遥感技术领域中的重要地位,使之成为当今获取地球表层信息的不可缺少和不可替代的手段。

(1) 合成孔径雷达作为一种先进的侦察监视手段,它可以准确地、大范围地进行战略和战术侦察,查明被侦察区域内军事、政治、经济等战略目标的基本情况,如导弹基地、海军、空军基地、兵营、工业设施等目标的性质、规模、位置等;监视重要目标和兵力部署的变化情况,如地面部队的大规模集结,大中型飞机、舰船等军事目标的活动情况等;对世界范围内的"热点"地区进行及时的侦察。星载SAR又是一种及时、可靠的军事情报来源,通过对星载SAR侦察获取资料、数据、图像的分析,可以提供大量的军事情报,为现代化军工科研和生产、军事训练、国防建设提供情报依据,为战略武器提供打击目标的情报并核查打击效果,为地面、海上作战提供情报保障等。

(2) 合成孔径雷达是一种先进的测绘传感器,它能完成的测绘任务包括快速绘制和修测境外地区、"热点"地区的基本测绘用图(地形图比例尺1:10000及1:50000),为现代武器装备和精确制导武器提供打击目标的位置和目标区匹配制导用的雷达影像基准图,满足现代战争和高技术武器对测绘保障的要求。星载SAR也是一种精确、快速的测绘手段,通过对SAR图像的加工处理,可以提供多种用途的测绘图。

(3) 合成孔径雷达作为当前最为重要的遥感与成像手段之一,已广泛应用于资源环境调查、灾害(洪涝、干旱、风暴潮等)监测、农业估产、地质水文勘查、工程勘测以及海洋监测等方面。

(4) 合成孔径雷达是集平台、天线、射频、信号处理、数据处理、数据传输、图像处理等模块于一体的先进科学装置。事实上，随着电子技术的发展和它们在成像雷达方面的应用，今天的合成孔径雷达与起初的相比，可以说面目全非了。从分辨率上看，合成孔径雷达从数十米级发展到米级、分米级；从极化方式上看，从单极化发展到多极化、全极化；从波段上看，从米波波段、微波波段发展到毫米波波段、亚毫米波波段；从应用上看，从军用发展到民用、科学研究；从平台上看，从无人机、直升机、固定翼有人机发展到卫星和导弹。

成像雷达怎样获得更好的图像，图像怎样变为更有用的情报[2]，需要解决下列棘手问题：

(1) 尽快改观合成孔径雷达个体素质。完善和提高现有合成孔径雷达技术，着重解决在强干扰、强散射、高密度电磁信号中实现对小目标高分辨率成像。现有合成孔径雷达基本上属于"零智商"系统，难以与"智能目标"抗衡，因此，合成孔径雷达智能化势在必行。

(2) 最佳发挥合成孔径雷达与其他种类传感器组合的群体优势。这个群体不但包括不同平台的合成孔径雷达，而且还应包含无源探测器和其他传感器，诸如红外、光学、声学等传感器。为此，必须解决同类传感器以及多类传感器数据的融合问题。

(3) 强化合成孔径雷达图像情报处理能力。SAR图像情报处理就是将海量的SAR图像数据转化为可利用的有效情报，是实现SAR技术应用的唯一途径。目前尚难以从SAR图像中快速自动地检测，识别出感兴趣的目标，这严重影响了SAR技术应用价值的发挥，已成为SAR技术应用亟待解决的难题和瓶颈技术。

(4) 深入研究合成孔径雷达新体制新技术，让合成孔径雷达真正成为"皇冠上的明珠"。新的合成孔径雷达体制和技术是提升性能的根本途径，诸如数字阵列成像雷达、光控相控阵成像雷达等。切实解决超大瞬时带宽信号产生、放大、辐射、处理和图像应用等核心问题，尤其是大型有源阵列天线高效率、低剖面和轻量化，迎接网络信息体系中的成像/传感的新时代。

## 1.2 天线技术的发展

天线和信号处理是电子信息系统的两大核心单元，高分辨率合成孔径雷达系统天线的体制决定着雷达的体制，通常天线在有源相控阵雷达中占成本、重量和功耗90%左右，天线技术的快速进步促进了雷达系统技术的发展。有人说,如果说画家文森特·梵高用双手创作出让世人惊叹的杰作,那么天线工程师就是用智慧在赛博空间描绘出一幅幅悦目的辐射图案[3],如图1-2所示,让人类感知信息、利用信息。

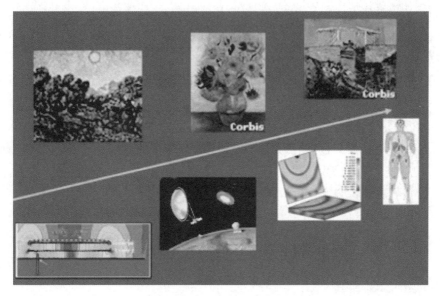

图1-2 天线的辐射电磁场

天线是一种将传输结构上的导波转换成为空间自由波的转换器。天线辐射的本质就是宏观电磁场问题,电磁波从天线的馈电端口经过馈线传输到天线辐射单元,天线将电磁导波转换为空间电磁波的前提就是满足麦克斯韦方程边界条件,麦克斯韦方程组的微分形式通常是由式(1-1)全电流定律、式(1-2)法拉第电磁感应定律、式(1-3)磁通连续性原理和式(1-4)高斯定律组成,用来描述在空间电磁场的变化情况。

$$\nabla \times H = \frac{\partial D}{\partial t} + J \tag{1-1}$$

$$\nabla \times E = -\frac{\partial B}{\partial t} \tag{1-2}$$

$$\nabla \cdot B = 0 \tag{1-3}$$

$$\nabla \cdot D = \rho \tag{1-4}$$

式(1-1)表示磁场强度$H$的旋度等于该点的全电流密度(传导电流密度$J$与位移电流密度$\frac{\partial D}{\partial t}$之和),即磁场的涡旋源是全电流密度,位移电流与传导电流一样能产生磁场;式(1-2)表示电场强度 $E$ 的旋度等于该点磁通密度 $B$ 的时间变化率的负值,即电场的涡旋源是磁通密度的时间变化率;式(1-3)表示磁通密度 $B$ 的散度恒等于零,即 $B$ 线是无始无终的;式(1-4)是静电场高斯定律的推广,即在时变条件下,电位移 $D$ 的散度仍等于该点的自由电荷体密度。

在分析天线辐射时,因为时变电荷和电流难以确定,而且辐射源激发的电磁场也反过来影响辐射源边界条件,求解麦克斯韦方程将会导致数学上的复杂问题出现,因此实际上常常会采用近似的求解方法。天线辐射问题可以分解为两个相对独立的问题,即确定天线上的电流分布与求解空间辐射场特性,也就是求解天线外场问题。

天线作为电磁波信号的发射和接收设备,直接影响电磁波信号的质量,因而,天线在电子信息系统中占有极其重要的地位。一个结构合理、性能优良的天线系统不仅可以最大限度地降低电子信息系统对系统其他部分的要求,节约系统的整体成本,而且可以提高整个电子信息系统的性能。在现代电子信息系统中,通过对接收到的信号进行处理,相控阵天线能够对环境做出敏捷的反应,控制其波束指向所期望的方向,而同时使其波束零点方向对准不需要的干扰信号,使所需信号的信噪比最大化。例如,随着现代化城市的发展,高层建筑物日益增多,天线所处的电磁环境日益复杂化,为了提高电子信息系统尤其是移动通信系统的信号质量,有源阵列天线的研究和发展问题备受关注。

早在1887年,为了验证麦克斯韦的电磁波理论,赫兹设计了一种发射天线,由金属杆、金属板、金属球和感应线圈等组成,这是人类第一副天线。自从这副天线产生以后,天线的发展大致分为四个历史时期。

## 1.2.1 线天线

20世纪初,大多数研究对象是线天线。由于波长越长,传播信号中衰减越小,为了实现远距离通信,所利用的波长都在1000m以上。在这一时期应用的是多种不对称天线,如倒L形、T形、伞形天线等。由于天线高度受到结构上的限制,天线的尺寸比波长小很多,这类线天线属于电小天线的范畴。后来,由于发现了电离层的存在和它对短波的反射作用,从而开辟了短波波段和中波波段线天线研究领域。这时,天线尺寸可以与波长相比拟,促进了天线快速地向前发展。这一时期,出现了塔式广播天线,及其他多种形式天线和天线阵,如偶极天线、环形天线、长导线天线、同相水平天线、八木天线、菱形天线和鱼骨形天线等。这些天线比初期的长波天线有较高的增益、较强的方向性和较宽的频带。

在这一时期,天线的理论工作也得到了发展,波克林顿建立了线天线的积分方程,证明了细线天线上的电流近似正弦分布。

### 1.2.2 面天线

第二次世界大战期间出现了雷达,大大促进了微波天线技术的发展。在面天线基本理论方面,建立了几何光学法、物理光学法和口径场法等理论。当时,由于战争的迫切需要,天线的理论还不够完善。实验研究成为研制新型天线的重要手段,建立了测试设备和误差分析等概念,提出了现场测量和模型测量等方法,大量反射面天线用于雷达系统。为了快速捕捉目标,这个时期出现了初级的波束电扫描天线。

从第二次世界大战结束到20世纪70年代,微波中继通信、对流层散射通信、射电天文和电视广播等天线有了很大发展,尤其是人造地球卫星和洲际导弹研制成功对天线提出了一系列新的要求,不但要求天线具有高增益、高分辨率、圆极化和宽频带等性能,也要求天线具有快速波束扫描和精确跟踪等能力。这个时期,天线的发展空前迅速,一方面是大型地面站天线的修建和改进,包括卡塞格伦天线的出现、主副反射面的修正、波纹喇叭等高效率天线馈源和波束波导技术的应用等;另一方面,由于新型移相器和计算机的问世,以及多目标同时搜索与跟踪等要求的需要,沉寂的电扫描天线重新受到重视并获得了广泛应用和发展。这一时期,宽频带天线的研究也有所突破,出现了等角螺旋天线、对数周期天线等宽频带或超宽频带天线,同时也出现了分析天线公差的统计理论,发展了天线阵列的综合理论等。

### 1.2.3 平面阵列天线

到20世纪80年代,随着雷达与通信技术的发展,天线的频率复用、正交极化、波束快速扫描和多波束天线等问题开始受到重视。地面大型相控阵雷达和微波合成孔径成像雷达等技术进入了实用化研究阶段,平面阵列天线技术得到了快速发展,一方面方位机械扫描、俯仰电扫描(相扫、频扫)的平面阵列天线开始应用于地面情报雷达和机载雷达;另一方面开始研究地面大型有源相控阵雷达,有源相控阵雷达天线阵面的每个天线单元中均含有源电路模块,发射/接收(Transmit/Receive,T/R)组件模块是有源相控阵雷达的关键部件,很大程度上决定其性能优劣。收发合一的T/R组件模块包括发射支路、接收支路、射频转换开关及移相器。每个T/R组件既有发射高功率放大器(High Power Amplifier,

HPA)、滤波器、限幅器,又有低噪声放大器(Low Noise Amplifier,LNA)、衰减器及移相器、波束控制电路等。由此看见,利用二维相位变化控制波束扫描的有源相控阵雷达的设备量和成本都相当可观。在相控阵雷达中,用于卫星测控和弹道导弹等远程探测战略目标的无源相控阵雷达问世最早,而有源相控阵雷达的出现相对较晚。

随着电子信息系统向波长越来越短的毫米波、亚毫米波方向发展,出现了介质波导、表面波和漏波天线等新型毫米波天线。此外,在阵列天线方面,由线阵发展到圆阵,由平面阵发展到共形阵。同时,由于抗干扰的需要,超低副瓣天线有了很大的发展。由于高速大容量计算机的出现,矩量法和几何绕射理论在天线的仿真计算和设计方面获得了应用,解决了天线过去不能解决或难以解决的大量仿真分析问题。

这一时期,天线结构和工艺技术也取得了很大的进展。在天线测量技术方面,这一时期出现了微波暗室和近场测量技术、利用天体射电源测量天线的技术,并建立了用计算机控制的自动化测量系统等。这些技术的运用解决了大天线的测量问题,提高了天线测量的精度和速度。

### 1.2.4 有源阵列天线

近20年来,随着交叉学科的发展,如集成电路、微系统、新材料等领域,有源相控阵天线技术正在向集成化、数字化、多功能方向发展,频率和带宽正向毫米波、超宽带方向发展。区别于传统的有源相控阵天线,在每一个天线单元的背后直接连接分布式的微型收发单元,微型收发单元包括放大器(Power Amplifier,PA)、低噪声放大器(LNA)、衰减器、移相器和双工器(Duplexer),有时将传统的频率源、信号产生器、射频信号接收/发射通道和数模/模数转换器也集成到有源天线模块中,实现电子信息系统中的天线射频、波束控制等统一集成。我们把这种有源相控阵系统称为有源阵列天线,它的内部结构与传统的有源相控阵天线、射频系统及模块组成相比,主要的区别在于使用了大量的分布式、小型化、高集成度、低功耗的有源和无源芯片,并进行了异构和异质三维集成。这种结构的有源阵列天线能够减少馈线连接的功率损耗,可使系统具有更高的信噪比、更好的阻抗匹配以及更宽的频带。

传统的雷达系统是由天线、发射、接收、信号处理、数据处理和系统监控等分系统组成,有源阵列天线的出现和发展改变了电子信息系统的形态。例如,雷达系统最终变为仅由有源阵列天线、连接线缆和通用数字处理机三部分构成[4]。高密度、高效、高功率和多功能的有源阵列天线必将与新型半导体器件、新型材料、先进的集成和封装技术等发展密切相关。

## 1.3 有源阵列天线

相控阵天线分为无源阵列天线和有源阵列天线,有源相控阵雷达已成为雷达发展的主流,包括高分辨率合成孔径雷达。在高分辨率合成孔径雷达中,为了有效地缓解高分辨率与宽观测带之间的矛盾,有源阵列天线是不二的选择,并且天线的大孔径、低剖面、高效率和轻量化是天线工程师永恒的追求;如图1-3所示是星载合成孔径雷达大型有源阵列天线示意图,天线大孔径是获得雷达大功率孔径积最直接的方式;由于火箭发射包络的限制,只有较低的天线剖面厚度,才能得到较大的天线孔径;天线的高效率才能让天线获得发射、接收双程收益,天线效率是星载合成孔径雷达优先追求的重要参数;有源阵列天线轻量化是降低卫星成本最有效的途径。相控阵雷达技术特别能满足人们对各种先进雷达提出的要求,对提高雷达在现代战争环境下的"四抗"能力具有很大的潜力。计算机、集成电路与混合集成技术的发展,为有源阵列天线技术的发展和应用奠定了坚实的基础。

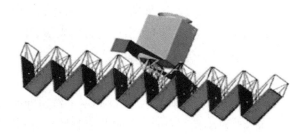

图1-3 大孔径星载有源阵列天线

### 1.3.1 有源阵列天线的特征

有源阵列天线技术应用于合成孔径雷达,特别适合多模式快速切换,实现合成孔径雷达多种功能,使雷达具有快速响应、自适应和故障弱化等能力。根据合成孔径雷达的特点和技术的发展,最值得重视的是有源阵列天线技术的下列特征:

(1) 有源阵列天线是提升合成孔径雷达性能的重要途径。

高分辨率、多模式、多极化、多频段是合成孔径成像雷达的重要发展方向,有源阵列天线在高分辨率成像和多种模式实现上,都具有显著的优势。

不同装载平台的合成孔径雷达对有效辐射功率要求不同,合理的实现有效辐射功率是雷达工作的基础,为此,必须关注天线孔径与发射平均功率乘积。众所周知,合成孔径雷达的方位分辨率是天线方位向尺寸的一半,天线尺寸越小越好,而采用大天线孔径是降低合成孔径雷达造价的重要途径,即天线尺寸尽可能大,发射功率尽可能低,因此,实现高分辨率和采用大天线孔径是一对矛盾。有源阵列天线有效地缓解了这一矛盾,低分辨率时,可以有效地利用天线大孔径;高分辨率时,通过相位加权展宽天线波束等效缩短天线孔径。

与常规的真空管和固态发射机合成孔径雷达相比,有源阵列天线的合成孔径雷达体制可降低发射与接收馈线的损耗,可在空间实现信号的功率合成,提高雷达的有效辐射功率。同时,对于有源阵列天线,低噪声放大器一般安放在天线单元后面,降低了接收系统噪声,提高雷达接收系统的灵敏度。有源阵列天线是实现合成孔径雷达高信噪比、高灵敏度的主要措施。

与机械扫描天线相比,有源阵列天线具有波束扫描灵活、无惯性和速度快的特点,在合成孔径雷达多模式工作时,显示出无可比拟的优势,特别是对于星载合成孔径雷达,有源阵列天线使扫描 SAR(ScanSAR)模式的距离向成像宽度、聚束模式的实现和波束指向精度都得到了大幅提高。有源阵列天线波束扫描灵活、无惯性和速度快的特点使合成孔径雷达实现了精确运动补偿,从而提高雷达成像质量,保障高分辨率成像的实现。

(2) 有源阵列天线有利于提高合成孔径雷达抗干扰能力。

合成孔径雷达的目的是获得被选择区域情报信息,对雷达干扰的目的是阻止、混淆或迟滞获得被选择地域的信息。对情报或跟踪雷达来说,干扰机的有效性一般用雷达的搜索或跟踪距离的减小量来度量。对于合成孔径雷达,干扰机就是阻止一个区域图像信息的侦察,干扰机的有效性一般用合成孔径雷达的灵敏度降低量来度量。

为了提高抗干扰能力,通常采用的技术手段包括提高有效辐射功率、采用低或超低副瓣天线、大时宽带宽乘积信号、双/多基地雷达系统等,这些对提高雷达抗电子干扰能力是至关重要的。有源阵列天线有利于提高总的天线辐射功率,形成高增益、低副瓣天线,还可利用空间滤波技术,实现自适应天线波束置零,抑制干扰与杂波,同时也有利于实现信号能量管理,合理使用信号能量,提高雷达抗干扰自卫距离。

（3）有源阵列天线有利于实现合成孔径雷达的标准化、模块化，从而降低成本，提高可靠性。

雷达性能要求的提高和雷达工作环境的恶化，使雷达系统的构成越来越复杂，研制周期加长，研制成本上升，技术风险增加。为适应这种形势，除了必须加强雷达基础技术（如仿真技术、专用测试设备、新工艺、新结构、新材料）研究外，采用有源阵列天线是一个重要的出路。有源阵列雷达可采用大量一致的标准组件（如 T/R 组件），这利于雷达的标准化、模块化和降低生产成本。

微电子技术是减小雷达体积和重量的有效措施之一，是保证雷达具有在恶劣环境下正常工作的重要条件。微电子技术对提高系统可靠性及提高信号和数据处理速度也有重要意义，也是降低有源阵列雷达生产成本的关键措施。此外，微电子的发展促进系列元器件快速实现了小型化。

虽然有源阵列天线优势众多，但在实际应用中是否选择有源阵列天线，要结合实际需求，首先要着重分析雷达任务，其次应分析采用有源阵列天线的代价，并考虑技术风险、研制周期及生产成本的影响，这样才能做到合理选择。

诚然，有源阵列天线技术是一种会赋予合成孔径雷达"新生"的技术，随着技术进步和大规模使用，其成本越来越能够承受，但是，就其技术而言尚有诸多难点，主要表现在：

（1）在空间使用大型有源阵列天线，非常关注天线的低剖面、高效率和轻量化等性能，需要解决天线（包括射频、模拟、数字、电源等）机电热一体化高效集成问题。

（2）在宽频带和宽角扫描情况下，需要解决天线阵元之间互耦、波束在空间和时间上的"色散"问题。

（3）有源阵列天线多通道技术是缓解合成孔径雷达高分辨率和宽观测带之间矛盾最有效的方法之一，在宽频带范围内，需要解决多接收通道幅度和相位的一致性和稳定性问题。

（4）有源阵列天线不仅要解决静态时信号幅度和相位的监测与补偿，而且还要解决动态情况下（飞行时）天线阵面变形的实时测量及对信号幅度和相位的实时补偿。而动态情况下的这些实时测量与实时补偿是极其困难的。

此外，需要同步发展高热传导材料、半导体集成电路和三维异质异构混合集成等技术。

## 1.3.2 半导体集成电路技术

半导体集成电路(Semiconductor Integrated Circuit,SIC)和封装技术的快速进展,大大地促进了有源阵列天线的发展和进步。半导体集成电路与电子信息相关产业之间的关系如图1-4所示。

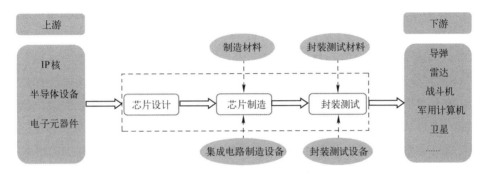

图1-4 集成电路产业链

有源阵列天线的核心是把天线从无源系统变成了有源系统,有源天线中包含了大量的有源电路,而且大多数为微波有源集成电路。与此同时,由于天线系统的阵列化和扩展性,使得这种体制的天线阵列规模很大,天线阵面的通道数已达到成千上万,并向着数字化方向发展。一般情况下,有源相控阵天线系统是平面结构,对于高分辨率合成孔径雷达有源阵列天线来说,低剖面、高效率和轻量化是非常重要的,而实现有源阵列天线这些特性的关键是微波集成电路。

微波集成电路是指采用先进的射频金属氧化物半导体(CMOS)、锗硅(SiGe)、砷化镓(GeAs)等半导体工艺,以放大、变换、校准、比较和传输等手段处理微波/模拟信号的集成电路。雷达中微波系统主要由微波收发通道、调制解调电路和微波信号产生等组成。随着微波集成电路技术和数字化技术的发展,微波芯片的集成度越来越高,集成电路将多个元件结合在一块芯片上,提高芯片的性能,并降低了成本。多功能微波单片可集成小信号下行(接收)和上行(发射)部分电路,下行部分电路包括低噪声放大器、混频、增益控制,甚至包括高性能模拟数字转换器(Analog to Digital Converter,ADC)等,上行部分电路包括信号产生、混频、功率放大器等。多功能微波集成电路芯片性能、可靠性的提高,以及成本的降低,大大地促进了雷达微波信号采样频率、采样带宽的提高。

半导体材料和工艺水平的发展是集成电路快速发展的基础和前提。一代材料、一代工艺、一代器件、一代电路。硅(Si)一直是半导体技术中的主导材料。近年来集成硅(CMOS 和 BiCMOS)射频技术已经在工艺上取得巨大的进步,然而仍然还有众多应用只能使用像磷化铟(InP)和氮化镓(GaN)这样的化合物半导体。

在半导体产业中,一般将硅(Si)、锗(Ge)称为第一代半导体材料;而将砷化镓(GaAs)、磷化铟(InP)及其三元、四元合金称为第二代半导体材料。宽禁带($E_g$>2.3eV)半导体材料发展非常迅速,成为第三代半导体材料,主要包括碳化硅(SiC)、金刚石和氮化镓(GaN)等。宽禁带半导体器件作为第三代半导体器件,将有力提高当前微波器件的功率等级、抗辐射、高结温等能力。磷化铟(InP)器件非常适合于毫米波的频段高端,解决当前毫米波段器件的固态化问题;微机电系统(Micro-Electromechanical Systems,MEMS)器件和 RF-MEMS 器件技术的提升,主要在于开关、移相器、衰减器等的应用。砷化镓属于较合理的微波传输介质材料,非常适合用于单片微波集成电路的衬底。正是因为砷化镓技术的普遍推广,促进了单片微波集成电路技术的发展。

多芯片集成技术的发展,可以在单个衬底上集成不同类半导体器件(硅和化合物半导体)以及无源元件(包括滤波器和天线),并且无源元件被嵌入多个层叠中,以实现高 Q 值和小型化。短距互连能得到比传统印刷电路板更高的性能和更密集的电路,而且近年来在多层衬底材料以及集成和装配技术上(包括层压材料、陶瓷和集成无源器件)取得的巨大进展,导致了集成电路密度不断地提高和系统性能不断地提升。而随着频率的上升,在多个集成电路间的互连损耗迅速地增加,同时多芯片集成通常缺乏几何和互连清晰度以达成高密度集成,这就需要研究新技术解决微小尺度互联的寄生效应。

在晶圆级集成(小芯片、晶圆键合和外延转移)方式中,硅与化合物半导体器件是在独立完成了硅与化合物半导体各自工艺后集成的。这对现存的工艺制造过程构成最小风险,并能在化合物半导体(磷化铟)与硅(CMOS 和 BiCMOS)器件间提供紧密纵向集成。其中,小芯片集成能将各种不同的半导体芯片集成在完整的 CMOS 晶圆上,如氮化镓高电子迁移率晶体管(High Electron Mobility Transistor,HEMT)、磷化铟双异质结双极性晶体管(Heterojunction Bipolar Transistor,HBT),以及硅 MEMS 等。此种键合方式打破了化合物半导体技术的芯片尺寸缩小障碍。

摩尔定律正逼近物理极限[5],在冯·诺依曼架构没有变化之前,芯片性能提升的放缓和数据需求几何级数式的增长之间的矛盾将日益凸显。在芯片体积无法进一步有效缩小的情况下，多层和三维异构集成(包括新材料、热管理、建模、电路/系统设计)技术是研究的重要方向，将促进对有源阵列天线有新的认识和期待。

### 1.3.3 混合集成电路技术

混合集成电路(Hybrid Integrated Circuit, HIC)技术是采用厚/薄膜技术、微组装技术和封装技术，将半导体芯片、无源元件等集成于一体，实现既定功能，有时又称二次集成电路，是实现电子装备小型化、轻量化的主要途径之一。如图1-5所示是单片集成和混合集成关系示意图，单片集成是永恒的追求，混合集成是单片集成的更进一步集成和更高阶段。混合集成技术涉及一个复杂的多层次多专业的技术体系，可以分为设计技术、多层互连基板技术、微互联技术、高气密性封装技术以及可靠性评估与应用等一系列的基础理论、制造实践和应用技术，涉及电磁学、材料学、力学、物理、化学以及微电子学等诸多学科。

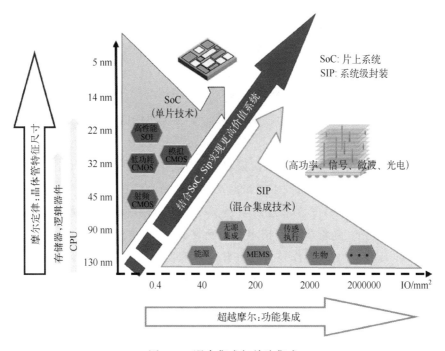

图1-5 混合集成与单片集成

混合集成技术的演进经历过四大变革,即通孔插装技术向表面安装技术的变革、周边互联到面阵互联的变革、单芯片向多芯片的变革、二维结构向三维结构的变革。正是这些变革,使许多新型混合集成技术不断涌现,组装效率不断提高,推动混合集成电路向"四高一小一轻"方向不断发展。四高是指高组装密度、高频、高功率密度、高可靠;一小是指体积更小;一轻是指重量减轻。

组装密度的提高体现在封装的厚度不断降低、引线节距不断缩小、引线的布置从封装的两侧发展到封装的四周和面阵。采用三维异质异构集成技术可实现新型多功能器件(如 CMOS 电路、GaAs 电路、SiGe 电路或者光电子器件、MEMS 器件,以及各类无源元件等)的一体化集成,即新内涵的"混合集成",能使组装密度提高达 200% 以上,已成为提升电子信息系统功能的有效技术途径。在高频方面,高密度电路组件向微波、毫米波应用领域不断扩展,新型卫星载荷、新型导引头、移动通信、无线局域网等是未来高密度组装应用最为活跃的领域。在武器装备中,混合集成功率电路是必不可少的关键器件。混合集成功率电路中优先选择高导热基板,如覆铜陶瓷(Direct Bond Copper,DBC)、氮化铝(ALN)、碳化铝/硅(AL/SiC)基板。铜带或铝带键合,基本上全部采用元器件焊接工艺取代粘接工艺。在高可靠方面,抗辐射加固技术是提高战略武器生存能力和突防能力,提高作战使用有效性的关键技术之一,也是保证卫星等航天器具有高可靠、长寿命的关键。在体积和重量方面,采用轻型封装材料来减轻组件重量,采用一体化多层基板封装技术来减小体积,克服常见的玻璃绝缘子金属密封失效,以便提高组件的可靠性。

从混合集成电路的发展历程来看,混合集成电路的崛起首先得益于军事电子装备高性能、多功能、小型化、高可靠的迫切要求,继之受计算机、通信以及汽车电子等领域的需求牵引而发展。混合集成电路由于其结构和设计的灵活性、小型化、轻量化、高可靠、耐冲击和振动、抗辐照等特点,在机载通信、雷达、火力控制系统、导弹制导系统,以及卫星和各类空间飞行器的通信、遥感和遥测系统中获得大量应用。随着微电子技术的不断发展,混合集成电路在设计技术、互联技术、封装技术、基板制作技术和材料等方面取得了很大的发展,特别是随着先进混合集成电路技术的开发,如低温共烧多层陶瓷(LTCC)基板、氮化铝(ALN)基板、多芯片组件(MCM)、三维多芯片组件(3D-MCM)、系统级封装(SIP)等,混合集成电路技术向更高级阶段 SIP 技术发展。其产品组装密度进一步提高,具有子系统乃至系统级功能,更是扩展了混合集成电路的应用空间。正是由于混合集成技术及产品具有上述独特的优势,仍然是单片集成电路和其他技术及产品所无法替代的,尤其是在使用环境异常恶劣或可靠性要求较高的场合,如空间探索、军事应用、智能车联网、医疗电子等。

## 1.4 有源阵列天线的技术发展与展望

在微波成像领域,高分辨率对地观测任务主要是地面/海面静止目标侦察监视、地面/空中运动目标探测。地面隐蔽隐藏目标也将是侦察监视的重要任务之一,如图1-6所示为微波成像雷达任务剖面图,对地、海静止目标侦察,对地、海和低空动目标监视等多功能是对微波成像雷达的基本要求。对于微波成像雷达的核心天线系统来说,应以频率和极化两大特性为出发点,围绕装载平台的实际要求,研究有源阵列天线多频段、多极化、多模式等相关技术,如图1-7所示。

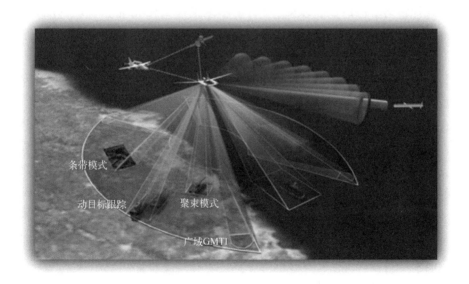

图1-6 微波成像雷达任务剖面图

如图1-7所示,围绕宽带、多波段和多极化等技术,实现微波成像雷达"看得见、分得清"目标。微波成像雷达的方位高分辨率是依靠雷达的合成孔径来实现的,一般方位高分辨率是天线孔径的一半;微波成像雷达的距离高分辨率是靠带宽来实现的,一般频率带宽越宽,距离分辨率就越高。

不同的雷达发射信号波长对应不同的目标回波信息,对目标散射特性的描述能力也不同。低波段微波成像雷达具有穿透叶簇和隐身伪装材料的能力,

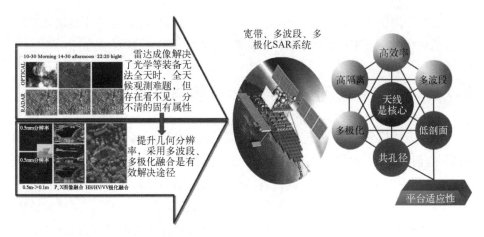

图 1-7 微波成像雷达功能与性能

从而能探测到隐蔽目标,但其描述目标轮廓和纹理信息的能力较弱;高波段微波成像雷达对应的波长较短,具有清晰地描述目标轮廓和纹理的能力,但较低的穿透性能限制其探测隐蔽目标的能力。多波段 SAR 具有同时获得不同波段微波图像的能力,既可以清晰描述目标的外观景象,又可以透视到隐蔽目标,获得比单一波段 SAR 系统更丰富更可靠的目标信息,因此,多波段微波成像雷达在资源遥感、灾情评估和战场侦察监视等应用方面越来越广泛。

对于特定的目标来说,微波成像雷达不同的电磁波极化有不同的散射特性,多极化融合会丰富目标的散射特性,有时仍然不能描述目标的全部细节信息,这是因为常规的线极化不能实现目标所有散射点的均衡激励,目标的部分散射信息未能获得,这种情况下,只靠融合是无法增加有效信息量的。圆极化微波成像雷达能够获取目标尽可能完整的细节,尤其是高分辨率圆极化微波成像雷达对飞机、舰船等目标有优异成像特性,相比于线极化,目标轮廓结构细节完整清晰,层次丰富,是解决微波成像雷达图像获取目标轮廓信息不完整和强散射点成像易饱和的有效途径。

### 1.4.1 成像雷达与天线之间关系

高分辨率成像雷达能提供反映地面静止目标和地面、空中或空间运动目标(车辆、舰船、飞机、导弹、卫星等)的结构形状信息。雷达目标成像等效于给出目标的散射中心分布。理论上讲,多频段、多极化、可变视角和可变波束等多模式雷达成像是探测感知目标空间散射中心的分布函数。如表 1-1 所列为微波成像雷达系统、目标与电磁波相互作用、天线基本理论和天线工程技术之间各性能参数说明,各性能参数之间相互关联、相互制约,构成了有源阵列天线技术体系。

表 1-1 微波成像雷达性能参数

| 系统能力需求 | 目标与电磁波作用 | 天线基础理论 | 天线工程实践 |
| --- | --- | --- | --- |
| 高几何分辨率 | 频率 | 宽带/超宽带 | 多波段、共孔径 |
| 高辐射分辨率 | 极化 | 天线构型 | 低剖面、轻质量 |
| 介质穿透能力 | 入射角度 | 辐射效率 | 多极化、高隔离 |
| 杂波抑制能力 | 分辨率 | 辐射特性 | 动态辐射稳定性 |
| 干扰抑制能力 | …… | 互耦特性 | 星、机、弹平台适应性 |

雷达的极化特性是雷达极化信息应用的基础,雷达系统的极化特性与电磁波和天线的极化特性、雷达目标及有源干扰的极化特性、目标最优极化理论以及极化目标分解理论等密切相关,可以说有关目标极化特性的研究贯穿于雷达系统研究的各个环节。极化目标分解的基本思想是将目标的极化散射分解为几种基本散射特性的组合[6],然后根据分类单元与基本散射机理的相似性或直接利用所提取的新特征进行分类[7]。其优点在于分类结果能较好地揭示目标的散射机理,有助于人们对图像的理解,而且分类时不需要训练数据,因此适用范围广。

高分辨率成像和多极化成像从不同方面刻画了目标的散射特性。高分辨率成像技术提高了雷达目标在距离、方位、高度等方向上所能达到的分辨率,提供了雷达目标细微特征表征能力,降低了极化描述模型的模糊性;而极化技术使得高分辨率成像技术描述的结构信息更为全面,这是因为目标的极化信息与其形状有着本质的联系,通过极化信息的提取,可获取目标表面粗糙度、对称性和取向等其他参数难以表征的信息,是完整刻画目标特性所不可或缺的。高分辨率成像雷达具有对目标的解析能力,这对于获取更多的目标结构信息、提高雷达探测系统智能化处理能力具有重要意义。高分辨率成像雷达的应用效能主要取决于其目标回波的信息量,回波信息量越丰富,其后续的应用性能就会越好,而回波的信息量取决于雷达的分辨率、回波的动态范围以及对被观测目标极化散射性能的测量程度。其中,回波动态范围主要取决于雷达硬件中的模数采样转换模块、存储空间以及系统计算处理能力的大小,因此,成像雷达系统的空间分辨率和极化测量能力是高分辨率成像雷达的两个最重要指标。

分辨率是成像系统追求的永恒主题之一,提高成像分辨率通常不外乎两种途径:一是改进和更新硬件设备,使其具备发射宽带信号和合成大孔径的能力,同时提高测量精度;二是通过建立物理和数学模型,利用信号处理新技术提高合成孔径雷达(SAR)/逆合成孔径雷达(Inverse Synthetic Aperture Radar,ISAR)的成像分辨率,但改进和更新硬件周期长、代价高且受限于技术发展。因此,利用信号处理新技术来提高雷达成像分辨率就显得迫切且重要,目前已成为成像雷达处理的一个重要研究方向。

雷达目标的极化信息与其结构、材料、形状、姿态取向等有着密切的联系。如图1-8所示,通过极化信息的提取,可获取目标表面粗糙度、对称性和取向等其他参数难以表征的信息,是完整刻画目标特性所不可或缺的技术方法。极化雷达成像有机综合了目标高分辨率特性和全极化散射特性,非常适合用于对目标精细描述,在军用、民用等领域都有着广阔的应用前景。高分辨率成像技术大大降低了极化描述模型的模糊性,而极化技术则使得高分辨率成像技术描述的结构信息更为全面,二者的结合可以相得益彰,将极化与高分辨率成像技术相结合是雷达目标识别最具潜力的发展方向,受到越来越多的关注。

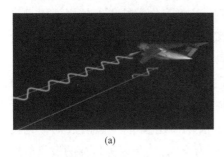
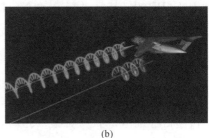

(a) （b）

图1-8 目标的电磁波散射

(a) 线极化;(b) 圆极化。

综上所述,高分辨率微波成像雷达的性能参数与有源阵列天线的频率、带宽和极化等特性密切相关,如表1-2所列。为了提高效率、缩小卫星天线阵面尺寸,采用多波段、多极化天线共孔径技术;为了缓解高分辨率与宽观测带之间的矛盾,提高观测带宽,采用多通道技术。虽然共孔径和多通道等技术的应用,大大地提高了有源阵列天线的设计难度,但是,它们都是实现宽频带、多极化和多波段,提高效率、降低剖面和减轻重量的重要手段,因此,需要从有源阵列天线系统层面对各个相关参数进行折中、分析和优化,还必须从理论和设计方法上开展以下技术的研究。

表 1-2  有源阵列天线主要性能参数

| 性 能 参 数 | 目 的 与 作 用 |
| --- | --- |
| 宽频带 | 提升雷达的成像分辨率 |
| 多极化 | 提升目标探测能力和信息完整性 |
| 多波段 | 提升目标探测能力和信息完整性 |
| 多功能 | 提升雷达多种模式工作能力 |
| 高隔离 | 提升目标成像的信号质量 |
| 高效率 | 有效利用卫星平台功率,降低成本 |
| 低剖面 | 提升雷达对卫星平台的适装性 |
| 轻质量 | 降低卫星平台发射成本 |

(1) 有源阵列天线系统分析和优化。

一是稀疏布阵优化方法。基于微波成像有限视场需求和大规模相控阵天线优化慢的难题,需要研究有源阵列天线的阵因子空域栅瓣优化、子阵排列的方式,解决优化速度慢、有源通道数量疏减与扫描波束栅瓣高之间的矛盾,同时要考虑工程便利性。

二是精确建模计算技术。研究天线单元和有源通道测量为基础的辐射特性精确计算技术,解决二维相控阵天线空/频域海量测试评估量的难题,以便将大型有源阵列天线方向图测试波位数由千万级降至千余级,以便于工程可实现。

三是大口径天线校正方法。需要研究大口径有源阵列天线在线多通道幅度和相位精度测量理论和方法,利用天线优化的构型,根据天线辐射场的互易性,探索高效率天线各通道幅度和相位校正技术和方法,如基于快速傅立叶变换(FFT)行波内校准理论方法等。

(2) 有源阵列天线理论和设计方法。

一是天线高效率技术。从无交叉极化和寄生副瓣思路,研究新型有源阵列天线架构和辐射单元,研究天线单元模式控制技术,研究天线单元在有源阵列环境下内外场匹配理论和方法,探索提高辐射效率的途径。

二是天线极化高隔离技术。基于传统的双极化对称内部激励结构造成天线孔径不对称辐射,恶化了交叉极化电平和极化隔离度,研究多极化新型激励方法,研究降低交叉极化及提高隔离度的技术和方法,如对称性双模正交转换技术。

三是天线带外杂散抑制技术。基于多波段多极化共孔径造成的电磁场纠缠互扰效应,研究解决有害模式寄生辐射引起的带内/带外隔离度降低、交叉极化恶化技术,研究共孔径的强感应区控制与差分对消的技术,如异频高次模抑制及对称性多模正交技术。

四是天线低轴比圆极化技术。需要进一步研究并揭示微波成像圆极化散射机理,研究圆极化散射与穿透特性理论模型;针对宽带、低轴比圆极化天线,研究奇偶共模/差模混合激励实现相位正交延时的理论方法,如奇偶共模/差模匹配技术等。

上述讨论分析了微波成像雷达所要求的有源阵列天线系统特性,同时,与微波成像雷达性能关系密切的参数还有:

(1) 天线孔径尺寸。

以星载微波成像雷达为例,天线孔径尺寸的大小既与模糊度密切相关,也与功率口径积、方位分辨率及观测带宽度等有关。从模糊度角度考虑,SAR 天线的最小不模糊面积为

$$A_{\min} = \frac{4v_s \lambda R}{c} \tan\theta \tag{1-5}$$

式中:$c$ 为光速;$\lambda$ 为工作波长;$v_s$ 为卫星的速度(7540m/s)。若卫星高度为 632km,X 波段相控阵天线在满足模糊度设计要求下,最小天线面积随着天线视角增加而增加,如图 1-9 所示。

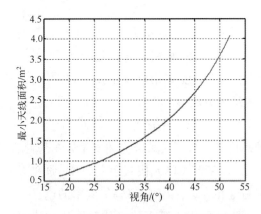

图 1-9　不同视角下的天线最小不模糊面积

对于一定的功率口径积,尽量选择大的口径尺寸,以获得最大天线双程增益,减小发射功率,节约卫星能量资源。在星载微波成像雷达系统分析时,通常

在最大视角(作用距离最远)情况下,计算功率口径积。

在星载情况下,由于天线波束在照射区的移动速度(地速)要比平台速度慢,在计算方位分辨率时通常乘以一个系数,尽管这样,星载 SAR 的方位分辨率还是非常接近天线方位口径的一半。若要获取条带 3m 方位分辨率,则天线方位向尺寸应小于 6m;实现条带 1m 方位分辨率,天线方位向尺寸应小于 2m。但是在天线孔径实际分析设计时,天线孔径尺寸不宜选得过小,必须考虑天线孔径加权后的有效口径尺寸。

天线距离向口径尺寸还要满足观测带宽度的要求,观察带宽度取决于天线距离向波束宽度、回波窗宽度、距离向样本数和 A/D 采样频率。当雷达系统的定时关系确定后,根据雷达信号的发射和接收的定时关系图,以及相应的电波传播、散射和回波的几何关系图,来分析计算观察带宽度,不同视角的入射角、近距和远距,实际需用的距离向波束角宽度,实际需用的回波窗时宽和脉冲重复频(Pulse Repetition Frequency,PRF)等。

(2) 天线波束赋形。

由于星载 SAR 系统有多种工作模式,如条带模式(Strip SAR)、聚束模式(Spotlight SAR)、扫描模式(Scan SAR)、地面动目标指示(Ground Moving Target Indication,GMTI)等。为满足不同工作模式下方位向分辨率和不同视角下的成像观测带的要求,需要在不同模式下进行方位向波束和距离向波束设计,形成星载 SAR 系统多模式工作所需的天线波束。由于天线阵面是矩形口径、矩形栅格,距离向波束设计除了考虑波束宽度、波束形状、副瓣电平和增益要求外,还要考虑距离模糊度要求。方位向波束设计除考虑实现系统所需的多种模式工作外,还要考虑波束形状、宽度、副瓣电平和增益。不同的工作模式要求天线有不同的波束宽度,如星载 SAR 系统要实现条带 SAR 1m 和 3m 分辨率,1m 分辨率的 SAR 天线方位波束宽度是 3m 分辨率 SAR 天线方位波束宽度的 3 倍。天线在不同的视角上,如果要使观测带宽相同,天线距离向波束也需要展宽。

(3) 天线波束扫描。

星载 SAR 系统中,条带模式由于方位向天线波束宽度限制了合成孔径的长度,其方位分辨率不会优于天线长度的一半。聚束工作模式是一种适应于小区域、高分辨率的工作模式,通过控制星载 SAR 方位向天线波束指向,连续照射同一块成像区域,以增大回波信号的相干时间,增加合成孔径长度,天线波束宽度不再限制方位分辨率,因而可以获得比条带模式好的方位分辨率。聚束模式的关键是要有一个方位向波束可扫描的天线,通过调整波束方位向指向来达到长时间照射所需成像的区域。

扫描 SAR 工作模式是星载 SAR 的宽观测带工作模式,是以牺牲方位分辨率为代价获得宽观测带,即通过天线在距离向的扫描使观测带加宽。动目标检测是对地面战场进行连续监视,为战场态势评估、指挥与控制提供更多的信息。战场上存在的大量运动目标,在 SAR 成像时会导致图像散焦和模糊现象,要确定运动目标的真实位置和速度并聚焦动目标,必须专门进行动目标检测。一般情况下,在星载 SAR 系统常用的条带 SAR、聚束 SAR、扫描 SAR 和 GMTI 工作模式中,都希望天线波束在距离向进行扫描,以实现可变视角对地成像,只有聚束模式要求波束在方位向进行小角度扫描,但是,在高分辨率微波成像雷达系统中,若采用新的成像模式,有源阵列天线的扫描角可能进一步加大。

(4) 天线瞬时带宽。

合成孔径雷达的几何分辨率包括方位分辨率和距离分辨率,距离分辨率主要由 SAR 系统的瞬时信号带宽、雷达天线视角和地面处理加权系数决定。信号的脉内相位误差是影响距离分辨率的主要因素之一。星载 SAR 的斜距向分辨率为

$$\rho_{gr} = \frac{k_T \times k_1 \times c}{2B\sin\theta} = \frac{\rho_r}{\sin\theta} \tag{1-6}$$

式中:$B$ 为瞬时信号带宽;$k_T$ 为距离向加权展宽系数;$k_1$ 为系统幅相频率特性引起的展宽系数;$\theta$ 为入射角。在分析设计时,$k_T$、$k_1$ 两个系数的取值很重要,如图 1-10 所示为不同视角情况下,不同分辨率对应的瞬时信号带宽。显然使用同一信号带宽的星载合成孔径雷达系统取得的图像在距离向的分辨率是不同的,视角越小距离分辨率越低,视角越大距离分辨率越高,即在同一条带,在近距处距离分辨率差,在远距处距离分辨率好。

天线瞬时带宽不同于工作带宽,对于星载有源相控阵天线来说,最大瞬时带宽受到天线孔径渡越时间的限制,瞬时信号带宽通常应满足

$$\Delta f \leq \frac{1}{4} \frac{c}{L_a \sin\theta} \tag{1-7}$$

式中:$c$ 为光速;$L_a$ 为天线孔径长度;$\theta$ 为入射角。

(5) 天线内定标。

由于微波成像 SAR 系统本身诸多参数的不稳定性,会产生对目标后向散射系数测量的误差。为了实现微波成像 SAR 系统对地面目标的定量测量,通常对

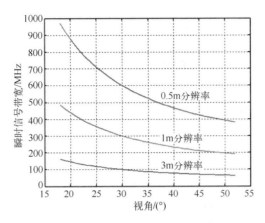

图1-10 入射角与瞬时信号带宽关系

系统进行内定标和外定标。外定标主要完成对 SAR 雷达系统传递函数和雷达天线方向图测试,也可兼顾测量 SAR 发射功率。内定标主要完成两大功能:增益、功率定标和雷达系统主要工作状态监测。内定标是雷达系统完成定量测量所进行的校正,主要关心通道变化的绝对值,完成对 SAR 系统的接收通道增益、每个 T/R 组件的增益、每个 T/R 组件发射功率及 T/R 组件的移相器的标定,同时可对 SAR 系统的信号特性(如距离压缩主瓣宽度、峰值副瓣、积分副瓣等)进行监测。内定标兼有天线通道校正的功能,对有源天线系统多通道的传输特性变化进行监测,并给予实时补偿,使得各传输通道的幅相保持所要求的关系。利用系统定标数据或特殊的工作状态(如对组件逐个检测)获取馈电网络每路的幅相分布,以实现对元器件及组件老化和失效的检测与补偿。

一定的天线功率口径积是微波成像 SAR 系统正常工作的前提,原则上天线孔径尺寸尽量大,功率尽量小,但是实际分析设计时,应综合考虑多种因素。天线波束形成和波束扫描能力是实现微波成像 SAR 系统多模式工作和提高观测能力的基础。高精度的内定标系统可以有效地保障微波成像 SAR 系统对地定量的观测。

## 1.4.2 有源阵列天线技术

在集成电路摩尔时代,有源阵列天线技术是集现代相控阵理论、半导体技术及光电子技术于一体的基础技术产物。例如,有源阵列天线的核心器件 T/R 组件是由功率放大器和低噪声放大器以及移相器等构成的基本电路[8]。随着半导体技术的发展,单片微波集成电路(Monolithic Microwave Integrated Circuit,

MMIC)技术、射频微机械电子系统(Radio Frequency Microelectro Mechanical Systems,RF-MEMS)技术和集成封装技术为高性能、高可靠、小型化和低成本 T/R 组件的实现提供了技术途径。集成电路技术正在从窄带单功能向宽带多功能、从单片集成电路(Monolithic Integrated Circuit,MIC)向系统级芯片(System on Chip,SOC)、从多芯片组件(Multi Chip Module,MCM)向多功能系统级封装(System in Package,SIP)方向发展[9],T/R 组件的结构形式由砖块式(Brick)发展到瓦片式(Tile),这些都极大地推动有源阵列天线技术的发展。

传统的有源阵列天线是"砖块式"(Brick Antenna)结构,它是多种功能模块与天线集成在一起的。针对新一代高分辨率微波成像雷达系统的微型化、多功能、高性能、高速度、低功耗、低成本等多种需求,并随着半导体技术以及先进封装工艺的发展和驱动,从有源天线的架构和集成方式来看,出现了片上天线(Antenna on Chip,AOC)、封装天线(Antenna in Package,AIP)、系统级封装(System in Package,SIP)等新型天线技术。AOC 和 AIP 分别属于 SOC 和 SIP 概念范畴。在这几种天线形式的基础上,出现了"瓦片式"天线(Tiled Antenna)。它们之间的关系如图 1-11 所示。

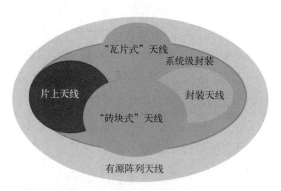

图 1-11 几种有源阵列天线之间的关系示意图

AOC 是通过半导体材料与工艺将天线与其他电路集成在同一个芯片上,是基于硅基工艺的片上天线[10]。AOC 技术可以以更低的系统成本来提高系统的集成度,但是由于使用相同的材料和工艺,没办法使每个类型的电路性能达到最优,进而导致系统性能降低和系统功耗增加等问题。由于硅基片本身的低电阻率和高介电常数的特性,天线辐射时很大一部分能量集中在硅基内,导致天线辐射效率和增益都较低。常规硅基工艺的片上天线的增益一般小于-5dBi,辐射效率只有5%,甚至更低。如果采用质子注入、微机械加工、人工磁导体以及介质透镜等技术,将在一定程度上提高天线的增益或辐射效率。

AIP 是通过封装材料,将天线集成在携带芯片的封装内。封装天线技术继承和发扬了微带天线、多芯片电路模块及瓦片式相控阵天线构型的集成概念,将天线触角伸向集成电路、封装、材料与工艺等领域[11]。相比于 AOC,AIP 将多种器件与电路集成在一个封装内,完成片上天线不能实现的复杂功能和特定的封装级系统,有效避免了半导体衬底的低电阻率带来的增益损耗问题,在辐射效率方面一般达到 80% 以上。图 1-12 给出一例封装天线研究成果,将厚薄膜技术实现的天线阵列同射频芯片通过金丝键合封装到一个 QFN 封装里面,实现了中心频率 122GHz,带宽 12GHz,最大增益 11.5dBi 的封装天线[12]。

图 1-12 基于 QFN 封装设计的一种封装天线

SIP 是采用 CMOS-SOI (Silicon-On-Insulator) 工艺和 QFN 封装技术,将片上天线和封装天线相结合[13],在 54.5~63.4GHz 频率范围内实现了最大 8dBi 的天线增益。如图 1-13 所示,将 LTCC 天线用倒装芯片技术与射频芯片连接起来,实现了一个具有 4 个单元的相控阵封装系统[14]。

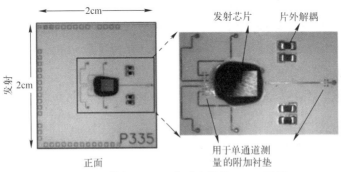

图 1-13 带有 TX/RX 集成电路的 LTCC 天线

瓦片式阵列天线的结构特点是电路板同时作为封装外壳的主体,往往不使用或很少使用高频、低频接插件,且电路板与天线阵面平行。采用瓦片式阵列,可以大幅度降低天线系统的厚度,极大减少连接器和电缆的使用数量。T/R 模块可选择商用微波封装和制造技术,进一步降低 T/R 模块成本。这种架构的 T/R 模块采用工业标准的方形扁平无引脚(QFN)封装,即 QFN 封装直接焊接在一个廉价 PCB 上,然后 PCB 再直接焊接到瓦片的背部。瓦片式 T/R 模块阵列示意图如图 1-14 所示。

图 1-14 瓦片式 T/R 模块阵列示意图

上述是从有源阵列天线集成与研究的角度来分析讨论,如果从体制与架构技术角度来看,可以分为有源相控阵天线、数字阵列天线和微波光子阵列天线。

(1)有源相控阵天线通常理解为在射频上进行相位控制的相控阵天线。随着有源相控阵天线技术在微波成像雷达中的成功应用,微波成像技术得到快速发展,已由最初的正侧视单波束条带模式(Strip SAR)发展出扫描模式(Scan SAR)、聚束模式(Spotlight SAR)、干涉式模式(INSAR)、大视角、多波束和地面动目标显示(GMTI)等工作模式,同时对于微波成像雷达低成本、高效率、轻量化的要求,又促进了有源相控阵天线技术的发展。

(2)数字阵列技术在预警探测雷达中已获得了成功的应用。它提供的空域、时域、频域等多维信息,提升了雷达系统的性能,简化雷达系统的构成,已成为雷达的发展趋势之一。如果它与 SAR 技术结合起来,可以有效缓解传统星载 SAR 中高分辨率与宽观测带宽之间的矛盾,实现高分辨率宽观测带成像、同时多模式多任务工作、同时多波束自适应形成等能力,还可在波束扫描期间改变发射波形,从而具有低截获概率的能力。

数字阵列 SAR 理论与技术的发展经历了从接收数字波束合成孔径雷达(Digital Beam Forming Synthetic Aperture Radar,DBF-SAR)、收/发 DBF SAR 到 DBF MIMO SAR 的演变过程,即数字化、软件化技术与收发分置体制以及分布式系统结构逐步融合。与常规 SAR 系统相比,数字阵列 SAR 系统具有较明显的性能、功能优势。但是,如果要充分发挥这些优势,还存在一些技术问题要解决,主要包括雷达系统的高密度集成、宽带数据采集、传输与处理技术等。随着这些问题的解决,数字阵列 SAR 系统性能的提高和功能的提升将会得以实现。

(3) 微波光子技术与相控阵技术的结合产生了光控相控阵技术,它在微波信号的产生、传输和处理等方面具有潜在的应用前景。将微波信号调制到光载波上,利用光纤进行微波信号远距离传输,早已在通信中得到应用,这已经受到雷达界的关注,研究人员在雷达系统中已经实现了用光纤作为雷达的数据和信号传输线,用光真实延迟线构成光波束形成器等。在光控相控阵合成孔径雷达中,将射频信号调制到光载波上,并经不同光路径传输到天线单元,在光域进行波束形成和控制将出现许多人们期望的效果。微波光电子技术在合成孔径雷达中的应用,利用光路系统控制天线阵列单元的幅度和相位,进而利用光路系统来实现分配天线单元的射频信号,是研究的重要方向之一。

### 1.4.3 天线阵列微系统

天线阵列微系统是有源阵列天线发展的高级阶段。天线阵列微系统以高密度三维封装集成方式,将天线阵列、有源收发通道、功率分配/合成网络、波束控制和电源以及导热结构等集成在一个狭小的空间里,缩短互连线得到更小的差损和更好的匹配性[15]。它可以代替传统以"砖块式"T/R 模块为核心的天线阵列。天线阵列微系统的基础性技术有三维堆叠封装、芯片级散热微通道、硅通孔(Through Silicon Via, TSV)/玻璃通孔(Through Glass Via, TGV)垂直互联。

随着摩尔定律的不断纵深发展,微电子、光电子、微机械等基础技术能力得到了急剧发展,但是进一步向纳米级集成发展的步伐受到技术和成本的约束越来越大;与此同时,随着跨界系统架构和软件算法的兴起,跨界融合形成新型能力(超越摩尔)以满足潜在需求成为创新热点。超摩尔时代的发展需要系统技术与微纳电子技术的紧密结合和融合创新,因此,天线阵列微系统技术是一项多学科交叉的前沿新兴技术,是后摩尔定律发展的产物。

后摩尔时代三维集成技术将成为主流。三维集成技术可以解决两个非常重要的核心问题:一是发展摩尔定律,实现晶体管密度的翻番和芯片性能的提升,只有三维异质异构的集成电路才能超越摩尔定律;二是实现后摩尔定律追求的多功能集成,将异构器件/模块进行多功能集成。

未来有源阵列天线的形态界限将趋于模糊,将集成越来越多的有源和无源电路,朝着有源阵列天线微系统方向发展,但逻辑界限会越来越清晰,实现一体化是必然结果。随着民用和军用网络信息基础设施的不断发展完善,有源阵列天线势必向集成化、数字化、多功能一体化方向发展,将深刻影响到从多平台高分辨率对地观测和宇宙探索等方方面面。

天线阵列微系统将先进行模块功能微系统集成,再将不同功能级微系统进行更大系统级微系统集成,天线阵列微系统研究有两个基本点:一是在单一的芯片上实现微系统的集成;二是通过混合集成技术和三维(3D)异质异构技术来实现系统级微系统的集成。混合集成技术是天线阵列微系统的基础,传统阵列天线与射频通道、基带间的电缆接插件连接,是制约系统小型化的主要瓶颈,而且接插件以及传输线造成的失配与损耗会造成性能的较大损失。天线阵列微系统涉及的科学技术问题包括以下几个方面。

**1) 多物理场约束下架构与拓扑技术**

多物理场约束下架构与拓扑技术,是天线阵列微系统与其他学科技术最显著的不同点。天线阵列微系统的架构突破了微电子技术范畴,无法在功能、性能上分割成简单单元,在力、光、材料、电子、信息等学科均有布局,实现了光、机、电、磁、声等各要素间的紧密关联。天线阵列微系统架构既有系统级的架构、性能、功能、算法等特征,又有元件级电、热、材料参数特性。天线阵列微系统架构在多物理场约束下跨学科、跨专业,学科、功能和性能界面的模糊性和交叉性[16]给天线阵列微系统研究带来很大困难。

(1) 多物理场耦合机理。大尺度天线与微小尺度芯片集成在同一封装体内,存在着大尺度天线辐射的电磁场与不同小尺度芯片微观的纠缠效应、射频信号与模拟/数字信号在封装体内的串扰效应、射频信号在微观尺度下的趋肤效应等,需要研究多物理场耦合机理。以多物理场耦合切入点,分析微小尺度下的射频集成、高密度异构、高精度变换、高速信号传输互联等的时域和频率耦合机理,指导系统指标的分解与总成,为构建合理和有效的天线阵列微系统架构和拓扑提供科学保证。

通过提取天线阵列微系统架构中的光、机、电、磁、声等多元参量特征,结合结构、流体、力学、电磁学等,开展多物理量在微小尺度下的耦合和互扰研究,解决因多参量间相互作用而产生复杂现象的问题,具备解析多物理场耦合的能力。

围绕射频、模拟和数字模拟等复杂信号在三维立体微小尺度下的传输特征,从天线阵列微系统的可靠性、可制造性(Design for Manufacturing,DFM)解析,并不断迭代改进的系统性研究,重点解决天线阵列微系统的长期稳定性与可靠性,建立并完善标准模型库,同时梳理并建立系统性机电热多物理场仿真标准流程。

(2)异构体电磁特性模型。在天线阵列微系统封装体内,三维微小尺度互连产生电磁场不连续性,造成了电磁场互扰、有害模式寄生辐射,引起天线极化失配、工作频带内/外隔离特性的变化。为了获得天线较好的工作带宽、高效率和低交叉极化等性能,需要在特定边界下,尤其是在宽带宽扫描角条件下,研究天线口径场模式匹配技术、阵列天线辐射单元之间的互耦特性。

在微小尺度环境下,通过开展异构体电磁特性的研究分析,建立天线阵列微系统中各功能单元的电磁分布模型,并将模型应用于复杂的系统设计过程中,构建系统的多端口特性模型。

通过分析内部复杂信号的传导变换、空间辐射、阻抗匹配以及信号高质量传输等问题,开展三维电磁场提参建模与时频域算法分析,研究系统级功能单元、互连单元、封装单元模型,得到信号在异构体内传输变换时三维多变量函数和超高速信号电磁特性模型库,构建等效模型进行仿真,解决电磁干扰、串扰误码等关键问题,并在此基础上优化天线阵列微系统中异质材料和异构体的分布,进一步得到电磁性能最优化的特性模型。

(3)异构体多维度匹配容差适应性。大尺度情况下,微波传输线的不连续将产生高次模,高次模需要一定长度的传输线来衰减和消除。在微小尺度下,微波器件与传输线互连、传输线与传输线互连等,既有平面的,也有立体的,使微波传输线的不连续点数量大幅度增加,本征模的特性发生了变化,传输线上的工作模式将是主模和寄生效应产生的高次模并存,需要研究边界条件强约束下的激励模式匹配理论,仿真分析微小尺度互连产生寄生效应。

针对微系统高密度封装中机、电、热等匹配带来的功能和性能适应性问题,以及工艺制造精度对器件和系统的影响问题,开展异质异构体多维度匹配适应性的研究,在此基础上形成天线阵列微系统异质异构体中复杂信号传输和变换在多个维度(包括机、电、热等)上的容差评价。

在微系统多个维度上的参数偏差范围和寄生参数变量的基础上,进一步分析功能电路受其影响的机理、环节和效应,着重分析由于天线阵列微系统剖面厚度减小带来的功率密度加大,以及因热而产生的尺寸精度微观变化或产生的应力,进而影响性能和功能。建立影响复杂信号品质、多物理场耦合的多维度函数，实现基于不同功能的有源电路/无源元件/封装在兼容工艺条件下的系统集成，以此来指导微系统中三维异质异构体鲁棒性设计。

**2) 多物理场匹配混合集成技术**

混合集成电路（Hybrid Integrated Circuit, HIC）技术是采用厚/薄膜技术、微组装技术和封装技术，将半导体芯片、无源元件等集成于一体来实现既定功能，是实现天线阵列微系统的主要途径之一。混合集成技术涉及一个复杂的多层次多专业的技术体系，可以分为架构设计技术、多层互连基板技术、微互联技术、高气密性封装技术以及可靠性评估与应用等一系列的基础理论、制造实践和应用技术。

多物理场匹配混合集成技术研究是天线阵列微系统小型化、轻量化、高密度、多功能的需求，基于电、光、磁、力等多物理场维度下的混合集成前沿性共性技术研究，重点突破复杂信号传输的互联建模、集成无源元件、三维异构微组装、再造晶圆等技术，解决天线阵列微系统中电磁兼容、高速信号传输与串扰、热管理、应力匹配、光电干涉等技术难题。

传统阵列天线与射频通道是通过接插件连接，而且接插件造成的失配与插损会造成性能的下降，这也是制约系统小型化的主要瓶颈，天线阵列微系统研究中要关注三维互连问题。

（1）2.5D/3D垂直互联技术。2.5D/3D垂直互联技术以实现不同材料、不同结构、不同工艺、不同功能元器件的三维异构集成，是以突破平面设计的极限摩尔定律为目的[17]，重点解决天线阵列微系统内部高速、高频、大功率传输下的超高密度互连难题。2.5D/3D互连通过基材过孔金属化垂直互联技术和凸点技术进行电气垂直互连。通过研究各种复合材料导体及介质对复杂信号的传输与屏蔽适应性和匹配性影响，解决微系统中可能出现的串扰、延迟、能耗等难点。同时，在工艺研究时，充分考虑热力学和电性能的参数匹配，避免不同材料之间的热失配和机械应力。

代表性的叠层型3D封装可以是裸芯片的堆叠，MCM的叠层甚至还可以是晶圆片的堆积。3D-MCM可以将不同工艺类型的芯片（如模拟、数字和射频等功能芯片）在单一封装结构内实现混合信号的集成化，在满足天线阵列微系统模块机械完整性要求和模块尺寸、重量、功耗极端受限的情况下，通过对多功能电路转接板厚度进行最优化设计，减小天线阵列微系统封装体的厚度，并将封装密度提升至最大。3D集成电路和3D硅片集成的核心是硅通孔（TSV）技术，用于互连堆叠的芯片，从而增强性能，缩短信号传输时间，解决信号延迟等问题[18]。

（2）三维异质异构微组装技术。异质芯片集成扇出型技术是有别于片上系统和晶圆级封装的先进技术，重点通过晶圆再造和再布线技术实现异质芯片的集成，解决异质芯片间的高密度互连，是实现天线阵列微系统功能单元模块集成的关键技术。

采用异质芯片集成扇出型技术是通过半导体先进工艺，将不同光、电、磁等功能的异质芯片整合集成再造成一个晶圆[19]，并通过薄膜高密度布线，形成具有多功能芯片的集成技术。这种技术可以达到减小天线阵列微系统功能单元模块厚度和体积的要求。异质芯片扇出晶片级封装（FOWLP）厚度小、成本低，不需要基板，不需要在晶圆上打凸点、回流倒装焊以及助焊剂清洗，可以改善电性能和热性能，更易于系统级封装（SIP）和 3D 集成电路封装。

三维异构微组装技术是在多学科系统设计和微纳集成制造工艺的基础上，实现不同材料、结构、功能元件的一体化三维异构混合集成，解决异构材料的机电、热、力等失配，同时解决并完善系统功能的新型微组装技术。

从科学研究的层面，需要研究半导体工艺的局限性及混合集成的攻关方向，如哪些类芯片、结构体、材料可以进行混合集成，并提炼出普适性规律与方法。

从技术研究的层面，三维异质异构微组装技术是在系统架构的基础上，通过微焊互连和微封装等混合集成技术，将高集成度的 IC 器件、微结构及其他元器件三维组装到封装体内，构成高密度、高可靠天线阵列微系统模块，是实现芯片功能到系统功能的桥梁。

（3）高密度异质多层基板技术。天线阵列微系统的研究通常是基于三维异构混合集成技术，典型技术是多芯片组件（MCM）和系统级封装（SIP）技术。进一步来说，大多数都是采用叠层板（MCM-L）、薄膜沉积（MCM-D）和共烧陶瓷（MCM-C）互连基板技术[20]。

高密度异质多层基板研究是将基板制备技术、膜集成技术，通过多层基板协同设计和多物理量耦合分析，采用合理的工艺方法进行匹配兼容，制备出可内置阻容元件和感性元件的高密度无源集成异质多层基板。厚薄膜无源元件集成基板技术是采用先进微电子技术和材料，在 LTCC 多层基板内置电阻、电容、电感等元件，可缩短分立器件 99% 以上的互连长度，降低寄生效应，减少互连焊点，同时有利于解决多径衰弱、频谱拥挤、噪声干扰等系统问题。

混合多层基板是两种或两种以上不同材质的基板集成制作为多层基板，基于不同材质基板的物理参数和特性,进一步提高多层基板的性能和布线密度、组装效率,降低成本。以共烧陶瓷/薄膜型混合基板(Multichip Module-Ceramic/Deposited Thin Film,MCM-C/D)为例,其中薄膜多层基板可布置高速信号线、接地线和焊接区,充分利用薄膜多层布线的信号传输延迟小、布线密度高的特性,共烧陶瓷基板上布置电源线、接地线或低速信号线,充分利用它易于实现较多布线层数和适宜于大电流的特性。

**3) 封装与热管理技术**

极大功能化、微纳尺度、多尺度结构、多功能材料以及有源和无源嵌入式厚薄膜元件是实现天线阵列微系统的重要特征。随着天线阵列微系统向小型化、高性能和高密度集成的发展,多功能器件(如 GaN、SoC 芯片)的功耗不断增大,芯片散热已经从小规模集成电路的几百毫瓦发展到上百瓦。这将导致功率芯片及无源元件等成为非均匀分布的热源,提升了热流密度。封装与热管理的目的是通过多种方法导出热量,使封装体内温度维持在允许的范围,避免天线阵列微系统内部温度超过限定值,引起键合材料的蠕变、寄生化学反应、掺杂物的扩散、器件应力上升、结构破坏甚至发生融化、蒸发和燃烧等现象,导致天线阵列微系统停止工作或丧失其物理性能。封装为天线阵列微系统提供散热通道,还为内部芯片、元件和基板提供机械支撑、密封保护和内外信号互联等。

(1) 多本征参数适配材料技术。多本征参数适配材料技术是研究覆盖结构设计、材料体系、封装工艺、信号互连、环境适应性、可靠性等多领域交叉学科,重点研究围绕基板、布线、框架、互连导体、层间介质、密封材料和封装外壳等功能材料,针对金属、陶瓷、聚合基复合材料、金属基复合材料、陶瓷基复合材料以及多种增强体和材料本体结合,制备出的复合功能材料,实现天线阵列微系统封装轻量化、小型化、低损耗、高导热等要求。

针对天线阵列微系统封装小型化和多功能化的需求,新型基板材料、导体浆料、基板制备技术、膜集成技术的搭配和融合技术,是实现高密度异质多层基板技术的基础。例如,中温瓷填孔钨铜浆料技术可实现高速 DSP 信号传输;单芯片扇出技术可实现高密度微小间距芯片与陶瓷基板的互联;氮化铝填铜柱垂直互联技术可实现大电流传输,同时满足大功率器件散热需求。随着宽禁带(WBG)半导体技术大规模商业化的来临,研发新的封装技术迫在眉睫。

(2) 嵌入式热管理技术。基于微纳技术的冷却器件在常规微系统热管理中发挥了日益重要的关键作用,目前电子系统的散热已经由传统的自然对流、金属导热和强制风冷散热发展到液冷和热管散热,液冷散热方式中的微流道散热是满足天线阵列微系统的最有效和最方便的散热方式。

利用 LTCC 技术制作的嵌入式微流道液冷基板,具有体积小、散热面积大、功率消耗低、批量制作成本低等特点。流道冷却器吸收芯片上的热量,通过液体循环将热量传给外界,达到散热的目。LTCC 内嵌 3D 微流道系统分为多排直槽型、蜿蜒型和分形流道。利用 LTCC 单张生瓷片可分别加工的优势,用冲孔工艺在单张 LTCC 生瓷片上制作二维微流道,将所有生瓷片叠片、热压、烧结,形成完整的 3D 微流道。

(3) 陶瓷金属一体化封装技术。陶瓷金属一体化封装技术(Integral Substrate Package,ISP)是将多层基板作为封装的载体,在基板顶面上装连封装外壳腔壁,多层布线基板构成外壳整体的一部分,在基板上直接引出封装的外引线,是一种气密性封装,不需要再用全金属外壳封装。在提高封装密度、降低封装体厚度、减轻重量的同时,这种技术也有益于微波信号传输和热管理。近年来,三维异构混合集成技术的出现,是基于 LTCC 工艺制程由两个金属-陶瓷模块通过一块金属转接板相互连接在一起的。

根据环境、结构、尺寸等边界条件,开展温度场分布及不同条件对温度场的影响、热阻与散热路径、机械承载与结构应力、电磁场等微结构多物理量耦合分析与设计仿真优化。

## 1.5 本书的概貌

正因为有源阵列天线在高分辨率微波成像雷达中的重要地位,及其装载平台对有源阵列天线低剖面、高效率和轻质化的永恒要求,本书对有源阵列天线分析、优化和设计等理论方法作了较为全面的讨论和介绍。本书以"频率和极化"两个要素为主线,在论述有源阵列天线基本理论和设计技术的基础上,研究了有源阵列天线低剖面、高效率和轻质化的实现方法,系统地阐述了有源阵列天线实现宽频带、多波段、多极化和共孔径的架构、分析方法和工程实践;研究探讨了有源封装天线,进一步降低有源阵列天线低剖面、提高效率和实现轻量化;研究了数字阵列天线、微波光子阵列天线等热点研究方向。主要内容包括:

(1) 绪论(第 1 章)。介绍了高分辨率微波成像雷达与有源阵列天线的特点,天线的发展历史,半导体集成电路和混合集成电路技术的发展及其在有源阵列天线中的应用,有源阵列天线的技术发展。提出了"天线阵列微系统"新概念,对有源阵列天线新技术和发展方向进行了讨论和展望。

(2) 阵列天线分析与优化(第2章)。从基本概念出发,介绍了天线端口和辐射两类特性参数。基于微波成像具体应用,讨论分析了从线性阵列到平面阵列、稀疏阵列及其单元设计方法,以及仅相位加权、幅度/相位加权的波束赋形优化技术。

(3) 阵列天线误差与补偿(第3章)。从工程设计角度,分析了有源阵列天线误差和补偿方法,以及对天线辐射特性的影响,在此基础上介绍了方向图综合与分析方法、相控阵天线误差校正和补偿方法,概述了天线测量技术,讨论了微波成像雷达二维相控阵天线快速测量和精确建模技术。

(4) 宽带有源阵列天线(第4章)。从天线波束指向偏差、孔径渡越时间和信号调频速率等方面分析了限制有源阵列天线瞬时宽带的机理,从一维和两维有源阵列天线系统的角度分析讨论了真实时间延迟线的配置方法,详细介绍了微波延时组件的基本原理、分类、性能参数和特点,给出了常用微波延时组件设计方法和实验结果。

(5) 有源阵列模块集成(第5章)。有源阵列模块集成是有源阵列天线低剖面、高效率和轻质化的基础。在分析讨论有源阵列集成架构的基础上,详细地阐述了"瓦片式"有源阵列模块的组成、基本原理、设计方法和集成技术,重点研究了"瓦片式"阵列模块、片式收发组件微小型化、三维异构集成方法等难点问题,并给出了有源阵列模块典型研究结果。

(6) 共口径阵列天线(第6章)。介绍了宽带多波段多极化共口径天线的需求及其实现方法,重点给出微带贴片和波导缝隙两类双线/圆极化共口径天线设计技术,在此基础上介绍了三波段双极化共口径天线的最新研制成果。

(7) 有源封装阵列天线(第7章)。从技术发展历程来看,有源阵列封装天线是一种介于有源阵列天线与天线阵列微系统之间的天线形式。在介绍封装天线分类和宽带封装天线单元的基础上,进行了多物理量在微小尺度下的耦合和互扰机理分析,研究了多参量间相互作用而产生的寄生效应,重点分析研究了板间毛纽扣互连、板间 BGA 互连、板间 LGA 互连、板内层间互连和芯片间 TSV 互连等多层垂直互联技术;探索了内埋器件实现微波无源器件小型化、轻质化和高度集成化技术方法;详细地介绍了 LTCC、HTCC、有机物三种封装天线材料与工艺技术,并给出了一种毫米波 64 单元有源阵列封装天线研究结果。

(8) 数字阵列天线(第8章)。基于数字阵列微波成像雷达系统高动态、天线低副瓣和波束扫描精度高的突出优点,介绍了相位累加器、相位/幅度转换器、直接数字频率合成(DDS)等数字阵列天线的基本原理,DDS 频谱特性分析、

DDS杂散抑制方法的数字化信号产生技术,数字采样、数字下变频等数字化接收技术。研究了降低数字阵列天线系统噪声系数、提高系统动态范围技术途径,提出了超越传统频率合成器的分布式频率源设计思想,同时给出了应用举例的研究结果。

(9)微波光子阵列天线(第9章)。微波光子技术是一种融合了微波技术和光子技术的新兴技术,根据微波光子技术在天线阵列中的功能差异,研究分析了微波光子数字阵列天线和光控相控阵天线;详细阐述了解决宽带有源阵列天线的光真实时间延迟、微波信号调制与解调、光学模数转换和微波光子滤波等基本原理和实现方法。介绍了微波光子链路常用的微波光子器件基本特性,研究讨论了微波光子链路中噪声源、噪声系数、动态范围、隔离度和插入损耗等主要性能参数,同时介绍了一种宽带光控相控阵天线实验系统。

# 第 2 章
# 阵列天线分析与优化

常用的天线形式主要有反射面天线和阵列天线两类；反射面天线是由馈源和反射面组成，该类天线通过在面积较大的反射面上产生等相位辐射场实现天线高增益；阵列天线是由一定数量的单元天线在空间按照一定的构型进行排列组成，该类天线通过幅度和相位加权，实现在空间特定方向上的高增益辐射。对反射面天线的辐射特性分析主要集中在天线增益、副瓣、极化性能和效率特性等；而对于阵列天线，由于各个单元的幅度、相位及阵列构型的自由度较大，相对于反射面天线而言，阵列天线可以实现更高的增益和复杂的波束功能，如电控扫描、特定方向零点、波束赋形等。由于阵列天线易于实现特殊要求的方向图，尤其是相控阵天线，得到越来越广泛的应用。

阵列天线的研究主要分为阵列天线分析和综合两方面。阵列天线分析就是已知阵列天线结构和幅度、相位激励等条件，分析预测阵列天线方向图和阻抗等性能参数，进而得到天线的带宽、增益、极化和方向图等参数；阵列天线综合优化就是针对所希望的方向图特性，确定其阵列结构和阵元幅度、相位激励情况的过程，是以天线的性能参数（如增益、副瓣电平和波束形状等）为优化目标，综合优化阵列天线的构型、天线单元的激励幅度和相位。本章对微波成像有源阵列应用所涉及的阵列基本理论和相关内容作较为详细的讨论和论述。

## 2.1 基本参数

天线作为电子信息系统中发射或者接收电磁波的装置，其工作特性主要由两类参数来表征：一类为端口参数，主要是天线的输入阻抗和反射系数，表征系统中的导波能量与自由空间能量间的转换情况，该类参数影响天线的效率；另一类为辐射参数,主要有增益、副瓣和交叉极化等表征经天线发射或接收电磁波的能力和特性,是天线设计的目标。

### 2.1.1 端口参数

(1) 输入阻抗。天线的输入阻抗是反映天线电路特性的参数,其定义为天线在其输入端所呈现的阻抗。天线阻抗等于其输入端电压 $U_{in}$ 与输入端电流 $I_{in}$ 的比值,即

$$Z_{in} = \frac{U_{in}}{I_{in}} = R_{in} + jX_{in} \tag{2-1}$$

式中:$R_{in}$ 和 $X_{in}$ 分别为天线阻抗的电阻分量和电抗分量。

天线一般与馈线直接相连,天线的输入阻抗决定了馈线的驻波状态。馈线终端的电压反射系数 $\Gamma$ 与天线输入阻抗 $Z_{in}$ 间的关系为

$$\Gamma = \frac{Z_{in} - Z_c}{Z_{in} + Z_c} \tag{2-2}$$

$$Z_{in} = Z_c \frac{1+\Gamma}{1-\Gamma} \tag{2-3}$$

式中:$Z_c$ 为馈线的传输线特性阻抗;$Z_{in}$ 为天线输入阻抗。反射系数 $\Gamma = 0$ 是天线理想的工作状态,表示天线与馈线完美匹配,信号在传输时无能量损失,此时说明天线的输入阻抗 $Z_{in}$ 与馈线的特性阻抗 $Z_c$ 匹配相等。

在天线领域,通常使用的是另外一项反映天线匹配程度的参数,即电压驻波比(Voltage Standing Wave Ratio,VSWR),它是馈线传输线上相邻的波腹电压振幅与波节电压振幅之比,即

$$\text{VSWR} = \frac{|U_{max}|}{|U_{min}|} = \frac{1+|\Gamma|}{1-|\Gamma|} \tag{2-4}$$

式中:$\Gamma$ 为馈线的反射系数,对应于 $\Gamma = 0$ 天线的完美匹配状态,即 VSWR = 1 表示完美匹配状态。天线追求匹配工作状态的意义在于,馈线上传输的全部功率都进入天线中,产生最大的辐射功率,同时完美匹配表明没有功率反射回馈线,进入放大器和振荡器等前级微波器件,避免放大器和振荡器进入不稳定的工作状态,引起振荡频率变化和输出功率变化。非理想匹配会导致馈线上存在驻波,相应地产生小于 1 的阻抗匹配效率,该效率表示为

$$\eta_z = 1 - |\Gamma|^2 \tag{2-5}$$

式中:$\Gamma$ 为馈线的反射系数;参数 $\eta_z$ 通常以 dB 值表示,也称为驻波损失。典型

的驻波比和反射系数以及阻抗匹配效率之间的关系见表2-1。

表2-1 电压驻波比与反射系数典型值

| VSWR | 反射系数 $\varGamma$/dB | $\eta_z$/dB |
|---|---|---|
| 1 | $-\infty$ | 0 |
| 1.2 | $-20.8$ | 0.04 |
| 1.5 | $-14.0$ | 0.18 |
| 2 | $-9.5$ | 0.51 |
| 3 | $-6.0$ | 1.25 |
| 10 | $-3.5$ | 4.81 |

注：$\varGamma(\text{dB})=20\lg\varGamma$；$\eta_z(\text{dB})=10\lg(1-|\varGamma|^2)$。

在相控阵天线中，尤其是宽带、宽角扫描情况下，考察天线的有源驻波比更有意义。定义有源驻波比是在阵列中所有单元均处于激励状态时，传输到某一天线单元输入/输出端口上电压波的波腹电压与波节电压振幅之比。区别于此处定义的有源驻波比，电压驻波比被称为无源驻波比，无源驻波比考虑的仅仅是被考察天线单元馈电，其余单元均接匹配负载情况，即天线阵列中单元之间无互耦，而有源驻波比考虑的则是阵列中所有单元均馈电的情况。有源驻波比除了考虑由于天线单元自身阻抗失配造成的反射信号，也考虑了阵列中所有单元通过空间耦合途径耦合到该天线单元上的信号。有源驻波比为

$$\text{VSWR}_a = \frac{|U_{\max,a}|}{|U_{\min,a}|} = \frac{1+|S_a|}{1-|S_a|} \qquad (2-6)$$

式中：$\text{VSWR}_a$为天线单元的有源驻波比；$U_{\max,a}$和$U_{\min,a}$分别为天线端口上传输总电压波的波腹电压和波节电压；$S_a$为在考虑阵列所有单元激励情况下，天线单元的有源反射系数，该参数与其他单元激励的幅度和相位相关，即在不同加权情况和不同扫描态前提下，有源反射系数不同。

由于有源驻波比与阵列中各个单元激励的幅度和相位有关，因此给端口测试带来难度。通过功分网络给多天线单元激励，利用定向耦合器测试回波的方法可以直接测试有源驻波比，但测试系统比较复杂，并且只能获得阵列在一种激励状态下的有源驻波，测试加权赋形扫描态性能，则需要在功分网络附加移相器和衰减器，进一步增加了测试系统的复杂性。因此，为了获得天线阵在各种激励状态下的有源驻波，通过测试天线单元的无源驻波和阵列单元间的互耦系数，然后再进行幅度和相位加权计算得到有源驻波。计算公式表述为

$$S_{i,a} = \frac{\sum_{n=1}^{N} a_n e^{j\phi_n} S_{in}}{a_i e^{j\phi_i}}, i = 1, 2, \cdots, N \tag{2-7}$$

式中：$S_{i,a}$为天线单元$i$的有源反射系数；$a_n$和$\phi_n$为第$n$个天线单元的激励幅度和相位；$S_{in}$为天线单元$i$与天线单元$n$之间的$S$参数，当$i=n$时，即为天线单元$i$的反射系数。由式(2-7)可知，在得到天线单元自身的反射系数$S_{ii}$和该单元与阵列中其他单元的耦合$S$参数后，通过改变各个单元的激励幅度和相位，就可得到该天线单元在阵列不同激励状态下的有源驻波比。这种方法最大优势在于经过一次测试，就可以获得工作频带内任意加权赋形、任意扫描角下的有源驻波比。如图 2-1 所示为一例相控天线单元有源反射损耗测试结果，横坐标表示扫描角，纵坐标表示工作频率，根据上述方法看出，在单元$S$参数测试频率和计算扫描角度采样足够的情况下，就可以获得频域和扫描域高分辨的有源反射损耗结果。在两维扫描情况下，由于数据量大，需要设置有源驻波超标判定值，在计算过程中，获得有源驻波比超过指标和急剧恶化盲点的频域和扫描域位置。显然，这一方法同样适用于相控阵天线单元的设计优化。

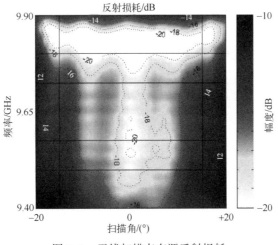

图 2-1 天线扫描态有源反射损耗

（2）带宽。天线的性能参数，如输入阻抗、增益、轴比等，均随着工作频率的变化而变化，电子信息系统的工作状态容许这些性能参数在一定范围内发生变化。当天线性能参数在容许范围内变化时，对应的频率上下限之间的范围定义为工作频段，频率上限与下限的差值称为带宽。带宽通常分为绝对带宽和相对带宽两种，绝对带宽是指以频率单位计量的带宽实际值，即频率上下限之间的差值,而相对带宽则是指带宽实际值与频带中心频率的比值。相对带宽常被用来评价天线的带宽性能,一般将带宽<10%的天线称为窄带天线。宽带天线则一般是指其频率上下限比值大于 2∶1 的天线。当天线的带宽上下限比值大于 3∶1 时,一般称作超宽带(Ultra-Wide Band,UWB)天线[21]。

天线的输入阻抗、增益、轴比等特性参数,在容许范围内变化对应的频率范围不尽相同,一般以最窄的带宽值计为天线带宽。通常情况下,天线的输入阻抗是对频率变化较为敏感的参数,相应的容忍范围一般较小,因此在一般情况下,天线带宽是指天线的阻抗带宽。但在一些特殊的场合中,对天线其他参数的要求比阻抗更加严格,此时天线的带宽就对应于相应参数的带宽,通常也会注明带宽为增益带宽或轴比带宽等。另外,在高分辨率微波成像中,天线工作频带内的增益幅度和相位特性影响脉冲压缩方向图副瓣,进而影响距离向成像质量,因此会对增益幅和相随频性能做出要求。

### 2.1.2 辐射参数

(1) 方向性系数。天线的方向性系数和增益是表征天线辐射特性的主要性能参数,用来定量地描述天线辐射功率,沿空间各个方向的分布情况。天线的方向性系数(Directivity,D)定义为天线沿指定方向的辐射强度与天线所有方向辐射强度平均值的比值。天线所有方向辐射强度平均值等于天线辐射的总功率除以全空间立体角 $4\pi$,如果没有指明特定方向,则方向系数是指沿天线最大辐射方向的方向性系数。该定义可以等效地表述为,一个非各向同性辐射天线的方向性系数是天线沿特定方向的辐射强度与各向同性辐射天线沿该方向的辐射强度比值,即

$$D = \frac{U}{U_0} = \frac{4\pi U}{P_{rad}} \quad (2-8)$$

式中:$U$ 为辐射强度(单位:瓦/立体弧度);$P_{rad}$ 为天线辐射的总功率。如果没有指明特定方向,则默认指沿最大辐射方向的方向性系数,即

$$D_{max} = \frac{U_{max}}{U_0} = \frac{4\pi U_{max}}{P_{rad}} \quad (2-9)$$

式中:$D$ 为方向性系数(无量纲);$U$ 为辐射强度;$U_{max}$ 为最大辐射强度;$U_0$ 为各向同性天线的辐射强度;$P_{rad}$ 为天线辐射的总功率。

对于一个各向同性天线而言,从式(2-9)可以看出,其方向性系数是单位 1,因为 $U$、$U_{max}$ 和 $U_0$ 三者是相等的。

综上所述,方向性系数的物理意义是在辐射功率相同的情况下,有方向性的天线在最大辐射方向的辐射强度是各向同性天线的 $D$ 倍。因此 $P_{rad} \cdot D$ 也称为天线在该方向的等效各向同性辐射功率(Equivalent Isotropic Radiation Power,EIRP)。天线具有这种放大辐射强度功能的实质,是天线把各向同性天线向其他方向辐射的部分功率集聚到某一方向上。天线的主瓣波束越窄,意味着集聚效应越明显,则天线的方向性系数越高。

对最大辐射方向而言,天线就是辐射功率的放大器,这种放大作用是通过对辐射功率进行空间分配来实现的。根据天线辐射强度在全空间的分布情况 $U(\theta,\varphi)$,也能得出天线的方向性系数。天线辐射的总功率为天线辐射强度在全空间的积分,即

$$P_{rad} = \oiint_{\Omega} U(\theta,\varphi) \sin\theta \mathrm{d}\theta \mathrm{d}\varphi \tag{2-10}$$

式中:$U$ 为天线辐射强度;$\Omega$ 为全空间对应的立体角范围;$\theta$ 和 $\varphi$ 为球坐标系的坐标变量。天线方向性系数表示为

$$D = \frac{4\pi U}{P_{rad}} = \frac{4\pi U_{max}(\theta,\varphi)}{\oiint_{\Omega} U(\theta,\varphi) \sin\theta \mathrm{d}\theta \mathrm{d}\varphi} \tag{2-11}$$

式中:$U$ 为天线辐射强度;$U_{max}$ 为最大辐射强度。

在实际应用中,在已知波束宽度的条件下,可以对天线的方向性系数进行估算。天线方向性系数可以近似表示为空间立体角与主波束立体角的比值,即

$$D \approx \frac{4\pi}{\Omega_m} \tag{2-12}$$

式中:$\Omega_m$ 为主波束立体角,可以表示为主波束沿两个相互正交的主平面半功率波束宽度的乘积。采用角度单位制时,方向性系数可表示为

$$D \approx \frac{4\pi}{\mathrm{HPBW}_E \cdot \mathrm{HPBW}_H} = \frac{4\pi(180/\pi)^2}{\mathrm{HPBW}_E° \cdot \mathrm{HPBW}_H°} = \frac{41253}{\mathrm{HPBW}_E° \cdot \mathrm{HPBW}_H°} \tag{2-13}$$

式中:$\mathrm{HPBW}_E°$,$\mathrm{HPBW}_H°$ 是以度为单位的两个主辐射面半功率波束宽度。

对于具有正交极化分量的天线而言,极化的偏振方向性系数是天线沿指定极化方向的辐射强度分量与沿各个方向平均的辐射强度的比值。根据该定义可知,在特定方向的天线方向性系数等于天线在该方向的两个正交偏振方向性系数之和,天线的方向性系数可以表示为

$$D = D_\theta + D_\varphi \tag{2-14}$$

$$D_\theta = \frac{4\pi U_\theta}{(P_{\text{rad}})_\theta + (P_{\text{rad}})_\varphi} = \frac{4\pi U_\theta}{P_{\text{rad}}} \quad (2-15)$$

$$D_\varphi = \frac{4\pi U_\varphi}{(P_{\text{rad}})_\theta + (P_{\text{rad}})_\varphi} = \frac{4\pi U_\varphi}{P_{\text{rad}}} \quad (2-16)$$

式中：$U_\theta$，$U_\varphi$ 分别为天线沿指定方向的 $\theta$ 方向和 $\varphi$ 方向的辐射强度；$(P_{\text{rad}})_\theta$，$(P_{\text{rad}})_\varphi$ 分别为天线所有方向对应于 $\theta$ 分量和 $\varphi$ 分量的辐射功率。

（2）极化。天线的极化是指天线在指定方向上所辐射电磁波的极化状态，一般情况下是指最大辐射方向上主瓣内的极化状态。由于电磁波中的电场和磁场矢量的振动可能位于传播方向横截面的任意一个方向上，并且存在振动随传播发生变化的情况，即场矢量在横截面内的运动轨迹可能呈线状或椭圆状，由此形成了电磁波的不同极化状态。

电磁波的极化状态是通过电磁波电场矢量末端形成的轨迹来区分的，一般采用电矢量的振动方向来描述电磁波的极化状态。可以分为线极化、圆极化和椭圆极化三种。如果考察点的电场矢量随时间变化时，总是处在一条直线上，则电场在该点的极化状态是线极化。更一般的情况是，电场矢量末端形成的轨迹曲线是一个椭圆，此时场的极化状态是椭圆极化。如果轨迹椭圆的长轴和短轴相等，则此时场的极化状态是圆极化。

对于电磁波的圆极化状态，考虑到电场矢量沿顺时针或逆时针方向旋转均可形成圆形轨迹，顺着电磁波传播的方向观察电场矢量旋转方向，如果符合右手旋向，则称该极化状态为右旋圆极化，反之则为左旋圆极化。注意，天线领域的左旋右旋定义与光学领域是相反的[22]。

对于椭圆极化来说，电场矢量末端形成的轨迹是一个倾斜的椭圆，如图 2-2 所示。为了描述电场矢量在极化平面内各个方向的分布情况，定义了轴比这一参数，其定义为电场沿椭圆长轴和短轴两个方向强度的比值，可以表述为

$$AR = \frac{OA}{OB}, \quad 1 \leq AR \leq \infty \quad (2-17)$$

式中：$OA$ 为电场矢量轨迹椭圆的长轴长度；$OB$ 为轨迹椭圆的短轴长度。

线极化和圆极化均可视为椭圆极化的特殊情况。根据轴比的定义，可以计算出线极化波的轴比为 $\infty$，而圆极化波的轴比为 1。在实际应用中，通常会用到以 dB 为单位表示的轴比，此时 dB 值与上述定义的关系为

$$AR(\text{dB}) = 20\lg AR \quad (2-18)$$

式中：AR 为极化轴比。

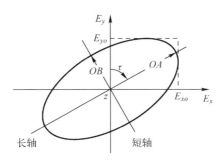

图 2-2 轴比定义示意图

如果承载天线的平台是运动的,包括平动与转动,天线发射或接收到的电磁波往往有一定的取向偏差,该取向偏差会导致入射波的极化状态与天线的极化状态不能完全一致,而这会导致天线效率的下降。这种由于极化未完全匹配而产生的天线效率下降的现象称为极化失配现象,相应的天线效率的下降比率称为极化失配因子(Polarization Loss Factor,PLF)。极化失配因子可以通过两个天线极化矢量的乘积得到,假定发射天线的辐射电磁波的极化矢量为 $\boldsymbol{\rho}_t$,接收天线沿入射波方向的天线极化矢量为 $\boldsymbol{\rho}_r$,即入射波和接收天线的电场极化情况分别可以表示为

$$\boldsymbol{E}_t = \boldsymbol{\rho}_t \cdot \boldsymbol{E}_t, \ \boldsymbol{E}_r = \boldsymbol{\rho}_r \cdot \boldsymbol{E}_r \tag{2-19}$$

则极化损失因子可以表示为

$$\mathrm{PLF} = |\boldsymbol{\rho}_t \cdot \boldsymbol{\rho}_r|^2 = |\cos\psi_p|^2 \tag{2-20}$$

式中:$\boldsymbol{\rho}_t$ 为发射天线沿发射方向的极化矢量;$\boldsymbol{\rho}_r$ 为接收天线沿入射波方向的天线极化矢量;$\boldsymbol{E}_t$ 为发射天线的电场矢量;$\boldsymbol{E}_r$ 为接收天线的电场矢量分量。在线极化的情况下,$\psi_p$ 对应两个极化方向的夹角,而在一般的圆极化和椭圆极化的状态下,可以认为是两个极化态间的广义夹角。以圆极化天线和线极化天线之间的传输为例,可以计算得到两者之间的极化传输效率为

$$\boldsymbol{\rho}_t = \frac{1}{\sqrt{2}}x + \frac{1}{\sqrt{2}}y, \ \boldsymbol{\rho}_r = x \tag{2-21}$$

$$\mathrm{PLF} = |\boldsymbol{\rho}_t \cdot \boldsymbol{\rho}_r|^2 = \frac{1}{2} = -3\mathrm{dB} \tag{2-22}$$

式(2-22)表明圆极化天线和线极化天线之间进行传输时,会有由极化失配产生的 3dB 功率损失。

在多极化微波成像应用中,通常使用极化信息,按照国际标准 IEEE Std 145—1993 定义,主极化是指定方向的极化分量,交叉极化则是与主极化正交的

分量,对于圆极化仅与波束传播方向相关,是唯一的,但是线极化则无明确定义,通常采用 A. C. Ludwig 提出的主极化与交叉极化定义[23],如图 2-3 所示。三种定义中,第一种参考极化是直角坐标系中的平面波极化;第二种参考极化是基本振子的极化,交叉极化则是同一轴线上磁基本振子的极化;第三种参考极化是惠更斯源的极化,而交叉极化则是其口径场旋转 90°的惠更斯源的极化。最后一种符合应用场景,使用方便。因此,在雷达领域通常应用第三种定义。

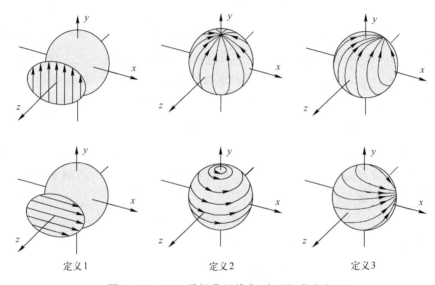

图 2-3 Ludwig 线极化天线主/交叉极化定义

(3) 辐射效率。天线的辐射效率是用来表征天线实际馈入的能量被辐射出去的比例,其定义为天线辐射功率与天线实际馈入功率的比值。天线馈入功率与天线辐射功率之间的差值为天线能量辐射过程产生的损耗,包括高次模损耗、介质和金属等损耗。当电磁波在天线结构内传播时,介质和金属材料会产生一定的热损耗。如图 2-4 所示,天线辐射效率为

$$\eta_{\text{rad}} = \frac{R_r}{R_r + R_L} \quad (2-23)$$

式中:$R_r$ 为天线的辐射电阻;$R_L$ 为天线的损耗电阻。

根据天线辐射效率的形成过程,提高天线的辐射效率可以通过降低介质材料的损耗角正切和提高金属材料的电导率来实现。

在实际应用中,有时会使用"天线效率"参数,该参数与天线辐射效率定义

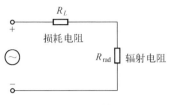

图 2-4 天线辐射等效电路图

类似,两者区别在于天线效率是以包括因阻抗失配产生的天线反射功率在内,馈线馈入天线的总功率为基准,因此天线效率 $\eta_{ant}$ 可以表示为

$$\eta_{ant} = \eta_z \eta_{rad} = (1-|\Gamma|^2)\eta_{rad} \tag{2-24}$$

式中:$\Gamma$ 为天线反射系数;$\eta_{rad}$ 为天线辐射效率。

天线效率与天线辐射效率之间的差值就是驻波损失,即由于阻抗失配产生驻波而引起的损失。通常会要求天线效率最大化,因此应尽量提高天线的阻抗匹配效率和天线辐射效率,降低天线的驻波损耗及介质和金属损耗。

## 2.2 线性阵列

受单个天线单元的口径限制,天线单元的增益一般较小。在许多应用中,天线具有高定向性或高增益,以满足远距离高分辨对地微波成像的需求。为了提高天线的增益,需要将天线单元组阵排列,由多个天线单元组成的天线称为阵列天线。

阵列天线辐射的总场是阵列中各个单元辐射场的矢量叠加。通常情况下,阵列天线是由构形相同的天线单元组成,影响阵列天线辐射方向图的因素主要是阵元之间的距离、阵列的几何布局(如直线阵、圆形阵、矩形阵、球面阵等)、天线单元的激励幅度和相位、天线单元自身的辐射方向图等。

### 2.2.1 线阵

直线阵列是阵列天线当中最简单阵列形式,直线阵列中影响阵列构型的参数主要是单元方向图、阵元数目和阵元间距等,较为常用的直线阵形式为等间距直线阵列。天线单元组成阵列后,阵列的辐射特性是由单元方向图、阵列构型和天线单元激励幅相决定的。如图 2-5 所示是二元阵列,现分析讨论阵列辐射特性和天线阵列之间的关系。

假定二元阵列中,天线单元采用的是无限小偶极子,两个偶极子沿与偶极

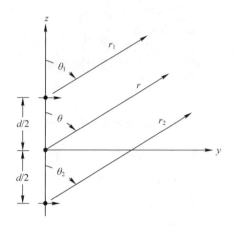

图 2-5 二元天线阵示意图

子指向垂直的方向布阵。该二元阵列的辐射场是两个阵元各自辐射场的叠加，假定两个阵元的激励幅度相等，则有

$$E_t = E_1 + E_2 = a_\theta \mathrm{j}\eta \frac{kI_0 l}{4\pi} \left\{ \frac{\mathrm{e}^{-\mathrm{j}[kr_1-(\beta/2)]}}{r_1}\cos\theta_1 + \frac{\mathrm{e}^{-\mathrm{j}[kr_2+(\beta/2)]}}{r_2}\cos\theta_2 \right\} \quad (2\text{-}25)$$

式中:$\beta$ 为两个阵元之间的激励相位差。在观察点位于远场的条件下,式(2-25)中相位可以做近似,即

$$\theta_1 \simeq \theta_2 \simeq \theta$$

$$\left.\begin{array}{l} r_1 \simeq r - \dfrac{d}{2}\cos\theta \\[4pt] r_2 \simeq r + \dfrac{d}{2}\cos\theta \end{array}\right\} 相位项$$

$$r_1 // r_2 // r$$

阵列的总辐射场可以简化为

$$\begin{aligned} E_t &= a_\theta \mathrm{j}\eta \frac{kI_0 l}{4\pi r}\cos\theta \left[ \mathrm{e}^{\mathrm{j}(kd\cos\theta+\beta)/2} + \mathrm{e}^{-\mathrm{j}(kd\cos\theta+\beta)/2} \right] \\ &= a_\theta \mathrm{j}\eta \frac{kI_0 l}{4\pi r}\cos\theta \left\{ 2\cos\left[\frac{1}{2}(kd\cos\theta+\beta)\right] \right\} \end{aligned} \quad (2\text{-}26)$$

式中:$\eta$ 为自由空间波阻抗;$I_0$ 为天线激励电流。

由式(2-26)可以看出,二元阵列的总辐射场可以表示为一个位于阵列中心辐射单元的场,与一个与单元方向图无关的因子的乘积。这个与单元方向图无关的因子称为阵因子,对于等幅馈电的二元阵列而言,阵因子为

$$\text{AF} = 2\cos\left[\frac{1}{2}(kd\cos\theta + \beta)\right] \tag{2-27}$$

式中:$d$ 为天线单元间距;$k$ 为自由空间波数;$\beta$ 为两个阵元之间的激励相位差。

阵因子是一个与阵列几何结构和阵元激励的幅度、相位有关的函数。通过调整阵列单元间距与激励幅度和相位,可以改变阵因子以及天线阵列的天线方向图。

上述分析指出,一个等幅二元阵列的远区场等于位于阵列中心点的天线单元的辐射场与阵列的阵因子的乘积,将以上表述推广到一般阵列方向图,可以表示为

$$E_t = E_i \cdot \text{AF} \tag{2-28}$$

式中:$E_i$ 为单元天线辐射场;AF 为阵列天线阵因子。

一般而言,阵因子是与阵列单元数目、阵列单元之间的距离和几何布局、馈电的相对幅度和相位有关的函数。由于阵因子与阵元方向图无关,在分析讨论阵因子时,通常假定阵列单元为各向同性点源。在这种情况下,天线阵列的辐射场就是天线阵列的阵因子,根据方向图相乘原理,再乘以天线单元辐射方向就可以得到真实阵列天线的辐射方向图。

## 2.2.2 等幅线阵

等幅线型阵列是指阵列中各个天线单元的激励幅度相同的直线阵列,这是直线阵列中较为简单也是较为常用的,如图 2-6 所示。

将各个阵列单元都用各向同性点源来代替,设第 $i$ 个单元的激励因子为

$$M_i = I_i e^{j(i-1)\beta} \tag{2-29}$$

式中:$\beta$ 为相邻单元的相位差。由于各个阵元的幅度都相同,则 $I_i = 1$,其阵因子为

$$\begin{aligned}\text{AF} &= 1 + e^{j(kd\cos\theta+\beta)} + e^{j2(kd\cos\theta+\beta)} + \cdots + e^{j(N-1)(kd\cos\theta+\beta)} \\ &= \sum_{n=1}^{N} e^{j(n-1)(kd\cos\theta+\beta)}\end{aligned} \tag{3-30}$$

式中:$d$ 为天线单元间距;$k$ 为自由空间波数;$\beta$ 为相邻单元的相位差;$N$ 为天线单元数。

此时,阵因子通常被简写为

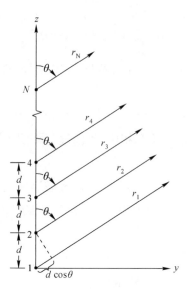

图 2-6 均匀线阵示意图

$$\mathrm{AF} = \sum_{n=1}^{N} \mathrm{e}^{j(n-1)\psi}, \psi = kd\cos\theta + \beta \qquad (2\text{-}31)$$

根据等比级数的求和法则,式(2-31)可以进一步化简为

$$\mathrm{AF} = \frac{\mathrm{e}^{jN\psi}-1}{\mathrm{e}^{j\psi}-1} = \mathrm{e}^{j[(N-1)/2]\psi} \frac{\sin\frac{N}{2}\psi}{\sin\frac{1}{2}\psi} \qquad (2\text{-}32)$$

如果将相位参考点取为阵列的中心点,则阵因子可简化为

$$\mathrm{AF} = \frac{\sin\frac{N}{2}\psi}{\sin\frac{1}{2}\psi} \qquad (2\text{-}33)$$

综上所述,阵因子是与阵元间距 $d$ 和阵元间的递进馈电相位差 $\beta$ 相关的函数。在阵列单元间距和馈电相位差 $\beta$ 不同的情况下,阵列的辐射情况也是不相同的,较为典型的线阵有边射阵、端射阵和扫描阵等。

(1)边射阵。许多应用场景要求天线阵列的最大辐射方向与阵列的布置平面相垂直,也就是阵列的最大辐射方向指向阵面法向。为了得到较好的天线辐射性能,通常要求天线单元的最大辐射方向与阵因子的最大辐射方向均指向阵面法向。在线阵的情况下,该方向指与阵列排布方向的垂面方向。根据对阵因子的分析,可以得出边射阵对阵元激励幅度和相位的要求。由等幅线阵的阵

因子表达式(2-31)可知,阵因子取得最大值的条件为
$$\psi = kd\cos\theta + \beta = 0 \tag{2-34}$$
由于边射阵要求最大辐射方向出现在阵列排布方向的垂面方向,即 $\theta=90°$,则有
$$\psi = kd\cos\theta + \beta \big|_{\theta=90°} = \beta = 0 \tag{2-35}$$
因此为使线阵的最大辐射方向朝向边射方向,要求所有阵元的激励相位相同。在上述分析过程中,阵元间距 $d$ 可以取任意值,但为了确保阵因子在其他方向不出现栅瓣,则要求阵元间距小于一个波长($d<\lambda$)。

对于阵元数目较大的天线阵列,天线阵的方向图形状主要取决于其阵因子的方向图。阵因子的半功率波束宽度可以根据阵因子方向图主瓣的半功率点角度 $\theta_{1/2}$ 得到,令
$$\mathrm{AF}_n = \frac{\sin\frac{N}{2}\psi}{N\sin\frac{1}{2}\psi} = \frac{\sin\left(\frac{N}{2}kd\cos\theta\right)}{N\sin\left(\frac{1}{2}kd\cos\theta\right)} = \frac{\sqrt{2}}{2} \tag{2-36}$$
可求得
$$\frac{N}{2}kd\cos\theta = 1.391 \tag{2-37}$$
由于阵因子的最大方向出现在 $\theta=\pi/2$ 方向,则阵因子的半功率波束宽度为
$$\mathrm{HPBW} = 2\arcsin\frac{2.782}{Nkd} = 2\arcsin 0.443\frac{\lambda}{Nd} \approx 0.886\frac{\lambda}{Nd} \tag{2-38}$$
式中:$N$ 为天线单元数;$d$ 为天线单元间距;$\lambda$ 为天线工作波长。

由式(2-38)可知,边射阵的半功率波束宽度与阵元数目 $N$ 成反比,阵元数目越多,波瓣越窄。

令阵因子为 0 时,可以得到阵因子的零点方向,此时有
$$\frac{N}{2}kd\cos\theta = \pm n\pi, \quad n = 1,2,3,\cdots \tag{2-39}$$
$$\theta = \arccos\pm\frac{n\lambda}{Nd} \tag{2-40}$$
当天线阵用于接收时,在零点方向上不会收到干扰信号,因此在天线设计中,常使其零点方向对准干扰方向。由天线阵因子的零点分布可知,边射阵的第一零点波束宽度(First-Null Beam Width,FNBW)为

$$FNBW = 2\arcsin\frac{\lambda}{Nd} \approx \frac{2\lambda}{Nd} \qquad (2-41)$$

天线阵副瓣最大值相对于主瓣最大值的比值定义为副瓣电平(Side Lobe Level, SLL),通常用分贝值来表示。由阵因子的表达式(2-36)可知,边射阵的第一副瓣约为

$$AF_n = \frac{\sin\frac{N}{2}\psi}{N\sin\frac{1}{2}\psi}\bigg|_{\frac{N}{2}\psi \approx \frac{3\pi}{2}} = 0.212 = -13.46\text{dB} \qquad (2-42)$$

即边射阵的第一副瓣电平约为 $-13.46\text{dB}$。

(2) 端射阵。除了边射阵之外,另一种较为典型的天线阵列辐射方向为端射,即阵列的最大辐射方向为直线阵的排布方向。将端射方向的 $\theta = 0°$ 代入式(2-31),根据等幅线阵的最大辐射方向条件 $\psi = 0$,可得

$$\psi = kd\cos\theta + \beta\big|_{\theta=0°} = kd + \beta = 0 \qquad (2-43)$$

于是天线阵列辐射方向指向端射方向,对馈电相位的要求为 $\beta = -kd$。在端射方向,由于每个单元的辐射场在这一方向上同相叠加,因此合成最大值。

**波瓣宽度和零点方向。** 在 $\beta = -kd$ 的条件下,端射阵的阵因子可以表示为

$$AF_n = \frac{\sin\frac{N}{2}\psi}{N\sin\frac{1}{2}\psi} = \frac{\sin\left[\frac{N}{2}kd(\cos\theta - 1)\right]}{N\sin\left[\frac{1}{2}kd(\cos\theta - 1)\right]} \qquad (2-44)$$

式中:$N$ 为阵元数目;$d$ 为阵元间距;$k$ 为自由空间波数。

令阵因子为 $\sqrt{2}/2$ 半功率状态,可得到半功率点角度,即

$$AF_n = \frac{\sin\frac{N}{2}\psi}{N\sin\frac{1}{2}\psi} = \frac{\sin\left[\frac{N}{2}kd(\cos\theta - 1)\right]}{N\sin\left[\frac{1}{2}kd(\cos\theta - 1)\right]} = \frac{\sqrt{2}}{2} \qquad (2-45)$$

可以求出

$$\cos\theta = 1 - \frac{1.394}{Nkd} = 1 - \frac{0.444\lambda}{Nd} = 1 - 2\sin^2\frac{\theta}{2} \qquad (2-46)$$

于是半功率波束宽度 HPBW 为

$$HPBW = 2\theta = 4\arcsin\sqrt{\frac{0.222\lambda}{Nd}} \approx 1.88\sqrt{\frac{\lambda}{Nd}} \qquad (2-47)$$

式(2-47)表明,与边射阵的情况不同,端射阵的半功率波束宽度与阵元数目 $N$ 的平方根成反比。相同情况下,端射阵波束宽度明显宽于边射阵,相应地其增益也低于边射阵。

端射阵的零点方向同样可由阵因子的表达式求出,即

$$\cos\theta - 1 = -\frac{n\lambda}{Nd}, \quad n = 1, 2, \cdots \quad (2-48)$$

$$\theta = \arccos\left(1 - \frac{n\lambda}{Nd}\right) = 2\arcsin\sqrt{\frac{n\lambda}{2Nd}} \quad (2-49)$$

其第 $n$ 零点波束宽度为

$$\text{FNBW} = 2\theta = 4\arcsin\sqrt{\frac{n\lambda}{2Nd}} \quad (2-50)$$

式中: $N$ 为天线单元数; $\lambda$ 为工作波长; $d$ 为天线单元间距。

**副瓣电平**。由端射阵和边射阵的阵因子表达式(2-36)和式(2-44)可知,端射阵的副瓣分布位置与边射阵不同,但其副瓣电平值与边射阵相同,第一副瓣同样为 $-13.46\text{dB}$,即

$$\text{AF}_n = \left.\frac{\sin\frac{N}{2}\psi}{N\sin\frac{1}{2}\psi}\right|_{\frac{N}{2}\psi \approx \frac{3\pi}{2}} = 0.212 = -13.46\text{dB} \quad (2-51)$$

(3) 扫描阵。由前面分析可知,当 $N$ 元等幅线阵的相邻单元相差 $\beta = 0$ 时,阵列辐射方向为边射方向;当相邻单元相位差 $\beta = -kd$ 时,辐射方向为端射方向,可见控制相邻单元相位差 $\beta$ 的大小,可以使最大辐射方向发生改变。假定预期阵列的最大辐射方向出现在 $\theta = \theta_0$ 上,有

$$\psi = kd\cos\theta + \beta|_{\theta=\theta_0} = kd\cos\theta_0 + \beta = 0$$
$$\beta = -kd\cos\theta_0 \quad (2-52)$$

因此通过调整阵列单元的递进相位差,可以控制天线阵的最大辐射方向,使其指向任意指定的方向,这就是相控阵天线的基本原理。

根据阵因子函数 $\dfrac{\sin\frac{N}{2}\psi}{N\sin\frac{1}{2}\psi}$ 的周期性可知,当 $\psi = \pm 2n\pi$ 时,阵因子取到最大值。当阵因子取到多个最大值时,将会产生栅瓣,因此为了抑制栅瓣产生,阵元的间距需要满足以下条件,即

$$|u|_{\max} < 2\pi \tag{2-53}$$

$$\frac{2\pi d}{\lambda}|\cos\theta - \cos\theta_0|_{\max} < 2\pi \tag{2-54}$$

因此有

$$d < \frac{\lambda}{1+|\cos\theta_0|} \tag{2-55}$$

式(2-55)中的 $\theta$ 是从阵列的轴线方向算起,如果 $\theta$ 从阵列的法线方向算起,则 $\cos\theta_0$ 应改为 $\sin\theta_0$,即

$$d < \frac{\lambda}{1+\sin\theta_0} \tag{2-56}$$

式(2-55)对应栅瓣的最大方向不出现在可见区之内,但是栅瓣的最大方向至其最近零点之内的部分波瓣仍可落在可见区之内,因此对栅瓣更严格的要求是这一部分栅瓣也不出现在可见区之内,则有

$$\frac{2\pi d}{\lambda}|\cos\theta - \cos\theta_0|_{\max} < 2\pi - \frac{\pi}{N} \tag{2-57}$$

因此有

$$d < \frac{\lambda}{1+|\cos\theta_0|}\left(1-\frac{1}{2N}\right) \tag{2-58}$$

若 $\theta$ 从阵列的法线方向算起,则该要求为

$$d < \frac{\lambda}{1+|\sin\theta_0|}\left(1-\frac{1}{2N}\right) \tag{2-59}$$

### 2.2.3 非等幅线阵

前述的等幅线阵的副瓣电平都在-13.46dB 左右,在部分应用场合中,该副瓣电平偏高,不能满足应用需求,如在雷达应用中常需要副瓣电平低于-30dB,以降低来自其余方向的信号干扰,高分辨率微波成像中也有类似的需求。对于这类应用中提出的低副瓣电平需求,等幅分布无法达到,因此需要对等幅线阵做相应改进,以降低副瓣电平。通过分析可知,天线阵的副瓣电平主要与天线阵面电流幅度空间分布的有关。当阵面电流随阵元空间位置的不同而发生变化时,便产生了非等幅线阵。为了控制阵列副瓣电平达到特定数值,需要对非等幅线阵中各个阵元幅度分布与阵列副瓣电平的关系做详细研究。

由于天线阵的辐射方向图与其口径场分布之间存在傅里叶变换关系,等幅线阵的方向图具有类似辛格(sinc)函数的形状,等幅线阵的副瓣电平其实就是

sinc 函数的第一副瓣电平,如图 2-7 所示。通过调整天线阵中阵元的幅度分布,可以控制天线阵的副瓣电平。

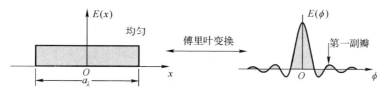

图 2-7 线阵口径分布与辐射方向图的关系

## 2.2.4 非等间距线阵

非等间距天线阵列是指阵列中相邻单元间距不是固定值的天线阵列,常见的非等间距天线阵列主要有两类:一类是阵列单元间距自阵列中央向两侧对称地以一定规律增大的阵列;另一类是在等距线阵的基础上按照一定的规律将一定比例的阵元抽掉后组成的阵列。当然,还存在一类完全非规律性的随机单元间距布阵形式,这种天线阵列由于在工程上难以规模化实现,因此很少应用。不等间距阵都可以称为稀疏阵或稀布阵,又可称为密度加权阵,其中第一类由于其阵列排列密度分布自中央向两侧递减,又称为密度锥削阵。

非等间距线阵的优点是减少了单元数目,为了控制非等间距线阵的副瓣电平等参数,需要对其阵因子等参数进行分析。与等间距线阵的情况不同,非等间距线阵的方向图特性与副瓣特性一般不能得到解析表达式,只能通过数值方法进行分析求解。对非等间距线阵的分析和综合过程是通过对相应的数值问题进行分析和优化来实现的。

对于第一类非等间距阵列,其阵元间距不限定为特定值的整数倍,可取任意值,其常见的分析方法有矩阵法、微扰法、等效电流法和统计法等[24]。矩阵法是用有限项傅里叶级数逼近天线辐射波瓣的方法,此时需要求逆矩阵,因此称作矩阵法;微扰法是通过对等间距线阵的天线单元排列加以修正而得到密度加权阵,从而推导出天线阵列的阵因子;等效电流法是将天线单元所占的间距等效地表示为口径电流分布,进而推导天线阵列阵因子;统计法是用满足一定概率密度函数的随机数来确定天线单元的位置,在这种情况下可以通过有关的统计理论得到关于天线增益、波束宽度及副瓣电平的统计值。

对于第二类非等间距阵列,其阵元间距为一个基本间距的整数倍,它通常为一个均匀等距阵去掉部分格点后的阵列,常见的分析方法有枚举法、优选法、统计法等。枚举法对于缺元阵的所有可能的排列情况,都把对应的方向图计算出来,从中选出第一副瓣电平最低的一种排列。这种方法得到的结果是全局最优解,但当单元数较多时,计算量会非常大,时间和计算成本较高,难以做到,因此不适用于大规模阵列的设计。优选法又称为动态规划法,该方法从某一种阵列布局出发,通过调整个别单元的位置,形成新的阵列布局,通过比较新布局和旧布局的副瓣性能,选出性能较好的布局,迭代上述过程直到得到满足副瓣性能要求的阵列布局或者副瓣性能不能继续改善为止。统计法通过理论分析得到一种能够产生较低副瓣电平的口径电流分布,将这种分布作为概率密度函数,然后参考这个函数统计来决定各个位置上放或者不放单元,这样就得到了天线单元分布密度与预期电流分布相同的密度加权阵,经过这种过程优化得到的每一种可能的布局,其第一副瓣电平相对理想电流分布来说或高或低,但多种排列的统计平均值应该与口径电流分布预计的副瓣电平值相等,当参考口径电流分布选取适当时,一般可以得到副瓣电平较低的天线阵列。

对于阵元间距为随机值的大型线阵,随机阵的波束宽度收敛于平均方向图的波束宽度,该性能参数受阵元数减少的影响较小,因而利用随机间距的稀疏阵来获得窄波束是较为有利的[25],但其方向性系数 $D$ 仍与总阵元数 $N$ 成正比。同时,为获得给定的低副瓣电平,需要一定的单元密度,即存在最小的阵元数 $N$ 限制。

### 2.2.5 单元方向图对阵列方向图的影响

对于实际天线而言,其方向图是非各向同性的,天线阵的实际辐射特性是受到天线单元方向图的影响。为了考察天线单元方向图和阵因子之间的作用,这里对方向图相乘原理进行描述,天线阵列的辐射方向图是天线单元的辐射方向图与和该阵列具有相同的位置、相同的相对幅度和相位激励的各向同性点源阵的辐射方向图的乘积,即

$$E(\theta,\varphi)=f(\theta,\varphi)g_a(\theta,\varphi) \tag{2-60}$$

式中:$f(\theta,\varphi)$ 为阵因子;$g_a(\theta,\varphi)$ 为天线单元方向图;$\theta$ 和 $\varphi$ 为球坐标系的坐标变量。

一般情况下,将天线单元组成阵列的目的是提高天线增益,实现更高的定向性,因此通常将天线单元的最大辐射方向与阵因子的最大辐射方向设计为同一方向,以得到尽量高的增益。

为了考察单元天线方向图与阵因子之间的作用,首先讨论一个常见的共轴

二元偶极子阵列,由于偶极子自身的方向图为8字形,二元阵列(等幅同相)的阵因子也为8字形,两者的乘积将形成一个波束更窄的8字形方向图,如图2-8(a)所示。

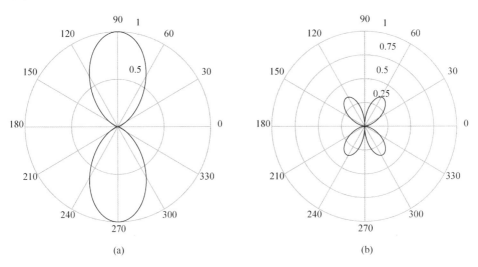

图 2-8　偶极子空间取向对阵列方向图的影响
(a) 偶极子取向与阵列方向一致; (b) 偶极子取向与阵列方向垂直。

如果将阵列中的偶极子旋转90°,使其指向与阵列布局方向垂直,此时偶极子的单元方向图最大值将与阵因子的零点对齐,而单元方向图的零点则与阵因子的最大值对齐,此时方向图将产生4个零点,天线的最大辐射方向将指向一个倾斜方向,如图2-8(b)所示,该方向的电场强度也低于如图2-8(a)所示的方向图最大值。通过如图2-8(a)与(b)的对比,即可发现单元方向图对天线阵列总辐射方向图的巨大影响。

在实际应用过程中,通常使天线单元的最大辐射方向和阵因子的最大辐射方向对齐,以得到尽量高的增益。此时单元方向图的形状将对天线阵的副瓣产生影响,图2-9给出了天线单元方向图宽窄不同的情况下,天线阵归一化方向系数随波束宽窄变化的情况。其中,图2-9(a)为采用各向同性辐射源作为阵元的阵列方向图,图2-9(b)为单元方向图分别为 $\cos\theta, \cos^2\theta, \cos^3\theta, \cos^4\theta$ 情况下的阵列方向图。由图2-9(b)可以看出,当单元天线的增益越高、波束越窄时,阵列的远区副瓣越低。在扫描阵列中,不仅要考虑单元方向图最大辐射方向与阵因子方向对齐,还需要考虑阵因子相控扫描时单元方向图覆盖范围,避免扫描时因单元方向调制造成天线扫描增益的急剧下降。因此,在一些宽角扫描相控阵中,需要采取措施拓展单元方向图波束宽度,在扫描范围内获得较为平缓的增益特性。

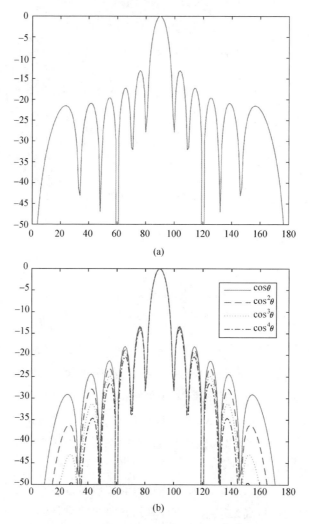

图 2-9　天线单元的波瓣对阵列远区副瓣的影响

(a) 阵因子方向图;(b) 单元调制情况下天线阵方向图。

综上所述,天线单元的方向图对阵列的总方向图有较大影响。在天线阵列设计时,对天线单元和天线阵列布局要做整体考虑,并且根据实际工程需要选择合适的天线单元。

## 2.3 平面阵列天线

在组成天线阵列时,除了沿一维直线方向布置天线单元形成线阵外,还可以沿着二维矩形栅格形成矩形阵列,又称平面阵列。平面阵列比线性阵列多了一个维度,相比线性阵列而言,在控制波束形状和指向调整上多了一个维度。采用平面相控阵列可以使天线增益更高,实现两维灵活扫描,使得平面相控阵天线在雷达、通信和电子战等领域应用广泛。

### 2.3.1 阵元布局

由于平面阵列一般包含的阵元数目较多,因此平面阵的布局一般采用较为规则的构型,以期获得较好的工程可实现性。天线单元布局常用的有矩形栅格和三角形栅格两种。

(1)矩形栅格布局。所有阵元均排列在一个矩形栅格点上,其结构如图2-10所示。

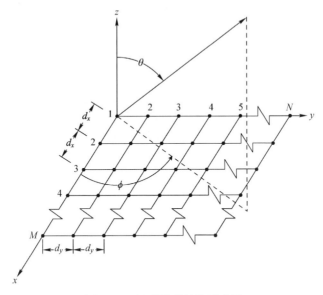

图 2-10 矩形阵列结构示意图

假定阵列沿 $x$ 方向的阵元数为 $M$,间距为 $d_x$,$y$ 方向阵元数为 $N$,间距为 $d_y$,则阵列沿 $x$ 方向的线性阵列的阵因子为

$$\mathrm{AF}_x = \sum_{m=1}^{M} I_{m1} \mathrm{e}^{\mathrm{j}(m-1)(kd_x\sin\theta\cos\varphi+\beta_x)} \tag{2-61}$$

式中：$I_{m1}$ 为阵元的激励幅度；$d_x$ 和 $\beta_x$ 为沿 $x$ 方向相邻的单元之间的距离和激励相位差；$m$ 表示 $x$ 方向的单元序号。

如果将该线形子阵沿 $y$ 方向复制 $N$ 次，则构成了矩形阵，则平面阵的阵因子可以表示为

$$\mathrm{AF} = \sum_{n=1}^{N} I_{1n} \left[ \sum_{m=1}^{M} I_{m1} \mathrm{e}^{\mathrm{j}(m-1)(kd_x\sin\theta\cos\varphi+\beta_x)} \right] \mathrm{e}^{\mathrm{j}(n-1)(kd_y\sin\theta\sin\varphi+\beta_y)} \tag{2-62}$$

式中：$d_x$ 和 $d_y$ 分别为沿 $x$ 方向和 $y$ 方向的相邻的单元间距；$\beta_x$ 和 $\beta_y$ 为沿 $x$ 方向和 $y$ 方向的相邻单元激励相位差；$m$ 和 $n$ 为 $x$ 方向和 $y$ 方向的单元序号。式(2-62)可简化为两个方向的阵因子的乘积，即

$$\mathrm{AF} = \mathrm{AF}_x \mathrm{AF}_y = \sum_{m=1}^{M} I_{m1} \mathrm{e}^{\mathrm{j}(m-1)(kd_x\sin\theta\cos\varphi+\beta_x)} \cdot \\ \sum_{n=1}^{N} I_{1n} \mathrm{e}^{\mathrm{j}(n-1)(kd_y\sin\theta\sin\varphi+\beta_y)} \tag{2-63}$$

如果阵列中的所有单元的激励幅度相等，则阵因子可以表示为

$$\mathrm{AF} = I_0 \sum_{m=1}^{M} \mathrm{e}^{\mathrm{j}(m-1)(kd_x\sin\theta\cos\varphi+\beta_x)} \cdot \sum_{n=1}^{N} \mathrm{e}^{\mathrm{j}(n-1)(kd_y\sin\theta\sin\varphi+\beta_y)} \tag{2-64}$$

继续化简，可以得到归一化的阵因子，即

$$\mathrm{AF}_n(\theta,\varphi) = \frac{\sin\frac{M}{2}\psi_x}{M\sin\frac{\psi_x}{2}} \cdot \frac{\sin\frac{N}{2}\psi_y}{N\sin\frac{\psi_y}{2}}$$

$$\psi_x = kd_x\sin\theta\cos\varphi+\beta_x, \psi_y = kd_y\sin\theta\cos\varphi+\beta_y \tag{2-65}$$

当阵元之间的间距大于 $\lambda$ 时，阵列将产生栅瓣，为了避免形成栅瓣，要求阵元间距满足 $d_x<\lambda, d_y<\lambda$。与直线阵相类似，给阵中单元激励的递进相位时，阵列的最大辐射方向可以扫描至特定方向。如果希望阵列扫描到 $\theta=\theta_0, \varphi=\varphi_0$ 方向，则阵元之间的递进相位差为

$$\beta_x = -kd_x\sin\theta_0\cos\varphi_0, \quad \beta_y = -kd_y\sin\theta_0\sin\varphi_0 \tag{2-66}$$

反之，如果在已知 $x$ 和 $y$ 两个方向相位差的条件下，阵列的波束扫描角为

$$\tan\varphi_0 = \frac{\beta_y d_x}{\beta_x d_y}, \quad \sin^2\theta_0 = \left(\frac{\beta_x}{kd_x}\right)^2 + \left(\frac{\beta_y}{kd_y}\right)^2 \tag{2-67}$$

矩形阵的波束宽度为

$$\begin{cases}\theta_h = \sqrt{\dfrac{1}{\cos^2\theta_0\left[\dfrac{\cos^2\varphi_0}{\theta_{x0}^2}+\dfrac{\sin^2\varphi_0}{\theta_{y0}^2}\right]}} \\ \varphi_h = \sqrt{\dfrac{1}{\dfrac{\sin^2\varphi_0}{\theta_{x0}^2}+\dfrac{\cos^2\varphi_0}{\theta_{y0}^2}}}\end{cases} \quad (2-68)$$

式中：$\theta_h$ 为阵列沿俯仰面的半功率波束宽度；$\varphi_h$ 为阵列沿方位面的半功率波束宽度；$\theta_{x0}$ 为与阵列的 $x$ 方向子阵等间距等阵元数的边射阵的半功率波束宽度。$\theta_{y0}$ 则与 $\theta_{x0}$ 定义类似，两者表示为

$$\begin{cases}\theta_{x0} = \arccos\left(-\dfrac{2.782}{Mkd_x}\right) - \arccos\left(\dfrac{2.782}{Mkd_x}\right) \\ \theta_{y0} = \arccos\left(-\dfrac{2.782}{Mkd_y}\right) - \arccos\left(\dfrac{2.782}{Mkd_y}\right)\end{cases} \quad (2-69)$$

对于平面阵的分析而言，其波束立体角 $\Omega_A$ 是一个较为常用的物理量，它等于阵列在最大方向的两个垂直面上的半功率波束宽度的乘积，即

$$\Omega_A = \theta_h\varphi_h = \dfrac{\theta_{x0}\theta_{y0}\sec\theta_0}{\left[\sin^2\varphi_0+\dfrac{\theta_{y0}^2}{\theta_{x0}^2}\cos^2\varphi_0\right]^{1/2}\left[\sin^2\varphi_0+\dfrac{\theta_{x0}^2}{\theta_{y0}^2}\cos^2\varphi_0\right]^{1/2}} \quad (2-70)$$

矩形阵的方向性系数为

$$D_0 = \pi\cos\theta_0 D_x D_y \quad (2-71)$$

式中：$D_x$ 为与该阵列的 $x$ 方向等间距等阵元数的边射阵的方向性系数；$D_y$ 为与该阵列的 $y$ 方向等间距等阵元数的边射阵的方向性系数。

$$D_x = \dfrac{Mkd_x}{\pi}, \quad D_y = \dfrac{Nkd_y}{\pi} \quad (2-72)$$

在已知半功率波束宽度的情况下，平面阵的方向性系数估算为

$$D_0 \approx \dfrac{\pi^2}{\Omega_A(\text{rad})} = \dfrac{32400}{\Omega_A(°)} = \dfrac{32400}{\theta_h\varphi_h(°)} \quad (2-73)$$

（2）三角形栅格布局。阵列天线中常见的单元排布方式除了矩形栅格排布，还有三角形栅格排布。在大型二维有源相控阵中，采用三角形栅格可以减少天线单元及有源通道的数量，有效降低成本。对于常规的二维相控阵天线，如图 2-11 所示，采用等边三角形栅格时，辐射单元的数目比矩形栅格最大可减少 13%。当绝对单元数较多时，这种辐射单元的数目减少对于系统成本降低是

相当有利的。

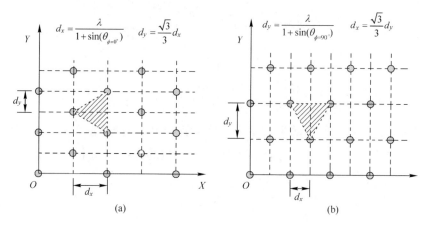

图 2-11 三角形栅格结构示意图

(a) 先确定 $d_x$ 的侧三角形栅格;(b) 先确定 $d_y$ 的正三角形栅格。

采用三角形栅格排布阵列时,同样需要对栅格间距进行限制,以防止阵列在扫描时出现栅瓣,当阵列的最大扫描角为 $\theta_s$ 时,三角形栅格阵列的阵元间距应满足条件

$$\begin{cases} d_x \leqslant \dfrac{1}{\sin\alpha} \dfrac{\lambda}{1+|\sin\theta_s|} \\ d_y \leqslant \dfrac{1}{\cos\alpha} \dfrac{\lambda}{1+|\sin\theta_s|} \end{cases} \quad \dfrac{\pi}{6} \leqslant \alpha \leqslant \dfrac{\pi}{3} \qquad (2-74)$$

式中:$\alpha$ 为三角形网格的斜边与 $x$ 轴的夹角。

不管是矩形栅格还是三角形栅格布阵,可以直观地分析不出现栅瓣条件,即在天线阵面任意一条直线上,单元投影间距满足最大扫描态不出现栅瓣。

## 2.3.2 平面阵列综合

阵列天线综合与优化涉及多种参数,主要是天线单元的幅度和相位,另外还包括因结构包络限制的阵列形状、单元栅格布局和容忍栅瓣出现情况下的单元间距等。其目标是获得需要的辐射方向图,包括主瓣、副瓣和波束宽度等参数,主瓣参数可分为笔形波束、差波束和赋形波束等要求,而副瓣参数可分为低副瓣、极低副瓣、局部区域低副瓣和零陷等要求。天线阵列综合产生预期天线方向图形状的最佳激励系数,具体综合时,就是控制天线单元的幅度和相位逼近这些最佳激励系数[26-28]。实际工程中,通常是先根据限制边界条件,进行天

线阵形状、单元栅格布局和单元间距设计,然后对目标方向图进行综合与优化。前一步骤带有经验性,并且在工程上非常重要,尤其是在大型相控阵天线中,单元间距的选择直接影响天线有源通道数量,影响相控阵的成本。这一设计过程主要决定于扫描范围和对栅瓣的容忍度,在一些应用中通过天线阵选择合适的安装角度来减小最大扫描角[29]。一个完善的设计通常需要对这两个步骤之间多次迭代。

对于简洁的二维可分离变量阵,平面阵的综合过程可以简化为两个较为简单的一维线阵综合问题。常见的线阵综合方法有二项式法、切比雪夫阵法、傅里叶变换法、谢昆诺夫多项式法和泰勒分布法等。

(1) 二项式法。二项式阵巧妙地利用二项式展开的性质,将天线阵列的阵因子方向图综合为一个没有副瓣的形状[30]。分析二项式阵的辐射特性,需要研究二项式阵的阵因子,二项式阵的基本结构如图 2-12 所示。

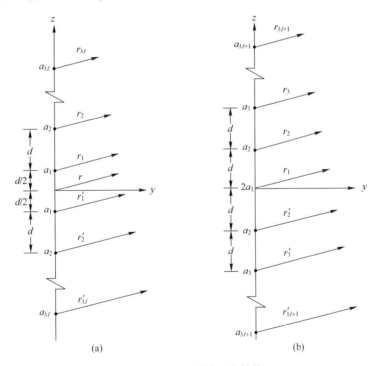

图 2-12 二项式阵基本结构
(a) 阵元数为偶数的情况;(b) 阵元数为奇数的情况。

假定阵列的阵元间距是 $d$,沿 $\theta$ 方向观察时,各个阵元的相位依次为 $0$,$kd\cos\theta, 2kd\cos\theta, \cdots, (N-1)kd\cos\theta$,同时二项式阵中各个阵元的幅度依次为

$C_{N-1}^0, C_{N-1}^1, C_{N-1}^2, \cdots, C_{N-1}^{N-1}$，由此可以得到合成场的方向图函数为

$$\begin{aligned}\mathrm{AF}(\theta) &= C_{N-1}^0 \cdot 1 + C_{N-1}^1 \cdot \mathrm{e}^{jkd\cos\theta} + C_{N-1}^2 \cdot \mathrm{e}^{j2kd\cos\theta} + \cdots + C_{N-1}^{N-1} \cdot \mathrm{e}^{j(N-1)kd\cos\theta} \\ &= (1+\mathrm{e}^{jkd\cos\theta})^{N-1}\end{aligned} \quad (2-75)$$

考虑该阵列方向图的幅度特性，其表达式为

$$|\mathrm{AF}(\theta)| = |1+\mathrm{e}^{jkd\cos\theta}|^{N-1} = 2^{N-1}\cos^{N-1}\left(\frac{kd}{2}\cos\theta\right) \quad (2-76)$$

由式(2-76)可知，当 $kd<\pi$，即阵元间距小于半波长时，阵因子将没有副瓣，随着阵元数目的增加，主波瓣逐渐变窄，但阵因子始终没有副瓣。

二项式阵的优点在于完全消除了阵因子的副瓣，但其有较为明显的缺点：天线阵列的波束较宽，增益较低，对天线孔径的利用效率较低。在实际应用中，通常不需要完全消除天线阵的副瓣，而只需要将副瓣电平控制在一个指定的范围内。

（2）道尔夫—切比雪夫法。相对于简单等幅线阵列，非等幅线阵列的阵元激励幅度在设计上具有较高的自由度，使天线阵列的口径场能够呈现出缓变下降趋势，产生降低天线副瓣的效果[31]。大多数情况下，将副瓣电平控制在一定水平，可提高天线阵列的增益，获得高的口径利用率，另外要兼顾幅度和相位控制的工程可实现性。

道尔夫—切比雪夫阵是将天线阵副瓣电平控制在指定水平的方法之一，该方法利用切比雪夫多项式的等幅波动特性，生成了一个等波纹副瓣的阵因子。切比雪夫阵与二项式阵的区别在于它们生成各个阵元激励幅度的过程不同，其中：切比雪夫阵的设计思路是采用待定系数法去拟合一个阶数与阵元数目相关的切比雪夫多项式，然后用待定系数法求出的系数作为各个阵元的幅度，其激励幅度则需要经过待定系数法求解[28]；而二项式阵的激励幅度是确定的，在阵元数目确定之后，能直接给出各个阵元的幅度。

切比雪夫阵的阵因子是一个关于 $\theta$ 的切比雪夫多项式，即

$$\mathrm{AF} = T_{N-1}\left(z_0\cos\left(\frac{kd}{2}\cos\theta\right)\right) \quad (2-77)$$

式中：$N-1$ 为切比雪夫多项式的阶数；$z_0$ 为由预期副瓣电平决定的常数。

当切比雪夫阵的阵元数目确定后，阵列的阵因子就基本确定了，此时如果调整阵列的阵元间距 $d$，不会影响阵因子的副瓣电平，但会影响天线的增益和副瓣数目，当阵元间距过大时，可能会产生栅瓣。在多数应用中，在保证阵列副瓣电平满足要求的条件下，天线阵列的阵元间距应尽可能大，以获得较高的增益。

根据切比雪夫多项式的性质和阵因子与多项式之间的对应关系,当阵元间距 $d$ 增大时,阵列的栅瓣会出现在端射方向。因此,天线阵列不产生栅瓣以及高于规定副瓣的条件,是对应于端射方向的 $\theta$ 值,切比雪夫多项式的自变量应不超过 $-1$,即

$$z_0 \cos\left(\frac{kd}{2}\cos\theta\right)\bigg|_{\theta=0,\pi} \leqslant -1 \tag{2-78}$$

式中: $z_0$ 为由预期副瓣电平决定的自变量收缩因子。由式(2-78)可得,在该条件下允许的最大间距为

$$d_{\max} = \frac{2}{k}\arccos\left(-\frac{1}{z_0}\right) = \frac{\lambda}{\pi}\arccos\left(-\frac{1}{z_0}\right) \tag{2-79}$$

切比雪夫阵的综合过程,是根据预期实现的天线阵增益,确定阵元数目,并根据阵元数目是奇数还是偶数,选择阵因子的不同形式作为基础。利用切比雪夫多项式的性质,将阵因子中的高阶项 $\cos(m\psi)$ 展开。根据预期的副瓣电平 $R_0$ 计算得到切比雪夫多项式的自变量收缩因子 $z_0$,计算所依据的条件是 $T_{N-1}(z_0) = R_0$;以各阶切比雪夫多项式作为基,将阵因子 $\mathrm{AF} = T_{N-1}(z_0\cos(\psi/2))$ 展开这组基,通过待定系数法,求出每个基函数的系数。

通过以上过程求出的各个系数,就是待求解的各个阵元的激励幅度。仔细考察该求解过程可知,该综合过程是一个采用较低阶多项式拟合较高阶多项式的过程,其中较低阶多项式是指各个阵元在阵因子的贡献,阵元距阵中心的位置越远,其方向图随 $\theta$ 角的变化越迅速,对应的多项式阶数越高。作为拟合目标的较高阶多项式是指预期实现的阵因子方向图,该多项式是一个收缩比率为 $z_0$ 的切比雪夫多项式,其收缩比率 $z_0$ 越高,多项式中波纹的相对波动越小,对应到方向图上副瓣电平越低。

经过上述综合过程,可以得到各个阵元的激励幅度,切比雪夫阵各个阵元幅度的解析表达式为

$$a_n = \begin{cases} \displaystyle\sum_{q=n}^{M}(-1)^{M-q}(z_0)^{2q-1}\frac{(q+M-2)!(2M-1)}{(q-n)!(q+n-1)!(M-q)!}, & \text{阵元数为偶数} \\ \displaystyle\sum_{q=n}^{M}(-1)^{M-q+1}(z_0)^{2(q-1)}\frac{(q+M-2)!(2M)}{\epsilon_n(q-n)!(q+n-2)!(M-q+1)!}, & \text{阵元数为奇数} \end{cases}$$

$$\tag{2-80}$$

$$\epsilon_n = \begin{cases} 2, & n=1 \\ 1, & n \neq 1 \end{cases}$$

式中：$M$ 为阵元数目；$a_n$ 为第 $n$ 个阵元的激励幅度；$M$ 为阵元总数目；$z_0$ 为由副瓣电平决定的自变量收缩因子。

对于副瓣电平在 $-20 \sim -60 \text{dB}$ 之间的切比雪夫阵，其方向性系数近似值为

$$D_0 = \frac{2 R_0^2}{1+(R_0^2-1)f \dfrac{\lambda}{L+d}} \quad (2\text{-}81)$$

$$f = 1+0.636\left\{\frac{2}{R_0}\cosh\sqrt{(\cosh^{-1}R_0)^2-\pi^2}\right\}^2 \quad (2\text{-}82)$$

式中：$f$ 为波束展宽因子，可表示为切比雪夫阵波束宽度与同数目同间距等幅线阵的波束宽度比值；$R_0$ 为由副瓣电平推算得到的主瓣与副瓣电压比。相应地，切比雪夫阵的半功率波束宽度为

$$\text{HPBW} = f\Theta_h = f\left[\arccos\left(\cos\theta_0 - \frac{2.782}{Nkd}\right) - \arccos\left(\cos\theta_0 + \frac{2.782}{Nkd}\right)\right] \quad (2\text{-}83)$$

式中：$\Theta_h$ 为与切比雪夫阵同阵元数目等阵元间距的等幅线阵的波束宽度。

（3）傅里叶变换法。傅里叶变换法的基本原理是利用线性阵列的电流分布和相应的辐射方向图之间的傅里叶变换关系，通过对预期的辐射方向图作傅里叶反变换得到待求的电流分布。

对于电流分布为 $I(z)$ 的线源，其辐射方向图可以表示为

$$f(\theta) = \frac{1}{\lambda}\int_{-L/2}^{L/2} I(z)\mathrm{e}^{j\beta z\cos\theta}\mathrm{d}z \quad (2\text{-}84)$$

式中：$I(z)$ 为线源中各个位置的电流幅度和相位。式（2-84）不是标准的傅里叶变换关系，要转化为傅里叶变换关系则需要对变量做以下变换，即

$$w = \cos\theta, \quad s = z/\lambda \quad (2\text{-}85)$$

做变量变换以后，得到辐射方向图与电流分布之间的关系为

$$f(w) = \int_{-L/2\lambda}^{L/2\lambda} I(s)\mathrm{e}^{j2\pi ws}\mathrm{d}z \quad (2\text{-}86)$$

式（2-86）是从 $I(s)$ 到 $f(w)$ 的标准傅里叶变换，通过反变换可得

$$I(s) = \int_{-\infty}^{+\infty} f(w)\mathrm{e}^{-j2\pi sw}\mathrm{d}w \quad (2\text{-}87)$$

于是，通过预期的方向图 $f(w) = f(\cos\theta)$，可以得到实现该方向图的电流分布 $I(s)$，但是通过该变换求得的 $I(s)$ 通常不是有限长度的电流分布，其分布范围无穷大，并非所希望的分布在 $|s| \leq L/2\lambda$ 范围内。无穷长线性阵列是

不可能实现的,通常的获得有限长度线性阵列的方式是对上述电流分布进行截断,即

$$I(s) = \begin{cases} I(s), & |s| \leq L/2\lambda \\ 0, & |s| > L/2\lambda \end{cases} \quad (2\text{-}88)$$

这一截断将使线性阵列产生的方向图与预期方向图产生一定的偏差,通过扩大截断的范围可以减小这一偏差。

(4) 谢昆诺夫多项式法。谢昆诺夫多项式法的基本原理是用控制方向图零点位置的方式进行阵列综合,在通过试探方法确定方向图零点的位置之后,可以得到阵元的激励系数[32]。谢昆诺夫多项式是指将天线阵列的阵因子做一定的变换后,可以得到的多项式,再通过改变多项式的零点分布可以改变多项式对应的方向图形状。

$N$元等间距线阵的阵因子为

$$\mathrm{AF} = \sum_{i=0}^{n-1} I_i \mathrm{e}^{jiu} \quad (2\text{-}89)$$

$$u = kd\cos\theta + \psi$$

式中:$\psi$为相邻单元相位差;$I_i$为第$i$阵元激励幅度。令

$$z = \mathrm{e}^{ju} = \mathrm{e}^{j(kd\cos\theta+\psi)}$$

则阵因子可以改写为一个关于$z$的多项式,即

$$\mathrm{AF} = \sum_{i=0}^{n-1} I_i z^i = I_0 + I_1 z + I_2 z^2 + \cdots + I_{N-1} z^{N-1} \quad (2\text{-}90)$$

式(2-90)是关于$z$的$N-1$次多项式。由代数理论可知,$N-1$次多项式有$N-1$个根,并可表示为$N-1$个因式的乘积,即

$$\mathrm{AF} = I_{N-1}(z-z_1)(z-z_2)(z-z_3)\cdots(z-z_{N-1}) \quad (2\text{-}91)$$

这$N-1$个根是对应天线阵列方向图的零点,通过调整这$N-1$个根相对于天线最大辐射方向对应的$z_0 = \mathrm{e}^{j(kd\cos\theta_0+\psi)}$的位置,即可调整各个零点与最大辐射方向的远近,零点越聚集在最大辐射方向附近,天线的副瓣电平越低,因此通过试探方法调整谢昆诺夫多项式零点位置,以降低天线副瓣电平。在通过试探法确定了各个零点的位置之后,将这些零点代入多项式中,将各个因子展开,得到多项式中$z$的各次幂$z^i$对应系数,即可得到各个源的激励幅度和相位。

通过以上分析,该方法需要经过多次试探过程,无法像傅里叶变换法一样直接得到综合结果,但该方法揭示了天线阵列方向性函数的零点位置对其方向

图的影响,若要压低天线阵列的副瓣电平,需要使多项式的根在单位圆上互相靠近,其代价就是主瓣展宽。同时,当调整多项式根的分布使其互相靠近时,多项式的系数会发生变化,这也说明调整阵元的激励幅度和相位,能够改变天线阵的副瓣电平。

(5) 泰勒分布法[33]。天线阵列综合中的泰勒分布是对切比雪夫线阵列的一种修正,可直接用于连续线源的综合,称为泰勒线源,也可以对该分布进行离散化[34],用于线性阵列。泰勒分布和切比雪夫分布都是常用的窄波束低副瓣综合方法,但泰勒分布与切比雪夫线阵的不同在于其综合后得到的方向图,只保持几个近区副瓣具有相同的电平值,而其余副瓣都依次降低,其主瓣宽度略大于切比雪夫阵,类似于切比雪夫阵的准最佳方向图。

泰勒线源相比于切比雪夫阵的优点是避免了切比雪夫阵的电流分布陡升现象。在目标副瓣电平较低的时候,切比雪夫阵综合出的电流分布会在阵列的两端出现陡升现象,而且阵列两端电流对副瓣的影响比较大,这在一定程度上提高了工程实现的难度,而泰勒线源则避免了电流陡升现象,因此泰勒分布阵的实现难度比切比雪夫阵要低。

## 2.4 阵列稀疏

上述讨论的天线阵列都是均匀阵列,即阵元是以一个固定的间距周期性排列在规则网格点上,当均匀阵列的阵元间距较大,不满足扫描栅瓣抑制条件时,天线阵列会出现栅瓣,这在雷达和通信等领域通常都是需要避免的,因而栅瓣特性限制了均匀阵的最大阵元间距,即阵列中的阵元分布密度不能低于一个下限。但在实际的应用中,常有一些需求是尽量降低阵元分布密度,这时就需要对均匀阵列的结构形式进行改进,使其在阵元分布密度较低的条件下仍然能避免栅瓣出现,或者栅瓣抑制列容许的程度并保持一定的副瓣性能。

通常情况下,减少阵元数目、降低分布密度的目的是降低成本和减小波束宽度等。降低成本对于较大规模的天线阵列来说是个重要的考量因素,而在一些应用领域中,天线较窄的波束可以提高角分辨率,因此增大阵元间距、降低阵列单元分布密度有着重要意义。阵元间距增大之后的天线阵称为稀疏阵,稀疏阵设计同样要求在可见空间不出现栅瓣。综上所述,相关的阵列稀疏技术主要集中在消除或抑制阵列栅瓣、降低阵列副瓣、提高阵列增益等方面。

稀疏阵设计中首先需要考虑的问题,是阵元间距增大之后引起的栅瓣问题。阵列产生栅瓣的原因是阵元间距增大以及阵元之间呈周期性排列,通过在单元级或者子阵级进行非周期排列可以在一定程度上抑制栅瓣。通过单元级的非周期排列,可以实现全部阵元的非周期化,这在阵列规模较小时易于实现。通过子阵级的非周期排列,各个子阵的栅瓣出现在空间不同方向上,进而不能叠加形成高的栅瓣。

## 2.4.1 随机稀疏布阵

随机稀疏布阵通常是指单元级阵列稀疏技术,其基本思路是用阵元的分布密度来模拟满阵的幅度加权,从而用较少的阵元数目实现较低的副瓣电平。根据设计过程是否限定阵元出现在周期栅格点上,随机布阵可以分为等间距密度采样和阵元间距可连续变化式随机排列两种形式。

(1) 等间距密度采样。基本思路是以满布的等间距阵为基础,将阵列中的单元按照由预期幅度分布决定的概率抽离出来,剩余单元构成密度采样阵。通过密度采样过程,天线阵列中阵元的概率分布密度就变成预期的幅度分布,这种空间密度加权等效于幅度加权,同样能够达到降低天线阵列副瓣电平的效果。

密度采样阵的具体综合分为两部分:确定满阵的形式和幅度分布;确定有源阵元的位置。满阵的形式和幅度分布,是根据天线的指标参数要求,如扫描空域、阵面倾角、结构参数等,来确定满阵的栅格形式和阵元间距,并进一步通过对方向性系数、波束宽度、副瓣电平等参数的分析,确定天线孔径、阵元数量和幅度加权分布函数。确定满阵的形式和幅度分布后,需要确定各个有源阵元的位置。根据阵元空间分布密度函数生成随机的 0/1 格点阵,在点阵为 1 的位置放置阵元,点阵为 0 的位置则设置为空位单元。

确定阵元空间分布密度较为直接的方法是使空间分布密度直接等效于幅度加权分布函数,此时根据分布密度函数采样得到的阵列在等幅馈电的情况下,可以实现预期的低副瓣效果。该方法的一种改进是对采样之后的阵列进行不等幅馈电,使阵列密度分布和馈电幅度分布的乘积等于预期的幅度加权分布。经过这一改进,可以在阵元数目不变的情况下进一步降低副瓣电平,或者在不抬高副瓣电平的条件下减少阵元数。

经过这两个步骤即可得到一个具有特定幅度的等间距密度采样阵。一次生成过程产生的随机分布阵列辐射性能可能与预期值有一定差距,通过重复上述的生成过程,从多次生成结果中选取性能最佳的结果,可使阵列辐射性能达到最优,满足预期的随机阵列要求。

（2）阵元间距可连续变化式随机排列。等间距密度采样阵以等间距阵为基础，通过抽离一定比率的单元，产生特定的加权效果，此时阵元之间的间距是原等间距阵的阵元间距的整数倍，为一个离散的分布。而阵元间距可连续变化的随机阵，则去除了这一限制，使得阵元间距的取值连续化，增加了阵元分布的随机性，可进一步提高天线阵列的辐射性能。但相比于等间距密度采样阵，间距连续分布的阵列在工程实现上难度较大，对天线馈电网络设计提出了更高的要求。

阵元间距可连续变化式随机排列的综合过程与密度采样阵类似，都要确定参考满阵的形式和幅度分布。两者的区别在于，在幅度分布确定完成之后，连续间距随机阵通过在整个阵列口径上生成随机数的方式决定阵元位置。

## 2.4.2 子阵级布阵

基于子阵技术的相控阵天线是指相控阵在一个或两个维度上，多个天线单元组或子阵超过常规的天线单元大小，达到数个波长的尺寸。这种相控阵天线构型方式的优点是极大地减少了天线有源通道数，同时工程实现难度较小并且仍能满足微波成像雷达在多种工作模式下方位扫描角的要求。但其缺点比较明显，即扫描出现大量周期性栅瓣。在合成孔径雷达中，这个缺点会影响微波成像雷达的成像质量，同时也限制了观测带宽。因此，基于体积、重量和成本等方面的考虑，针对子阵大小与扫描能力之间的优化折中，抑制波束扫描引起的栅瓣电平，对于微波成像雷达的应用来说，需要重点研究。

在实际应用中，天线阵列的口径往往较大，单元数目可能达到上万量级，单元级非周期阵虽然能获得比较优良的辐射特性，但会使天线阵面的加工和制造难度大大增加，并使得相控阵天线系统的其他部分（如馈线和波控的实现）变得异常复杂，故单元级非周期阵难以适用于大规模稀疏阵列的设计。子阵级随机阵在阵列整体结构周期性较低的情况下，较大程度地保留了阵列局部子阵的周期性，从而降低了加工和制造难度，具有较高的工程应用价值。

常见的子阵级非周期阵列形式有环栅阵、不规则子阵栅格阵、子阵中心位置非周期阵、子阵错位的非周期阵列、旋转子阵形成的非周期阵等，如图2-13所示。

环栅阵的基本结构如图2-13(a)所示，它在圆形阵的基础上改变了各个阵元之间的间距，使得相邻阵元间的间距相等，而非常规情况下的圆心角相等。从半径方向上看，各个天线单元不再处于同一条半径方向上；从圆周方向上看，

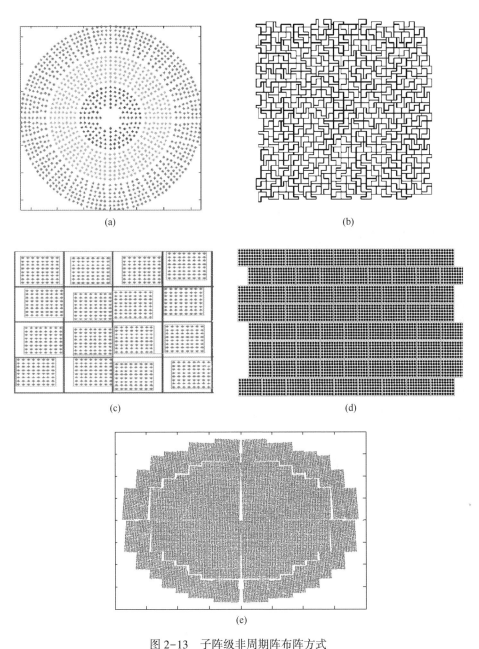

图 2-13 子阵级非周期阵布阵方式

(a) 环栅阵；(b) 不规则子阵随机阵；(c) 子阵中心位置非周期阵；
(d) 子阵错位的非周期阵；(e) 旋转子阵非周期布阵。

各个圆周上的阵列单元数目不再相等。阵列结构的这一变动使得结构不再具有周期性，因而降低了结构周期性产生的栅瓣。环栅阵的栅瓣抑制性能较好，但子阵品种较多,加工装配较为困难,且一般情况下圆形阵的外轮廓尺寸要超过具有相同数目阵元的矩形阵列。

不规则子阵随机阵的结构如图2-13(b)所示,通过运用不规则子阵或不规则变形子阵进行组阵,阵中各子阵相位中心随机分布,避免了量化瓣的叠加,削弱了大间距阵列的波束扫描栅瓣,相比于矩形常规阵,在大角度扫描范围内栅瓣抑制优于14dB[35]。组阵时,子阵的所有天线单元共用一个T/R通道,通过变换姿态组阵布满阵列辐射口径。这种布阵方式既对各个子阵的相位中心间距作了随机化处理,使得栅瓣电平降低,也避免了因为子阵间距增大而引起的口径效率下降,因此这种布阵方式的栅瓣抑制和增益性能均较好,但由于随机性较强而导致后端功分器和收发组件的布局和装配较为困难。

子阵中心位置非周期阵的结构如图2-13(c)所示,该布阵方式是在阵列的行列两个方向上对子阵的间距进行随机化,破坏了阵列栅瓣的同相叠加条件,抑制了栅瓣的电平。该布阵方式的结构和装配关系较为简单,易于工程实现,但为了获得良好栅瓣抑制,需要采用两维大间距随机分布,造成方向图主切面量化瓣数量多、口径效率较低、扫描增益损失较大。

子阵错位的非周期阵的结构如图2-13(d)所示,该布阵方式是子阵中心非周期阵的一维简化形式,与前者的基本工作原理相同,在一个维度上采用满阵排布,在另一维度上采用子阵错位方式实现栅瓣抑制。该布阵方式的口径效率高于子阵中心非周期阵,同样具有装配关系简单、易于实现等优点,但由于其在一个维度上是满阵分布,后端需要采用较多的收发组件,因此不能大幅降低系统复杂度和成本。

旋转子阵形成的非周期阵结构如图2-13(e)所示,它将整个阵面划分为一定数量的子阵,对各个子阵进行不同程度的旋转,使得各个大子阵的栅瓣在空间旋转,导致栅瓣之间不能完全互相叠加,而产生抑制栅瓣的效果。由于每个子阵内部仍是周期性的,在工程实现上难度较小,且子阵错位而产生的口径效率下降和增益损失程度也较轻。该布阵方式的缺点是各个子阵间有较小角度的旋转,提高了馈电网络的设计难度,另外,会抬高交叉极化分量。

在上述几种子阵级布阵方式中,基于子阵错位、旋转的非周期阵技术[36-38]在工程实现上难度较小,因此具有更高的应用前景。

在微波成像雷达所采用的子阵级相控阵天线中,通常使用等幅均匀分布的线性阵列,辐射方向图固定。天线阵列通过控制阵中各个子阵相位实现阵因子扫描,从而实现天线波束扫描。由于子阵间距远超过一个自由空间波长,因此阵因子在可见空间出现较多周期性栅瓣。

根据方向图乘积原理，法线方向阵因子主瓣与子阵方向图最大点重合构成天线阵主瓣，而其他阵因子栅瓣则与子阵方向图中的零点重合，如图 2-14 所示。扫描过程中，阵因子主瓣偏离子阵方向图最大点，同时阵因子栅瓣偏离子阵方向图零点进入栅瓣，天线阵方向图合成时出现栅瓣。随着扫描角的增加，阵因子主瓣与子阵方向图合成后的主瓣逐渐降低，而合成后的栅瓣逐渐抬高。当阵因子扫描角度为栅瓣间距一半时，阵因子两个峰值对称出现在子阵方向图主瓣内，此时最大栅瓣与主瓣电平相同。

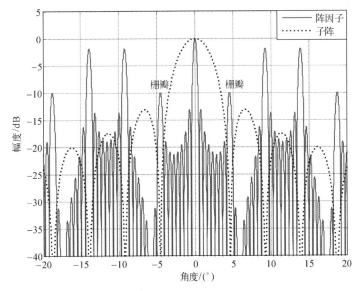

图 2-14 子阵级相控阵栅瓣形成及抑制原理图

子阵级天线阵方向图优化，尤其是栅瓣抑制可以通过子阵分离重组[37]的方法进行，这种方法速度快，计算量小。对于子阵级相控阵天线而言，由于子阵方向图的调制作用，远离子阵主瓣区域的阵因子大角度栅瓣可以得到较好的抑制。因此，栅瓣抑制的本质是抑制阵因子中的第一栅瓣电平。图 2-14 直观地说明了由子阵合成大型天线阵时的栅瓣抑制原理，其中虚线为均匀分布子阵方向图，实线则为抑制了临近主瓣栅瓣电平的阵因子。波束扫描时，子阵方向图不变，阵因子主瓣偏离子阵主瓣最大值，合成值降低，而第一栅瓣进入主瓣，随着扫描角的增加，其电平值逐渐增大。由于第一栅瓣电平值被抑制了一定量级，相对于常规子阵级天线阵扫描而言，其第一栅瓣电平得以明显控制，而其他栅瓣则由子阵副瓣抑制。

假设多单元均匀子阵沿 $y$ 轴方向排列,子阵长度的波长数为 $L_\lambda(\gg1)$,$x$ 轴向子阵间距波长数为 $dx_\lambda(<1)$。由此子阵扩展排列的二维平面阵扫描后,波束指向为 $(\theta_B,\varphi_B)$,根据 $dx_\lambda(<1)$ 阵因子方向图,扫描状态最靠近主瓣的栅瓣指向 $(\theta_g,\varphi_g)$ 为

$$\theta_g = \arcsin\left(\frac{\sin\theta_B\cos\varphi_B}{\cos\varphi_g}\right) \quad (2-92)$$

$$\varphi_g = \arctan\left(\tan\varphi_B \pm \frac{1}{L_\lambda\sin\theta_B\cos\varphi_B}\right) \quad (2-93)$$

子阵错位有多种方式可供选择,按规模分为单子阵或多子阵平行排列的子块方式,按错位尺寸分为错位尺寸相同和错位尺寸不同的情况,如图 2-15 所示。

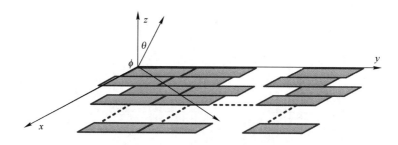

图 2-15 阵列错位示意图

以一个 128 行 9 列的子阵级相控阵天线为例,取其栅格阵面尺寸为 $89.6\lambda\times112.3\lambda$,沿 $x$ 方向的规模为 128 行,最大扫描角为 $20°$,$y$ 方向单元长度为 $L_\lambda=12.5$,为子阵较大尺寸方向,沿 $y$ 方向共有 9 个子阵。

子阵错位量的优化可以采用粒子群算法来实现。图 2-16 给出了 8 和 16 行子阵规模情况下,子块构成的天线阵最大栅瓣电平与子块间最大错位量的关系,其中每块错位量不同。从计算结果可以看出,错位量为 0,即不错位时,该天线阵方位向扫描 $1°$、$1.5°$、$2.2°$ 时最大栅瓣电平分别约为 $-10.5\mathrm{dB}$、$-6\mathrm{dB}$ 和 $-1.5\mathrm{dB}$。

如图 2-16(a)所示为 8 行规模子阵,随着子块间最大错位量的增加,相同扫描角的最大栅瓣电平逐渐降低。错位半个子阵长度时,栅瓣电平抑制最大,在扫描到 $2.2°$ 时,栅瓣电平约为 $12\mathrm{dB}$。如图 2-16(b)所示为 16 行规模子块,在扫描到 $2.2°$ 时,其栅瓣最大抑制量接近 $8\mathrm{dB}$。从图 2-16 可以看出,两种规模的子块最大错位量在 0.35 倍子阵长度以内时,栅瓣抑制效果相当。

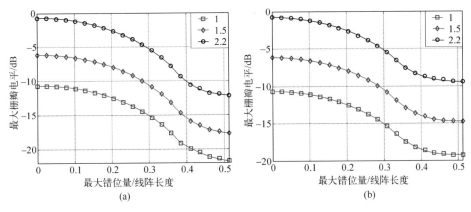

图 2-16 最大栅瓣电平与最大错位量关系

(a) 8 行规模子阵；(b) 16 行规模子阵。

综上所述,子阵级相控阵栅瓣抑制技术是拓宽微波成像雷达天线扫描能力的一个非常有效的方法,可以很大程度上缩减有源通道数。在采用子阵级相控阵技术后,通过优化各个子阵之间的错位量,可以有效抑制天线阵列在阵元间距较大方向的最大栅瓣电平。该方法不仅可以应用于微波成像雷达天线系统,同样可以应用于其他扫描范围较小、无低副瓣要求的天线系统。

## 2.4.3 稀疏阵单元

与常规布阵相比,稀疏阵的单元密度减小,因此阵元之间的间距较大,低增益天线单元有效面积较小,导致天线阵列的口径利用效率较低。为了增加天线阵列的增益,充分填充大间距面积,通常采用高增益天线作为阵列单元。常见的高增益天线单元有喇叭天线、螺旋天线、八木天线和子阵天线等。

(1) 喇叭天线。喇叭天线具有结构简单、馈电简便等优点,其主面波束宽度和增益的可控性较高,频率特性较好,而且损耗较小。如图 2-17 所示,喇叭天线按照其基本形状可以分为矩形喇叭天线和圆形喇叭天线,其中矩形喇叭天线按照其轮廓外扩方式又分为沿波导宽边方向扩张的 $H$ 面扇形喇叭、沿波导窄边方向扩张的 $E$ 面扇形喇叭和沿波导宽边窄边两个方向同时扩张的角锥喇叭。

角锥喇叭天线的辐射增益要低于其物理面积对应的天线增益,究其原因,是因为喇叭天线的口径场分布不是理想的等幅同相分布,其口径场由于场分布的原因,存在幅度不均匀以及各处场不等相位问题。其辐射增益为

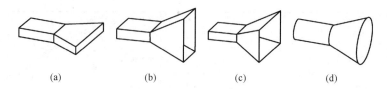

图 2-17 喇叭天线基本形式

(a) H 面扇形喇叭;(b) H 面扇形喇叭;(c) 角锥喇叭;(d) 圆锥喇叭。

$$G = \frac{4\pi ab}{\lambda^2}\eta_a \tag{2-94}$$

$$\eta_a = \frac{\left|\int_{S_0} E_a \mathrm{d}S\right|}{A_0 \int_{S_0} |E_a|^2 \mathrm{d}S} = \eta_t \eta_{ph}^H \eta_{ph}^E \tag{2-95}$$

$$\begin{cases} \eta_t = \dfrac{\left|\int_{-a/2}^{a/2} \cos\dfrac{\pi x}{a} \mathrm{d}x\right|^2}{a\int_{-a/2}^{a/2} \left|\cos\dfrac{\pi x}{a}\right|^2 \mathrm{d}x} \\[2ex] \eta_{ph}^H = \dfrac{\left|\int_{-a/2}^{a/2} \cos\dfrac{\pi x}{a} \mathrm{e}^{-\mathrm{j}\frac{\pi x^2}{\lambda R_H}} \mathrm{d}x\right|^2}{\left|\int_{-a/2}^{a/2} \cos\dfrac{\pi x}{a} \mathrm{d}x\right|^2} \\[2ex] \eta_{ph}^H = \dfrac{\left|\int_{-b/2}^{b/2} \mathrm{e}^{-\mathrm{j}\frac{\pi x^2}{\lambda R_E}} \mathrm{d}y\right|^2}{b\int_{-b/2}^{b/2} \mathrm{d}y} \end{cases} \tag{2-96}$$

式中:$a,b$ 分别为角锥喇叭沿波导宽边和窄边方向的开口尺寸;$\eta_a$ 为喇叭的口径效率;$\eta_t$ 为由于口径场分布所引起的口径效率;$\eta_{ph}^H$ 为 H 面相位平方律分布所引起的口径效率;$\eta_{ph}^E$ 为 E 面相位平方律分布所引起的口径效率。

角锥喇叭的张角存在一个最优值。喇叭口径的物理面积对应的增益随张角的增大而增大,随着张角的增大,喇叭的相位分布引起的口径相位效率降低,因此当张角处在一个中间值时,两者的乘积最大,对应的角锥喇叭的增益最大。在角锥喇叭的 E 面和 H 面均取到最佳张角时,其口径效率约为

$$\eta_t = 0.81, \eta_{ph}^H = 0.79, \eta_{ph}^E = 0.80, \eta_a = \eta_t \eta_{ph}^H \eta_{ph}^E = 0.51 \tag{2-97}$$

因此,对于一个高增益角锥喇叭而言,其口径效率较低,因此在设计和分析

过程中,需要考虑口径效率对天线系统性能的影响。为了改善喇叭天线的电性能,研究人员又发展了多种形式的特殊喇叭天线,包括多模喇叭、波纹喇叭、加脊喇叭、介质加载喇叭和栅格加载喇叭等。

(2)螺旋天线。螺旋天线的基本结构是一段具有恒定升角和半径的匀速螺旋线,如图2-18所示。不同尺寸的螺旋天线工作于不同模式,常见的辐射模式有法向模、轴向模、波束分裂模等,具体工作模式由其电尺寸决定。

螺旋天线作为高增益天线使用时,一般工作于轴向模状态。在轴向模工作状态下,螺旋天线的主要特点是最大辐射沿轴线方向,而且辐射场是圆极化波,沿螺旋线近似传输行波,天线传输阻抗接近纯电阻状态,工作频带较宽。

法向模螺旋天线的方向图可近似表示为单圈螺旋的方向图与汉森—伍德端射阵的阵因子的乘积。单圈螺旋的方向图可用电流元在其含轴平面方向图 $\cos\theta$ 来近似,结合相关理论计算得到阵因子后,可得到天线方向图为

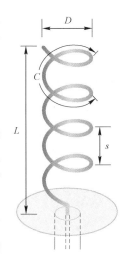

图 2-18　螺旋天线结构示意图

$$F(\theta) = \cos\theta \frac{\sin\frac{\pi}{2N}\cos\left[\frac{N\pi S}{\lambda}(1-\cos\theta)\right]}{\sin\left[\frac{\pi S}{\lambda}(1-\cos\theta)+\frac{\pi}{2N}\right]} \quad (2\text{-}98)$$

式中:$N$ 为螺旋圈数;$S$ 为螺距;$\lambda$ 为自由空间波长。

法向模螺旋天线的半功率波束宽度为

$$\text{HPBW} = \frac{52°}{(C/\lambda)\sqrt{NS/\lambda}} \quad (2\text{-}99)$$

方向性系数为

$$D = 12(C/\lambda)^2 NS/\lambda \quad (2\text{-}100)$$

最大辐射方向的轴比为

$$|r_A| = \frac{2N+1}{2N} \quad (2\text{-}101)$$

输入阻抗几乎是纯电阻,可近似表示为

$$R_{\text{in}} = 140\frac{C}{\lambda}\Omega \quad (2\text{-}102)$$

式中:$N$ 为螺旋圈数;$S$ 为螺距;$\lambda$ 为自由空间波长。

对于螺旋天线来说,兼有良好的方向图、阻抗和轴比特性的最佳螺旋升角为 12°~14°,该特性可作为设计螺旋天线的重要参考。

螺旋天线已广泛应用于卫星通信、航天飞行器等需要圆极化天线的场合,也适合用于低频段微波成像雷达系统中。其圆极化辐射特性可以避免电磁波因穿越电离层时法拉第旋转效应导致极化失配的问题。

(3)八木天线。八木天线由一个有源振子和若干个平行的无源振子组成。在无源振子中有一个起反射器作用的无源振子和多个起引向器作用的引向振子,如图 2-19 所示。通过调节各个振子的长度和间距,可以改变无源振子上感应电流的幅度和相位,获得良好的端射方向图和较高的增益。八木天线广泛地应用在米波、分米波频段的通信和雷达系统,其优点是结构简单、馈电方便且能提供较高的增益,但在组成阵列时天线剖面较高。

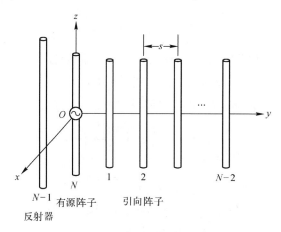

图 2-19 八木天线结构图

八木天线的增益和半功率波束宽度可估算为

$$G \approx 10^{(N-1)s}/\lambda \tag{2-103}$$

$$\text{HPBW} = 55°\sqrt{\lambda/L} \tag{2-104}$$

式中:$s$ 为相邻振子的间距;$\lambda$ 为工作波长;$N$ 为天线的总振子数。

八木天线的振子数目越多,阵列长度越长,阵列的增益越高。但当引向振子过多时,并不能无限提高八木天线的增益。一般而言,八木天线较为合理的长度限度是 $L=(3~3.5\lambda)$。在不超过该长度的条件下,八木天线的振子数一般为 6~14,天线增益一般为 13~18dBi。若想进一步提高天线的增益,可以采用 1×2,2×2,2×4 等多副八木天线组阵的形式获得更高增益。

(4) 子阵天线。子阵天线是多个天线单元,通过无源网络合成一个集中馈电的小天线阵,天线单元可以是微带贴片、偶极子或缝隙等。因为具有扩展性和口面幅相均匀性,口径效率高于上述高增益单元,因此在相控阵天线中扫描角较小、单元增益较高的情况下,选择子阵天线作为有限扫描相控阵的辐射单元更为合适。根据相控阵扫描范围特点,子阵分为线阵、矩形阵和六边形阵等。

## 2.5 波束赋形综合

上述阵列天线方向图一般为单点指向的笔形波束,波束形状和波束覆盖区域形状均比较规则,但是,许多应用对阵列的波束形状提出了较为复杂的要求,如有些高分辨率成像雷达天线在与地面预期的覆盖范围形成指定的赋形波束,部分对空雷达天线在俯仰面需要形成余割平方波束,这些赋形可以通过网络幅度和相位控制实现固定的赋形波束[39],也可以采用相控阵体制实现实时可控的波束赋形。基于功能需求,现代雷达系统大多选择相控阵体制,实现天线方向图在不同的波束形状中进行快速切换。总体来说,波束赋形产生特定的不规则方向图,从而实现对特定区域的覆盖。通常,在工程应用中大都采用单程方向图优化赋形的方式,发射方向图和接收方向图根据需要的覆盖空域各自独立进行赋形,但是有时也会根据威力覆盖进行双程方向图一体化优化赋形。

阵列天线的波束赋形问题,通常转化为方向图的优化问题,经典的优化算法如切比雪夫、泰勒和沃德伍德等针对某一类特点问题。对于具有特定约束条件的综合,研究中通常采用更为普适的优化算法,如遗传算法、模拟退火法、粒子群算法和最陡下降法等[40-44]。例如,遗传算法对需要优化的参数进行编码以生成染色体的初始群体,执行遗传繁殖操作,以生成下一代群体,设计适应度函数,并根据适应度函数对下代群体作选择,设置控制参数,形成繁殖加检测的迭代搜索过程;粒子群优化算法(Particle Swarm Optimization,PSO)是一种全局优化算法,首先在全局空间内初始化一群随机粒子,然后通过不断迭代找到最优解。以上算法在实际应用中,通常需要根据目标的不同,对算法的参数和细节做一定的改进,以提升执行效率,改善优化结果。

### 2.5.1 相位加权

天线阵列实现波束赋形有多种不同的方法,对于相控阵天线来说,采用只改变阵元相位分布,即仅相位加权,可以在不损失功率的情况下,实现波束赋形。该方法通常应用在有源阵列天线发射状态。

仅相位加权波束赋形问题在研究中是作为优化问题处理的,优化目标通常有两种选择:一种是预期实现的天线阵列方向图;另一种是关于方向图的具体参数,如副瓣电平、波束宽度等。其中,直接优化方向图比较常见,相应的数学描述为

$$\min \Delta f = \| f(\theta, \beta_1, \beta_2, \cdots, \beta_N) - f_0(\theta) \|, \beta_1, \beta_2, \cdots, \beta_N \in [0, 2\pi] \quad (2-105)$$

式中:$\Delta f$ 为优化中的实际方向图与预期方向图的差;$f(\theta, \beta_1, \beta_2, \cdots, \beta_N)$ 为天线阵列各个阵元的相位为 $\beta_1, \beta_2, \cdots, \beta_N$ 时的方向图;$f_0(\theta)$ 为预期实现的方向图;$\| \cdot \|$ 为函数的二阶范数,具体表示为函数在定义域上的均方根值。

在选定优化目标后,将天线各个阵元的相位作为优化变量,根据问题本身的性质选择合适的优化算法。在优化过程中,通过调整优化中的参数,得到问题的最优解或合理解。

在仅相位加权波束赋形研究领域,常用的综合方法有插值法、遗传算法、最陡下降法、最小值方法、拟牛顿法、自适应算法和粒子群优化算法等。

通过上述分析可以看出,仅相位加权波束赋形的一般解决思路是将赋形问题处理成一个极值优化问题,通过各种不同的算法求解相应的优化问题。在优化中,根据问题的具体特性,对算法参数进行调整,或者对算法进行一定改进,然后达到对天线阵列波束赋形的目的。

## 2.5.2 幅相加权

幅度和相位同时为变量的加权方式大都应用于接收阵,在应用过程中通常是每个单元接收信号先进行放大,然后由组件内的移相器和衰减器控制幅度和相位实现。由于同时在幅度分布上引入了自由度,幅相加权波束赋形会获得更加优越的方向图特性。

幅相加权波束赋形问题,可以描述为确定天线阵列的阵元激励幅度和相位,使其辐射方向图能尽量接近预期方向图。根据不同的应用,这个预期方向图可能有较大的变化,例如:在合成孔径雷达中,距离扫描角不同,即距离向波束覆盖位置不同,模糊区位置和宽度存在差异,其优化目标不仅包括增益、波束宽度和平坦度,还包括副瓣及模糊区抑制等[41],如图2-20(a)所示;在高分辨率成像中还有宽带等波束宽度的特殊要求,如图2-20(b)所示。

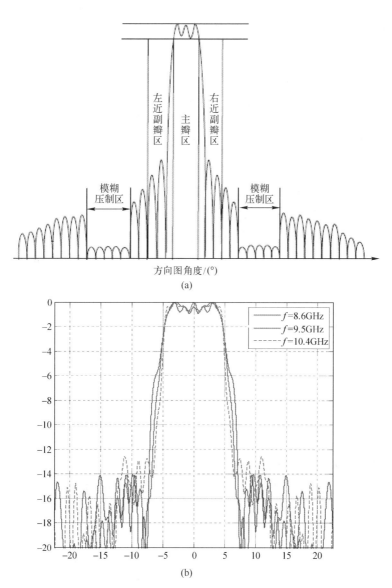

图 2-20 波束赋形

(a) 副瓣局部区域抑制；(b) 等波束宽度。

随着计算机能力的快速提升，这一类波束赋形通常采用优化算法获得，相应的数学描述与式(2-105)类似，只是变量增加了幅度项。

### 2.5.3 应用举例

对于阵列天线而言，通过综合天线阵辐射单元的幅度和相位来实现预期的波束形状,这是一个复杂的非线性优化问题。通常天线阵单元数量较多,需要调整的参数多,遗传算法和粒子群优化算法是解决这类问题的一种高效算法。在工程上,经过优化获得天线阵列幅度和相位权值分布,通过无源集中馈电天线阵中的网络或者相控阵中的移相器和衰减器控制实现期望方向图。

以粒子群优化算法为例,它是一种全局优化算法,该算法可调参数少,简单、运行快,易于实现并且功能强大。算法的基本原理是首先初始化一群随机粒子,然后通过迭代找到最优解。在每一次迭代中,粒子通过跟踪两个"极值"来更新自己。一个是粒子本身找到的最优解,即个体极值。另一个是整个种群找到的最优解,称之为全局极值。

粒子在找到上述两个极值后,更新自己的速度与位置,即

$$\begin{cases} V = w \cdot V + c_1 \cdot \text{rand} \cdot (\text{pbest}-\text{present}) + c_2 \cdot \text{rand} \cdot (\text{gbest}-\text{present}) \\ \text{present} = \text{present} + V \end{cases}$$

(2-106)

式中:$V$ 为粒子的速度;present 为粒子的当前位置;rand 为 0~1 之间的随机数;$c_1,c_2$ 为学习因子,通常取 $c_1=c_2=2$;$w$ 为加权系数,取值在 0.1~0.9 之间。如果 $w$ 随算法迭代的进行而线性减小,将显著改善算法的收敛性能。设 $w_{\max}$ 为最大加权系数,$w_{\min}$ 为最小加权系数,iter 为当前迭代次数,$\text{iter}_m$ 为算法的总迭代次数,则有

$$w = w_{\max} - \text{iter} \cdot (w_{\max} - w_{\min}) / \text{iter}_m$$

(2-107)

粒子通过不断学习更新,最终求解空间中最优解所在的位置,搜索过程结束。最后输出的 gbest 就是全局最优解。在更新过程中,粒子每一维的最大速率被限制为 $V_{\max}$,粒子每一维的坐标也被限制在允许范围内。如图 2-21 所示为粒子群优化算法的基本流程[44]。

考察算法是否收敛,通常要选择一适应度函数。适应度函数不同,表明优化的问题不同。在天线阵列综合波束赋形中,主瓣常使用目标方向图作为优化目标。而对于波束展宽,粒子群优化算法适应度函数可设为

$$F = A \left| \frac{\text{SLL} - \text{SLL}_0}{\text{SLL}_0} \right| + B \left| \frac{\theta_{3\text{dB}} - \theta_{3\text{dB}0}}{\theta_{3\text{dB}0}} \right| + C \left| \frac{\delta}{\delta_0} \right|$$

(2-108)

式中:SLL 为当前的方向图副瓣电平;$\text{SLL}_0$ 为允许的最大副瓣电平;$\theta_{3\text{dB}}$ 为主瓣的 -3dB 宽度;$\theta_{3\text{dB}0}$ 为目标的主瓣宽度;$\delta$ 为主瓣内的最大波纹;$\delta_0$ 为主瓣允许的最大波纹;$A,B,C$ 为加权系数。加权系数不同,得到的副瓣电平、主瓣宽度及主瓣波纹则有所不同,适当增大某个加权系数则可使相应的参数更逼近目标值。

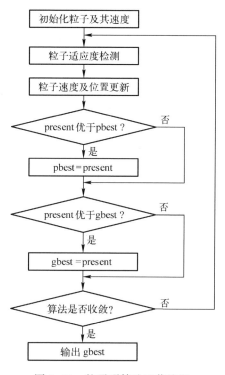

图 2-21 粒子群算法工作流程

（1）仅相位加权条件下实现余割波束赋形。仅相位加权波束赋形时，单元幅度分布为均匀分布，单元相位通过移相器实现相位控制，从而实现天线阵列波束赋形。

优化设计对象是一直线阵列，单元数为 24，单元间距为 0.5 波长。各单元幅度相同，通过相位加权，实现方向图形状为 0~30°余割平方赋形，所有副瓣电平低于-10dB，空域在 30°以上。

仅相位加权时，主瓣相对于余割平方赋形目标，通常会有较大起伏，尤其要求副瓣较低时，起伏更大。在优化过程中，主瓣区、副瓣区加权系数不同，优化得到的结果也有所不同。若主瓣区加权系数加大，则余割平方赋形吻合较好；若加大副瓣加权系数，则副瓣会变低，而此时主瓣区的余割平方赋形起伏变大。因此，应根据实际需要的侧重点不同设置加权系数，以达到符合要求的参数。

通过对算例仿真优化发现，副瓣电平为-8dB 时，主瓣与余割平方赋形目标曲线很好吻合，如图 2-22(a) 所示；而要求副瓣电平达到-12dB 时，30°覆盖空域方向图有一定的起伏。但是，对于高仰角比较容易实现低于-15dB 的副瓣电平,如图 2-22(b)所示。

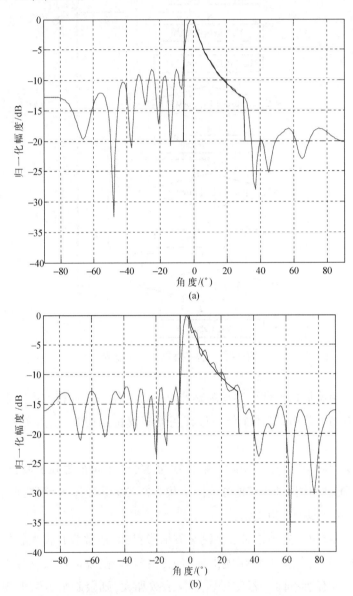

图 2-22 基于粒子群优化算法实现天线仅相位余割平方赋形
(a)主瓣平滑时;(b)副瓣较低时。

(2)幅相加权条件下实现余割波束赋形。优化设计对象是一直线阵列,单元数为 16,单元间距为 $0.64\lambda_0$。方向图形状为 0~30°余割平方赋形,所有副瓣电平低于-35dB,空域在30°以上。

优化的目标方向图如式(2-107)所示,也就是如图2-21所示虚线部分,即

$$f_0(\theta) = \begin{cases} 20\lg(\csc(\theta+8°)/\csc 8°), & 0 \leq \theta \leq 30° \\ -37\text{dB}, & \text{其他} \end{cases} \quad (2\text{-}109)$$

PSO适应度函数设为

$$F = A \left| \frac{\text{SLL}+37}{37} \right| + B \cdot \max_{\theta \in [0, 30°]} |f(\theta) - f_0(\theta)| \quad (2\text{-}110)$$

采用幅度相位同时加权,迭代次数设为500,粒子群规模为40,幅度取值范围[0,1],相位用360°归一后取值范围也为[0,1],通过适当调整适应度函数的加权系数 $A$、$B$,最终优化得到的天线阵列各个单元的幅相系数。如图2-23所示,天线的主瓣基本与目标方向图重合,尽管单元数较少,副瓣电平也达到了-36.6dB。可见,粒子群优化算法能很好地用于方向图赋形的优化。

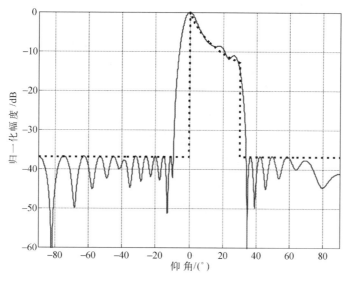

图2-23 基于粒子群优化算法实现天线幅相加权余割平方赋形

以上两例说明,通过粒子群算法优化阵列天线中各单元的馈电幅度和相位同时实现主瓣的赋形和副瓣电平的抑制,或通过仅相位加权实现主瓣波束赋形,可以得到良好的余割平方赋形效果。粒子群算法具有理论简单、参数少和易于实现等优点,比较适合解决相控阵天线波束赋形问题。

# 第3章 阵列天线误差与补偿

## 3.1 概述

众所周知，天线是一种将电磁场导波转换为空间辐射电磁波的装置。对于微波成像雷达天线而言，与成像性能直接相关的参数有增益、波束宽度、副瓣电平和波束指向等。在天线设计中，通常在理想化条件对这些辐射特性进行分析和优化，而天线辐射特性分析难以考虑一些工程实际参数，如机械结构力和热响应、通道一致性等，这将导致天线辐射特性分析与实验测试有一定的偏差，因此，天线的辐射特性需要通过实验标定、校正和测试。

阵列天线空间辐射分布主要由四个参数决定，即阵列天线中辐射单元的坐标、单元方向图、单元激励的幅度和相位。基于唯一性原理[45]，在四个参数确定的情况下，天线阵的方向图是确定的。

有源阵列天线的研究，就是基于这四个参数的优化、设计、工程实现和控制，其中也包含结构、热控、供电、波束控制以及其他诸如环境适应性和可靠性等服务于四个参数的因素。综合多种影响因素，对于辐射性能而言，最终归结于幅度和相位两种参数，如表3-1所列。通常，一个有源阵列天线分析设计完成时，不管是平面阵还是共形阵，如图3-1所示，阵列天线单元几何位置和单元方向图就已确定。在使用过程中，天线的辐射方向图仅由单元的幅度和相位决定，这是相控阵天线的基本工作原理。当然，随着有源阵列天线集成化和多功能的实现，可以增加针对天线单元位置的控制来获得更多自由度的有源阵列天线，如基于无人机群获得机动式、天线单元空间位置可重构的立体天线阵。

表 3-1　参数影响因素

| | 单元位置 | 单元方向图 | 单元激励 |
|---|---|---|---|
| 参数 | 相位 | 幅度/相位 | 幅度/相位 |
| 对象 | 三维空间辐射场 | 三维空间辐射场 | 端口匹配及三维空间辐射场 |

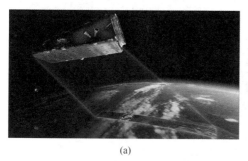
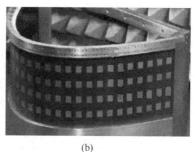

(a)　　　　　　　　　　　　　(b)

图 3-1　典型有源阵列天线

(a) 平面阵；(b) 共形阵。

从研究与实现的难易程度来说,由于少一维度空间位置变量,平面阵列天线实现相对容易,可以进行模块化设计、加工、拼装和扩展,大大地简化了有源阵列天线分析和设计,如方向图计算和优化、波束控制、天线方向图测量等。同时,由于天线单元方向图辐射的一致性,更容易获得理想的天线阵辐射特性。当然,其缺陷也很明显,天线增益与面积直接相关,在大角度扫描情况下,天线增益下降不可避免,因此对于平面阵列天线,其覆盖空域受到一定的限制,需要多个面阵组合或结合机械扫描解决这一问题。

在微波成像应用领域,天线空域波束扫描相对较小,如在星载成像雷达中,一般情况下距离向波束扫描±20°左右,方位向波束扫描仅几度。在高分辨、宽观测带情况下,方位向将拓展至±45°左右。在机载平台,由于载机的飞行高度较低,其天线波束扫描范围需要增加,但是没有预警雷达或通信系统中方位波束360°覆盖的应用场景,通常选择有限扫描平面阵列天线。图 3-2 给出了应用于微波成像雷达的平面相控阵天线[46]的典型结构,由多个天线模块构成平面阵列子阵,再由多个子阵构成三种组合的平面阵列天线。这种构型的平面阵列天线非常适合卫星平台使用,在卫星处于发射状态时,天线处于折叠收拢状态,卫星进入轨道后,平面阵列天线通过展开机构展开。

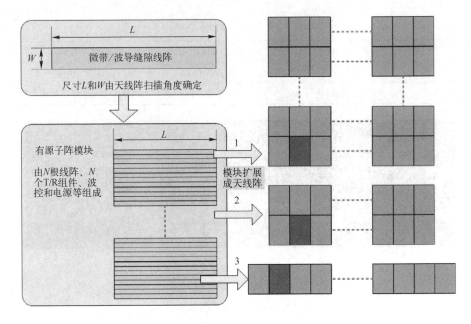

图 3-2 微波成像天线模块化结构

## 3.2 辐射特性参数

　　天线阵列的远场是由阵列中每个天线单元辐射电磁场空间相干叠加而成。对于常规平面阵列天线,在不考虑天线误差的情况下,其天线单元的位置分布是固定的,因此影响天线阵列方向图性能的因素,仅有天线单元方向图和激励天线单元的幅度和相位,实质上是天线阵因子叠加单元方向图的调制,因此,在分析优化、设计和测试评估天线阵面性能时,可以采用天线子阵分离、重组的方式进行。天线单元方向图的调制直接影响天线阵列波束扫描范围和扫描态波束指向,同时也具有压低天线阵面副瓣的特性;天线阵因子方向图是影响阵列天线波束形状和波束扫描的主要因素。

### 3.2.1 副瓣电平

　　微波成像雷达相控阵天线通常在距离向波束扫描角度较大,一般为单元级相位控制,端接 T/R 组件的天线单元间距较小,满足天线波束扫描不出现栅瓣的条件。天线副瓣电平设计通常考虑模糊区影响,尽量压低模糊区副瓣电平,这种副瓣电平抑制有较多优化方法,较为简单直接的方法是在接收状态通过衰减器进行幅度加权,获得所需要的低副瓣电平。而在方位向,相控阵天线通常作小角度扫描,在实现上一般在天线子阵阵列内部天线单元激励是等幅同相状态,而在天线子阵间采用幅度加权和相位控制。

在宽角扫描天线阵中,通常需要选择宽波束辐射单元,以缓解大角度扫描情况下天线增益恶化。常规方法是在相邻天线辐射单元之间,添加寄生耦合结构,该结构类似于单极子天线,辐射方向图呈边射方向较高、天顶方向凹陷的"苹果"形状,与主天线的"馒头"状辐射分布互补构成宽波束覆盖,如图3-3所示。宽波束天线单元在其偏离法向较远的大角度方向的辐射电平仍然较高,因此,对天线阵列远区副瓣效果的抑制效果较弱。理想的宽角扫描阵列单元应该根据波束扫描范围构建其波束形状,使其覆盖天线阵列的扫描范围,且波束切面近似为平顶下降趋势。与常规宽波束单元相比,理想的天线单元可使阵列天线的远区副瓣获得较好的抑制,同时减小扫描态的增益下降。

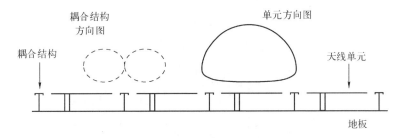

图3-3 添加寄生结构的宽角扫描天线阵列

在子阵级相控阵天线中,方位向远区副瓣受子阵远区调制影响较大,对于子阵天线,阵内单元间距直接影响远区副瓣,因此在无源馈电网络易于实现的前提下,小间距阵列对远区副瓣抑制优于大间距。图3-4给出了子阵内单元间距对远区副瓣电平影响的计算示例,计算中天线阵列中子阵数量相同,子阵长度相同。如图3-4(a)所示,子阵内部单元间距为$0.5\lambda$,扫描$1.5°$时,子阵最远区副瓣电平峰值为$-24dB$,与阵因子合成,其最远区栅瓣峰值为$-27.5dB$;如图3-4(b)所示,子阵内单元间距为$0.8\lambda$,计算的相应值分别为$-17dB$和$-19.6dB$。这说明$0.5\lambda$单元间距构成的子阵天线比$0.8\lambda$间距的天线阵远区栅瓣电平改善了$8dB$。两种天线分布中的第一个栅瓣电平峰值相同,为$-11.1dB$。在子阵级相控阵设计中,在满足功率孔径积的前提下,为了进一步减小有源通道数,选择子阵规模较大,造成扫描状态栅瓣电平较高,这种情况下通常采用栅瓣抑制技术,通过模块化错位、旋转和不规则分块等方式破坏周期性结构,抑制主瓣外栅瓣电平。

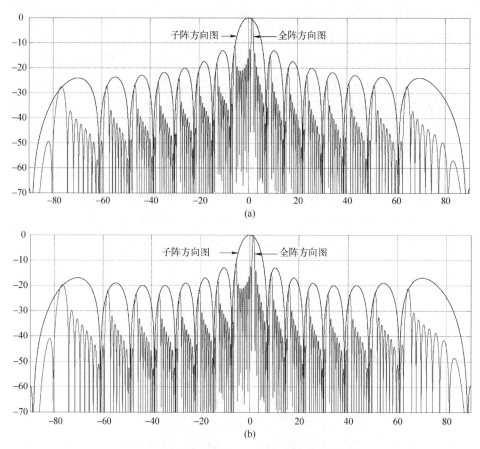

图 3-4　子阵内不同单元间距对天线阵远区副瓣影响
（a）单元间距 $0.5\lambda$；（b）单元间距 $0.8\lambda$。

另外，天线子阵方向图可重构技术可以解决栅瓣较高的问题，基本原理是通过开关电路实现子阵方向图最大波束指向可切换，在波束扫描角度增大，导致栅瓣不断升高时，适时切换子阵方向图，使得子阵方向图主瓣接近阵因子扫描瓣而零点方向与栅瓣方向尽可能接近，达到降低栅瓣的效果。该技术可以较好地解决栅瓣较高的问题，但是可重构电路中的开关器件带来的损耗是不可忽略的，因此这种栅瓣电平抑制方法需要解决可重构电路的高损耗问题。

### 3.2.2　波束指向

对于微波成像雷达来说，天线波束指向精度对观测带宽、图像分辨率、模糊度、图像定位精度都产生直接影响。波束指向误差分为固定的和随机的两种误差,其中:前者可以系统进行补偿;后者则难以预测、随时间变化,误差随机变化不稳定,这类误差需要在分析设计和工程中加以控制。天线子阵级相控阵中天线单元方向图调制也是影响波束指向的重要因素[47]。

由于天线单元方向图的调制,天线阵扫描时不可避免地造成波束指向偏差,波束扫描角越大,波束指向偏差越大。这种现象在子阵级相控阵天线中尤为明显,这是由于子阵方向图波束宽度较窄,在波束-3dB下降点斜率大,天线阵因子与子阵方向图在空间合成时,扫描角的最大点不在阵因子方向图的最大值上。

下面分析讨论相控阵天线子阵规模与波束指向误差的关系。假如在一个子阵级相控阵天线中,方位向子阵中辐射单元数为 $N_1$,子阵数量为 $N_2$,单元间距 $d$,子阵间距为 $N_1 \times d$。子阵内天线单元均匀分布,各个天线子阵激励幅度和相位相等,天线阵因子则通过各子阵激励相位控制波束扫描。

天线子阵方向图表示为

$$f_1(x) = 10\lg\left(\left|\frac{\sin(N_1 x)}{N_1 \sin x}\right|\right) \tag{3-1}$$

$$x = \frac{1}{2}kd\sin\theta$$

阵因子方向图表示为

$$f_2(x) = 10\lg\left(\left|\frac{\sin(N_1 N_2(x-x_b))}{N_2 \sin N_1(x-x_b)}\right|\right) \tag{3-2}$$

$$x_b = \frac{1}{2}kd\sin\theta_b$$

式中:$\theta_b$ 为目标波束指向,在此为阵因子波束指向。针对天线方向图主瓣而言,$f_2$ 可以近似视为天线子阵方向图 $f_1$ 沿横坐标压缩 $N_2$ 倍,然后平移 $x_b$。因此存在以下关系,即

$$f_2(x) = f_1(N_2(x-x_b)) \tag{3-3}$$

$$f_2'(x+x_b) = N_2 f_1'(N_2 x) \tag{3-4}$$

天线阵因子偏离其最大方向 $x$ 处的切线斜率,等于子阵偏离法向 $N_2 x$ 处切线斜率的 $N_2$ 倍。由方向图乘积定理知,最终天线阵列的方向图由 $f_1 \cdot f_2$ 获得。天线波束指向与两者斜率变化相关。为了计算方便将方向图简化为

$$f(x) = \ln\left(\left|\frac{\sin Nx}{\sin x}\right|\right) \tag{3-5}$$

方向图导数为

$$f'(x) = \frac{N}{\tan(Nx)} - \frac{1}{\tan(x)} \qquad (3\text{-}6)$$

在最大辐射方向 $x=0$ 附近，$x \ll 1$，式(3-6)可近似为

$$f'(x) = \frac{(1-N^2)x}{3} \qquad (3\text{-}7)$$

式(3-7)的物理意义是，在均匀分布天线阵方向图最大辐射方向附近，方向图导数随 $x$ 变化是线性的。因此，天线阵因子方向图主瓣靠近子阵方向图最大值一侧 $x_b/N_2^2$ 处，两方向图的切线斜率近似互为相反数，此处即为方向图的波束指向。考虑到 $\sin x \approx x$，因此天线阵因子扫描 $\theta_b$ 得到的合成方向图波束指向为 $(1-1/N_2^2)\theta_b$，也就是波束指向相对于阵因子指向偏差约 $-\theta_b/N_2^2$。

据此，在天线波束扫描相位控制时，需要预设扫描角增大为 $(N_2^2-1)/N_2^2$ 倍，即预设扫描角为

$$\theta'_b = \frac{(N_2^2-1)\theta_b}{N_2^2} \qquad (3\text{-}8)$$

以子阵单元数 $N_1 = 16$、子阵数 $N_2 = 9$ 的一维线性阵列天线为例，单元间距 $d = 0.78\lambda$，则子阵间距为 $12.48\lambda$。子阵波束宽度为 $4°$，天线阵列波束宽度为 $0.44°$。图 3-5 所示为计算得出的对比曲线，横坐标是扫描角与子阵半波束宽度的比值，纵坐标是波束指向偏差相对于该天线阵波束宽度的百分值。天线阵列扫描至子阵 3dB 波束宽度的四分之一时，未修正波束指向偏差相对于天线阵列的波束宽度为 $-2.9\%$。按照上述修正方法，计算波束扫描补偿相位时，天线波束指向预乘 $(N_2^2-1)/N_2^2 = 81/80$ 倍，则最终合成波束指向偏差减小为 $-0.083\%$。

式(3-8)在计算小角度扫描时，进行了相关近似，得到简化的结果。但是，当天线阵因子较大角度扫描时，如扫描至子阵天线的波束 3dB 宽度处，式(3-8)获得的波束指向偏差较大。为了减小波束指向偏差，需要对子阵激励相位进行补偿，令子阵方向图 $\theta_b$ 处的切线斜率为

$$K_b = f'_1(x_b) = \frac{N_1}{\tan(N_1 x_b)} - \frac{1}{\tan(x_b)} \qquad (3\text{-}9)$$

在子阵数 $N_2 \gg 1$ 时，可忽略子阵方向图在 $x_b$ 与 $\Delta x + x_b$ 导数的微小差异，得

$$f'_2(\Delta x + x_b) = N_2 f'_1(N_2 \Delta x) = -K_b \qquad (3\text{-}10)$$

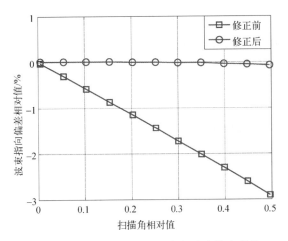

图 3-5 小角度范围内扫描角与波束指向偏差

$$f_1'(N_2\Delta x) = -\frac{K_b}{N_2} \tag{3-11}$$

$$c\tan x = \frac{1}{x} - \frac{1}{3}x - \frac{1}{45}x^3 - \cdots \tag{3-12}$$

$$f_1'(N_2\Delta x) = \frac{N_1}{\tan(N_1 N_2 \Delta x)} - \frac{1}{\tan(N_2 \Delta x)}$$

$$\approx \frac{N_2(1-N_1^2)}{3}\Delta x + \frac{N_2^3(1-N_1^4)}{45}(\Delta x)^3 \tag{3-13}$$

联合式(3-10)、式(3-11)得一元三次方程式为

$$(\Delta x)^3 + p\Delta x + q = 0 \tag{3-14}$$

$$p = \frac{15}{N_2^2(1+N_1^2)}, \quad q = \frac{45 K_b}{N_2^4(1-N_1^4)}$$

一般情况下,式(3-14)有一个实根和两个虚根,取其实根作为方程的解为

$$\Delta x = \sqrt[3]{-\frac{q}{2} + \sqrt{\left(\frac{q}{2}\right)^2 + \left(\frac{p}{3}\right)^3}} + \sqrt[3]{-\frac{q}{2} - \sqrt{\left(\frac{q}{2}\right)^2 + \left(\frac{p}{3}\right)^3}} \tag{3-15}$$

则得到波束指向偏差为

$$\Delta\theta = \arcsin\left(\frac{2x_b}{kd}\right) - \arcsin\left(\frac{2(x_b+\Delta x)}{kd}\right) \tag{3-16}$$

因此天线阵扫描时,要得到合成波束指向 $\theta_b$,则应预设波束扫描角为

$$\theta_b' = \frac{\theta_b^2}{\theta_b + \Delta\theta} \tag{3-17}$$

用于上述例证,天线扫描至子阵的 3dB 宽度处,修正前波束指向偏差相对于整个天线阵列的波束宽度为 -6.5%,修正后波束指向偏差相对值为 0.04%,如图 3-6 所示。

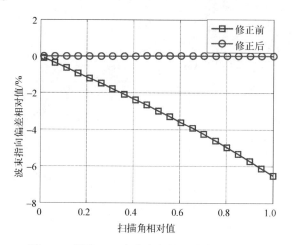

图 3-6 子阵 3dB 宽度内扫描的波束指向偏差

对于单元级相控阵天线,由于单元波束宽度宽,3dB 波束宽度处波束下降斜率平缓,单元方向图调制造成的指向偏差较小,通常可以不做考虑。

### 3.2.3 天线增益

在微波成像雷达中,图像的质量与天线的辐射功率和增益密切相关,也与目标雷达散射截面密切相关,通常用等效噪声散射系数(Noise Equivalent Sigma Zero, NE$\sigma_0$)来表示系统的灵敏度,它是反映图像质量的重要参数。根据微波成像雷达方程[2],即

$$NE\sigma_0 = \frac{2(4\pi)^3 R^3 k T F_n v_{st} L_s}{P_{av} G^2 \lambda^3 \rho_{rg}} \tag{3-18}$$

式中:$P_{av}$ 为雷达平均发射功率;$G$ 为天线单程增益;$\rho_{rg}$ 为雷达的距离向分辨率;$R$ 为雷达至目标之间的斜距;$L_s$ 为系统损耗;$\lambda$ 为工作波长;$v_{st}$ 为装载平台的速度;$T$ 为噪声温度;$F_n$ 为噪声系数;$k$ 为玻尔兹曼常数,$k = 1.38054 \times 10^{-23}$ J/K。

影响天线增益有两大因素,即天线的方向性和效率,前者表征电磁能量经过天线在空间辐射的聚束能力,后者是表征馈电导行波转化为辐射波的效率。对于天线阵的方向性系数与效率已在第二章进行了描述,对有源阵列天线来说,发射态通常选择饱和放大,天线口径场一般是均匀分布,可以按面积简化

计算方向性系数,即

$$D = \frac{4\pi A}{\lambda^2} \quad (3-19)$$

式中:$A$ 为天线阵列的有效面积;$\lambda$ 为工作波长。当非均匀加权时,天线有效口径相对减小,波束展宽、副瓣电平降低,因此方向性系数下降。例如,天线口径幅度分布采用泰勒加权时,可以通过波束展宽系数[21]进行方向性系数下降程度评估。

天线增益与方向性系数的关系为

$$G = \eta_a D \quad (3-20)$$

式中:$\eta_a$ 为天线的效率。天线效率影响因素包括天线单元的欧姆损耗、介质基天线介质损耗和反射损耗。

在天线设计中,降低欧姆损耗的主要途径是选择合适材料和减小馈线长度等。降低介质损耗主要是选择损耗角正切低的基板,并在馈线设计中控制馈线长度、减小馈线不连续寄生辐射和表面波辐射等。反射损耗主要是在天线设计中控制有源驻波,要确保在所有天线波束扫描空域,有源驻波必须控制在一定的范围内。

印刷振子天线具有宽带优点,单元带宽可以达到20%左右[48],但是天线单元剖面较高,子阵设计时,结合功分网络,天线的厚度将进一步增加。另外,由于传输线形式的固有缺陷,天线效率较低;印刷振子天线结构特点,使其无法实现平面阵一体化实现,需要一行一行加工组装;由于剖面高,这种天线力学性能较差、载荷空间包络利用率也低。因此,印刷振子天线通常不作为星载 SAR 天线。

微带天线具有剖面低、体积小、重量轻、便于与有源器件集成等优势。目前,微带天线通过多层[49]和背腔[50-51]等结构,已经解决了带宽问题,背腔单层微带贴片单元可以实现20%的带宽。与印刷天线类似,在子阵级相控阵天线中,网络损耗成为其应用的限制因素。一般情况下,X 波段 16 单元子阵效率仅50%左右,8 单元天线子阵的效率是60%~70%。

波导缝隙天线体积、重量和带宽等都处于劣势,但其非常低的馈电损耗,使其在较高频段,特别是 X 波段及更高频段,具有明显优势。波导缝隙天线带宽已获得极大地拓展,相对带宽超过13%[52-53],满足高分辨微波成像使用要求,通常其效率高于80%。另外,铝合金材料波导缝隙天线选择合适的表面氧化处理,可以控制天线表面太阳吸收率和发射率,有利于天线阵列的热控实施。

开口波导天线通过匹配可以获得18%的带宽[54]，通过台阶脊匹配则可以获得40%的带宽，同时因为采用金属材料，天线在宽带范围内效率达到90%左右。但是由于其结构特点，天线剖面高，附加网络进一步增加剖面高度。因此，这种天线更适合单元级相控阵天线，不适合作为子阵级相控阵天线。

以上几种天线机、电和热性能比较如表3-2所列，其中天线阵列的效率包括了子阵内幅度/相位误差带来的损耗，适用范围用于表示是否适应于星载微波成像有源阵列天线。

表3-2 天线单元/阵比较表

|  | 印刷振子天线阵 | 微带贴片单元 | 开口波导天线 | 微带天线阵 | 波导裂缝天线阵 |
|---|---|---|---|---|---|
| 带宽 | 20% | 20% | 40% | 13% | 13% |
| 效率（X波段） | 与微带天线同 | 85% | 85% | 16单元约50%；8单元约65% | 16单元约80%；8单元约85% |
| 力学 | 依靠结构件 | 依靠结构件 | 自身强度高 | 依靠结构件 | 自身强度高 |
| 热控难度 | 不易 | 不易 | 技术成熟 | 不易 | 技术成熟 |
| 适用范围 | 不建议使用 | 宽观测带 | X波段及其以上宽观测带 | C波段以下 | C波段及其以上 |

作为一个相控阵天线系统，尤其是应用于星载平台的天线，对效率的要求不仅仅是无源辐射面的效率问题，同时对有源模块有严格要求，如T/R组件、延时放大组件以及二次电源等。

在星载有源阵列天线中，T/R组件的大功率、高效率、轻小型化是研究的重点之一。其中，T/R组件的高效率更为重要，是星载T/R组件的关键技术参数，效率的高低直接影响到星载有效载荷的能源分配、消耗和热控等。就组件效率而言，重要的是提升芯片本身的效率，显然单片微波集成电路（Monolithic Microwave Integrated Circuits，MMIC）技术的进步难以使芯片效率得到显著的提高，该方面的详细研究已超出本书范围，不再赘述。另外，降低环形器、隔离器及馈线插入损耗等也非常重要。一般情况下，T/R组件的实际组成随着雷达系统不同而略有差异，具体电路的复杂程度也不尽相同，但基本原理相差无几，主要由发射通道、接收通道、共用通道及电源调制电路和驱动控制电路等组成。组件的效率为

$$\eta_{T/R} = \frac{P \times D}{V_{D1} \times I_1 + V_{D2} \times I_2 + V_{D3} \times I_3} \tag{3-21}$$

式中：$P$ 为组件输出脉冲功率；$D$ 为组件脉冲工作比，一般取 10%～30%；$V_{D1}$ 为发射功率放大器工作电压，包括驱动放大器和末级放大器，一般为 8.5V 左右；$I_1$ 为发射功率放大器工作电流，一般为安培量级；$V_{D2}$ 为接收低噪声放大器和驱动控制电路电压，一般为 5V；$I_2$ 为接收低噪声放大器和驱动控制电路电流，一般为百毫安量级；$V_{D3}$ 为驱动控制电路电压，一般为 -5V；$I_3$ 为驱动控制电路电流，一般为几十毫安量级。

从式(3-21)可以看出，影响组件效率的因素主要是组件输出功率和各电流值大小。减小末级功放输出到 T/R 组件输出端口之间的损耗、提高组件输出功率 $P$ 是提高效率的关键。其中，提高末级功率放大器、电源调制电路效率和降低射频输出脉冲功率的顶降是提高组件效率的辅助手段之一。因此，选用高效率的末级功率放大器是设计高效率 T/R 组件的首要任务，高效的末级功率放大器可减小发射功率放大器工作电流 $I_1$ 值，对提高组件效率作用显著；合理地选择低功耗的低噪声放大器和降低接收电源调制开关损耗可以有效减少 $I_2$ 值，降低接收低噪声放大器和驱动控制电路电流 $I_2$ 值，对提高组件的效率也有一定的作用；驱动控制电路电流 $I_3$ 相比 $I_1$ 和 $I_2$ 小，在组件效率占比可以忽略不计，将电源调制电路置于组件内部，可以对功率芯片就近供电，减少电流损耗 $I_2$，提高二次电源的转换效率；发射通道漏极电源调制，通常采用大功率 P 沟道 MOS 管实现，降低 P 沟道 MOS 管导通电阻，提高脉冲调制电路的电源效率，进而达到提高组件效率的目的。

不同波段常规器件的 T/R 组件所能达到的典型效率参数如表 3-3 所列。

表 3-3 不同频段 T/R 组件典型指标比较

| | L 波段 | C 波段 | X 波段 | Ku 波段 |
|---|---|---|---|---|
| 典型效率 | 45% | 28% | 25% | 20% |
| 测试输出功率 | 200W | 80W | 20W | 12W |
| 测试带宽 | 200MHz | 700MHz | 1GHz | 2GHz |
| 器件方式 | MMIC+分立器件（末级功放） | MMIC | MMIC | MMIC |

注：输出功率是指使用单片微波集成电路而不采用功率合成的方式。

降低 T/R 组件与无源辐射天线之间连接的插入损耗也是至关重要，插入损耗过大将会对阵列天线整体产生两方面的影响：首先，损耗过大会降低阵列天线的总效率，使得天线的总辐射功率下降；其次，插入损耗将导致馈线发热，连接问题会产生电磁泄漏，这两种影响都会对系统的正常工作产生不良影响，发热将会加快连接处的器件老化速度,降低连接的可靠性,电磁泄漏将会在各个通道间产生干扰,降低各个通道的信号质量。因此,在分析设计 T/R 组件与无源辐射天线之间的馈线时,一般会在保证机械连接良好的情况下,尽量降低馈线的插入损耗,以获得较好的整体电性能。

## 3.3 误差分析

天线阵列远场辐射方向图取决于天线单元方向图、天线单元激励的幅度和相位、单元的位置等,本质上几何位置最终也体现在相位上。因此,阵列天线误差只有两个因素,即幅度和相位。基于"唯一性"原理,在确定的边界条件下,源与场一一对应,确定的源可以计算获得唯一性的辐射电磁场,同时通过目标辐射电磁场,可以反推获得唯一性源分布。因此,在天线设计中,通常根据预期实现的辐射场分布优化设计天线阵列的源分布,实现目标源分布就可以获得需要的方向图。误差分析、校正和控制就是使实际的天线阵列辐射源幅度和相位分布,无限接近目标分布值的过程。

### 3.3.1 阵列天线误差源

带来相控阵天线理论设计值与实际值差异的误差主要来自三个方面:相控阵天线误差、测试系统误差以及测试过程中两者之间交互关联的误差。

相控阵天线误差通常分为系统误差、缓变误差和随机误差三类。系统误差主要来自天线结构的不对称性、阵面机械轴与电轴不重合、平台稳定性等。缓变误差通常来自天线阵面的热变形和外力作用下天线阵面的变形。随机误差源包括制造公差、装配安装公差及天线单元失效、天线阵面温度分布不均匀性造成的幅度/相位误差等,这类误差具有随机性,难以预先严格分析和计算,它们最终等效为阵列天线口径电场的幅相分布发生随机变化,可以用统计理论进行分析。

测试系统误差包括发射信号源和接收机的稳定性、校正误差、失配影响、测试附件的误差及测试环境引起的误差等。天线测试时,地面和周围物体存在杂乱的散射,使得测试结果与实际情况存在误差。场地引起的误差对测量精度影响较大,为提高测量精度,可在散射影响较大的区域铺设微波吸波材料。

天线与测试系统交互关联的误差主要是校正误差。无论是传统的模拟相控阵天线,还是数字阵列天线,由于器件的不一致性、制造公差、装配误差等多种原因,相控阵天线的各通道必然存在幅度和相位误差,因此在对相控阵天线性能测试之前,需要进行相控阵天线的初始化校正,即对各通道的初始幅度和相位特性进行准确测量,得出与理想幅度和相位分布之间的差值,然后通过调整各通道的幅度和相位进行补偿,以使整个天线达到设计要求的最佳状态。

天线单通道校正的前提条件是假定各个阵元的方向图与单元的阵中方向图相同,天线单元的辐射特性会随其在阵列中所处的位置发生轻微变化,如处于阵列边缘和阵列拼装缝隙附近的天线单元的方向图将受到一定影响,其方向图将与天线单元的阵中方向图产生一定偏离。同时,校正时还需要假定源天线的位置精确已知,实际架设时则存在误差。另外,校正时还假定各有源通道的工作特性与实际情况相同,实际校正时各通道存在不稳定性,并且通道逐一工作时,与全天线阵面实际工作时的特性也会有差别。口径场反演需要天线按照奈奎斯特(Nyquist)采样限制条件进行全阵面校正,因此校正时间较长,尤其是大型天线阵情况下,测试系统的稳定性、天线阵有源通道发热造成的温度分布不均以及环境温度的变化等都会引入误差。

### 3.3.2 误差源分析

天线阵列因制造和安装造成阵面天线单元,在 $Z$ 轴高低不平会影响天线阵面单元相位误差。如图 3-7 所示,某一单元与其他单元在 $Z$ 向位置相差 $\Delta z$,即法向空间相位差为 $2\pi\Delta z/\lambda$,不考虑其他因素,假设天线阵列在平面近场完成初态校正,获得等相位分布。当该天线扫描到 $\theta$ 指向时,$\Delta z$ 造成的空间相位差则变成了 $\Delta L$ 相位差,此处 $\Delta L = \Delta z/\cos\theta$,与阵列补偿后等相位面相比,额外增加 $2\pi(\Delta L-\Delta z)/\lambda$ 相位差。这一误差与 $Z$ 向位置误差和扫描角直接相关,因此,在天线阵列设计过程中,需要控制天线阵面平面度。

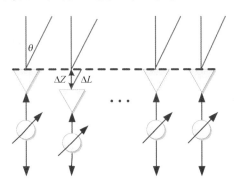

图 3-7 天线阵平面度误差

如图 3-8 所示为天线阵列单元横向坐标位置误差示意图。天线单元位置横向位置误差造成的相位误差,主要来自天线波束扫描相位计算。在天线工程中,很难精确获得每个天线单元之间的间距,尤其是在大型相控阵天线中。计算扫描相位时,通常以设计单元间距为参考,以一维相控阵天线为例,假设设计单元间距为 d$x$,而实际单元间距为 d$x$+Δ$x$,波束偏离法向扫描到 $\theta$ 处,显然,通过分析,计算获得的补偿相位与实际空间相位差为 $2\pi\Delta x \sin\theta / \lambda$。

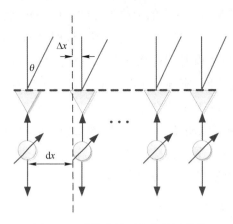

图 3-8　天线阵单元横向位置误差

基于这两种天线单元位置误差因素,在设计天线阵列时,需要根据阵列天线的具体要求,如天线波束扫描范围、副瓣电平和波束指向等,分析和分配天线单元位置误差,约束和指导天线阵设计和制造公差。

对于阵列天线无源网络幅度和相位误差,在相控阵天线发射状态,各端口的网络插入损耗离散性控制在一定范围,使激励信号通过各网络输出端口至 T/R 组件仍然保证其末级功率放大器工作于饱和放大区,因此无源网络各通道之间的幅度误差对各通道输出信号的幅度影响不大,此时决定各通道幅度误差的是各个通道的组件发射功率的不一致性。无源网络和有源通道相位误差则通过移相器加以补偿,其最终相位误差取决于 T/R 组件移相器的控制误差及其带内信号幅度平坦度;在接收态,幅度和相位则利用 T/R 组件的衰减器和移相器进行补偿,因此,其误差则取决于衰减器和移相器精度。

阵面温度非均匀性造成的天线单元激励幅度和相位误差,从理论上讲是可以补偿的,即通过测试各通道工作特性随温度变化的曲线,在天线阵列中加装温度传感器,控制移相器对因工作温度与校正温度不同而产生的相位差进行补偿。但是在工程上,这种方法使系统复杂性大幅度增加,因此通常采用天线阵面温控系统,使天线工作时全阵面温差控制在一定容忍范围之内。

T/R组件和延时放大组件幅度和相位误差种类较多,例如各组件幅度和相位初始差值、各态控制误差、带内平坦度、寄生调幅误差、寄生调相误差等。基于简化相控阵天线校正系统的设计思路,这些误差大都通过在制造过程中进行严格控制质量,使其工作特性在容忍范围之内,尽量避免引入较为复杂的误差测量和补偿措施。

天线阵面因应力变形,如重力、热、风等因素,产生的缓变误差通常是不可避免的,因此需要从材料、结构刚强度和温控设计等方面加以控制。

至于系统误差对天线性能的影响则是通过设计、加工和集成的质量以及测试环节控制来弱化,有时可以通过在轨标定来加以补偿。在阵列天线测试过程中,被测天线除自身误差外,与测试系统之间因架设状态也会引入误差,如图3-9所示。由于被测天线架设精度受到限制,平面阵列辐射面与探头采样面之间平行度存在一定夹角,如图3-9(a)和图3-9(c)所示,造成天线阵电轴与机械轴不重合,将影响天线的波束指向测试精度。当天线阵架设有水平误差时,天线阵在$Z$轴存在旋转,如图3-9(b)所示,则导致交叉极化分量的增加,影响天线交叉极化测量精度,同时,天线旋转造成探头与各单元相对关系发生变化,影响天线单元基态标定精度。当微波成像雷达进行在轨指向标定时,可以消除指向误差。

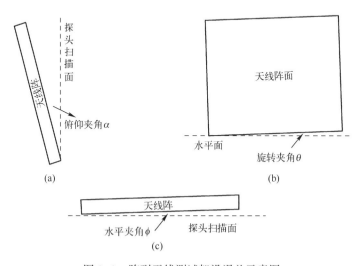

图3-9 阵列天线测试架设误差示意图

综合以上分析,在相控阵天线设计中,存在众多误差源。系统误差可以通过各种方法校正并补偿,天线阵列内部各通道幅度和相位误差可以通过测量系统加以校正,因此,最终误差项仅包括T/R组件的控制误差、寄生调幅/调相误差、带内起伏、测量误差、温度差造成的通道幅/相误差以及机械变形带来的相位误差,这些误差是不可预测的,也是难以控制的。

### 3.3.3 误差获取

有源阵列天线各个通道特性包括两大类:无源网络固有幅度和相位,有源通道幅度和相位。在高分辨微波成像雷达系统中,为了获得优越的宽瞬时性能,微波网络通常采用并馈等电长度设计,因此在天线阵面温度差控制在较小范围内时,可以认为无源网络中各通道之间的幅度和相位是固定的,它们之间的偏差在微波暗室测试时,可以通过通道校正实现补偿,并且这一补偿值是固定不变的。而有源通道之间的差异是由于T/R组件和延时放大组件工作于不同的状态而差异较大,并且有源通道随温度变化特性比无源网络敏感,因此天线阵列温度分布是影响各通道之间幅度和相位差值的因素。

阵列天线通道参数可以在研制过程中多个阶段获取,主要分为单机、模块和全阵列。在现代信息化管理和自动化测试条件下,每个单机(如功率分配/合成网络、电缆、T/R组件和延时放大组件等)产品验收时,各类端口特性都已经过测试存储;微波成像雷达相控阵天线大都采用模块化拼装的方法,因此在每个模块集成后,可以经过状态检查和性能测试,每个模块各通道性能参数在此阶段可以获得;天线阵列完成整体拼装、集成后,首先进行天线通道标定和校正,在此基础上,完成阵列天线各种状态的测试。

有源阵列天线全阵面通道校正与测量,通常与天线测量一般是同步进行,而天线测量方法较多,一个天线阵列测量方法的选择与测试内容直接相关。

### 3.3.4 误差分析

针对有源阵列天线误差对天线辐射性能的影响分析,一般采用统计的方法,对天线副瓣电平、波束指向和增益随机误差响应进行计算。基于上述对误差源的分析,识别出随机误差源并获取基本误差参数,根据统计计算方法计算天线辐射性能。

幅相误差的大小与所能达到某一副瓣电平 $SL_p$ 参数概率的统计关系为

$$P(\text{SL} < \text{SL}_P) = \int_0^{\text{SL}_P} \frac{\text{SL}}{\sigma_R^2} \exp\left(-\frac{\text{SL}^2 + \text{SL}_T^2}{2\sigma_R^2}\right) \cdot I_0\left(\frac{\text{SL} \cdot \text{SL}_T}{\sigma_R^2}\right) d\text{SL} \quad (3-22)$$

式中:$\text{SL}_T$ 为理论设计的副瓣电平参数;$\sigma_R$ 为副瓣电平标准差;$I_0(\text{SL} \cdot \text{SL}_T/\sigma_R^2)$ 为第一类变形 0 阶贝塞尔函数。

由式(3-22)可以获得在给定理论设计副瓣电平条件下,天线能达到某一副瓣电平($\text{SL}_P$)的概率与副瓣电平标准差($\sigma_R$)之间的关系曲线。如图 3-10 所示,均匀分布条件下,阵列天线波束的理论副瓣电平为 $\text{SL}_T = -13.26\text{dB}$。根据理论副瓣电平和要求副瓣电平,通过计算可知,在大于 99.5% 的概率条件下,获得 $-11\text{dB}$ 的实际天线副瓣电平,就必须使 $\sigma_R < 0.024$。

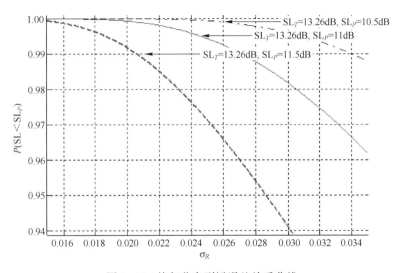

图 3-10 均匀分布副瓣误差关系曲线

假定天线单元无方向性,且幅度和相位误差的方差与波束扫描角度无关,根据天线方向图主瓣和副瓣的统计分布特性可知,天线副瓣电平标准差 $\sigma_R$ 与阵列的有效单元数 $pN$、单元幅相误差 $\varepsilon^2$ 以及天线效率 $\eta$ 有关,即

$$\sigma_R^2 = \frac{\varepsilon^2}{2\eta p N} \quad (3-23)$$

$$\varepsilon^2 = (1-p) + \sigma_A^2 + p\sigma_P^2 \quad (3-24)$$

式中:$\eta$ 为天线效率;$N$ 为天线阵列单元数目;$p$ 为能正常工作的天线单元的比例;$\varepsilon^2$ 为表征单元幅相误差的误差项;$\sigma_A$ 为指幅度误差的均方根值;$\sigma_P$ 为相位误差的均方根值。由此可得

$$(1-p)+\sigma_A^2+p\sigma_P^2=2\cdot\eta pN\sigma_R^2 \quad (3-25)$$

在求得 $\sigma_R$ 的情况下就可根据式(3-25)进行各类随机误差分配,反之由已知各类误差可以得到天线副瓣电平范围。

如图 3-10 所示为三条天线阵列副瓣达标概率与副瓣电平标准差的关系曲线,曲线的含义是在副瓣电平标准差等于 $\sigma_R$ 的条件下,天线阵列的副瓣电平 SL 低于预期的副瓣电平值 $SL_p$ 的概率 $P(SL<SL_p)$。三条曲线的区别在于其各自对应的预期副瓣电平 $SL_p$ 不同。由曲线的变化趋势可知,天线阵列的副瓣电平标准差越大,则阵列副瓣能够达到预期副瓣电平值 $SL_p$ 的概率越低。以相同的副瓣达标概率 $P(SL<SL_p)$ 为标准,预期副瓣电平值 $SL_p$ 越低,则要求副瓣电平标准差 $\sigma_R$ 越小,即对副瓣电平标准差的要求越严格。

随机误差造成的天线增益性能下降可表示为

$$\Delta G=10\lg\left(\frac{1}{1+\varepsilon^2/p}\right) \quad (3-26)$$

式中:$\varepsilon$ 为综合各类幅度和相位随机误差大小的参数;$p$ 为正常工作的天线单元比例。

天线波束指向误差可表示为

$$\sigma_{\Delta\theta}=\frac{\sqrt{12}\,\sigma_c}{\frac{2\pi}{\lambda}d\cdot MN} \quad (3-27)$$

$$\sigma_c^2=(1+\sigma_A^2)\sigma_P^2$$

式中:$\sigma_{\Delta\theta}$ 为波束指向误差;$M,N$ 分别为天线的行、列单元数。由式(3-27)可见,单纯幅度误差对波束指向没有影响,但可以增强相位误差对天线指向的影响。

在天线性能误差计算时,也可以基于误差范围的设定,借助蒙特卡罗方法[55]对方向图进行多次计算来获得误差包络,确定误差影响,反之则通过辐射性能误差包络的计算结果,反推误差的允许范围。图 3-11 给出了一例均匀分布天线阵列不同波束状态下误差响应包络,其中:$\sigma_A\leqslant 1.0\text{dB},\sigma_P\leqslant 10°$,800 个有源通道,经过 100 次计算,其最大误差为 -11dB。

由图 3-11 可知,蒙特卡罗方法能够完成对天线阵列副瓣、增益、波束指向等特性的误差分析,根据该结果也能完成随机误差分配工作,即确定馈电幅度误差、相位误差、单元失效率等随机误差的允许范围。

综上所述,对相控阵天线辐射性能的误差分析,可以通过解析计算和蒙特卡罗仿真等两种方法实现。解析计算的优点是能够得到误差分析中各个因素之间的理论关系,计算复杂度与天线阵列规模无关,但其缺点是当误差分析问题的颗粒度进一步细化,如需要考虑阵面不同位置处温度不等导致相位误差分布不同时,理论分析将难以进行。蒙特卡罗方法则由于其对阵列总方向图的真实形成过程做了较为细致的模拟,因此可以通过引入附加参数,对颗粒度较细的影响因素进行表征,仿真过程也能给出关于天线阵列方向图的更全面的信息,但其缺点是计算量随着阵列规模的增大而增大,在天线阵列规模较大和问题颗粒度较细时,仿真过程较为耗时。

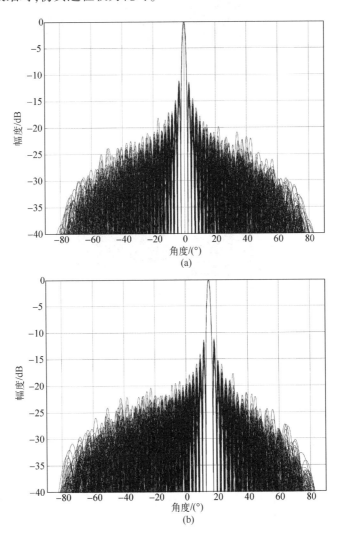

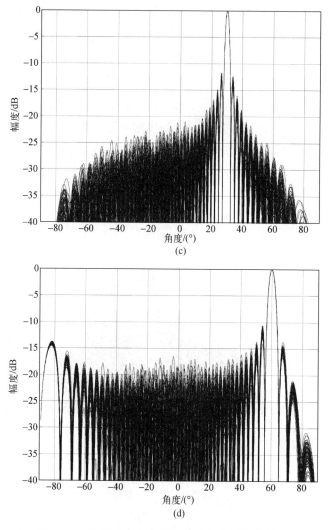

图 3-11 发射态方位向带误差的方向图仿真结果

(a) 法向;(b) 扫描 15°;(c) 扫描 30°;(d) 扫描 60°。

## 3.4 天线测量

对天线辐射特性进行测量是天线研究工作中的重要环节。有源阵列天线集成组装后,首先需要对各通道进行测量标校,获得通道初始误差矩阵并进行补偿[56-59],然后针对天线的多项辐射性能参数进行测试,以评估天线实际性能。

天线空间场分为三个区域,如图 3-12 所示,即电抗近区、辐射近区和辐射远区。不同的测量方法针对天线不同的辐射区域进行测量,显然,针对天线辐射远区的方向图测量更为直观,但是观测点距离被测天线要求较远,一般情况下,测试距离大于 $2D^2/\lambda$,此处 $D$ 表示天线孔径,$\lambda$ 是工作波长。天线孔径尺寸越大则需要距离越远。而通过近场区测量获得数据不能直观体现天线方向图特性,需要通过近场远场变换计算才能获得,这种方法具有较大的优势,由于天线远场辐射特性是通过计算获得,因此易于得到待测天线远场立体方向图结构,获得信息量更大。

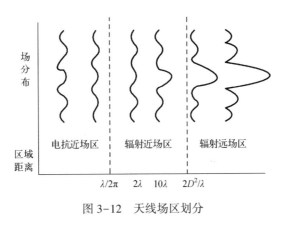

图 3-12 天线场区划分

一般情况下,对于小型有源阵列天线通常采用平面近场法或利用三维转台采用远场法进行测试。对于大型相控阵列天线,由于受到设备、场地、时间等因素的限制,天线远场测试方法都不再可行,需要采用一些特别的技术方法进行远场测试,如天体源法。

## 3.4.1 天线测试方法

天线测量方法较多,从采样点在天线辐射场区位置而言,依次有口径场法、近场法、中场法[60]和远场法[61]。此外还有聚集测试法、波束扫描法等。

(1) 口径场法。口径场法就是用一个特性已知的探头,放置在天线阵面前方紧邻各辐射单元的电抗区,按单元栅格位置逐次移动测试探头,这样可以直接测量出天线阵列中各单元通道的幅、相分布,然后由幅度和相位分布计算出天线的远场方向图。

(2) 平面近场法。在天线近场区,测量出天线近场幅度和相位分布,应用较为严格的模式展开理论求出远区辐射场。由于近场测量中测试距离非常靠近天线阵面,因此不需要庞大的测试空间,在有限的空间内就可以完成天线测试,具有不受天气环境影响等优点。该方法已获广泛使用,技术成熟。

(3)中场测试法。利用距离天线几倍口径距离远的辅助耦合天线,在几个特定的位置测试有源阵列天线的转移函数,通过数据相关处理获得各天线单元的幅相特性,然后进行远场方向图推算从而获得远场方向图特性。基本原理如图 3-13 所示,$a,b$ 和 $c$ 是辅助天线三个采样点,采样点位置相对于天线阵列而言,不满足远场条件,但是相对于天线单元而言则是远场区域。另外,采样点位置选取与阵中每个单元夹角变化小,以期保证获取每个单元幅度/相位的一致性。这种方法的缺点是不能直接获取天线方向图,需要复杂的计算,且难以对天线的增益性能进行测试。

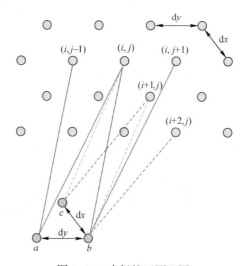

图 3-13 中场校正原理图

(4)聚焦测试法。通过天线阵面标定的方法获得测试天线和待测阵面之间的几何位置关系,然后通过阵列中各天线单元坐标与辅助天线的坐标推算出波程差,并转换成相对应的相位原理,如图 3-14 所示。测试时将阵面各天线通道对应的程差相位修正量和通道校正相位一起预置于波束形成系统,使天线波瓣聚焦于辅助天线处,使辅助天线点等效于被测天线的无限远,达到远场等效的测试目的。然后采用波束扫描法完成天线方向图的测试,即在方位向控制天线波束在 $-\theta \sim +\theta$ 范围内,以一定的角度间隔扫描,每扫描一个角度,就记录一个信号电平 $L_i$,这样就可获得天线指向角为 $(\alpha_0, \beta_0)$ 的远场方向图。

(5)远场法。该方法较为简单,通过一维或二维转台,使待测天线水平或

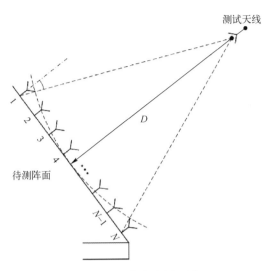

图 3-14 聚焦法原理图

者垂直旋转,通过辅助天线测试待测天线在旋转切面的幅度和相位,从而获得该切面天线辐射方向图,这一方法缺陷也较为明显,每测一个切面的方向图就需要调整天线旋转切面,测试工作量大,比较耗时。

(6) 波束扫描法。将辅助天线固定于天线阵面前方的方位及俯仰为($\alpha_0$, $\beta_0$)的远场区,利用波束形成系统,将天线方向图的主瓣最大值对准该天线,在方位向控制天线波束在 $-\theta \sim +\theta$ 范围内,以一定的角度间隔扫描,每扫描一个 $\theta_i$,就记录一个信号电平 $L_i$,这样就可获得天线指向角为($\alpha_0, \beta_0$)的远场方向图,其原理如图 3-15 所示。如果要测试俯仰面,就控制天线在俯仰面扫描。该方法的理论基础是基于阵列天线波束扫描的本质,天线方向图在可见空间的平移。但这种平移并不是恒增益的,而是有一个 $\cos\theta$ 的调制,同时考虑到不同扫描状态下阵中的有源单元方向图也将发生变化。因此该方法测试的方向图仅在主瓣附近的区域与实际方向图较为近似。波束扫描法的优点是收发天线位置相对固定,测试过程简单,天线方向图的测试结果较直接。缺点是远区副瓣测试误差较大,每测试一种波束指向时,辅助天线的位置都要进行调整。

此外,还有天体源法、标校星反射法和飞行平台远场测量法等远场测试方法,这些方法通常应用于大型天线阵的测试。

微波成像阵列天线大多数集中于 L~X 波段,天线阵面口径适中,天线阵列测量大都在室内平面近场完成。

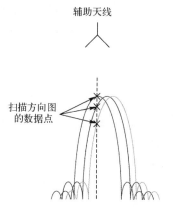

图 3-15 波束扫描法测试原理示意图

### 3.4.2 近场测量

天线近场测量是用一个特性已知的探头,在待测天线近场区扫描,测得扫描面上电磁场的幅度和相位分布,通过近场/远场变换获得待测天线远场特性。近场测量根据采样扫描面特点分为平面近场、柱面近场和球面近场等。平面近场测试方法如图 3-16 所示,待测天线(antenna under test,AUT)架设于近场测量系统中探头近场距离区内,天线面平行于探头扫描面,根据阵列天线波束覆盖范围及波束远区副瓣电平高低,确定探头采样截断角,计算扫描面大小,探头在扫描面内满足奈奎斯特(Nyqnist)采样限制条件下,逐行或逐列移动,测量天线与探头之间的 $S_{21}$ 参数,获得每个采样点位置的幅度和相位值。

测量得到探头输出的幅度和相位以及其相对应位置的坐标信息,通过傅里叶变换就可以得到待测天线的平面波谱。探头输出幅度和相位与待测天线之间的关系可以表示为

$$B_0(x,y,z=d_0) = \int_{-\infty}^{+\infty}\int T(K_x,K_y) \cdot S(K_x,K_y) \, e^{iK_Z d_1} \, e^{i(K_x x + K_y y)} dK_x dK_y \quad (3-28)$$

式中:$B_0$ 为探头测量输出的幅度和相位值;$T$ 为待测天线平面波谱,即待求值;$S$ 为探头天线平面波谱,后两项是探头在采样面上的相位因子;$d_0$ 为探头与待测天线之间的距离;$K_x$、$K_y$、$K_z$ 为三个方向的传播常数,且有 $K_z = \sqrt{K_0^2-(K_x^2+K_y^2)}$,$K_y = K\sin\theta\sin\phi$,$K_x = K\sin\theta\cos\phi$。

待测天线平面波谱可表示为

# 第 3 章 阵列天线误差与补偿

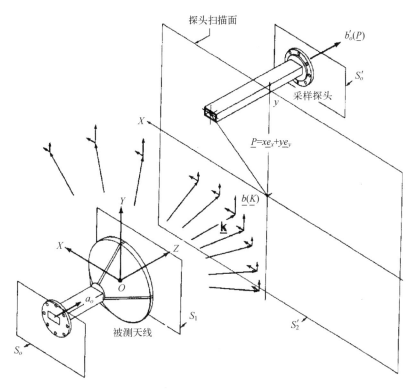

图 3-16 平面近场测量示意图

$$T(K_x, K_y) = E(K_x, K_y) \sum_{m=1}^{M} \sum_{n=1}^{N} A(x_m, y_n) \cdot e^{-i(K_x x_m + K_y y_n)} \Delta x \Delta y \quad (3-29)$$

$$\begin{aligned} A(x_m, y_n) &= \sum_{-k_1}^{k_1} \sum_{-k_2}^{k_2} \frac{e^{-ik_z d_1} D(K_x, K_y)}{4\pi^2 E \cdot S} e^{i(K_x x_m + K_y y_n)} \Delta K_x \Delta K_y \\ &= \sum \sum \left\{ \frac{e^{-ik_z d_1}}{4\pi^2 E \cdot S} \sum \sum \left[ B_0(x,y) e^{-i(K_x x + K_y y)} \Delta x \Delta y \right] \right. \\ &\quad \left. \cdot e^{i(K_x x_m + K_y y_n)} \Delta K_x \Delta K_y \right\} \end{aligned} \quad (3-30)$$

平面近场测试系统包含了近 20 个误差项[62],主要在于探头及其位置、接收机和发射机、电缆以及微波暗室环境等方面。对于一个合格的平面近场测量系统,在建设和后期维护中,已保证其各类误差在一定允许范围之内。

## 3.4.3 口径场反演校正

口径场反演技术是天线阵列测量和校正方法之一,该方法利用仿真或者测试得到的近/远场方向图,通过傅里叶变换得到各个单元的激励幅度和相位[63,64],其中借助近场反推的方法可操作性较强,对于有源阵列天线单元的故障诊断和幅相校正具有重要意义,其原理及效果如图3-17所示。

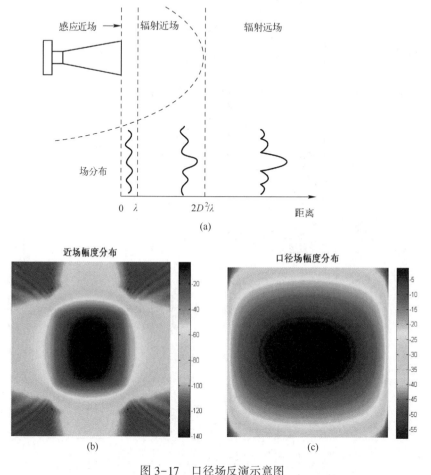

图3-17 口径场反演示意图

(a)口径场形成辐射近场示意图;(b)平面近场测试幅度分布;(c)天线阵面口径场反推结果。

(1)基本原理。口径场校正算法的理论基础是平面波展开理论。假设天线的传播介质为线性、均匀、各向同性的无源无损耗介质,在图3-18中所示的天线传播坐标系内,则$z \geqslant 0$的空间内,电磁波传播满足亥姆霍兹(Helmholtz)方程,即

$$\nabla^2 \begin{bmatrix} E \\ H \end{bmatrix} + k^2 \begin{bmatrix} E \\ H \end{bmatrix} = 0 \qquad (3-31)$$

$$E(r) = A(k)e^{-jkr}, H(r) = \frac{1}{\omega\mu}k \times A(k)e^{-jkr} \tag{3-32}$$

式中：$E$ 和 $H$ 分别为电磁波的电场和磁场分量；$r$ 为空间位置矢量；$A$ 为电磁波的复振幅矢量；$k$ 为电磁波的波矢；$\omega$ 为电磁波的角频率；$\mu$ 为介质磁导率。式(3-32)是亥姆霍兹(Helmholtz)方程的平面波解，通过式(3-32)可以求出电磁波的平面波谱 $A(k)$。

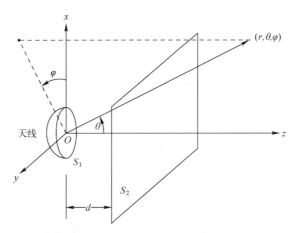

图 3-18 口径场反演理论对应的天线传播坐标系

而 $z \geq 0$ 的空间内，任意一个点的电磁场分布可以看成是由所有方向上的电磁波空间合成，即

$$E(r) = \iint\limits_{-\infty}^{\infty} A(k)e^{-jk \cdot r} \, dk_x dk_y$$

$$H(r) = \frac{1}{\omega\mu} \iint\limits_{-\infty}^{\infty} k \times A(k)e^{-jk \cdot r} \, dk_x dk_y \tag{3-33}$$

式中：$k_x$ 和 $k_y$ 分别为电磁波的 $x$ 方向波数和 $y$ 方向波数。

在得到了所有方向上的电磁波复振幅矢量之后，可以根据式(3-33)得到 $z \geq 0$ 的空间内任意点处的电磁场分布，而在无穷远处的电磁场分布是天线远场方向图，在 $z=0$ 平面内的电磁场分布是天线口径场分布。通常情况下，当 $k_x^2+k_y^2 > k^2$ 时，电磁波的传播会迅速衰减，这部分分量在平面波谱称为衰减波。近场测量的时候，采样面与天线口径面的距离在几个波长量级，因此衰减波成分可以忽略不计，即式(3-33)的积分上限和积分下限可以由 $\pm\infty$ 变为 $\pm k$。

(2) 实现方法。理论上近场诊断只需要得到电磁波的复振幅矢量 $A(k)$ 即可,但是在实际的近场测试中得到的近场数据是经过探头接收到的幅度与相位信息,想要得到待校正天线阵列真实的平面波谱还需要将探头的影响消除。

在近场测试中,采用的探头一般是方向图已知的,或者可以通过计算可以得到远场方向图,这为探头补偿提供了方便。利用考虑探头的近场耦合函数式(3-34)可以消除探头的影响,即

$$\frac{b_0(r_0)}{a_0 F} = \iint_{-\infty}^{+\infty} \frac{K_z}{K} A(k) \cdot S(k) e^{-jk \cdot r_0} dk_x dk_y \tag{3-34}$$

式中:$b_0(r_0)$为探头在$r_0$位置接收到的信号;$A(k)$和$S(k)$分别为待测天线的平面波谱与探头的平面波谱;$a_0$和$F$分别为待测天线的输入信号与探头及近场测试系统之间的失配因子。忽略常数因子,对近场数据作傅里叶变换处理,能够得到耦合的$A(k) \cdot S(k)$分布,即

$$A(k) \cdot S(k) e^{-jk_z d} = \iint^{\infty} b_0(x,y,d) e^{j(k_x x + k_y y)} dx dy \tag{3-35}$$

式中:$(x,y,d)$表示电磁场位置矢量$\boldsymbol{r}$的直角坐标分量。在实际的近场测试中,通常会采用一个线极化探头,然后在近场范围内,测量两个正交的极化分量,然后对这两组数据进行计算。两个正交极化分量分别表示为

$$\begin{cases} I_1(k) = \iint_{S_2} B_{01}(x,y,d) e^{j(k_x x + k_y y)} dx dy \\ I_2(k) = \iint_{S_2} B_{02}(x,y,d) e^{j(k_x x + k_y y)} dx dy \end{cases} \tag{3-36}$$

式中:$I_1(k)$和$I_2(k)$为考虑探头交叉极化耦合影响后的$A(k) \cdot S(k) e^{-jk_z d}$分布;$B_{01}(x,y,d)$和$B_{02}(x,y,d)$分别表示$(x,y,d)$位置处的两个极化分量的探头接收信号。因此可得

$$\begin{bmatrix} f_E \cos\phi & -f_H \sin\phi \\ -f_E \sin\phi & -f_H \cos\phi \end{bmatrix} \begin{bmatrix} A_\theta \\ A_\phi \end{bmatrix} = e^{j2\pi \cos\theta \frac{d}{\lambda}} \begin{bmatrix} I_1 \\ I_2 \end{bmatrix} \tag{3-37}$$

式中:$f_E,f_H$分别为$E$面与$H$面的探头方向图。根据式(3-35)可以分别求得直角坐标系下平面波谱分量$A_x,A_y$,即

$$\begin{cases} A_x = \left[ I_1 \left( \frac{\cos\theta \cos\varphi^2}{f_E} + \frac{\sin\varphi^2}{f_H} \right) - I_2 \sin\varphi \cos\varphi \left( \frac{\cos\theta}{f_E} - \frac{1}{f_H} \right) \right] e^{j2\pi \cos\theta \frac{d}{\lambda}} \\ A_y = \left[ I_1 \sin\varphi \cos\varphi \left( \frac{\cos\theta}{f_E} - \frac{1}{f_H} \right) - I_2 \left( \frac{\cos\theta \sin\varphi^2}{f_E} + \frac{\cos\varphi^2}{f_H} \right) \right] e^{j2\pi \cos\theta \frac{d}{\lambda}} \end{cases} \tag{3-38}$$

根据平面波谱分量 $A_x, A_y$ 分别得到 $x$ 方向、$y$ 方向下的口径面电磁场分布,即

$$E_{x,y}(x,y,0) = \iint_{-k}^{k} A_{x,y}(k) e^{-j(k_x x + k_y y)} dk_x dk_y \tag{3-39}$$

式中:$E_x(x,y,0)$ 和 $E_y(x,y,0)$ 为口径面的电磁场分布;$-k$ 和 $k$ 为由于空间频率采样范围的上下限。

经过上述反演过程,可以获得天线口径——对应的幅度和相位值。通过多次迭代控制有源阵列天线中 T/R 组件的幅度和相位,可使口径分布无限接近需求的目标值,完成天线阵列的补偿工作。在发射状态,天线阵列的 T/R 组件通常工作于饱和放大状态,可仅通过控制 T/R 组件中的移相器完成补偿;而在接收状态,可以通过控制 T/R 组件的移相器和衰减器,完成幅度和相位的补偿。

当天线阵面法向波束完成补偿校正后,根据天线阵列扫描和加权要求,计算有源阵列天线波束控制码,在平面近场完成扫描状态和赋形波束测量,如果偏离目标值较大,则可以再次通过口径场反演、幅度和相位控制迭代逼近,完成该状态下的波束校正。

### 3.4.4 逐一校正

单通道逐一校正技术是利用有源阵列天线中 T/R 组件设计的独立开关切换功能,当进行天线阵列各通道校正时,通过计算机控制,使天线阵面中仅一个通道处于工作态,其他通道不处于工作状态,探头对该通道进行采样,获取传输系数 $S_{21}$ 参数,天线全阵面逐一开关、相应移动探头并同步采样,获得每个通道幅度和相位值;与理想目标函数相比较,控制 T/R 组件中的衰减器和移相器,使幅度和相位值逼近目标值,完成基准状态校正工作,从而获得天线阵列基态误差矩阵。如图 3-19 所示为逐一校正测试方法的示意图,通过控制计算机与待校正天线阵列的网格,相对应地逐一对天线阵元的辐射场进行采样,得到天线阵列各个单元的校正幅度和相位数据。

该技术非常适合于子阵级有源阵列天线,一个多辐射单元构成的子阵天线对应一个收发通道,在该子阵天线上仅需采样一个点或几个点,控制探头使每个子阵天线采样位置相同,无须满足奈奎斯特(Nyqnist)采样限制条件,因此校正速度远远快于口径场反演方法。

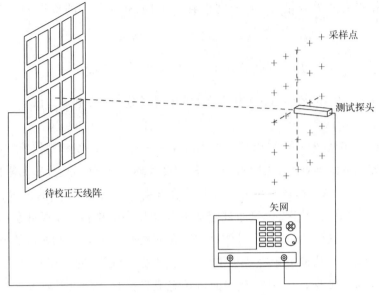

图 3-19 逐一校正测试系统示意图

## 3.5 辐射性能精确计算

### 3.5.1 基本原理

微波成像雷达有时关心其辐射分辨率,系统需要精确获取相控阵天线的增益和方向图特性,多模式工作的微波成像雷达相控阵天线两维扫描波位数量巨大,难以完全测量。而高分辨率的宽带天线更是需要精确获得带内幅度和相位特性参数,使天线测量工作量进一步加大。由于近场测量系统探头扫描速度、仪器仪表数据采集、控制交换和频率切换等速度的限制,使宽带二维扫描相控阵天线方向图测量成为工作量巨大的任务。因此,必须寻求快速测量技术解决微波成像二维相控阵海量方向图测量问题。尽管采用多探头采样技术可以提升天线测量速度,但是考虑到开关切换、机械扫描速度以及探头阵误差影响等因素,仍然无法保证微波成像雷达两维相控阵辐射特性在宽带不同扫描角下的精细测量。

平面近场是基于天线近场电磁测量数据,经过近/远场变换计算获得远场辐射特性。同理,基于天线单元或子阵方向图及其激励幅度和相位数据,通过精确建模的方法,也可以获得高精度有源阵列天线辐射性能。针对两维有源阵列天线海量方向图精确计算,通过平面近场测量进行验证,解决高分辨微波成像雷达宽带有源阵列天线辐射性能精确标定。

## 3.5.2 精确建模

基于天线阵列方向图单元与阵因子乘积原理,天线阵列的远场方向图可以通过每个单元的立体方向图与阵因子方向图进行构造,通过获取有源阵列天线中的每个天线单元电磁场实际空间分布,结合精确测量得到的通道幅度和相位值,就可以精确计算得到该天线阵的远场方向图。这种方法适合于微波成像子阵级有源阵列天线的方向图定量标定中。基本方法如下:

(1) 测量获得天线阵列中各个典型位置单元或者子阵的立体方向图;

(2) 精确获得天线阵列中每个通道、每个工作态幅度和相位值;

(3) 利用平面近场测量系统完成有源阵列天线基态校正,补偿法向等幅度、同相位均匀分布波束的各通道幅度和相位值;

(4) 以法向波束情况下幅度/相位分布为基准,波束扫描和波束赋形幅度和相位理论值为目标函数,调用各通道精确测量获得的各工作态幅度和相位数据,选择每个通道的工作状态,使天线阵幅度和相位值逼近目标函数;

(5) 每个有源通道工作状态选定后,结合单元方向图,计算获得天线阵远场方向图。

根据选定后的有源通道工作状态,确定波束的相位控制码,利用平面近场测量系统测量验证建模计算方向图。天线远场方向图为

$$\mathrm{AF}(\theta,\varphi) = \sum_{m=0}^{M-1}\sum_{n=0}^{N-1}(f_{sa,mn}(\theta,\varphi) \cdot I_{mn} \cdot E_{sa,mn} \cdot \mathrm{e}^{jk\cos\theta\sin\varphi\left(\frac{M-1}{2}+m\right)\Delta x} \cdot \mathrm{e}^{jk\sin\theta\cos\varphi\left(\frac{N-1}{2}+n\right)\Delta y}) \quad (3-40)$$

式中:$\theta,\varphi$ 为直角坐标下的空间角;$M,N$ 为天线阵列子阵的列数和行数;$\Delta x$ 和 $\Delta y$ 分别为子阵天线间距;$k=\dfrac{2\pi}{\lambda}$ 为中心频率波数;$E_{sa,mn}$ 为基态误差,通过天线阵列法向波束校零获得;$I_{mn}$ 为每个子阵激励的因子,也就是 T/R 组件和相对应的延时放大组件幅度和相位值,这些数据在 T/R 组件上测试获得,建立数据库与天线组装位置一一对应;$f_{sa,mn}$ 为阵中单元方向图,在子阵级相控阵中是子阵方向图,通过测试获得。

当天线阵有源通道数量不多的情况下,由于边缘子阵数占比较大,子阵天线方向图需要分为边缘、边角和阵中多种情况进行分别测试和采集。对于高分辨微波成像雷达应用,还需要采集宽带范围内子阵天线方向图。典型方向图结

果需要建立数据库,并与天线阵中位置一一对应,供精确计算方向图使用。

### 3.5.3 计算实例

根据上述方法,举例说明精确建模计算某一子阵级有源阵列天线方向图。为了获得精确的天线方向图计算值,天线阵列中考虑了各个典型位置的子阵方向图特性,如水平和垂直面边缘、四个边角和阵中环境下的子阵,通道数据在单机级和模块级分别经过精确测量获得,典型子阵和通道数据通过编号与实际天线阵中的位置一一对应。通过编制的目标函数优化、通道数据查表、子阵数据及位置信息嵌入、方向图计算和波控码自动生成软件,实现微波成像二维有源相控阵天线辐射方向图计算。

如图 3-20 所示为精确建模与近场测量对比,可以看出两者吻合很好。在此基础上计算天线增益,在大多数情况下,两者差在±0.05dB 以内,如图 3-20(a)、图 3-20(b)、图 3-20(c)所示,而在一些特殊的波束展宽情况下,方向图的差值也控制在±0.1dB 以内,如图 3-20(d)所示。

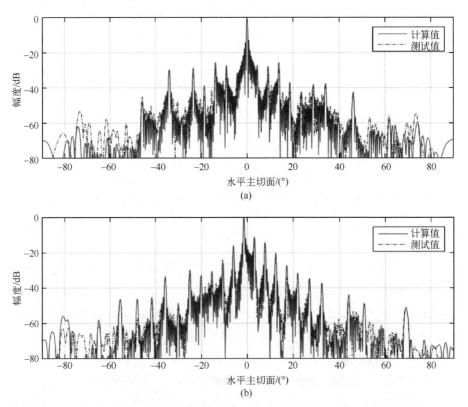

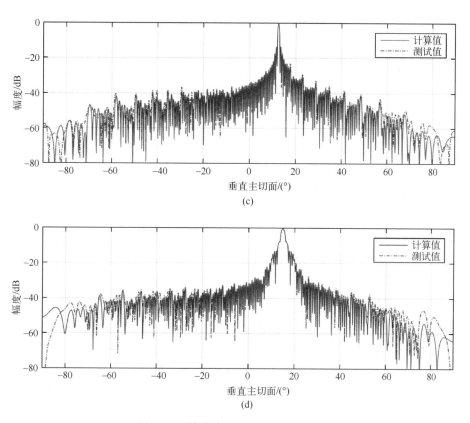

图 3-20 精确建模与测试方向图对比

（a）水平面法向方向图；（b）水平面扫描方向图；
（c）均匀分布垂直面方向图；（d）垂直面波束展宽方向图。

# 第 4 章
# 宽带有源阵列天线

对观测目标的精细分辨是宽带雷达的突出特征,其精细分辨能力正比于雷达的信号带宽。当雷达的距离分辨率小于所感兴趣目标的线性尺寸时,目标的雷达回波就可以构成一维距离像。当这种宽带雷达与合成孔径技术或者逆合成孔径技术相结合时,就能实现目标的二维成像。若再与相干测量技术结合,还可以实现目标的三维成像。

传统的电子信息系统(如雷达、通信等)大多都是窄带系统,即用一个窄带信号去调制一个正弦载频信号。而宽带雷达随着信号带宽的增加,传统的建立在窄带基础上的雷达理论和技术就会遇到新的挑战。例如,天线辐射特性、通道传输特性、目标反射特性、信号处理和检测方法等都与窄带情况有相当大的不同。

宽带雷达相比于窄带雷达具有更高的距离分辨率。一般情况下,合成孔径雷达和逆合成孔径雷达都是宽带信号雷达,具有高分辨率目标成像、高精度目标识别、非合作目标分类识别、强抗干扰能力等特性。现代有源阵列天线系统都具有尽可能大的瞬时信号带宽。宽带有源阵列天线是雷达系统特别是微波成像雷达系统重要的技术体制。

## 4.1 瞬时带宽的限制

有源阵列天线的带宽通常有两层含义,一个含义是指它的工作带宽,另一个含义是指它的瞬时带宽或瞬时信号带宽。所谓工作带宽是指有源阵列天线系统的某些性能指标满足规定要求的工作频率范围。不同指标要求就有不同的天线带宽准则,通常有输入阻抗或端口反射系数、增益或方向性、交叉极化电平、波束宽度、副瓣电平等准则。瞬时带宽是指雷达天线系统能够传输、发射和接收的信号带宽。一般情况下，工作带宽必须大于瞬时带宽，才能实现阵列天线的宽带功能。

有源阵列天线的带宽除了受到天线单元带宽限制之外，还受到阵列单元间距、激励信号的幅度与相位、馈电网络和有源模块等因素的制约。

天线单元的带宽与单元类型、结构形式和馈电方式有关。单极天线、偶极子天线、缝隙天线和微带天线单元的带宽通常与其阻抗特性有关；喇叭天线、介质棒天线和表面波天线的带宽由主模及高次模传播模式决定；电小尺寸孔径天线的带宽因边缘绕射效应而受到限制；单或双反射面天线的带宽很大程度上受限于初级馈源；任何具有固定孔径天线的带宽会受到波束宽度随频率变化要求的限制。

阵列天线如果单元间距过小，则阵元间的互耦效应增强，其天线阵面与馈电网络间的失配更严重；单元间距过大，则波束扫描时，在可见区会出现不希望的栅瓣。众所周知，天线阵列主要有串行和并行两种馈电结构。串行馈电阵列会由于传输线的色散效应导致波束指向的色散，而并联馈电阵列的波束宽度不但有频响特性，而且会随着扫描角增加而展宽，副瓣电平也会随频率变化发生变化，并且随着扫描角的增大而抬高。对于阵列单元和子阵天线来说，射频激励信号会产生幅相量化误差和周期性误差，天线在频带内会产生量化副瓣，从而劣化天线增益和波束指向。

现代雷达系统对于目标识别精度、成像分辨率、探测距离、抗干扰能力等要求越来越高，雷达的功能及工作模式越来越复杂多样。相应地，雷达系统对于天线系统的性能要求也越来越高，大口径、大瞬时带宽和大扫描角的有源阵列天线更多地被雷达工程师所采用。

对于具有大的瞬时信号带宽和宽角扫描的大型相控阵天线，其瞬时信号带宽会受到空间色散效应的限制。特别是大瞬时信号带宽的阵列天线，由于采用非色散特性的移相器，使得移相器提供的相移不能在宽频带内有效补偿具有线性频响特性的空间相位差，导致信号带宽内天线波束指向偏移和波束展宽，同时宽带信号频谱的特性也会相应变差。

在宽角扫描情况下，宽带有源阵列天线瞬时带宽会受到天线空间色散效应的影响[65]，主要表现在波束指向偏差、孔径渡越、线性调频信号调频速率改变和栅瓣等[66-67]。宽带相控阵天线扫描状态下，如果没有实时延迟线的补偿，会对合成孔径雷达图像质量产生影响[68]。

## 4.1.1 波束指向偏差限制

波束指向偏差是指天线波束指向随频率变化发生离散现象。一般情况下，阵列天线的波束指向与阵列相位波前的法线方向一致，若阵列天线各单元的相位由移相器提供，移相器通过系统波束控制电路驱动，由于移相器的相位通常都是与频率无关的，如果有源阵列天线通过分别控制每个天线单元的激励相位，使得天线阵列获得一个线性相位锥削，则天线阵列的相位波前就会偏离阵列法线方向，波束指向从阵列法向转到与相位波前垂直的方向，于是就出现了天线波束的扫描。相控阵天线在波束扫描偏离法线方向时，由于天线阵列数字移相器提供的相位值不随频率变化，在一定的信号带宽内天线阵列不同单元发射或接收信号产生的空间相位差不能通过数字移相器获得补偿，这样在偏离中心频率的那些频点上，天线阵列的波束指向就会发生偏移。这种天线波束指向随着信号频率变化而发生偏移的现象称为相控阵天线的"孔径效应"或"空间色散效应"。

由 $N$ 个天线单元组成的一维线性阵列天线，如图 4-1 所示。

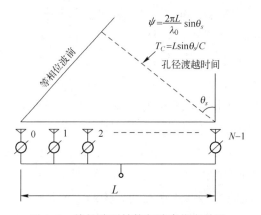

图 4-1 线性阵列结构与波束指向关系

设线性阵列天线中心工作频率为 $f_0$，线阵孔径长度为 $L$，当阵列波束最大指向为 $\theta_s$ 时，则天线阵列两端天线单元需要由移相器提供的相位差为

$$\Psi = \frac{2\pi L}{\lambda_0}\sin\theta_s = \frac{2\pi f_0 L}{C}\sin\theta_s = 2\pi f_0 T_C \tag{4-1}$$

$$T_C = L\sin\theta_s/C \tag{4-2}$$

式中：$\lambda_0 = C/f_0$ 为中心频率波长；$C$ 为光速；$T_C$ 为阵列天线的孔径渡越时间。

孔径渡越时间由天线阵列孔径大小及波束扫描角决定。当用移相器来控制波束扫描时,若信号频率由 $f_0$ 变为 $f_0+\Delta f$ 时,仍给定相同的阵列天线单元相位,则波束指向会产生偏移,波束由 $\theta_s$ 方向变为 $\theta_s+\Delta \theta$ 方向,因此有

$$\Psi = \frac{2\pi L}{C} f_0 \cdot \sin\theta_s = \frac{2\pi L}{C}(f_0+\Delta f) \cdot \sin(\theta_s+\Delta\theta) \tag{4-3}$$

一个很小的频率变化 $\Delta f$,对应的波束指向变化 $\Delta \theta$ 也是很小的,并且有

$$\sin(\theta_s+\Delta\theta) \approx \sin\theta_s + \Delta\theta\cos\theta_s \tag{4-4}$$

由式(4-3)、式(4-4)可得

$$\Delta\theta = -\frac{\Delta f}{f}\tan\theta_s \tag{4-5}$$

式中:$\Delta f$ 为相对中心频率的频率偏移量,$\Delta \theta$ 为波束指向偏移量,$f=f_0+\Delta f$。式(4-5)表明,信号频率由 $f_0$ 变为 $f_0+\Delta f$ 后,天线波束指向将发生 $\Delta \theta$ 的偏移。

如果采用正弦空间坐标系,天线阵列的波束指向随频率变化而改变的表达式为

$$u = u_0 f_0/f \tag{4-6}$$

$$u = \sin\theta, \quad u_0 = \sin\theta_0$$

式中:$\theta_0$ 为中心频率对应的波束指向。式(4-6)表示的波束指向随频率变化关系如图4-2所示。

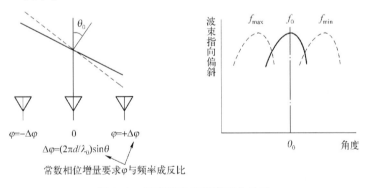

图4-2 波束指向随频率变化关系

由图4-2可见,当信号频率偏离中心频率时,天线波束指向发生了偏斜。信号频率高于中心频率时,天线波束指向角减小,而信号频率低于中心频率时,波束指向角增大。

对于由移相器提供波束扫描相位调整的宽带瞬时信号的有源阵列天线,各天线单元数控移相器,按照中心频率设置波束控制相位码指令,为宽带阵列天

线单元提供相同的相位加权,信号带宽内各频点的激励信号相位与中心频点相同。如果带宽用增益下降一半的频率极限来定义,则对于a波束宽度为$\theta_{3dB}$的阵列,其分数带宽为

$$\frac{\Delta f}{f} = \frac{\Delta u}{u_0} = \frac{\theta_{3dB}}{\sin\theta_0} = 0.886 B_b \frac{\lambda}{L\sin\theta_0} \tag{4-7}$$

式中:$B_b$为阵列的波束展宽系数。对应不同波束展宽系数,天线阵列长度与分数带宽的关系如图4-3所示。

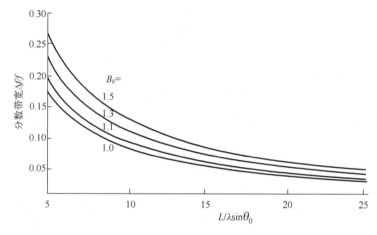

图4-3  3dB带宽与阵列口径$(L/\lambda)\sin\theta_0$的关系

以米(m)为单位的阵列长度与以兆赫兹(MHz)为单位的阵列带宽的关系如图4-4所示。

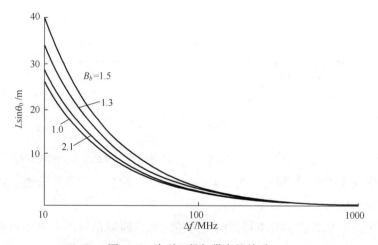

图4-4  阵列口径与带宽的关系

阵列天线波束指向偏差大,导致宽带范围内天线波束特性迅速恶化,将会严重影响逆合成孔径雷达和合成孔径雷达成像质量。阵列天线波束指向偏差随波束扫描角和信号带宽的变大而增加,通过波束指向偏差的约束形成信号带宽限制的条件,又称为阵列天线的带宽准则。

一般情况下,限制带宽的合理准则是,波束指向随频率偏移不超过此时波束宽度的$\pm 1/4$[69],即

$$\left| \frac{\Delta \theta_0}{\theta_B(扫描的)} \right| \leq \frac{1}{4} \quad (4-8)$$

由式(4-7)可得

$$\frac{\Delta f_{\max}}{f_0} \leq \frac{\theta_{3dB}}{2\sin\theta_s} = \frac{0.443 B_b \lambda_0}{L\sin\theta_s} \quad (4-9)$$

则瞬时信号的双边最大带宽为

$$\Delta f_{\max} \leq \frac{f_0 \theta_{3dB}}{2\sin\theta_s} = \frac{0.443 B_b C}{L\sin\theta_s} \quad (4-10)$$

式中:$\Delta f_{\max}$为以$f_0$为中频的双边最大带宽,且有$\Delta f_{\max} = 2\Delta f$。在波束指向偏移量、最大扫描角和加权系数确定的条件下,阵列天线的最大瞬时带宽由天线的口径尺寸唯一确定。

例如,对于宽角扫描$\pm 60°$的情况,采用上述带宽准则,将1/4波束宽度作为频带边缘的限制条件,这相应于大约3/4dB的损耗,阵列百分比带宽极限为

$$带宽(\%) = 波束宽度(°) \quad (连续波) \quad (4-11)$$

对于脉冲工作的$\pm 60°$宽角扫描阵列天线,将3dB波束宽度作为频带边缘的限制条件,这相应于波束照射到目标上的能量损失大约0.8dB。此时,阵列百分比带宽极限为

$$带宽(\%) = 2倍波束宽度(°) \quad (脉冲波) \quad (4-12)$$

例如,一个阵列天线扫描$\pm 60°$,波束宽度1°,则对于连续波相控阵雷达来说,其瞬时信号带宽约为1%,而对于脉冲波相控阵雷达来说,其瞬时信号带宽约为2%。

### 4.1.2 孔径渡越时间限制

一个脉冲体制工作的有源阵列天线,当波束扫描到最大扫描角时,如果阵列两端天线单元信号的空间时延差超过一个脉冲宽度,就会出现发射波束难以聚焦或接收信号不能同时相加合成问题。

从有源阵列天线的孔径渡越时间角度来看，一个脉冲调制的平面波从与法线方向成 $\theta$ 角的方向入射到一个天线阵列上，一个非常短的脉冲（大信号带宽）到达阵列两端天线单元的时间相差较大，如果阵列单元没有相应的时延补偿，则无法将每个单元信号进行相加合成，并从天线阵列增益中获益。窄脉冲入射天线阵列的孔径渡越时间示意图如图 4-5 所示。

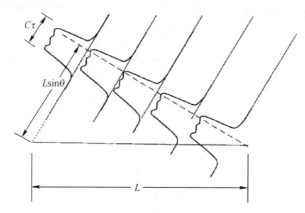

图 4-5　窄脉冲入射天线阵列的孔径渡越时间示意图

从调频信号包络角度，对于一个孔径渡越时间为 $T_c$ 的线阵，参考图 4-1 所示，若目标在 $\theta_s$ 方向，则第 $N-1$ 单元辐射信号比第 0 号单元的信号要超前 $T_c$ 时间到达目标。因此，对于脉冲宽度为 $T$，带宽为 $\Delta f_{\max}$ 的线性调频脉冲压缩信号，各天线单元辐射的信号在目标位置上合成的信号包络，已不再是矩形，而是梯形，如图 4-6 所示。各天线单元信号能同时到达目标进行合成的时间等于 $(T-T_c)$。

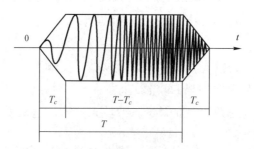

图 4-6　孔径渡越时间对调频信号包络的影响

该信号经目标反射后，由阵列各天线单元接收并合成后，送到脉冲压缩接收机去的信号被进一步展宽，整个接收信号包络的宽度为 $T+2T_c$，所有天线单元接收到的信号能同时相加合成的时间为 $T-2T_c$，信号波形的前后沿时间增加

$2T_c$。这意味着脉冲压缩接收机输出信号的主瓣将会展宽,展宽倍数约为 $1+2T_c/T$,输出信号波形的副瓣电平也会提高。经接收机进行脉冲压缩之后,信号宽度由 $T$ 压缩为 $\tau$,$\tau=1/\Delta f_{max}$。显然,天线孔径渡越时间 $T_c$ 应小于信号脉宽 $\tau=1/\Delta f_{max}$,否则,阵列两端天线单元接收到的信号经脉压后,将在时间上完全分开,无法进行合成。因此,在阵列孔径渡越时间一定的条件下,信号瞬时带宽会受到孔径渡越时间的限制。阵列孔径渡越时间对信号瞬时带宽的限制条件是

$$\Delta f_{max} \leqslant \frac{1}{kT_c} \tag{4-13}$$

式中:$k$ 为常数,通常取值在 $2\sim10$ 之间。由式(4-13)可以得到,在不加时间延迟线时,阵列允许的最大信号带宽为

$$\Delta f_{max} \leqslant \frac{1}{kT_c} = \frac{1}{k}\frac{c}{L\sin\theta_s} \tag{4-14}$$

对于中心频率 1300MHz,孔径尺寸 12m 的阵列天线,如果实现 ±60° 波束扫描,其瞬时信号带宽只有约 2%。

### 4.1.3 信号调频速率限制

阵列天线作宽角波束扫描时,波束指向偏离天线阵列法线方向很大。对于采用宽带线性调频(linear frequency modulation,LFM)信号的雷达系统,其天线单元发射或接收的信号,由于脉冲压缩而引入"平方相位误差",即在同一时间内,阵列单元所发射的信号到达偏离法向的目标,天线阵列各单元信号之间会存在平方相位误差。第 $i$ 号单元与第 0 号参考单元之间由脉压信号引入的平方相位误差为

$$\Delta\varphi_i = \pi\frac{\Delta f_{max}}{T}(i\Delta\tau)^2 = \pi k_v(i\Delta\tau)^2 \tag{4-15}$$

式中:$\Delta\tau$ 为阵列相邻单元信号的时间延迟;$k_v$ 为线性调频信号的调频速率;$T$ 为信号脉冲宽度。由式(4-15)可见,脉压信号的平方相位误差与线性调频信号的调频速率成正比,且与波束扫描角及天线孔径大小有关。当天线阵列存在较大平方相位误差时,就会产生天线波束指向偏移、波束变形、副瓣电平抬高等不利影响。

阵列天线对单元信号平方相位误差的限制与天线远场测试的限制条件具有相同的原理。对由线性调频信号引入的平方相位误差,其限制条件是天线口

径两端天线单元的双程相位误差应小于 $\pi/16$，由此可得出对线性调频信号调频速率的限制要求，即

$$k_v = \frac{\Delta f_{\max}}{T} \leq \frac{C^2}{16(N-1)^2(d\sin\theta_s)^2} \qquad (4-16)$$

式中：$N$ 为单元数；$C$ 为光速；$\theta_s$ 为波束扫描角。式(4-16)表明，在阵列单元数、单元间距、最大波束扫描角和信号脉宽确定时，阵列天线允许的最大瞬时信号带宽也是确定的。

## 4.2 时延补偿方法

通过上述分析不难看出，常规非色散移相器驱动的大型宽角扫描阵列天线，很难实现大的瞬时信号带宽。要获得大的瞬时带宽，有源阵列天线必须采用具有色散特性的延迟线来补偿空间信号的路程差。

实时延迟线技术是提高宽带阵列天线波束指向精度，增强宽带相控阵雷达性能的重要手段。对于高分辨率成像雷达系统有源阵列天线，为了实现大口径大信号带宽天线的波束大角度扫描，采用时间延迟线进行时延补偿，是消除宽带宽角扫描有源阵列天线孔径效应的有效措施。

对于宽带宽角扫描有源阵列天线来说，通常有两种延迟线配置方法：阵列单元级配置和子阵级配置。

### 4.2.1 单元级延迟线配置

以线性阵列天线为例，如图4-7所示，a天线阵列每个单元除了配置移相器外，还插入一个延迟线作为各天线单元的时间延迟补偿。

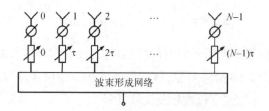

图 4-7 线阵单元级延迟线配置

若相邻单元的时延差为 $\tau$，天线阵列总时延为 $\tau_c = (N-1)\tau$，则天线孔径渡越时间将降低为

$$\Delta T = T_c - \tau_c = T_c - (N-1)\tau \qquad (4\text{-}17)$$

由式(4-5)可以得到插入延迟线后,波束指向偏移与频率偏移(相对带宽)的关系,即

$$\Delta\theta = -\frac{\Delta f}{f_0}\left(1-\frac{\tau_c}{T_c}\right)\tan\theta_s \qquad (4\text{-}18)$$

由式(4-18)可以看出,在单元级插入时间延迟线之后,阵列的波束指向偏差可相应减小。特别地,当阵列两端天线单元插入延迟线的总时延量等于孔径渡越时间,即 $\tau_c = T_c$,波束指向偏差为0,阵列将不存在孔径效应,天线波束指向不受信号瞬时带宽的影响。

采用单元级实时延迟线补偿后,对天线瞬时信号带宽的限制将变为

$$\Delta f_{\max} \leqslant \frac{1}{k(T_c - \tau_c)} \qquad (4\text{-}19)$$

采用单元级延迟线配置,有源阵列天线可以实现理想的宽带瞬时信号带宽。然而,由于延迟线组件价格较昂贵,相对体积和重量较大,还需要提供电源和控制管理电路。因此,综合考虑成本、体积、重量、功耗、系统复杂性与可靠性等因素,采用该方式配置延迟线组件,会导致系统设备量增加,不利于系统的成本、体积、重量及功耗的降低。

## 4.2.2 子阵级延迟线配置

对于大型有源阵列天线,采用单元级延迟线配置方法往往是难以承受的。一般情况下,需要基于成本、设备量、系统功耗与可靠性及天线波束指向色散、增益损失、副瓣电平、栅瓣抑制等要素综合考量。一个可接受的折中办法是在阵列天线子阵级配置延迟线[52,70-71],这是大多数大型有源阵列天线延迟线配置的实用方法。仍然以线性阵列为例,将 $N$ 个单元的阵列分成 $M$ 个子阵,在子阵中设置时延组件,如图4-8所示。

图4-8中,天线可以看成是由子阵组成的阵列,子阵方向图形成单元因子。子阵内各单元仍然由移相器驱动进行波束扫描,其波束指向随频率改变而变化,而阵因子(子阵级)的扫描由延迟组件驱动,其扫描波束指向与频率无关。

子阵级配置延迟线后,子阵内的孔径效应仍然存在,子阵的波束指向仍然发生偏移,子阵内各天线单元信号仍然存在叠加瞬态效应,即各天线单元信号不能同时相加,信号波形将展宽。

若子阵的划分是均匀的,则子阵内的孔径渡越时间将降低为大阵孔径渡越

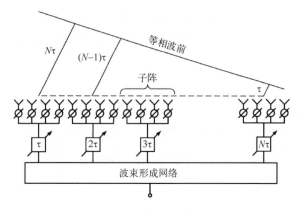

图 4-8 子阵级延迟线配置

时间的 $1/M$，因此对于信号瞬时带宽的限制可以放宽 $M$ 倍，即

$$\Delta f_{max} \leqslant \frac{M}{kT_C} = \frac{M}{k} \frac{c}{L\sin\theta_s} \qquad (4-20)$$

式中：$M$ 为子阵数；$L$ 为天线孔径长度；$\theta_s$ 为波束扫描角；$C$ 为光速。在天线阵列孔径和单元数确定条件下，如采用子阵级延迟线配置，为实现要求的瞬时信号带宽，由式(4-20)可得阵列的子阵数应满足

$$M \geqslant k\Delta f_{max} T_C = \Delta f_{max} \frac{kL\sin\theta_s}{c} \qquad (4-21)$$

采用子阵级延迟线配置方法，可以在实现阵列大瞬时信号带宽的同时，极大减少延迟线组件的数量，然而同时也会带来阵列副瓣性能降低和增益恶化的不利影响。对于子阵延迟线配置的阵列，阵列总的方向图是阵因子与单元因子的乘积。频率的改变将引起栅瓣的出现，而不是主波束指向的偏移。如图4-9所示，中心频率 $f_0$ 上的子阵方向图(阵列的单元因子)在栅瓣(阵因子)位置有一个零点，即子阵方向图零点与阵因子最大值位置重合，按照方向图乘积原理，阵列总的方向图没有栅瓣出现；当频率改变 $\delta_f$ 时，子阵方向图(图4-9中虚线)将扫描一个角度，这时子阵方向图的零点与阵因子最大值位置不再重合，此时合成的阵列总的方向图将出现栅瓣。

由于子阵天线方向图随频率变化而发生了扫描，则阵列的增益损耗和栅瓣大小是子阵带宽因子 $K$(子阵法线方向波束宽度)的函数，该结果可以通过带宽因子 $K$ 来表达。一个 $\pm 60°$ 波束扫描的子阵级时延阵列的增益损耗和栅瓣相对幅度与子阵带宽因子 $K$ 的关系如图4-10所示。

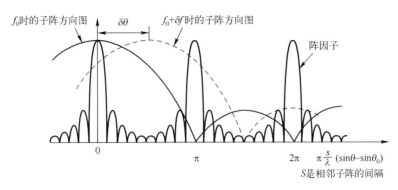

图 4-9　因频率改变而产生的栅瓣

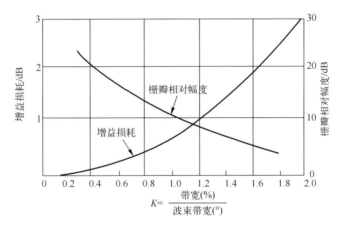

图 4-10　增益损耗和栅瓣幅度与带宽的函数关系

对于子阵级延迟线配置天线阵列,图 4-10 中的波束宽度是子阵法向波束宽度。因此,如果孔径在一个平面内分成 $M$ 个子阵,每个子阵配置一个时延组件,则其带宽将增加 $M$ 倍。

对于大型有源阵列天线,由于天线阵列孔径较大,单元数较多,如果要实现大角度波束扫描和大的瞬时信号带宽,则阵列需要补偿的总时延量非常大,有时可能高达几百个波长。如果采用单级子阵延迟线配置方案,由于配置的延迟线位数太大,则延迟线组件的损耗很大。为了补偿这种链路损耗,需要设计高增益补偿电路,由此导致延迟线组件的功耗、尺寸和重量等相应增加,组件复杂性也增大,可靠性降低,这种单级延迟线配置方法是系统设计难以接受的。

对于大时延补偿的大型阵列天线,一般采用多级延迟线配置方法,如图 4-11 所示为一个三级延迟线配置天线阵列示意图。

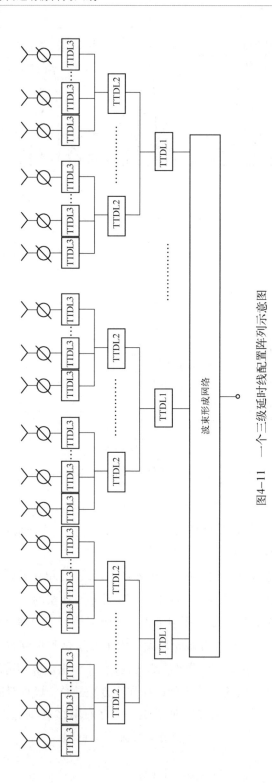

图4-11 一个三级延时线配置阵列示意图

在图 4-11 中,天线阵列是在第一级子阵配置大步进、大时延量的延迟线组件,在第二级子阵上配置中等时延量的延迟线组件,在单元级即每个 T/R 组件内配置小时延的低位延迟线。

对于大型有源阵列天线,需要针对系统性能及延迟线的研制难度和成本进行综合评估,选择可行的多级延迟线配置方法。

## 4.2.3 阵列天线坐标系

有源阵列天线延迟线配置设计,首先需要解决阵列最大时延量计算问题。前面已经讨论,阵列天线的最大时延量(孔径渡越时间)与阵列孔径尺寸和最大波束扫描角有关。对于二维有源阵列天线,其最大时延量还与阵列两个主面的最大波束扫描角有关。二维平面阵列天线在方位和距离向两个主截面的波束扫描角因参照坐标系不同而具有不同的含义,根据参照坐标系的不同,相应的最大时延量的计算方法也有所不同。对于二维平面阵列天线,通常有三种参照坐标系,分别是 $\theta$-$\varphi$ 坐标系(球坐标系)、$AOE$ 坐标系和 $EOA$ 坐标系,三种坐标系及其对应的波束指向角如图 4-12 所示。

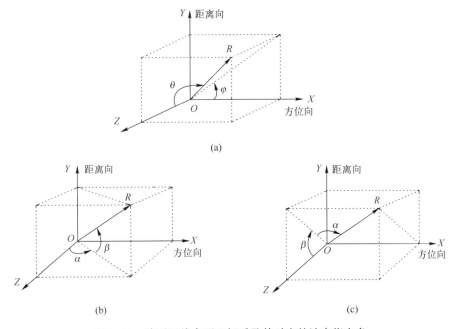

图 4-12 阵列天线参照坐标系及其对应的波束指向角
(a) $\theta$-$\varphi$ 坐标系;(b) $AOE$ 坐标系;(c) $EOA$ 坐标系。

在图 4-12 中,天线阵面位于 X-Y 平面,坐标原点位于阵面中心,X 轴与阵面方位向平行,Y 轴与阵面距离向(俯仰向)平行,Z 轴与阵面法向平行,R 为波束指向矢量。图 4-12(a) 中 $(\theta,\varphi)$ 分别为天线俯仰向和方位向波束扫描角,图 4-12(b) 和图 4-12(c) 中的 $(\alpha,\beta)$ 分别为天线方位向和距离向(俯仰向)波束扫描角。

图 4-12(a) 为天线的 $\theta\text{-}\varphi$ 坐标系(球坐标系),$\theta$ 为 Z 轴与波束指向之间的夹角,$\varphi$ 为波束指向矢量在 X-Y 面投射线与 X 轴的夹角;图 4-12(b) 为天线 AOE 坐标系,其波束扫描的方位角 $\alpha$ 为波束指向矢量在 Z-X 面投射线与 Z 轴的夹角,俯仰角 $\beta$ 为波束指向矢量在 Z-X 面投射线与波束指向矢量之间的夹角;图 4-12(c) 为天线的 EOA 坐标系,其波束扫描的方位角 $\alpha$ 为波束指向矢量在 Y-Z 面投射线与波束指向矢量之间的夹角,俯仰角 $\beta$ 为波束指向矢量在 Y-Z 面投射线与 Z 轴之间的夹角。

天线的 $(\theta,\varphi)$ 坐标系适合于波束圆锥扫描工作模式;而 AOE 坐标系和 EOA 坐标系更适合波束在方位或俯仰向(距离向)逐行扫描的工作模式。天线系统三个坐标系定义的三种方位与距离向波束扫描角在雷达系统里都有应用。很显然,对于不同的坐标系,天线波束方位和距离向扫描角的含义是完全不同的,因此天线设计师在进行天线阵面设计时,一定要明确天线波束扫描角对应的坐标系,否则很容易出现错误结果。

### 4.2.4 延迟线配置设计

对于一个分米级分辨率的星载微波成像雷达系统,为保证足够的功率孔径积,通常选用大孔径天线,有时天线波束宽度约 0.1°左右,波束指向色散小于 5% 波束宽度,天线孔径尺寸达到几百个波长,瞬时信号带宽超过 1.5GHz。为保证有源阵列天线的大瞬时信号带宽,必须采用实时延迟线补偿措施,才能实现极小波束指向色散性能。实际应用中,大型阵列天线常常采用多级子阵延迟线配置方式。对于孔径尺寸、工作频率、最大波束扫描角、瞬时带宽等参数已经确定的阵列天线,其延迟线配置设计的典型方法如下:

(1) 根据规定的工作频率和瞬时信号带宽,按照式(4-5)计算波束指向最大偏差,或者根据规定的波束指向偏差按照式(4-14)计算阵列可以实现的最大瞬时带宽,据此评估阵列天线在不配置延迟线时可以达到的波束指向偏差或信号带宽性能,并确认阵列天线是否需要进行时延补偿。

(2) 如果需要配置延迟线,计算阵列天线最大延迟长度。

（3）针对天线阵列构成和规模，制定初步延迟线配置策略，同时还要兼顾全阵面延时分块划分。

（4）针对初步延迟线配置策略，通过阵面波束性能的仿真和迭代优化，形成可接受的最佳延迟线配置方式。

（5）针对最终优化的阵列延迟线配置方式，对天线各项参数特别是波束指向偏差和天线副瓣电平色散特性进行详细仿真和评估。

由阵列天线理论可知，若天线各单元方向图相同，则阵列方向图主要由阵因子确定。对于矩形栅格的二维平面阵列天线，其阵因子可表示为

$$F(\theta,\phi) = \sum_{m,n} a_{m,n} \exp\{jk_0[md_x(u-u_0) + nd_y(v-v_0)]\} \quad (4-22)$$

式中：$d_x, d_y$ 分别为阵列方位向和距离向单元间距，对应三个天线坐标系的 $(u,v)$ 变量为

$(\theta,\varphi)$ 坐标系：$\begin{cases} u = \sin\theta\cos\varphi \\ v = \sin\theta\sin\varphi \end{cases}$

$AOE$ 坐标系：$\begin{cases} u = \sin\alpha\cos\beta \\ v = \sin\beta \end{cases}$

$EOA$ 坐标系：$\begin{cases} u = \sin\alpha \\ v = \cos\alpha\sin\beta \end{cases}$

式中：$(\alpha,\beta)$ 为 $AOE$ 和 $EOA$ 坐标系中天线方位向和距离向（俯仰向）波束扫描角。三种坐标系中，方位向和距离向波束扫描角的相互转换关系如表 4-1 所列。

表 4-1　方位向和距离向波束扫描角转换关系

| 坐标系 | $u$ | $v$ | $w$ |
| --- | --- | --- | --- |
| $(\theta,\varphi)$ | $\sin\theta\cos\phi$ | $\sin\theta\sin\phi$ | $\cos\theta$ |
| $AOE$ | $\sin\alpha\cos\beta$ | $\sin\beta$ | $\cos\alpha\sin\beta$ |
| $EOA$ | $\sin\alpha$ | $\cos\alpha\sin\beta$ | $\cos\alpha\cos\beta$ |

根据阵列孔径尺寸和最大波束扫描角，可以导出阵列天线最大时延长度 $TDL_{max}$ 为

$$TDL_{max} = uL_x + vL_y \quad (4-23)$$

式中：$L_x, L_y$ 分别为阵列天线方位向和距离向的孔径尺寸。对于三种天线坐标系，相应的天线阵列最大时延长度计算公式如下。

$(\theta,\varphi)$ 坐标系：$TDL_{max} = L_x\sin\theta\cos\varphi + L_x\sin\theta\sin\varphi \quad (4-24)$

$$AOE \text{ 坐标系}: \text{TDL}_{max} = L_x\sin\alpha\cos\beta + L_x\sin\beta \quad (4-25)$$

$$EOA \text{ 坐标系}: \text{TDL}_{max} = L_x\sin\alpha + L_x\cos\alpha\sin\beta \quad (4-26)$$

式中: $(\theta,\varphi)$ 和 $(\alpha,\beta)$ 均为阵列天线的最大波束扫描角。通常,时延长度用天线工作波长来归一,即将阵列时延量以波长数表示,以便于延迟线组件的设计和控制管理。

### 4.2.5 一维子阵延迟线配置举例

**1. 基本阵列结构**

如图4-13所示为一维子阵级延迟线配置的阵列天线系统。该天线为一个二维平面有源阵列,采用矩形栅格布阵,工作于X波段,由96个列线源构成。每个天线单元后接一个T/R组件,用于天线单元的幅相激励控制。阵列方位向口径尺寸为1500mm,距离向尺寸为240mm,最大波束扫描角为方位向±20°和距离向±15°(AOE坐标系),阵列天线的最大瞬时信号带宽为1.4GHz。

**2. 无时延补偿时波束指向偏差及信号带宽**

如果阵列不加延迟线,根据上述参数,可以得到该天线在方位向和距离向最大波束扫描时的波束指向角偏差,如表4-2所列。

表4-2  方位向和距离向最大波束扫描时的波束指向角偏差

| 最大扫描角 | 法向波束宽度/(°) | 最大扫描波束宽度/(°) | 带内最大波束指向偏差/(°) | 波束指向偏差/波束宽度/(%) |
|---|---|---|---|---|
| 方位向(±20°) | 1.06 | 1.13 | 1.54 | 134 |
| 俯仰向(±15°) | 6.72 | 6.96 | 1.13 | 16.2 |

如果天线波束最大扫描时,信号带宽内要求的波束指向偏差小于波束宽度的1/4,则在不加延迟线情况下,由式(4-10)和式(4-14)可知,当 $B_b=1, k=2$, $\alpha=20°, \beta=15°$ 时,阵列天线可以实现的最大瞬时信号带宽分别约为259MHz和292.3MHz。

可见,如果不配置延迟线,该天线可实现的有效瞬时信号带宽和波束指向偏差性能难以满足高分辨合成孔径雷达系统需求。

**3. 阵列最大时延量及子阵数计算**

按照AOE坐标系阵列天线最大时延量计算公式(4-25),可以得到该阵列天线的最大时延量,即

$$\text{TDL}_{max} = L_x\sin\alpha\cos\beta + L_x\sin\beta \approx 557.7\text{mm} \approx 17.7\lambda_0$$

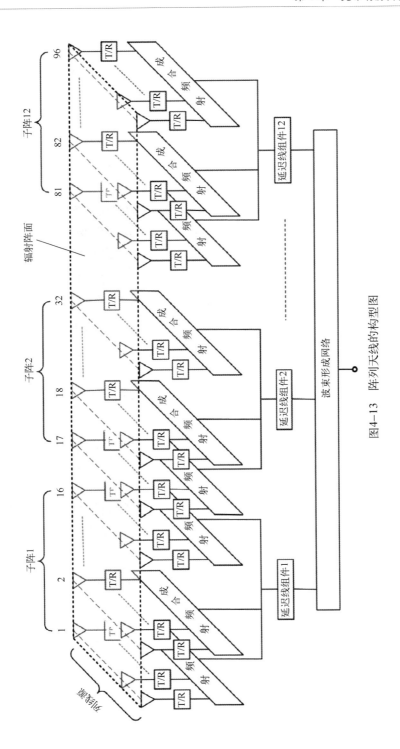

图4-13 阵列天线的构型图

也就是说,该天线需要配置的延迟线总时延量约为 18 个波长。

该阵列天线是一个中等规模的有源相控阵天线,由于其单元数较多,从研制成本和系统设备量角度考虑,采用单元级时延补偿是难以接受的,而采用子阵级时延补偿是一个可行的选择。由式(4-21)分别计算阵列两个方向延迟线子阵数量,当 $k=4$ 时,可以得到方位向子阵数 $M \geqslant 9.6$,距离向子阵数 $N \geqslant 1.1$。因此,该阵列在方位向至少需要配置 10 个以上的延迟线子阵。

**4. 时延补偿方法及仿真计算结果**

由上述延迟线子阵数计算结果可知,阵列距离向需要配置 1 个以上的延迟线子阵。为了简化系统复杂度,在不增加系统设备量的条件下,尽可能减少延迟线子阵数量,该阵列天线在单元级加入一个 2 位小延迟线,既不需要增加额外设备,又可解决距离向增加延迟线子阵问题,这样就将一个中等规模二维阵列天线的二维延迟子阵配置简化为一维延迟线子阵配置。

在方位向,综合考虑天线系统具体设备构成、工作模式和子孔径配置等因素,该阵列天线在方位向设计 12 个延迟线子阵。

经过综合优化,该阵列天线采用二级时延补偿方法,即子阵级时延补偿与单元级低位时延补偿的混合时延补偿方法。天线配置的延迟线最大等效延迟量为 $18\lambda_0$,其中具体延迟线配置如下。

单元级(T/R 组件内):2 位延迟线。

子阵级:12 个子阵,每个子阵加入 4 位延迟线,$[1,2,4,8]\lambda_0$,最大时延 $15\lambda_0$。

若采用 2 级延迟线配置设计,在 1.4GHz 信号带宽和波束扫描范围内,阵列天线波束指向偏差和副瓣电平随扫描角变化特性的仿真结果如图 4-14、图 4-15 所示。

加入延迟线补偿后,在 1.4GHz 信号带宽和波束扫描范围内,有源阵列天线方位向波束指向最大偏移小于 $\pm 0.02°$,距离向波束指向最大偏移小于 $\pm 0.05°$,天线方位向和距离向波束指向最大偏移分别为波束宽度的 1.8% 和 0.72%。

采用这种混合时延补偿方法的另一个好处是可以抑制子阵级时延补偿产生的周期性栅瓣,延迟线优化配置前后三个频点天线波束方位向扫描方向图如图 4-16 所示。

第 4 章 宽带有源阵列天线

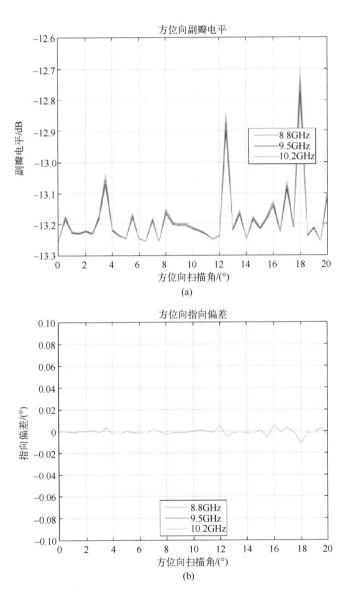

图 4-14 方位向波束副瓣和波束指向偏差随扫描角变化关系
（a）方位向副瓣电平；（b）方位向指向误差。

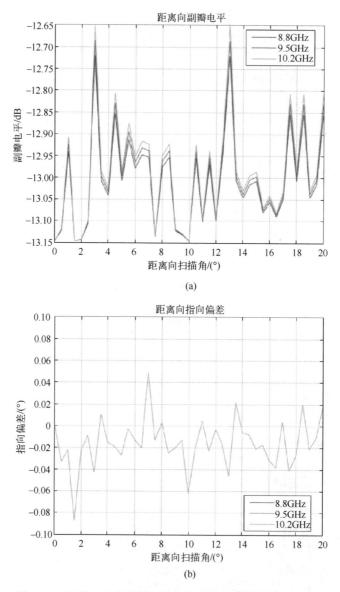

图 4-15 距离向波束副瓣和波束指向偏差随扫描角变化关系

（a）距离向副瓣电平；（b）距离向指向误差。

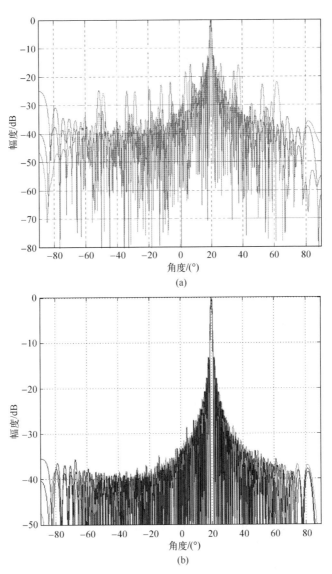

图 4-16　延迟线配置优化前后天线扫描方向图
（a）无延时组件；（b）有延时组件。

## 4.2.6　二维子阵延迟线配置举例

**1. 基本阵列结构**

大型二维有源阵列天线延迟线配置大多采用二维多级子阵配置策略，即在方位向和距离向分别划分多个子阵且形成多级子阵结构。一种大型二维有源阵列天线阵面如图4-17所示。

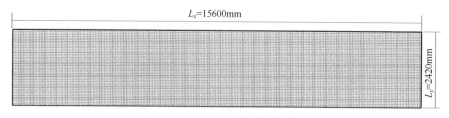

图4-17 大型二维有源阵列天线阵面示意图

该天线为一个二维平面有源阵列,采用矩形栅格布阵,工作于X波段,阵列方位向口径尺寸为15600mm,距离向尺寸为2420mm,总单元数约12万个。天线最大波束扫描角为:方位向±42°,距离向±18°(AOE坐标系),天线要求的最大瞬时信号带宽为3.0GHz,波束指向色散不大于±3%波束宽度。

**2. 无时延补偿时波束指向偏差及信号带宽**

如果天线阵列不加延迟线,根据上述阵列天线参数,可以得到该天线在方位向和距离向最大波束扫描时的波束指向角偏差,如表4-3所列。

表4-3 方位向和距离向最大波束扫描时的波束指向角偏差

| 最大扫描角 | 法向波束宽度/(°) | 最大扫描波束宽度/(°) | 带内最大波束指向偏差/(°) | 波束指向偏差/波束宽度/(%) |
|---|---|---|---|---|
| 方位向(±42°) | 0.10 | 0.135 | 0.14 | 104 |
| 俯仰向(±18°) | 0.66 | 0.694 | 0.051 | 7.3 |

如果天线波束最大扫描时,信号带宽内要求的波束指向偏差小于波束宽度的1/4,则在不加延迟线情况下,由式(4-10)和式(4-14)可知,当$B_b=1$,$k=2$,$\alpha=42°$,$\beta=18°$时,阵列天线可以实现的最大有效瞬时信号带宽分别为12.7MHz和14.4MHz。

可见,如果不配置延迟线,该天线可实现的瞬时信号带宽和波束指向偏差远远满足不了高分辨率微波成像雷达系统的需求。

**3. 阵列最大时延量及子阵数计算**

按照AOE坐标系阵列天线最大时延量计算公式(4-25),可以得到该阵列天线的最大时延量为

$$\text{TDL}_{\max} \approx 10675.4\text{mm} \approx 341.6\lambda_0$$

也就是说,该天线需要配置的延迟线总时延量约为342个波长。

由于该有源阵列天线孔径面积近$40m^2$,单元数达12万个以上,阵列规模庞大,构成设备量大,如果采用单元级延迟线配置方案,则需要配置至少10位延迟线组件$[1,2,4,8,16,32,64,128,128]\lambda_0$,就延迟线组件技术水平而言,这种大时延组件的研制成本很高,且体积大重量重。综合考虑有源阵列天线性能参数、系统复杂性、研制成本及工程可实现性等因素,该有源阵列天线采用二维多级延迟线子阵配置方案。

根据式(4-21),当$k=4$时,分别计算天线阵列两个方向延迟线子阵数量,可以得到方位向子阵数$M \geq 417.5$,距离向子阵数$M \geq 29.9$。因此,该阵列天线在方位向至少需要配置418个以上的延迟线子阵,在距离向至少需要配置30个以上的延迟线子阵。

**4. 时延补偿方案及仿真计算结果**

由上述延迟线子阵数计算结果可知,该阵列天线需要在方位向和距离向的两个维度配置延迟线子阵。为了解决大时延延迟线的研制难度和成本问题,采用二维多级延迟线子阵配置策略是一个比较合理的选择。

针对初步延迟线配置策略,考虑天线系统工作模式和集成架构,通过阵面波束性能的仿真和迭代优化,该有源阵列天线共划分成16384个延迟线子阵,其中在方位向划分512个延迟线子阵,在距离向划分32个延迟线子阵。天线二维多级延迟线子阵配置如图4-18所示。

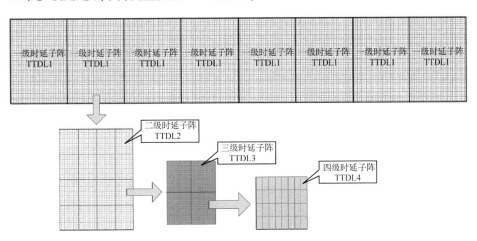

图4-18 大型阵列天线二维多级延迟线子阵配置

二维多级延迟线子阵具体配置如表4-4所列。

表4-4 二维多级子阵延迟线配置

| 子阵分级 | 延迟线 | 数 量 | 时延位数 |
|---|---|---|---|
| 一级子阵 | TTDL1 | 8 | $[32,64,128,128]\lambda_0$ |
| 二级子阵 | TTDL2 | 128 | $[8,16,32,32]\lambda_0$ |
| 三级子阵 | TTDL3 | 512 | $[2,4,8,10]\lambda_0$ |
| 四级子阵 | TTDL4 | 16384 | $[1,2,4]\lambda_0$ |

为了实现高性能波束赋形、波束展宽优化和多模式波束管理,在多级子阵延迟线配置架构中,天线系统实际配置的延迟线总延迟量要比计算值更大一些。

根据上述天线阵面延迟线4级配置策略,在3.0GHz信号带宽和波束扫描范围内,天线波束指向色散特性的优化仿真结果如图4-19所示。

可见,经过多级延迟线优化配置之后,天线方位向波束指向色散小于±1.5%波束宽度,距离向波束指向色散优于±1%波束宽度。

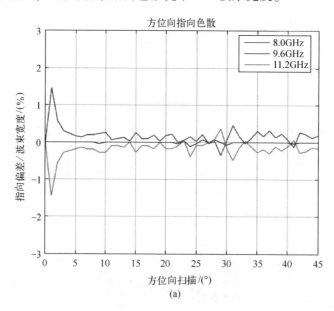

(a)

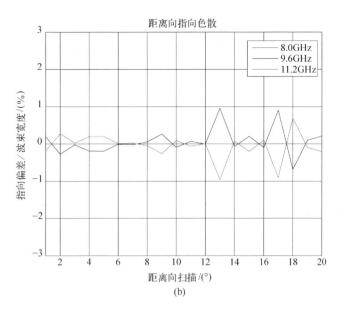

图 4-19 延迟线补偿后天线波束指向色散特性
(a) 方位向波束指向偏差；(b) 距离向波束指向偏差。

## 4.3 射频延时组件

### 4.3.1 概述

射频延迟线是一种微波组件，其主要功能是实现射频信号真实时间延迟，即当一个信号通过二端口的时间延迟线器件时，输出信号群时延相对于输入信号会产生一定的时间延迟量。

尽管移相器和时延器都可以作为阵列天线单元的相位控制器件，并通过改变各天线单元激励信号的相位/时延实现阵列的波束扫描，但由于移相器和时间延迟线的频响特性不同，因此天线阵列波束的扫描也具有不同的特性。常用的数字式移相器大多是非色散型的，其相移值不随频率变化而改变，且最大移相量为 $2\pi$，而数字式时延器是色散型的，其相移值在频带内随频率的变化而改变。

时间延迟线有多种结构形式，按照信号传输和调制方式不同大致可分成三类，即光延迟[72-73]、数字延迟[74-76]和射频延迟。

光延迟是通过控制光纤长度或者光纤器件的传输特性(色散特性和频率选择性)来改变光信号在介质中的传输时间,从而实现信号的时间延迟。其优点是光纤损耗小、信号带宽大、可实现大的时延补偿和精细化时延控制;缺点是需要光电转换装置,体积大、转换效率低、重量大、成本高。光延迟在大时延补偿阵列天线和光控相控阵等领域有着较大的应用价值。

数字延迟是在数字域上通过信号初始频率/相位调整和移动采样点等方式实现信号的时间延迟。数字延迟具有大时延补偿、精度高、插入损耗小、相位非线性好、幅度一致性高、切换速度快、可靠性好等特点,缺点是成本较高。数字时延在数字阵列雷达的高精度大时延补偿阵列天线中有很好的应用。

射频延迟是通过改变传输线长度方式实现微波信号的时间延迟。基于开关进行状态切换的数字控制射频延迟线主要有开关线型和反射型。数字控制射频延迟线主要采用微带线、带状线或同轴线等传输线结构,其主要特点是结构简单、带宽大、成本低、可靠性好,缺点是小时延精度差、大时延插损大。数字控制射频延迟线由于其简单、低价和实用的优点,在有源阵列天线中有着广泛的应用。

其他类型的延迟线还有声波(声体波和声表面波)延迟线、静磁波延迟线、铁氧体延迟线和高温超导延迟线等。这类延迟线主要是通过附加的转换装置(如电磁、电声等)和传输载体的调制来改变载体电磁特性以及电磁波的传输方式,本质上仍然是改变传输载体中信号波长或传播速度来实现信号的时间延迟。

数字式射频延迟线是采用数字量化方式,通过最小量化位的步进实现各种量化时延态。数字式延迟线由于进行了数字量化,便于采用计算机控制方式进行阵列时延的管理,因此又称为数控延迟线。数字式时延与上述基于数字域时延的数字时延器在概念上是完全不同的。通常延迟线的时延量用等效波长数的时延长度表示,如一个5位延迟线有5个基态$[1,2,4,8,16]\lambda$,其最小量化位为$1\lambda$,最大时延长度为$31\lambda$。

随着单片微波集成电路技术的发展,目前基于单片微波集成电路的数控延迟线芯片已经实现了5位以下的时延,由于单片微波集成电路时延芯片的尺寸小、重量轻且便于平面化组装,可以与T/R组件或高密度阵列模块进行一体化集成设计,因此在高集成有源阵列天线中具有很好的应用前景。

为了补偿收发链路的增益特性,常常将时延线与收发信号的放大电路集成在一起,构成所谓的延时放大组件。同时为了获得好的性能和更高的稳定性与可靠性,延时放大组件中还会增加其他功能电路,如改善带内幅相特性的幅相均衡器,改善幅相一致性的电调衰减器,改善抗干扰性能的射频滤波器,以及监测保护电路、温补电路和电源与控制电路等。

## 4.3.2 实时延迟基本原理及分类

波长为 $\lambda$(角频率 $\omega$)的信号以速度 $v$ 通过一段长度为 $l$ 的载体之后,其输出信号时间延迟为

$$\Delta\tau = \frac{l}{v} = l\sqrt{\varepsilon\mu} \tag{4-27}$$

$$v = 1/\sqrt{\varepsilon\mu}$$

式中:,$\varepsilon$ 为介电常数;$\mu$ 为磁导率。由式(4-27)可见,射频延迟线实现信号时间延迟的本质就是改变其信号传输路径长度或者传输载体的磁导率或介电常数等材料特性。后者等效于改变了信号在载体中的波长或传播速度。数控射频延迟线是通过改变传输路径长度方式实现信号的时间延迟的。

尽管数控移相器和延迟线都可用于阵列天线,以实现天线的波束扫描,但两者在电特性上有着一定的差别。

真实时间延迟线(True Time Delay Line,TTDL)定义为在确定频带内具有平坦群时延频率响应,且群时延值不随插入相位变化而变化的控制器件。它具有两个特征[77]:相对相移值的线性频率响应,其斜率随相移值的改变而发生变化;平坦的群时延频率响应,其时延值的变化将导致输入的射频信号脉冲包络时间特征发生变化。

真实时间延迟线的相对群时延量 $\Delta\tau$ 定义为

$$\Delta\tau = \frac{\Delta\angle S_{21}(\omega)}{\omega} \tag{4-28}$$

式中:$\Delta\angle S_{21}(\omega)$ 为给定信号角频率 $\omega$ 处的相对相移量。

真实延迟线的频率特性如图 4-20 所示。

由于延迟线在不同时延态具有平坦的时延频率响应,而其相对相移具有线性频率响应,相移梯度随着相移值的变化而变化,因而阵列信号波前平面具有不同的群时延响特性,这就导致输入频率信号脉冲包络时序的改变。

相应的,数控移相器定义为在确定频带内具有群时延频率响应不随插入相位变化而变化的控制器件。数控移相器具有两个特征:各态相对相移量都具有平坦的相移频率响应,即各态相移值不随频率变化;各态时延相同且不随频率

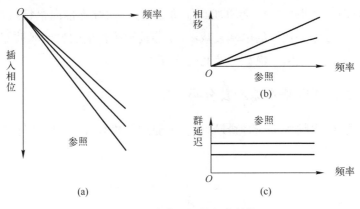

图 4-20　真实延迟线频率特性

(a) 插入相移；(b) 相对相移；(c) 群时延。

变化,恒定的群时延导致输入射频脉冲包络不随时间改变。

移相器的频响特性如图 4-21 所示。

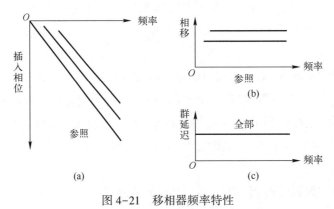

图 4-21　移相器频率特性

(a) 插入相位；(b) 相对相移；(c) 群时延。

由于移相器在不同移相态具有恒定的时间延迟,阵列天线波前平面不会随着相对相位的改变而改变,因此移相器不适合于大口径宽带信号阵列天线的波束扫描,以避免出现波束指向偏差和脉冲展宽。

采用开关进行状态控制的射频延迟线,通常分为开关线型和反射型等形式。

(1) 开关线型延迟线。开关线型延迟线由两组开关及两段不等长度传输线构成,一个单节(一个延迟位)开关线型延迟线原理示意图如图 4-22 所示。多位数控延迟线由类似的多个单节开关线级联而成。开关线型延迟线采用一对 PIN 二极管或 MESFET 开关,在两路不同长度传输线之间进行切换,从而获得两路信号之间的时延差值。在传输线阻抗匹配的情况下,其时延差与两路传输线长度的差值是成比例的。

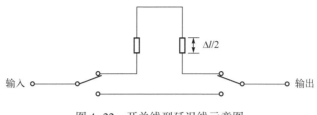

图 4-22 开关线型延迟线示意图

若两段传输线具有相同的相位传播常数 $\beta$,且其长度差为 $\Delta l$,在信号经过两路传输后就会产生时间延迟或相移 $\Delta \theta$,即

$$\Delta \theta = \Delta l(时延长度) = \beta \Delta l(相移) \tag{4-29}$$

开关线延迟线原理简单,结构上易于实现,是数控延迟线最常用的结构形式。设计时需要注意的是,应避免开关传输线长度为半波长时引起的谐振,从而导致插入损耗增大。

采用多级级联实现多位数控延迟线方法,可以获得较宽的频率带宽,但是开关线延迟线的尺寸取决于最低工作频率以及延迟线位数。数控延迟线的参数取决于单刀双掷(Single Pole Double Throw,SPDT)开关的工作状态是否令人满意。开关线延迟线中的单刀双掷开关通常有两种形式:场效应晶体管(Field Effect Transistor,FET)开关和微机电系统(Micro-Electromechanical Systems,MEMS)开关。微机电系统开关因其低插损、低功耗、易于平面化集成等特点,在微波控制电路中具有很好的应用潜力,其缺点是工作寿命和可靠性不高,因此在高性能微波系统中的应用往往受到一定制约。场效应晶体管开关的漏端和源端通常为并联谐振式电感器,从而可与关状态的漏—源电容构成谐振回路。利用这一特性以及欧姆电极共享技术(Ohmic Electrode Sharing Technology,OEST),可以获得延迟线的宽频带和低插损性能[78]。

(2)反射型延迟线。数控反射型延迟线有二种变形结构,即环行器反射式和耦合器反射式两种类型,其单节延迟线原理示意图如图 4-23 所示。

反射式延迟线的短路位置(开关位置)控制了通过信号的插入时延,而短路位置由图 4-23 所示的至少一个开关控制。

环行器反射式延迟线由环行器和一个反射电纳网络构成,反射电纳网络可

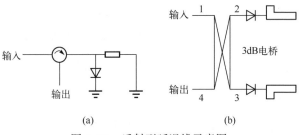

图 4-23 反射型延迟线示意图

(a) 环行器反射式；(b) 耦合器反射式。

以采用短路延迟线形式，由一个并联开关（电纳元件）和一段终端短路传输线构成，如图 4-24 所示。输入信号经环行器传输到反射型终端传输线后，在并联开关的开关两个状态下，信号经过不同的短路终端路径被反射回环行器，并由环行器的输出端输出。

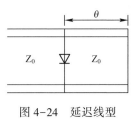

图 4-24 延迟线型反射终端

在开关两个状态下，由于信号经过两个不同路径的反射终端传输和反射，对于一个给定时延量的延迟线，其终端传输线长度仅为延迟线时延量的一半。如图 4-24 所示，反射终端传输线长度为 $\theta$，则在开、关两种状态下，输出信号的时延差为 $2\theta$。

耦合器反射式延迟线由一个 3dB 耦合器（或 3dB 电桥）和两个相同的开关传输线反射型终端构成，开关传输线反射型终端由一个串联开关和一段终端短路的传输线构成。3dB 耦合器一般采用分支线或耦合线结构的正交定向耦合器，信号在其直通与耦合臂等幅输出，相位相差 90°。如图 4-23(b) 所示，1 为输入端口，2 为直通端口，3 为耦合端口，4 为隔离端口，2 和 3 端口连接开关传输线反射型终端。当信号从端口 1 输入时，经过 3dB 耦合器后被等分成等幅正交（相位差 90°）的两路信号，分别从 2 和 3 端口输出，再经过 2 和 3 端口的短路终端被反射回来。每一路的反射信号又等分成两路等幅正交信号分别从 1 和 4 端口输出，由于 1 和 4 两端口输出信号都是由两路反射信号叠加合成的结果，根据 3dB 耦合器的正交性，如果连接 2 和 3 端口的反射型终端传输线路径长度相等，则到达 1 端口的两个反射信号等幅反相，相互抵消；而到达 4 端口的两个反射信号等幅同相，相互叠加。最终在 1 端口无信号输出，4 端口有完整信号输出，即进入 1 端口的输入信号，经过 3dB 耦合器及反射型终端的反射后全部从 4 端口输出。

耦合器反射式延迟线开关反射型终端的作用是，当开关反射型终端处于开通状态,信号将通过开关电路并被位于传输线远处的短路反射回 3dB 耦合器输出端;当开关反射型终端处于关断状态,信号不能通过开关电路并在该处被反射回 3dB 耦合器输出端。在开关反射型终端开通与关断两种状态下,3dB 耦合器输出的两个信号之间就会产生一个时间延迟。与环行器反射式延迟线类似,耦合器反射式延迟线在两个状态间产生的时间延迟量,也为反射终端传输线长度的 2 倍,即 $2\theta$。

## 4.3.3 延迟线组件参数

不管是天线阵列单元级时延补偿,还是子阵级时延补偿,为了实现收发链路的增益补偿和各个时延态的幅度均衡性,常常将延迟线和收发放大电路进行一体化集成设计,构成所谓的延迟放大组件。下面主要针对延迟放大组件讨论其功能和指标参数。通常延迟放大组件具有以下功能:

(1) 真实时间延迟。真实时间延迟是延迟放大组件最基本的功能,其作用是通过传输路径长度的变化,使得通过该传输路径的射频信号在时间域上有一个延迟。

(2) 射频收发转换。大多数用于有源阵列天线系统的延迟放大组件,都需要具有射频收发转换功能,即满足雷达系统收发分时工作的模式切换需求。在实际应用中,延迟放大组件是一种特殊形式 T/R 组件,除了具有 T/R 组件的收发与放大功能之外,还具有时间延迟能力。与 T/R 组件相同,延迟放大组件除了用于雷达系统的射频信号接收、发射模式之外,还应具有用于系统校正的校正模式,因此,延迟放大组件实际上需要具备射频信号发射、接收和校正三种状态转换的功能。

(3) 射频信号放大补偿。延迟放大组件通过路径长度的变化实现射频信号的时间延迟。对于大多数延迟放大组件其时延量达到十几个波长以上,不同的时延态传输路径长度不同,其总的静态插入损耗很大。例如,一个采用低温共烧陶瓷(LTCC)基板传输线的开关线形式的 X 波段 5 位延迟线,其静态插入损耗大约 20dB。采用 MMIC 芯片的延迟线模块进行集成的延迟放大组件,其总的插入损耗更大。因此实际应用中需要对延迟线射频信号进行必要的放大补偿,具体措施是将延迟线与 T/R 组件电路进行一体化设计,通过 T/R 组件收发链路的放大功能实现延迟线的增益补偿。另外,由于延迟放大组件各基态的插损相差很大,导致不同时延状态之间的幅度有很大的不一致性,因此,延迟线各态内部也要采取措施,进行相应的幅度均衡补偿。

(4) 监测与保护。延迟放大组件是有源阵列天线系统中的一个重要器件,对于采用子阵级延迟线配置的天线系统,延迟放大组件的性能和可靠性对天线系统性能影响很大,因此需要对延迟放大组件进行相应的监测与保护。主要监测内容包括收发链路中相应模块的电流、电压、温度等,并采取措施对延迟放大组件进行过流、过压、过温等异常状态进行保护。

延时放大组件的典型参数包括工作频带、时延量、时延误差、幅度和相位稳定度、带外杂散抑制度、组件功率效率、功率容量、端口电压驻波比等。这些只是延时放大组件的一些典型参数,还有很多参数未——列出,如输出功率、发射波形顶降、接收噪声系数、收发增益、幅度(增益)与相位一致性、幅度(增益)与相位带内起伏、收发转换时间、收发隔离度、相位非线性、幅相互调、接口要求、可靠性要求等。根据应用系统要求不同,延时放大组件的具体参数会有所不同。下面介绍延时放大组件基本参数:

(1) 工作频带。工作频带是指延时放大组件满足特定技术指标的频率范围。通常延时放大组件的工作频带要求由有源阵列天线系统工作频带决定,延时放大组件的带宽比天线系统带宽稍大即可。

(2) 时延量。通常延迟线的时延量用中心频率波长数表示。延迟线完整的时延量应该包括时延位数、最小时延量和时延步进三个参数表示。例如,一个延迟线的时延量为$[1,2,4,8,16]\lambda$,表明该延迟线为5位数控延时,其最小延时量为$1\lambda$,时延步进即最小量化位为$1\lambda$,最大时延长度为$31\lambda$。

(3) 时延误差。时延误差又称为等效相位精度,通常有最大时延误差和相对时延误差两种表示方法。最大时延误差是指延迟线在工作频带内各频点实际时延量与理论值之间的差值的最大值;相对时延误差是指最大时延误差与理论值的比值。

由于延迟线在频带内各个频点对应多个时延态,相应的时延误差测试数据较多,因此标准差或均方差也是表示时延误差经常采用的方法。

(4) 幅度和相位稳定度。延时放大组件幅度和相位稳定度,包括时间稳定度、机械稳定度和热稳定度。时间稳定度是指在一定时间范围内,延迟线组件收发幅度和相位(时延)变化范围;机械稳定度是指在一定振动条件下组件收发幅度和相位(时延)变化范围;热稳定度是指在一定温度变化范围内,延迟线组件收发幅度和相位(时延)变化范围。

(5) 带外杂散抑制度。带外杂散抑制度是指延迟线组件在工作频带之外某个频率范围频谱功率的抑制能力,常用杂散频谱功率与载波功率的比值表示,单位为 dBc。杂散的产生常常是由于延时放大组件中元器件的不稳定或电路设计不良产生的弱寄生震荡和微小信号失真导致的。另外还可能由于电源纹波、机械振动等外界干扰,对信号幅相的寄生调制造成带外频谱出现杂散。

### 4.3.4 实时延迟线设计

在高分辨率微波成像雷达系统中,为了实现宽带阵列天线波束大角度扫描,采用时间延迟线(延时放大组件)进行时延补偿,是消除宽带宽角扫描阵列天线孔径效应的有效措施。大型有源阵列天线通常由很多器件和设备组成,重量、功耗和成本是高性能天线系统研制的另一个挑战。因此,复杂阵列天线系统微波器件,特别是像延时放大组件这种关键有源器件,大多采用集成化设计技术,以实现延时放大组件的小型化、轻量化和高效率性能。

延时放大组件的要求随应用系统的需求各有不同,其电路构成及复杂性也有较大差异,但其基本组成是相似的。常见延时放大组件的基本组成如图 4-25 所示。

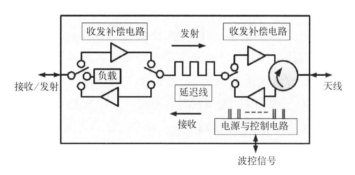

图 4-25 延时放大组件基本组成示意图

如图 4-25 所示,一个延时放大组件主要由延迟线电路、收发补偿电路和电源与控制电路三种基本电路组成。其中,延迟线电路是实现射频信号的多位数控时间延迟;收发补偿电路是实现射频收发信号的放大和增益补偿;电源与控制电路通过波控转换和电源调制实现延时放大组件有源元件的供电,以及收发转换和幅相控制管理。

射频延迟线电路大多采用开关线形式,通过多级开关线的级联实现多位数控时延。一种典型的 4 位延迟线电路如图 4-26 所示。

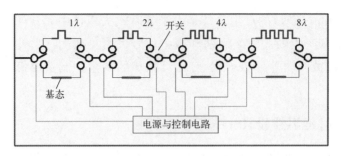

图 4-26 延迟线电路原理框图

基于微波基板集成的延迟线电路通常有两种具体实现形式：一种是基于微波传输线与开关多级级联。微波传输线形式多样，常用的有微带线、多层微波基板带状线、低温共烧陶瓷带状线、共面波导（Coplanar Waveguide，CPW）等；另一种是采用单片微波集成电路时延线芯片，加上增益补偿芯片和外围的电源与控制电路，通过微波基板或低温共烧陶瓷基板实现平面化集成。前者通过微波基板的分立时延传输线级联，可以获得较低的插入损耗，但组件总体尺寸较大；后者采用单片微波集成电路芯片进行组装集成，电路损耗较大，但可以实现小型化。采用低温共烧陶瓷基板制作时延传输线，可以通过多层互连实现大时延的小型化，但低温共烧陶瓷基板在高频段的微波损耗很大。因此在实际应用时，要根据系统性能的整体要求选择不同的实现方式。

对于多功能有源阵列天线系统，对延时放大组件的要求更高，其电路构成更加复杂。为了获得更好的性能和更高的稳定性与可靠性，延时放大组件在其基本构成电路中还应增加其他功能电路。例如，为了获得更高的发射通道增益，需要增加功率驱动放大电路；为了提供功率器件的保护，需要在功放输出端增加隔离器；为了改善带内幅相的频率特性，需要增加幅相均衡电路；为了提高温度稳定性，改善宽温范围增益平坦度，需要增加温度补偿电路；为了改善组件幅度一致性以及阵面接收幅度加权能力，需要增加电控衰减器；为了实现变极化功能，提高变极化效率，需要增加极化开关；为了改善信号质量、增强抗干扰和带外抑制能力，需要增加滤波器电路。为了提高延时放大组件的可靠性，还可能需要增加高功率限幅器电路、电源转换电路以及监测保护电路等。监测保护电路包括多种故障反馈电路，如过脉宽保护、电源信号异常保护、上电自复位及数据奇偶校验等。

延时放大组件幅度均衡补偿是利用均衡电路幅频特性与延迟线电路幅频特性互补原理，实现带内的幅度均衡。延时放大组件幅度均衡补偿原理如图 4-27

所示。

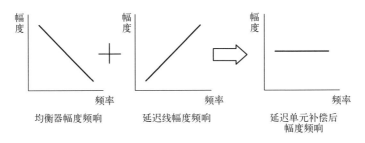

图 4-27　均衡器补偿原理框图

单节延迟线单元均衡补偿电路如图 4-28 所示。

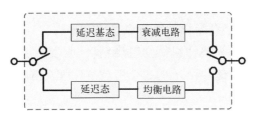

图 4-28　单节延迟线单元原理框图

由于均衡器电路的衰减特性是低频衰减大，高频衰减小，与延迟线的插入损耗特性斜率相反，因此加入适当的均衡电路，延时放大组件可以获得较好的带内幅度平坦度。

延时放大组件温度补偿是在组件接收通道插入一个温度补偿衰减器，利用温度补偿衰减器电路幅度温度特性与延迟线接收链路增益的温度特性互补原理，实现组件接收通道带内增益在宽温范围内的平坦性。

由于温度补偿衰减器电路的衰减特性是低温时衰减量大，高温时衰减量小，与接收通道增益的温度特性的斜率相反，加入温度补偿衰减器后，延时放大组件接收通道可以获得较好的带内增益平坦度。

延迟线电路增益温度补偿时，先根据链路所有放大器及微波器件的增益温度特性理论值进行评估，并合成得到整个通道的增益温度特性曲线，以此作为基准，选择相对应的温度补偿衰减器的衰减温度特性。必要时，应通过实验方式来获取组件的增益温度特性曲线。延时放大组件的电路设计如下。

（1）电路布局与仿真。根据延时放大组件功能和性能要求，综合主要元器件参数、组装与集成工艺方法、散热措施、接口要求等因素，设计延时放大组件原理框图,确定具体组成元器件、微波基板材料、组装结构和外部接口。

根据原理框图,进行延时放大组件初步布局设计,包括延迟线单元电路、有源放大电路、开关电路、补偿电路等,形成基本的设计版图。在此基础上,对延时放大组件电路进行电磁仿真分析,通过各单元延迟线电路电磁仿真和有源器件模型参数的提取,建立组件收发通道有源链路仿真模型,并通过仿真和优化,对组件收发性能进行分析与评估。根据仿真结果,调整和优化电路布局设计,再进行仿真分析和性能评估。如此多次迭代优化,直至获得预期性能并固化电路布局。

在电路布局设计过程中,通常应结合电磁兼容性设计,对电路布局进行优化,尽量避免链路中过多的不连续点和较强的互耦。同时还应进行腔体的电磁仿真,以避免腔体谐振频带落在工作频带范围内。

延时放大组件电路布局设计的重点是电路的稳定性设计。很多设计师在组件设计过程中,往往只关注组件的时延精度、收发通道增益、收发幅相一致性、接收噪声系数等关键参数,有时也会考虑组件收发链路的稳定性,却忽视整个组件的稳定性设计。

众所周知,延时放大组件如同T/R组件一样,其内部收发通道通过开关或环行器构成了一个闭合回路,这种闭合回路的存在就有可能导致潜在的不稳定性。由于开关和环行器的有限射频隔离性能,即使大多数雷达系统应用中采用收发分时工作模式,只要组件电路处于工作状态,就会产生系统噪声,如果组件收发通道隔离度不是足够高,这些系统噪声就可能通过这一内部回路形成正反馈,造成电路振荡甚至自激等不稳定问题。这种不稳定性不但会造成组件幅相性能的不稳定和恶化,甚至会导致组件的损坏,要避免这种电路振荡的不稳定性,环路总增益必须小于1,即环路上所有开关、延迟线、隔离器等的隔离度之和要大于环路中所有放大器(包括功放和低噪声放大器)的增益之和。

另一个容易导致延时放大组件不稳定性的情况是,在组件内部由于组件腔体设计和布局设计不合理,导致电路之间出现空间电磁耦合以及基板电路存在潜通路,形成隐形闭合回路,从而造成组件的不稳定性。

在延时放大组件电路布局设计中,为了避免或消除其电路的不稳定性,主要的解决措施如下:

① 时序设计。对收发通道脉冲调制时序合理设计,避免收发时序交叉,在发射期间完全关断接收通道,提高收发隔离度。

② 链路增益分配。通过链路分析,对收发链路内部各组成器件或电路的损

耗和增益进行合理分配,控制链路总增益,改进内部各级阻抗匹配和隔离性能。尽可能降低发射通道大功率功放的增益压缩程度,以避免链路增益抬高或增益压缩太深导致的电路不稳定甚至出现自激问题。

③ 腔体优化设计。通过腔体的电磁仿真,优化腔体结构,必要时采取加入隔栅或吸波材料等措施,避免或消除腔体谐振、组件内部射频信号的空间耦合和板间信号串扰。

④ 电源滤波。对电源和控制线采取必要的滤波和隔离措施,以消除电源电路与射频、控制电路之间的互耦。

⑤ 防静电设计。采取必要的防静电措施,加强组件内部有源射频芯片电路的保护,提高组件系统的整体稳定性和可靠性。

(2) 电源与控制电路。延时放大组件的辅助电路主要包括电源与控制电路和监测保护电路。延时放大组件电源与控制电路的主要功能是接收上级波控单元发来的时序信号和电源信号并对其进行控制管理。对于如图 4-25 和图 4-26 所示的一个 4 位延时放大组件,当控制信号由差分时序信号送入时,在延时放大组件内部,通过多路差分收发器转换后,分别给 PIN 开关驱动器、FET 驱动器、电源调制器提供 TTL 信号,通过 TTL 时序信号和电源信号的管理,实现四位延迟线及收发补偿 T/R 的时序控制。一种采用波控芯片的四位延时放大组件的电源与控制电路如图 4-29 所示。

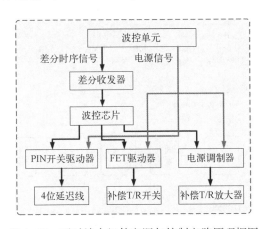

图 4-29　延时放大组件电源与控制电路原理框图

如图 4-29 所示,电源与控制电路模块主要包括差分接口电路芯片、波控芯片、PIN 开关驱动器、FET 驱动器、电源调制芯片、PMOS 管等器件。该电路除了电源与时序信号的控制管理之外,还可以方便地实现多种故障模式监测和保护，如信号脉冲过宽、过压、时序组合异常等的故障监测和保护。

电源与控制电路作为延时放大组件的辅助电路，常常与延迟线电路和收发补偿 T/R 电路一体化设计和集成，因此采用高密度多芯片组装技术进行电源与控制电路的模块化集成设计，有利于整个组件的集成化、小型化和轻量化。

（3）链路设计与分析。延时放大组件链路设计与分析目的是通过延时放大组件收发链路模型构建，对收发链路的信号电平、链路增益分配、链路信号信噪比、信号动态、噪声温度、噪声系数、激励与输出信号电平、功放器件的输入 1dB 压缩点输入信号功率电平等进行分析、分配和评估，以确定收发链路配置并估算电路主要性能。

对延时放大组件电路接收和发射工作模式进行建模，将接收和发射链路等效为串行链路模型并分别独立建模，然后根据链路模型进行增益分配和信号分析估算。

针对如图 4-25 和图 4-26 所示的一种四位延时放大组件，结合工程设计实例，其接收链路和发射链路信号分析模型如图 4-30 所示。

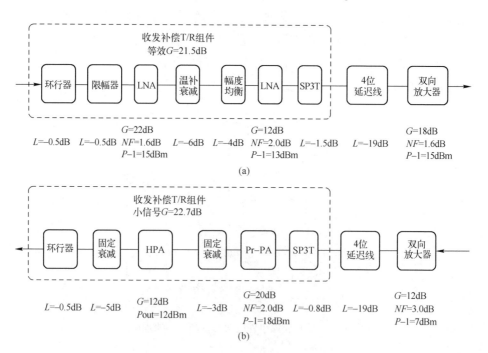

图 4-30　延时放大组件收发链路信号分析模型
(a) 接收链路；(b) 发射链路。

图 4-30 中给出了收发链路各模块或器件的指标参数。根据上述链路模型,结合系统灵敏度和信号动态指标要求,通过指标分配和信号分析,可以得到延时放大组件性能的估算:接收噪声系数,接收链路增益,接收信号动态,接收信号输入 1dB 压缩点输入信号功率电平,发射激励信号电平,发射饱和输出功率,各级功放输入 1dB 压缩点输入信号功率电平,高功率放大器增益压缩等。

## 4.4 实时延迟线举例

一个 C 波段五位开关线型延时放大组件原理框图如图 4-31 所示[79]。该延时放大组件的主要功能是完成收发射频信号的延时控制、发射射频激励信号的中功率放大、接收射频信号的低噪声放大及收发转换。为提高系统集成度,延时放大组件内部集成了一个 1:2 功分合成器。实现 5 位总长度 $23\lambda$ 的延时量,步进值为 $1\lambda$。

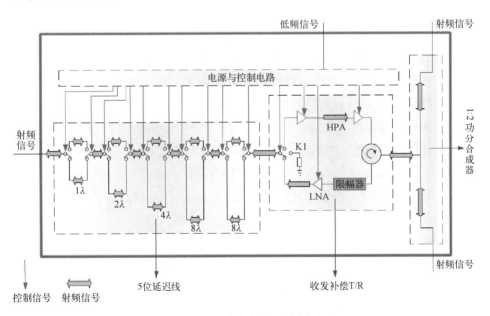

图 4-31　延时放大组件原理框图

延时电路是基于开关微带传输线形式,设计中需要考虑单刀双掷开关、微带延时单元电路及各态插入损耗补偿。组件每一位态都包括延时态和基准态,工作时根据所需的延时补偿,利用开关在各延时态和基准态之间进行选择。由于每位延时态和基准态所使用的传输线长度不同,造成在两种状态之间转换时,其插入损耗不同,特别是在大延时位上,其延时态和基准态之间的插入损耗可能相差几个 dB,需要在基准态上增加衰减补偿电路,使延时态和基准态之间的插损保持一致。本例中在每一位基态加入电阻衰减网络进行幅度补偿,补偿电路如图 4-32 所示。

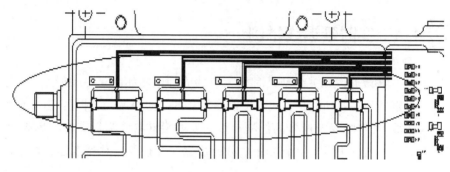

图 4-32　补偿网络示意图

延时放大组件中的收发补偿 T/R 主要功能是完成对延时信号的补偿放大,与 T/R 组件的区别在于不需要提供数字移相及衰减功能,但要提供精确的延时信号。本例中采用多芯片组装电路形式来实现收发补偿 T/R,多芯片组装技术具有电路简单可靠、集成度高的优点。

为实现宽温范围内增益及平坦度指标,使链路处于最佳工作状态,需要设计温度补偿单元电路。选用温度补偿衰减器电路来实现对各级放大器增益的调整,以保证在宽温工作范围内增益及平坦度指标。该温补电路不是只针对某个放大器的增益补偿,而是针对整个链路进行温度补偿设计。接收通道放大器工作在线性工作模式下,温度对放大器影响较大,因此重点在接收链路中进行温补设计。

本例设计的 C 频段五位高精度大时延延时放大组件的,最大延时量 $23\lambda$,具有高精度多位大时延、低带内起伏、高可靠性的特点。实现的主要技术参数有:发射输出功率 0.25W;发射功率一致性和带内起伏优于 ±0.7dB(所有延时态,含寄生调幅和一致性);接收增益起伏优于 1.0dB(所有延时态,含寄生调幅);收、发射延时相位误差优于 ±20°(所有延时态、其中非线性≤5°);温度稳定度优于≤0.6dB(工作温度范围内)。

# 第 5 章
# 有源阵列模块集成

## 5.1 概述

为了提高雷达系统的高精度目标探测和抗干扰能力,高分辨率微波成像有源阵列天线除了大口径和超宽带两个关键要求之外,还要求天线系统具有多功能和多模式工作能力。因此,实际用于高分辨率微波成像的有源阵列天线是一个非常复杂的微波系统,常常包含几千甚至几万个辐射单元、大量的T/R 组件、有源模块、射频馈电网络、电缆组件、阵面电源模块和波控模块等硬件设备。

由于大型有源阵列天线设备量巨大,系统构成复杂,重量、功耗和研制成本严重限制着大型阵列天线系统的应用,因此天线系统的重量、功耗和成本是工程师在工程设计中需要重点关注和解决的问题。为解决这些阵列应用的限制问题,工程师除了在电信设计时进行充分的阵面布局优化,尽可能降低阵面规模,减少构成设备之外,还应在天线阵面架构设计和结构设计时,对阵面进行合理分块,尽可能采用集成化和模块化技术,以实现阵面的轻量化和低功耗设计,降低研制成本。

随着微电子技术、单片微波集成电路技术、多层异构基板高密度制造技术和微系统集成技术的发展,将有源阵列天线成千上万个辐射单元划分一定数量的标准有源阵列模块,即用一定数量标准化的有源阵列模块拼装成较大尺度的有源阵列天线是阵面集成架构较合理可行的实现方案。有源阵列模块将无源天线阵面、T/R 组件、射频馈电网络、电缆组件、波控模块和电源模块等进行高密度集成。采用有源阵列天线高密度集成的模块化设计是大型有源阵列天线的技术发展趋势之一。模块化集成架构不但可以实现天线阵面的大口径、轻量化和低功耗性能,还可以通过模块的二维积木式扩充实现阵面口径的灵活构建,而且易于调试、维修和更换,提高有源阵列天线的可维修性和可靠性,从而有效提高有源阵列天线性能、降低全寿命成本。

## 5.2 阵列馈电结构

有源阵列天线往往包含大量的有源模块(如 T/R 组件、延时放大组件)和射频馈电或波束形成网络。有源阵列天线的馈电结构包括馈电网络、有源模块及其控制电路。馈电结构对有源阵列天线的幅相控制、波束形成及阵列控制等功能和性能的实现非常关键。

有源阵列天线大多采用基于 T/R 组件和延时放大组件的分布式阵列结构,即每个天线单元或几个天线单元配置一个 T/R 组件,并且在单个天线单元和天线子阵级上配置多级延时放大组件。分布式阵列天线可以实现天线波束的灵活赋形和扫描控制,同时具有很好的故障冗余,少量天线单元或 T/R 失效对天线性能的影响非常轻微,因此相比集总式发射源的阵列天线,这种分布式阵列具有更高的可靠性。

有源阵列天线在微波信号激励源和 T/R 组件(或天线辐射单元)之间需要采用射频发射功率分配网络,或者在 T/R 组件(或天线辐射单元)和接收机之间采用射频接收功率合成网络,来实现 T/R 组件发射通道的激励,或者实现来自目标回波信号的接收合成。

在有源阵列系统中,在发射模式下,将激励源射频信号进行分配并传送到天线阵列各天线单元(或 T/R 组件),或者接收模式下将来自阵列各通道射频信号收集合成并传送到接收机,这个过程通常被称为"馈电";而将为阵列天线波束扫描或波束赋形所需的各个天线单元通道提供相位分布称为"馈相"。阵列馈相和馈电均是阵列馈电结构的主要功能。其中,有源阵列天线馈电方式主要有强制馈电和空间馈电两种。

强制馈电又称为约束馈电,主要有串联馈电、并联馈电和混合馈电三种形式。强制馈电系统常采用波导、同轴线、带状线、微带线等形式的微波传输线,使射频信号在闭合的传输通道,按照预定的幅度和相位加权进行分配或合成。随着光电子技术和光纤技术的发展[80],也有采用光纤作为阵列传输线的光分配/合成网络,并构建光控相控阵系统。波导、同轴线和带状线适用于高功率天线阵列的功率分配/合成,微带线和光纤常用于低功率天线阵列。常用的功率分配/合成网络有隔离型与非隔离型、等功率分配与不等功率分配等形式。

有源阵列天线的强制馈电结构主要由射频功率分配网络和移相器构成,有时还包括用于幅度控制的衰减器。对于宽带阵列天线,通常在子阵级别上还设置延时放大组件,以用于天线阵列波束大角度扫描时的时延补偿和幅度调整。

## 5.2.1 串联馈电

如图 5-1 所示为 5 种常见的串联馈电结构。串联馈电网络的最大特点是从网络总口到辐射单元之间的路径长度可能不相等,从而导致天线阵列各个通道的相位是频率的强相关函数,因此,串联馈电的阵列天线大多是窄带的。波导行波天线阵是一种典型的串联馈电天线,其波束指向随频率变化而发生变化。

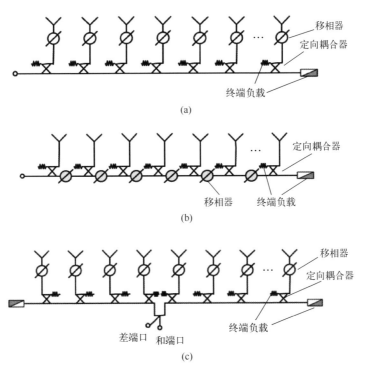

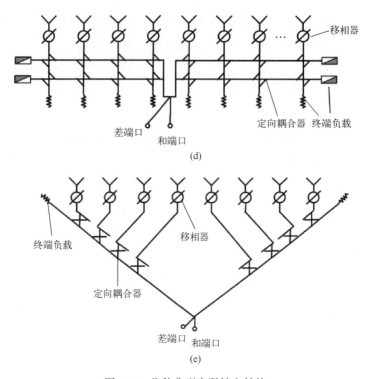

图 5-1 几种典型串联馈电结构

(a) 端馈串联耦合式天线阵列;(b) 端馈串联式边移相边耦合天线阵列;
(c) 中心馈串联耦合式天线阵列;(d) 中心馈串联混合网络耦合式天线阵列;
(e) 中心馈串联耦合式等长路径天线阵列。

图 5-1 中,除图 5-1(e)之外的其他 4 种馈电结构,当天线移相器相移发生改变时,由于从网络总口到天线单元之间的路径电长度不相等,所示在天线阵列相位设计时必须作为频率的函数来计算或加以考虑。

图 5-1(a)和图 5-1(b)是端馈阵列结构,其天线辐射单元沿主馈线串行级联,并通过定向耦合器进行耦合馈电和幅度控制。为了控制波束,馈给每个辐射单元的分支线都加入了移相器,或者在主馈线相邻耦合器之间加入移相器。通过串联耦合器耦合度的适当控制就可实现天线阵列的幅度加权。例如,如果所有级联耦合器耦合度相同,则天线阵列的幅度分布锥削近似为指数型。这两种阵列结构是频率敏感的,比大多数其他馈电系统有更严格的带宽限制。图 5-1(b)串联馈电阵列在波束控制时,对于指定的波束指向角,其每个移相器的相移量相同,因此只需做同样的相位控制,这是该馈电结构的优点,但由于串联通道插入损耗随天线单元序列的增加而增加,而且相位

调整的相移量也随单元序列的增加而加大,因此这种馈电天线阵列类型很少使用。

图 5-1(a)所示馈电结构对移相器的功率容量要求较低,对给定移相器损耗而言,其系统损耗也较低。而图 5-1(b)所示馈电结构的移相器功率容量要求较高,且系统总损耗比图 5-1(a)要高。

图 5-1(c)和图 5-1(d)是中心馈电阵列结构,它具有与并馈网络结构基本相同的带宽。通过阵列中心馈电,可以实现和差波束形成。图 5-1(c)所示馈电阵列不能同时实现最佳的和差波瓣,因为这种馈电结构对和差波束最佳幅度分布的要求是矛盾的,不能同时满足,也就是说可以获得好的和波瓣,或者获得好的差波瓣,但要同时获得好的和差波瓣几乎是不可能的。采用图 5-1(d)所示馈电结构,以增加馈电复杂性为代价,可以解决图 5-1(c)不能同时获得好的和差波瓣问题。图 5-1(d)所示馈电采用两个可分离的中心馈线和一个混合网络,通过两个串馈结构幅度分布的独立控制,可以同时获得较好的和差波瓣,混合网络中两根馈线的分布要求正交,即一根馈线方向图峰值与另一根馈线方向图的零点对应。

图 5-1(e)所示馈电阵列结构是一个具有等路径长度的串馈系统。由于各通道路径等长,因此具有较宽的频带。如果带宽特性已被移相器、耦合器或者相位扫描所限制时,那么这种馈电方式带来的带宽改善很小,而且还增加了尺寸、重量和成本,因此往往并不可取。

串联馈电系统的优点是馈电结构简单,易于组装集成,成本较低;缺点是带宽窄,行波串馈阵列天线的波束指向随频率而变化,由于路径长度不同,其各通道幅度和相位不平衡,如果串联节点较多,则由于周期性反射,可能在带内某些频率上会出现较大端口电压驻波比。

采用串联馈电结构的一个典型例子是频率扫描阵列天线[81],如图 5-2 所示是一个蛇形线慢波结构的一维频扫阵列天线。

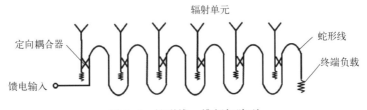

图 5-2 蛇形线一维频扫阵列

图 5-2 中,各天线辐射单元通过耦合器从蛇形线中耦合射频信号,阵列中两个相邻单元之间的馈电具有相同的相位值。其天线辐射单元的激励相位是逐个依次滞后的,因而可以认为各天线辐射单元被一个等效慢波传输线依次激励。这也是人们常常将这种馈电结构称为慢波线结构的缘由。

在一维频扫阵列天线慢波线设计时,为了不出现栅瓣,单元间距 $d$ 应满足以下条件,即

$$d \leqslant \frac{\lambda_1}{1+\sin|\theta_1|} \quad (5-1)$$

式中:$\lambda_1$ 为对应频率 $f_1$ 的工作波长;$\theta_1$ 为对应频率 $f_1$ 时的波束指向。式(5-1)表明,当信号频率从 $f_0$ 变为 $f_1$,天线波束由 $\theta_0$ 扫描至 $\theta_1$ 时,阵列不出现栅瓣的单元间距限制要求。

一维频扫阵列天线波束指向角 $\theta$ 与信号频率或波长 $\lambda$ 的关系为

$$\theta = \arcsin\left[\frac{\lambda}{\lambda_g}\frac{l}{d} - \frac{\lambda M}{d}\right] \quad (5-2)$$

式中:$\lambda_g$ 为慢波线中的导波长;$l$ 为相邻单元之间慢波线的长度;$M$ 为正整数。基于阵列扫描信号带宽、馈电损耗和天线暂态效应等因素,实际应用时,$M$ 通常取值 4 或 5 为宜。慢波线结构由于其结构简单、功率容量高、损耗小、易于制造和工程实现,因此在频扫阵列天线中得到广泛应用。

## 5.2.2 并联馈电

并联馈电结构比串馈结构复杂,但可以大大减少串馈对频率的依赖性。因此,如果每个天线辐射单元通道用延迟线替代移相器时,在宽带范围内,波束扫描时,波束指向基本上与频率无关。

如图 5-3 所示为两种并联馈电阵列结构,其中包括移相器、功分网络、子阵级延迟线等。如图 5-3(a)所示为电抗性分支的馈电结构,这种馈电网络结构相对简单,但由于不匹配的分支结构,不能吸收来自天线单元的不平衡引起的电磁波反射,这种不平衡反射可能引起部分天线单元的再次辐射,从而导致天线副瓣抬高。如图 5-3(b)所示为匹配分支的馈电结构,通常是一些匹配的混合网络的组合。天线阵列的不匹配反射和其他不平衡反射引起的非同相相位分量被终端负载所吸收,同相和平衡分量回到输入端,来自孔径的反射信号不会被再次辐射,因而这种馈电结构可以获得良好的辐射特性。为了破坏周期性并降低最大量化副瓣,可以在个别路径上加入少量附加固定相移,并通过移相

器的相应调整来进行补偿。

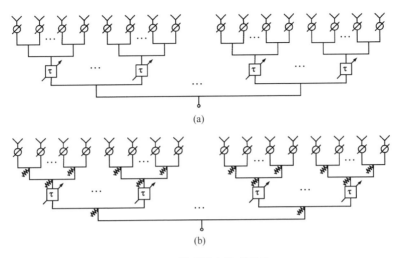

图 5-3 并联馈电阵列结构

(a) 电抗性分支馈电；(b) 匹配分支馈电。

如果将图 5-3 中移相器和延迟线替换为 T/R 组件和延时放大组件时，该馈电结构将适用于收发共用相控阵天线系统。图 5-3(a) 和图 5-3(b) 馈电结构包含了功率分配网络、T/R 组件、延迟线等电路，这是大多数有源阵列天线系统常用的馈电结构。对于收发共用阵列天线，通过 T/R 组件和延时放大组件中的收发开关切换，采用同一套并联馈电结构就可实现接收和发射两个工作模式。

并联馈电结构常常将天线阵列划分为多个子阵，通过子阵的串接或拼接方式的组合来形成和差波束，但采用并馈结构实现良好和差波束，天线系统相对比较复杂。

并馈天线阵列结构的优点是可以实现较宽的频带、较好的波束性能及灵活的波束控制，缺点是系统相对复杂，成本较高。并联馈电结构可以通过 1∶2 或 1∶3 这种基本功率分配/合成网络的组合，来实现任意多路的功率分配与合成，而且更易于实现各支路的幅度和相位控制。因此，相对于串联馈电结构，并联馈电结构在有源阵列天线中的应用更加广泛，有时会串并联相结合使用[82]。

## 5.2.3 空间馈电

相对于强制馈电，空间馈电是通过馈源的空间辐射，在阵列馈电口形成需要的口径照射的馈电系统,这种馈电系统,同样可以在天线阵列口径上形成所需的信号幅相分布。空间馈电有时也称为光学馈电,天线阵列口径的照射是用光学方法分析射频信号的空间分布。

空间馈电结构的优点是它比强制馈电简单,不需要复杂的功率分配或合成网络。缺点是幅度锥削难以准确控制,所需几何空间尺寸较大,空间信号泄露或信号损失较大,也有潜在的外部信号干扰影响。

空间馈电有两种基本形式:传输型和反射型。

(1) 传输型空馈阵列。传输型空馈阵列又称为透镜式空馈阵列,其基本构型如图 5-4 所示。

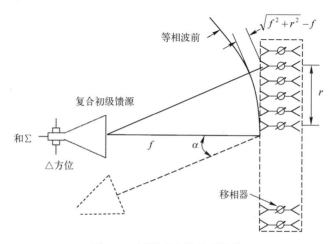

图 5-4  透镜式空馈阵列结构

透镜式空馈阵列由收集阵面、移相器和辐射阵面等构成。收集阵面又称为内阵面,它由许多天线单元组成,这些天线单元也称为收集单元,它们可以排列在一个平面上,也可以排列在一个曲面上。当透镜阵列处于发射状态时,发射信号由照射天线(初级馈源)照射到阵列内阵面上的收集天线单元,收集天线单元接收照射信号后,经过移相器再传输至辐射阵面的天线单元(辐射单元),然后向空间辐射。对于某些有源阵列天线,经过移相器的信号有时还需要通过功放放大,然后再送给辐射单元。

当透镜阵列处于接收状态时,辐射阵面接收来自空间目标的回波信号,这些信号送到移相器后,由收集阵面天线单元将其传输至接收天线(初级馈源)。同样,对于某些有源阵列天线,辐射单元接收的回波信号可能要先经过低噪声放大后再送给移相器。也就是说,对于有源阵列天线应用,透镜阵列中的移相器往往用 T/R 组件替代,以实现收发信号幅相的灵活控制。

光学馈电系统(初级馈源)为透镜输入提供适当的孔径照射,通过透镜内移相器(或 T/R 组件)的相位(或幅度)加权和波束扫描驱动管理,可以实现透镜阵列天线的特定波束形成和波束扫描。透镜两面的辐射单元都要求匹配,以使阵列性能最佳化。

透镜的收集阵面是通过透镜焦点上的初级馈源来照射。初级馈源的照射需要精心设计,才能以较小的漏能损失,获得最佳的孔径幅度分布。初级馈源的性能对透镜阵的性能影响很大,如果还需要实现和差波束,初级馈源结构通常比较复杂。

在设计中要特别注意初级馈源与收集阵面之间的匹配,应尽量降低收集阵面天线单元的输入驻波,以减少空间馈电损耗。同时,对移相器和辐射单元输入驻波以及辐射和收集阵面天线单元之间的互耦影响也应加以重视。

如果空馈阵列需要具有收发两种功能,则可以采用收发分离的两个馈源。发射馈源和接收馈源之间有一个 α 角度间隔,如图 5-4 中虚线所示。这时,在发射和接收两个模式下,需要对移相器进行独立控制与调整,以使在两种模式下波束指向同一方向。该空馈阵列在使发射孔径分布最佳、到达目标的辐射功率最大、接收和差波瓣最佳、低副瓣实现等方面提供了灵活性。

因为馈源位置的变化与波束扫描所需的时间延迟相对应,所以可以增加附加馈源,以便为增加相应的带宽提供波束扫描所需的时延补偿。

由于初级馈源形成的球形相位波前,所以阵列的相位必须加以修正,所需的相位修正为

$$\Delta\varphi = \frac{2\pi}{\lambda}(\sqrt{f^2+r^2}-f) = \frac{\pi}{\lambda}\frac{r^2}{f}\left[1-\frac{1}{4}\left(\frac{r}{f}\right)^2+\cdots\right] \quad (5-3)$$

当焦距足够大时,球形相位波前可近似为二个正交的圆柱形相位波前,从而可以允许只用行和列的控制指令对相位差加以修正。通过移相器对球形相位波前的修正,可以减小阵列最大相位量化副瓣电平。

在透镜式空馈阵列中,一般而言,可以用多个初级馈源来实现多波束,而单脉冲和差波束可以通过类似魔 T 电路及多模喇叭馈源来实现。采用多个馈源可以获得多波束,如采用多波束巴特勒(Butler)矩阵馈源取代初级馈源获得多波束,其优点是阵列孔径的照射可以通过巴特勒矩阵进行幅度渐变的精密控制。

在空馈阵列系统中，初级馈源的照射方向图覆盖整个收集阵面，为辐射阵面提供了相应的幅度加权。为了充分利用初级馈源的能量，减少阵列边缘能量泄露损失，收集阵面上天线单元数量可以适当增加，从而使得收集阵面单元数大于辐射阵面的单元数，这就是所谓的密度加权空馈阵列，如图5-5所示。

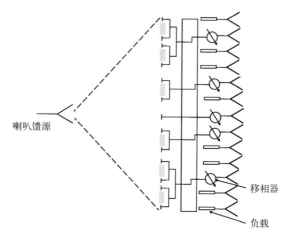

图 5-5　密度加权透镜式空馈阵列结构

在收集阵面靠近边缘部分，可以将若干收集单元接收的信号进行合成，再经过移相器送给发射阵面的辐射单元。综上所述，当仅仅通过改变初级馈源照射函数仍难以获得阵列的低副瓣加权时，为了降低阵面单元总数时，采用密度加权空馈阵列结构是一个不错的选择。

（2）反射式空馈阵列。与透镜式空馈阵列不同，反射式空馈阵列的收集阵面与辐射阵面为同一个阵面。相控阵孔径作为反射器使用，阵列单元既作为收集单元又作为辐射单元，如图5-6所示。

对于反射式空馈阵列，无论是发射状态还是接收状态，每个天线单元收到的信号经过移相器后，都被短路器全反射并从阵面辐射出去。由于信号要两次经过移相器，因此移相器的移相值只要透镜式馈电阵列的一半，但是信号衰减却增加了一倍。

这种反射式馈电阵列移相器都是互易的，以便信号往返通过移相器后，有一致的可控的相移。反射器后面有比较充裕的空间用来放置移相器的控制电路。

由于采用前馈方式，初级馈源对天线阵面有一定的遮挡效应，从而对阵列口径增益和天线副瓣电平有不利影响。为了避免口径遮挡，初级馈源可以适当偏置,如图 5-6 所示。如同透镜式馈电阵列,反射式馈电阵列也可以采用接收和发射馈源分开的方式实现收发合一功能。为此,收发二种状态的相位应单独设置和控制。使用多个馈源组合也可以获得多波束。

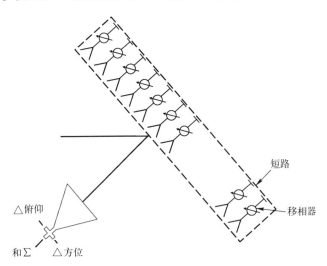

图 5-6　反射式空馈阵列结构

## 5.2.4　多波束形成

多波束形成网络是阵列天线中获得同时多波束的另一类馈电网络。多波束馈电网络能同时产生覆盖大扇形空间的多个波束。对于相同的波束指向,除了在单波束阵列中可能增加的射频损耗外,多波束阵列的每个波束基本上具有与相同尺寸和照射的单波束阵列相同的增益。多波束形成网络的每个波束都可提供一个独立的波束端口。

多波束形成网络一般分为串馈和并馈两种类型。还有一种罗特曼(Rotman)透镜空馈阵列也可以形成多波束。

(1) 布拉斯(Blass)多波束形成矩阵。布拉斯矩阵是一个串馈型多波束形成阵列结构,如图 5-7 所示。布拉斯多波束形成阵列结构只在一个平面内形成多波束。为了产生多波束,几根端接匹配负载的行波传输线通过定向耦合器与辐射单元的支线耦合,分支线一端与辐射单元连接,另一端连接匹配负载。多波束数量与布拉斯矩阵行波传输线数量相同。最上面的传输线产生阵列侧向靠近中心的波束,第二根传输线产生与侧向方向有一个偏移的波束,其余波束以此类推。

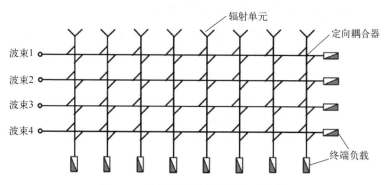

图 5-7 布拉斯多波束形成阵列结构

为了有效地工作,布拉斯多波束形成阵列结构中,各单独辐射波束应满足波束正交准则,即一个波束的最大值方向与其余波束的零点方向重合,波束之间的交点电平在 4dB 处。在布拉斯馈电阵列结构中,布拉斯矩阵是有耗的。由于各行波传输线之间有限的隔离度和耦合器的有限定向性,阵列后面传输线的馈电信号会与上级传输线发生耦合,即在各波束传输线之间存在交叉耦合。由于波束传输线间交叉耦合、耦合器的不一致性,以及各波束通道间幅度相位误差的存在,要获得理想的正交波束比较困难。

一般情况下,当相应于各波束传输线的波束相隔一个波束宽度或更远时,这种交叉耦合效应就很小了,由每根波束传输线产生的方向图就不会由于附加馈线影响而明显变坏。因而,泄露到其他馈线的信号加起来非常接近于零,到达终端的功率也就非常小了。

(2) 巴特勒(Butler)多波束形成矩阵。巴特勒矩阵是一个并馈型多波束形成阵列结构,如图 5-8 所示。巴特勒多波束形成网络的基本构成是具有 90°相移的 3dB 电桥和固定移相器。

在图 5-8 中,$x$ 为 22.5° 相移。巴特勒矩阵的基本原理是用电路来实现快速傅里叶变换,并用均匀口径照射来形成一组正交波束的一个硬件实现方案。用巴特勒多波束形成网络获得每个波束,都具有与整个阵列相同的天线增益,因此其波束形成网络是无损的。用巴特勒多波束形成网络获得的多个波束是严格相互正交的,这一特性有利于对其他复杂形状天线波束方向图的综合。巴特勒多波束形成阵列可用于同时收发模式。

一个巴特勒多波束形成阵列结构形成的 8 个正交波束如图 5-9 所示。

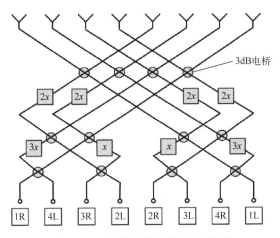

图 5-8 巴特勒多波束形成阵列结构

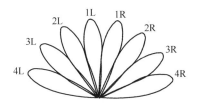

图 5-9 8 波束 Butler 馈电阵列形成的辐射波束

巴特勒矩阵阵列形成的各波束在相对幅值为 $2/\pi$（~4dB）处相交。因为这些波束是正交的,所以波束之间没有交叉耦合损耗。并联多波束结构没有串联馈电结构那样直观。如果要求很多波束时,采用并联结构是比较理想的选择。

巴特勒多波束矩阵的基本特性如下:

① 阵列单元数 $N$ 为 $N=2^k$,$k$ 为正整数,波束数与天线单元数相等。

② 定向耦合器(3dB 电桥)数 $N_c$ 为 $N_c=\dfrac{N}{2}\log_2 N$。

③ 固定移相器数 $N_\varphi$ 为 $N_\varphi=\dfrac{N}{2}(\log_2 N-1)$。

④ 阵列带宽可达到 30%以上,取决于定向耦合器和固定移相器等器件的带宽。

⑤ 插入损耗主要取决于定向耦合器及移相器的损耗,各波束共用一个天线孔径。

⑥ 天线口径加权：矩阵为均匀分布，但可以实现 $\cos^n x$ 加权。

（3）罗特曼（Rotman）透镜。罗特曼透镜是一种基于等光程原理构建的多波束形成网络结构。罗特曼透镜多波束形成网络具有多个输入端口和输出端口，每个输入端口对应一个波束。一个 8 波束的罗特曼透镜多波束形成阵列如图 5-10 所示。

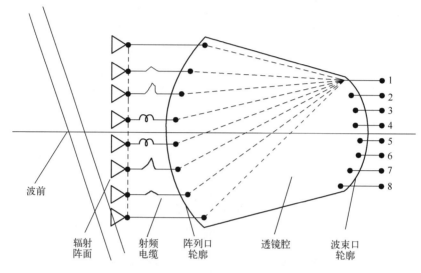

图 5-10　罗特曼透镜多波束形成阵列

一个罗特曼透镜多波束形成阵列是由波束口轮廓、透镜腔、阵列口轮廓、射频传输线和辐射阵面等组成。从罗特曼透镜任意一个波束端口馈入的射频信号，通过透镜正轴焦距路径，再经过射频传输线后，其总的路径长度相同，即具有相同的时延，这就是罗特曼透镜实现多波束的等光程原理。罗特曼透镜具有在一个扫描平面内可形成三个完美焦点的特性。

不同波束端口的射频信号经过罗特曼透镜及射频传输线后，在辐射阵面形成不同的相位锥削，从而可以形成不同指向的波束。通过精心设计，利用罗特曼透镜可以实现具有期望交点电平的多波束阵列。如图 5-10 所示为 8 个对称分布的多波束罗特曼透镜阵列。利用数控矩阵开关，罗特曼透镜多波束形成阵列可以实现同时多波束以及单个波束扫描功能。罗特曼透镜可以用于收发共用天线。

由于罗特曼透镜本质上是基于光学原理演绎出来的一种透镜结构，其波束形成网络具有真时延的特性，其波束指向理论上和频率无关，即其波束指向不随频率变化而变化,因而罗特曼透镜是一个宽带系统,其工作频带能够达到几个倍频程。正由于此,罗特曼透镜常常用于超宽带微波网络,如宽带功分器、多工器和分频器等。

罗特曼透镜除了具有超宽带性能之外,还能够在超过 45°范围内实现良好宽角波束扫描。罗特曼透镜具有电路简单、体积紧凑、设计灵活等优点,在多波束阵列系统中,采用罗特曼透镜取代常规相控阵复杂得多波束网络,可以有效减少系统的设备量和复杂度,提高系统的可靠性,降低系统的成本。

## 5.3 模块化集成架构

所谓模块化集成架构,是将天线阵面划分为多个天线子块或天线子阵,以一定单元通道和有源组件集成为一体化模块作为天线阵面最基本的结构单元,称为可扩充阵列模块(Scalable Array Module,SAM)。通过 SAM 基本结构模块的扩充构建天线子块(天线子阵),再通过天线子块的拼接构建较大尺寸天线阵面。

### 5.3.1 模块架构分类

基于模块化集成架构的特性,有源阵列天线大体上可以按照"砖块"式和"瓦片"式两种结构形式进行构建。典型的"砖块"和"瓦片"式阵列架构通常如图 5-11 所示。

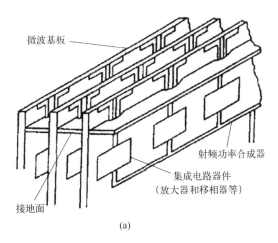

(a)

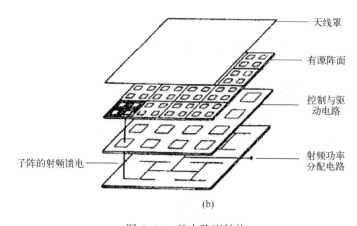

图 5-11 基本阵列结构

(a) 砖块结构阵列；(b) 瓦片结构阵列。

图 5-11 中的"砖块"和"瓦片"两种阵列结构都包含了有源阵列的天线单元、有源组件（T/R 组件、延迟线组件）、射频功率合成/分配网络、控制驱动电路、电源电路等。图 5-11(a) 是基于偶极子辐射单元集成的一种"砖块"阵列结构，每个砖块可以包含几列或几行的辐射单元、功分网络和有源组件等。在极限情况下，砖块可以被简化为多通道甚至单通道组件。图 5-11(b) 是基于微带贴片辐射单元的一种"瓦片"式阵列结构，每个瓦片可以包含阵面一个或多个天线辐射单元、有源组件和激励与控制电路等。

### 5.3.2 砖块式 SAM 模块

砖块式 SAM 模块结构如图 5-12 所示。砖块式 SAM 模块主要由几列（或几行）辐射单元、有源组件（T/R 组件、延迟线组件）、综合馈电网络以及安装、热控和接口电路等组成。其中，综合馈电网络主要包含射频激励网络、射频校正网络、模块电源电路和波控电路等。

砖块式 SAM 模块的特点是纵向集成横向组装，即各通道有源/无源芯片和元器件先集成为一个组件，辐射单元、多通道组件和综合馈电网络等纵向集成为一体化模块。多个一体化模块横向组装并构建为天线子块或天线子阵。

砖块式 SAM 模块的优点是内部电路互联简单，便于调试和维护，研制成本相对较低；缺点是集成度较低，体积大，阵面剖面大，也就是天线阵面厚度较厚。

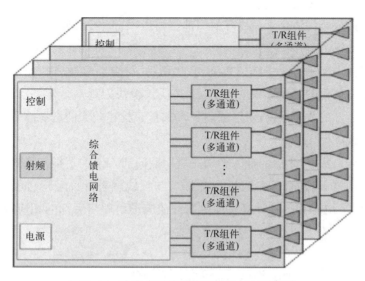

图 5-12 砖块式可扩充阵列模块(SAM)结构

根据有源阵列天线装载平台、安装空间和配套设备布局等条件和要求不同，砖块式 SAM 模块与天线阵面框架组装方式可能有所不同。基于砖块式 SAM 模块集成的有源天线阵面的组装架构主要有两种方式：前向插入式和后向插入式。

（1）砖块式 SAM 前向插入架构。所谓前向插入架构是指砖块式可扩充阵列模块从阵面前方向后推入阵面框架，通过盲配接口（包括射频、控制、电源和热控接口等）与阵面后面的接收机和激励源等系统互联，如图 5-13 所示。

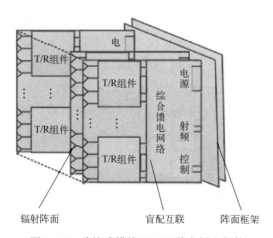

图 5-13 砖块式模块(SAM)前向插入架构

前向插入架构适合于天线阵面后部空间受限,且便于通过阵面前部进行拆装和维护的场合。

前向插入架构将天线辐射单元、T/R 组件、综合馈电网络和各信号接口集成为一个一体化的砖块式模块,然后以砖块式模块为基本结构件,通过盲配接口与阵面后部的收发系统连接,通过积木式扩充构建较大的有源阵列天线子块或整个天线阵面。

(2) 砖块式 SAM 后向插入架构。所谓后向插入架构是指砖块式模块从阵面后方向前推入阵面框架,通过盲配接口与天线辐射阵面互连,同时,砖块式 SAM 的控制、电源和热控等接口通过盲配或电缆组件与后部的相应设备连接,如图 5-14 所示。

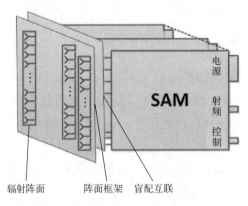

图 5-14 砖块式模块(SAM)后向插入架构

后向插入架构适合于天线阵面前部空间受限,且便于通过阵面后部进行拆装和维护的场合。

后向插入架构将 T/R 组件、综合馈电网络和各信号接口集成为一个一体化的砖块式 SAM 模块,然后以砖块式模块为基本结构件,通过盲配接口与阵面前部的辐射阵面连接,并通过积木式扩充构建较大的有源阵列天线子块或整个天线阵面。后向插入架构中,天线辐射单元与 SAM 模块可以是两个分离设备,辐射阵面与阵面框架单独安装。

### 5.3.3 瓦片式 SAM 构架

瓦片式可扩充阵列模块(Tile Scalable Array Module, T-SAM)是由若干天线辐射单元、多通道 T/R 组件、延迟线组件、射频功分定标与校正网络、模块波控、模块电源、接口电路以及热控和支撑结构等组成。根据任务系统性能和功能需求，有时瓦片式 SAM 模块还可以扩展集成接收机射频前端电路、数字收发电路甚至微波光子电路等，构成更加复杂的任务系统[4]。

T-SAM 模块采用板级集成和片式电路层叠组装架构，如果按电路分层，瓦片式 SAM 模块典型地可以分成两层电路[83]，综合馈电层和天线辐射层。其中天线辐射层大多采用微带贴片、背腔天线等低剖面天线单元；综合馈电网络将射频、控制、电源电路以及有源模块等集成为一个多功能基板电路[84]。瓦片式 SAM 模块典型结构如图 5-15 所示。

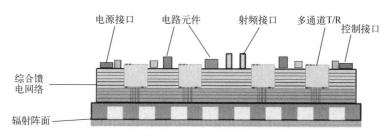

图 5-15　瓦片式可扩充阵列模块(SAM)典型结构

瓦片式 SAM 模块的特点是横向集成纵向组装，即将多个通道相同功能的有源/无源芯片和元器件集成在单层电路上，多层电路通过垂直互连进行层叠组装与集成。通过 T-SAM 模块积木式扩充构建天线子块或天线子阵，通过天线子块的拼接构建较大有源阵列天线子阵或整个天线阵面。

相对于砖块式天线结构，片式阵列模块采用先进的单片微波集成电路技术、微组装技术和微系统集成技术等，将天线构成要素进行层状组装和高密度集成，具有集成度高、剖面低、重量轻以及模块化、易扩充、易共形等优点，因而非常适合空间尺寸受限、装载平台特殊以及大口径、多功能微波成像雷达系统的应用，如机载和星载平台的有源阵列天线系统等。

由于瓦片式 SAM 模块采用了高密度集成技术，并且包含了射频与低频电路、大电流与小信号电路、模拟与数字信号电路等复杂电路结构，因此瓦片式 SAM 模块研究面临的技术难题主要包括机电热一体化设计、多信号电路的电磁兼容设计、片式层叠集成、垂直互连、微系统封装与集成、微型片式 T/R 组件、异构集成综合馈电网络设计等[85]。

瓦片式 SAM 模块可以采用多层电路结构进行层叠组装与集成。一种采用两层电路架构集成的瓦片式 SAM 模块如图 5-16 所示。

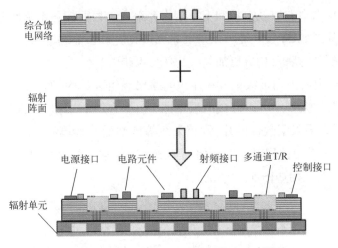

图 5-16　两层电路集成瓦片式可扩充阵列模块

如图 5-16 所示,瓦片式 SAM 模块物理架构分为两层:天线辐射层和多功能综合电路层。其中,多功能综合电路层集成高低频馈电结构;天线辐射层除了具有低剖面辐射单元结构之外还兼具结构支撑功能。功率热耗器件和电路通过基板热沉与天线背板连接,实现高效热传导。

在图 5-16 所示瓦片式 SAM 模块中,多功能基板电路(即综合馈电网络)是 T-SAM 模块的核心电路,主要由波控电路、电源电路、监控与保护电路、射频电路和接口驱动电路等组成。通常采用多层 PCB 基板和多层微波基板复合制造,也可以采用多层低温共烧陶瓷基板制造。

一种采用多层 PCB 和微波基板复合制造的综合馈电网络如图 5-17 所示。

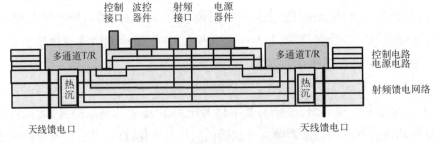

图 5-17　瓦片式模块综合馈电网络

如图 5-17 所示,综合馈电网络采用多层 PCB 基板和多层微波基板一体化层叠复合工艺进行高密度集成,电路层数可达几十层。综合馈电网络的主要技术难点是多电路的电磁兼容性、多基板异构复合、高密度布线、大面积金属化孔、微带内埋电阻、金属化过孔与埋孔、精细化层间垂直互连等。

上述瓦片式 SAM 模块采用 2~3 层电路结构层叠组装与集成,根据天线系统任务需求、制造与组装工艺能力、装调与维护要求等,瓦片式 SAM 模块的电路层数划分并不是唯一的[86]。

瓦片式 SAM 模块设计过程中,需要特别关注几个问题。

(1) 天线单元。天线单元的选择应重点考虑单元馈电方式和馈电结构与 T/R 组件或综合馈电结构连接的适配性。此外,如果对瓦片式 SAM 模块厚度有特殊要求,应选择低剖面的辐射单元。

(2) T/R 组件。应优先考虑 T/R 组件与天线单元和综合馈电网络的互联方式及连接接口,其次考虑 T/R 组件的封装方式及其在 SAM 模块中的布局。根据需要,为方便调试和更换,T/R 组件可以布置在 SAM 模块的后部,即综合馈电结构表面,也可以布置在天线辐射板和综合馈电结构之间。有时,T/R 组件不一定进行模块化封装,可以将 T/R 收发通道或主要功能电路单独封装,或者直接采用芯片电路与其它电路进行分布式布局和集成。

(3) 综合馈电网络。首先是材料选择,根据模块工作频段、收发链路性能、尺寸、重量、环境适应性等要求,综合馈电网络的基板材料可以选择低温共烧陶瓷基板、高温共烧陶瓷基板、PCB 基板或微波基板等多种材料,可以采用单一基板材料,也可以采用多种材料基板复合制造。此外,电磁兼容性、热传导和热匹配性、制造成品率等也是综合馈电网络设计时需要重点考虑的因素。

## 5.4 射频链路信号分析

有源阵列天线射频链路信号分析目的是通过有源阵列射频收发链路模型的构建,对有源阵列天线收发链路的信号电平、链路增益、系统动态、噪声系数等进行分析和评估,以确定有源阵列天线各种工作模式下射频链路性能。

根据天线工作模式不同,有源阵列天线链路模型可以分为 5 种[87]:发射信号模型、接收定标与校正信号模型和发射定标与校正信号模型、接收噪声系数分析模型和接收系统动态信号模型。

### 5.4.1 射频链路模型

有源阵列天线大多是串并组合的多通道收发系统。为了对有源阵列收发链路各种模式进行信号分析,需要将多通道射频收发系统等效为一个串行链路模型,然后利用串行链路信号模型对链路信号特性进行分析计算。

一种典型有源阵列天线系统如图 5-18 所示。

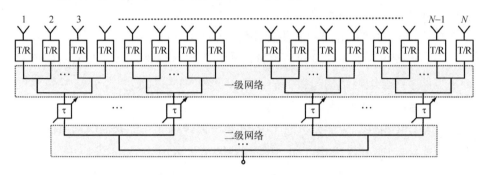

图 5-18 有源阵列天线系统典型构成图

如图 5-18 所示,有源阵列天线系统主要包括辐射单元、T/R 组件、一级网络(子阵级射频功分网络)、延时放大组件和二级网络(阵面射频功分网络)5 级电路。二级网络总口与接收机和激励源(收发前端)相连接。为了进行射频信号链路分析,有源阵列天线系统可以等效为 5 级串联链路模型,如图 5-19 所示。

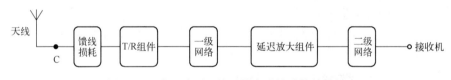

图 5-19 有源阵列天线系统串联链路等效模型

在图 5-19 中,延时放大组件和 T/R 组件是有源阵列天线的核心设备,T/R 组件主要构成器件包括收发开关、功率放大链路、接收限幅与低噪放电路以及收发公用的移相器、衰减器、驱动放大器和切换开关等。

为了进行链路信号分析,在等效的串联链路模型中,需要确定各级电路的增益和噪声系数等效值,对于有源阵列模块,还要明确其功率放大电路的激励电平、饱和放大功率电平和接收信号 1dB 压缩点信号电平等。

根据不同的工作模式,射频链路中相关电路的等效参数也有所不同。

(1) 有源阵列天线收发链路的等效。有源阵列天线收发链路等效的目的是通过等效链路信号分析,计算天线系统接收增益、噪声系数和接收动态,同时计算发射模式下系统增益、有源模块激励信号电平等。此时,需要将多路有源模块(如图 5-18 所示的 T/R 组件和延时放大组件)等效为单通道的有源模块,将多路功分网络(如图 5-18 所示的一级网络和二级网络)等效为单路二端口网络。

对于两个有源模块(T/R 组件和延时放大组件)的等效,由于其发射状态大多工作于饱和放大模式,各通道的增益、输出功率和激励信号电平几乎相同,因此在发射状态,多通道有源模块(T/R 组件和延时放大组件)可以用阵列中单个有源模块的参数(激励信号和饱和输出信号功率电平)来等效为一个二端口网络的单通道有源模块。

在接收模式,当系统有幅相加权时,作为一个合理简化,可以将多通道有源模块用于阵面幅度加权的权值归入一级网络和二级网络中进行等效。这样,在接收状态,可以近似认为各通道 T/R 组件和延时放大组件两个有源模块的接收参数(增益和噪声系数)相同,因此可以用单个有源模块的参数来等效为一个二端口网络的单通道有源模块。

对于一级网络和二级网络的等效,由于这两个网络都是无源功分网络,因此可以将其等效为具有等效增益(或损耗)的单路二端口网络。

对于接收噪声系数分析模型,对应于图 5-19 中一级网络和二级网络等效为单路二端口网络的等效增益 $G_e$,相当于网络的功率损耗 $L_r$,可以定义为相应多路功分网络包含加权系数的输出功率 $S_{\text{out}}$ 与总输入功率的比值,即

$$G_e = L_r = \frac{S_{\text{out}}}{\left| \sum_i \sqrt{S_i} a_i e^{j\theta_i} \right|^2} \tag{5-4}$$

式中:$S_i$ 为网络各端口接收的功率电平;$a_i$ 和 $\theta_i$ 为对应各路的幅度和相位加权系数,包括有源组件的加权和网络本身的加权。对于等功率分配网络,如果阵列为均匀加权,则网络的等效增益等于网络的插入损耗。

对于接收系统动态分析模型,一级网络和二级网络等效增益 $G_e$ 等于网络合成得益再扣除网络合成损失,即

$$G_e = 10\lg(N) - L_r (\text{dB}) \tag{5-5}$$

式中:$N$ 为网络输入端口数;$L_r$ 为合成损失的分贝数。

在发射状态,对应于图 5-19 中一级网络和二级网络等效增益 $G_e$ 可以定义为相应多路功分网络各输出口输出功率总和与输入功率 $S_{\text{in}}$ 的比值,即

$$G_e = \frac{\sum_i S_{\text{out},i}}{S_{\text{in}}} \tag{5-6}$$

式中：$S_{out,i}$ 为网络各输出端口输出的功率电平，包含了网络加权修正。如果该网络为等功率分配，则总输出功率等于 $NP_0$，其中 $N$ 为网络输出端口数，$P_0$ 为单路输出功率。

当然，工程上更实用的方法是根据一、二级网络各端口的功率分配电平逐一分析计算，以各网络输出功率满足有源组件驱动需求且不烧毁有源组件为设计原则。

（2）有源阵列天线定标与校正收发链路的等效。大多数有源阵列常采用逐一内校正方法，即通过 T/R 组件的收发通道通断控制以及逐一通道耦合校正网络，实现多通道有源阵列发射和接收的逐一通道校正。在这种状态下，对于两个有源模块（T/R 组件和延时放大组件）的等效，就用具体校正通道有源模块的参数来等效为一个二端口的单通道有源模块；对于一级网络和二级网络的等效，也可以将其等效为一个具有等效增益为 $G_e$ 的单路二端口网络。但是，此时的等效增益只是功分网络单路输出功率与输入功率之比，其等效增益除了包含插入损耗之外还包括功率分配损失。

### 5.4.2 射频链路信号分析

根据上述等效模型，可以对有源阵列天线系统不同工作模式下的射频信号进行分析和评估。以图 5-18 所示的阵列天线系统架构为例，分别介绍各模式下射频信号的分析与计算。

在图 5-18 中，阵列天线包括辐射单元、T/R 组件、一级网络、延时放大组件和二级网络五级电路，这与大多数有源阵列天线系统架构类似，因此具有很好的代表性。为便于量化讨论，假设阵列单元数为 256 个，分别由 1:32 和 1:8 两级射频功分网络实现信号的分配与合成。以下分析链路模型中给出的数据，只是为了便于量化分析，仅供参考。

（1）噪声系数分析。以图 5-18 为参考架构的一个 256 单元五级有源阵列天线噪声系数计算链路，如图 5-20 所示。

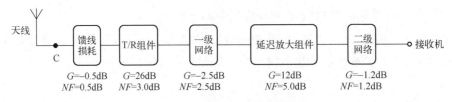

图 5-20 噪声系数分析模型

在图 5-20 中,考虑了 T/R 组件与天线单元之间馈电损耗的影响,一级和二级网络分别为 1∶32 和 1∶8 射频功率分配网络,其等效增益按前节方法计算。这里仅考虑均匀加权情况下噪声系数的计算,如果有幅度加权,可将加权损失等效到一级网络或二级网络的等效增益中。

在图 5-20 中,以 C 为参考点,从 C 看向接收机的系统噪声系数模型是一个串联模型,一个串联模型噪声系数 $NF$ 为

$$NF = NF_1 + \frac{(NF_2 - 1)}{G_1} + \frac{(NF_3 - 1)}{G_1 G_2} + \cdots + \frac{(NF_n - 1)}{\prod_{i=1}^{n-1} G_i} \quad (5-7)$$

对于图 5-20 的等效模型及各级等效参数,由式(5-7)可分析计算,该阵列天线的接收噪声系数约为 3.53dB。

(2) 接收系统增益和动态分析。有源阵列天线接收系统动态范围指的是系统所能接收的最大与最小信号电平范围。对于有源阵列天线,通常有两个动态范围的概念。一是天线系统的总动态,即天线系统所能接收的最大与最小信号电平范围。将这种总动态称为天线系统可接收的射频信号电平输入范围可能更贴切些。二是瞬时动态,通常是指接收机的瞬时动态,即接收机瞬态所能接收的最大与最小信号电平范围。

天线系统总动态中的最小可接收信号电平为系统的灵敏度 $P_{smin}$,即

$$P_{smin}(\text{dBm}) = -114 + 10\lg(BW) + NF - 10\lg(N) \quad (5-8)$$

式中:BW 为接收机中频带宽或天线系统瞬时信号带宽,以 MHz 为单位;NF 为系统噪声系数;$N$ 为天线单元数。一个瞬时信号带宽 BW = 1600MHz,噪声系数为 3.53,单元数为 256 的阵列天线,由式(5-8)可分析计算,系统灵敏度约为 −102.5dBm。

天线系统总动态中最大可接收信号电平为天线有源通道最大可接收信号电平,即有源模块(如 T/R 组件)接收 1dB 压缩点输入信号电平,也就是阵列天线有源模块线性工作的最大可接收信号电平。

有源阵列天线瞬时动态,也就是接收机的瞬时动态,主要与接收机选用的模数变换器有效位数有关。为便于量化分析,作为例子,采用模数变换器接收机瞬时动态近似计算

$$D_r(\text{dB}) = 6 \times N \quad (5-9)$$

式中:$N$ 为模数变换器的有效位数。例如,一个 12 位模数变换器,其噪声占 4 位,有效位 8 位,则接收动态约为 48dB。接收机可接收的最大信号电平近似为

模数变换器满刻度输入功率,考虑到多音交调和无杂散动态范围(Spurious Free Dynamic Range,SFDR)参数,最大可接收信号功率应保留一定余量。

一个以图 5-18 为参考架构的 256 单元 5 级有源阵列天线接收系统增益和动态计算链路如图 5-21 所示。

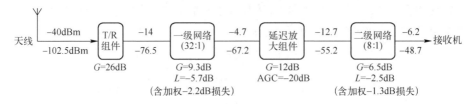

图 5-21　接收系统动态分析模型

在图 5-21 中,一级和二级网络分别为 1∶32 和 1∶8 射频功率分配网络,考虑幅度加权损失,其等效增益按前节方法计算,分别等于 9.3dB 和 6.5dB。由图 5-21 可见,该系统可接收的信号电平输入范围,即系统总动态约为 62.5dB,含合成网络的合成得益,接收链路等效增益约 33.8dB。很明显,系统总动态远大于接收机瞬时动态。

为保证系统动态范围要求,使输入信号在最大输入动态范围下,系统不进入非线性状态,需要在系统链路中加入动态压缩电路。通常采用的动态压缩方法有自动增益控制(Automatic Gain Control,AGC)和灵敏度时间控制(Sensitivity Time Control,STC)等。这里,在延时放大组件中加入了一个 20dB 的 AGC 来实现系统总动态的调整,使得进入接收机的动态范围约 42.5dB,满足接收机瞬时动态要求。

(3) 发射信号分析。一个 256 单元 5 级有源阵列天线发射信号分析链路如图 5-22 所示。发射信号分析目的是,通过等效链路模型,确定激励源的输出功率以及各有源模块发射状态激励功率电平。

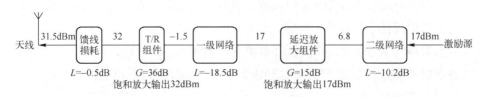

图 5-22　发射信号分析模型

有源阵列天线发射状态下,为了获得高的系统效率,各有源模块(T/R 组件等)常常工作于饱和放大状态,即均匀加权模式。因此,此时天线系统中各功分网络均为等功率分配。如图 5-22 所示,一级网络和二级网络均为等功率分配,网络的等效增益或损耗计入了网络的分配损失。由于 T/R 组件和延时放大组件均工作于饱和放大状态,根据两个组件增益设计,要求 T/R 组件激励信号电平为$-1.5\pm1$dBm,延时放大组件激励信号电平为 $6.5\pm1$dBm,因此激励源需要提供约 17dBm 的激励信号电平。根据图 5-22 所示发射信号链路的信号分配,考虑馈线损耗后,馈送给天线单元的发射功率约 31.5dBm(约 1.4W)。

有源阵列天线定标与校正信号分析与发射信号分析类似。对于大多数采用逐一通道校正的有源阵列系统,其一级网络和二级网络的增益或损耗等效时,应计入功分网络功率分配损失。通过校正链路模型,确定校正系统激励信号电平以及链路各节点信号强度,保证有源阵列天线逐一通道校正时,校正接收以及链路中间各节点有足够高的信噪比,从而获得较高的校正精度。校正信号具体链路分析可参考发射信号分析模型。

## 5.5 微型化收发组件

微型化收发组件(T/R 组件)是指基于单片微波集成电路(MMIC)多功能核心芯片并采用微系统集成技术设计和制造的 T/R 模块。

T/R 组件是有源阵列天线的构成基础,也是有源阵列天线的核心设备。有源阵列天线的波束扫描、波束赋形、收发转换等功能都是通过 T/R 组件实现的。

对于微波成像雷达,随着成像分辨率的提高,天线孔径不断增大,射频带宽也不断增大。高分辨率微波成像雷达有源阵列天线往往具有几万甚至十几万个有源通道,相应的包含了大量 T/R 组件,因此 T/R 组件的重量、功耗和成本对天线系统影响极大。另外,随着工作频率的提高和频带宽度的增加,阵列天线的单元间距越来越小,这样就要求 T/R 组件具有更高的集成度,因而对 T/R 组件的小型化和微型化的要求也越来越高。

随着微电子技术、单片微波集成电路技术、微系统集成技术和先进封装技术的发展,T/R 组件技术尤其是基于 MMIC 芯片集成的 T/R 组件技术取得了极大的发展,主要表现在:芯片集成度越来越高,从单一功能电路芯片发展到多功能电路单芯片化,甚至整个 T/R 组件的芯片化;各种组装与封装技术不断突破,如低温共烧陶瓷(LTCC)、高温共烧陶瓷(HTCC)、氮化铝(AlN)、聚酰亚胺薄膜等多层基板电路技术,异质异构电路互联及焊接技术;微系统集成技术,如三维多芯片组件(3D-MCM)、系统级封装(SIP)、硅通孔(TSV)、微机电系统(MEMS)、微同轴、集成无源器件(Integrated Passive Device,IPD)等,已广泛应用于高密度 T/R 组件的设计之中;T/R 组件功能多样性,除了收发功能之外,现在的 T/R 组件还可以实现变极化、杂波抑制、监测校正、数字化等功能。

### 5.5.1 基本组成

尽管根据应用系统需求的不同,不同系统的 T/R 组件的构成及功能可能有一些差异,但其基本组成大致相似。一个基于 MMIC 多功能核心芯片技术和微系统集成技术构建的微型 T/R 组件的基本组成框图如图 5-23 所示,主要由多功能芯片、收发开关、限幅器、低噪声放大器(LNA)、高功率放大器(HPA)以及电源与控制电路等组成。其中多功能芯片包含了数控移相器、数控衰减器、放大器和控制开关等多种功能电路。

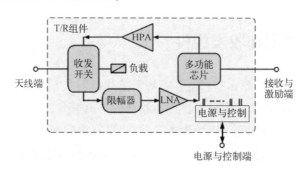

图 5-23 基于多功能芯片的 T/R 组件基本组成框图

对于多功能有源阵列天线系统,在实际应用和工程上对 T/R 组件的功能、性能和环境适应性要求比较高,其电路构成比较复杂。为了获得更好的性能和比较高的稳定性与可靠性,T/R 组件在其基本构成电路中,往往还增加一些其他辅助电路,例如功率驱动放大电路、功放级间隔离、幅相均衡电路、温度补偿电路、变极化电路、杂波抑制电路等。为了提高可靠性,还可能增加高功率限幅电路、电源转换电路以及监测保护电路等,可以实现过温过流保护、过脉宽保护、电源信号异常保护、上电自复位及数据奇偶校验等保护电路。

对于微型 T/R 组件而言,为了实现组件的微型化和轻量化,组件的组成和功能应适当简化,避免因 T/R 功能和构成的复杂化,使得 T/R 组件电路设计与系统集成难度太大,导致微型 T/R 组件的可靠性与工作稳定性变差。

## 5.5.2 基本原理

T/R 组件基本功能是实现射频信号的发射、接收和收发信号幅相控制等。其基本原理是,在发射模式,根据波控系统的控制指令,给发射链路相关器件(开关、移相器、延迟线、驱放、高功率放大)按照一定时序上电,并接通发射链路。射频激励信号送入组件发射通道,经过移相、预放、时延和高功率放大器放大,按照预设的相位和幅度,由收发开关(或环行器)馈送给天线单元;在接收模式,根据波控系统的控制指令,给接收链路相关器件(开关、低噪放、移相器、延迟线、衰减器等)按照一定时序上电,并接通接收链路。从天线单元接收到的射频回波信号由收发开关(环行器),经限幅器、低噪声放大器和移相器、衰减器等电路之后,按照预设的幅度和相位加权送到接收机射频前端。

T/R 组件除了收发转换、射频信号放大和监测保护功能之外,还具有以下功能:

(1) 幅度和相位调节。有源阵列天线的波束扫描是通过 T/R 组件的移相器来实现的。阵列天线通过波控电路的控制与管理,各通道射频信号经过 T/R 组件的数字移相器和延迟线产生波束扫描所需的相位与时延分布,并在波束扫描面形成特定的相位锥削。通过阵面相位锥削的改变,可以实现天线波束指向的改变,即实现天线波束在三维空间的波束扫描。通过 T/R 组件幅度和相位加权与时延补偿,可以实现天线波束形状控制与副瓣电平控制,获得期望的天线辐射特性。在天线发射与接收模式下,通过 T/R 组件相位波控码的切换,可以实现天线收发波束的任意波位切换。

(2) 变极化控制。当有源阵列天线采用两个正交极化天线单元,实现天线的多极化功能时,相应地,T/R 组件需要具备多极化通道馈电与极化变换功能。这种多极化馈电与极化切换通常是通过 T/R 组件内部双收发通道和多模式切换开关来实现的。

(3) 监测与校正。二维有源阵列天线系统一般包含大量的 T/R 组件。对 T/R 组件的特性进行监测和校正是雷达系统可靠工作的重要条件。

T/R 组件的监测包括两方面内容:一是对 T/R 组件工作状况的监测,包括 T/R 组件收发链路中相应模块的电流、电压、温度等的监测,并采取措施对 T/R 组件进行过流、过压、过温等的保护;二是对 T/R 组件收发通道的射频幅相特性进行监测,这种监测往往与有源阵面的定标与校正系统合并,并通过阵面定标与校正系统实施监测与校正功能。阵列天线有源通道和 T/R 组件的监测与校正大多采用内校正方法,除了有源阵列本身收发通道之外,还需要通过各通道射频信号耦合机构、相应功分网络及校正接收与激励装置等构成一个监测与校正系统[88]。通过收发通道监测与校正子系统,可以实现有源通道和T/R组件接收与发射通道幅相特性的监测与故障诊断,进而通过高精度方向图建模和T/R组件的幅相调控功能,实现通道的故障诊断和幅相校正补偿,以及天线阵面波束性能评估。

### 5.5.3 基本参数

表征T/R组件性能的基本参数包括工作频带、相移精度、收发增益、发射输出功率、收发转换时间、收发隔离度、幅度与相位一致性、幅度与相位带内起伏、幅度和相位稳定度、噪声系数、非线性相位误差、相移寄生调幅、衰减寄生调相、带外杂散抑制度、组件功率效率、功率容量、端口电压驻波比等。在实际应用时,通常还关注一些其他基本参数,如发射波形顶降、发射脉冲上升/下降时间、相位噪声、接收1dB压缩点输出(输入)功率,以及外形、重量、环境条件、接口要求、可靠性、电磁兼容性要求等。根据应用系统要求不同,T/R组件的指标参数会有些差异,下面列举一些在实际应用中比较典型的性能参数:

(1) 相移精度。相移精度有时又称为相移误差,它是T/R组件数控移相器各态相移量实际值与标称值之间的差值。相移误差通常有最大相移误差和相对相移误差两种表示方法,其定义与延时放大组件时延误差类似。

(2) 收发转换时间。T/R组件的收发转换时间是在雷达系统一个工作脉冲周期内,从发射状态转换到接收状态或者从接收状态转换到发射状态所耗费的时间。对于T/R组件而言,由于收发转换往往需要驱动等其他电路参与,因此在T/R组件收发转换时间测试时,要将波控给出的收发转换触发信号作为基准信号,从基准信号的前沿到测试信号的前沿之间的时间才是T/R组件真正的转换时间。

(3) 收发隔离度。收发隔离度表征T/R组件发射通道与接收通道之间的射频信号隔离程度。它主要取决于T/R组件中收发开关、环行隔离器组件、收发通道或腔体的隔离度。

(4) 噪声系数。T/R组件的噪声系数NF定义为,在输入端源阻抗处于290K时,组件接收通道输入端信噪比$S_i/N_i$与输出端信噪比$S_0/N_0$的比值,即

$$NF = \frac{S_i/N_i}{S_0/N_0} \qquad (5-10)$$

噪声系数表示 T/R 组件内部噪声的大小,是 T/R 接收通道对其输出端总噪声功率贡献的量度,其物理意义是一个信号经过 T/R 组件后,其信噪比恶化的倍数。

噪声系数是一个无量纲的比值,通常用 dB 表示。噪声系数的定义不适用于对噪声而言的非线性网络。为使噪声系数具有单值性,通常规定网络输入端的源温度为 290K。

(5) 非线性相位误差。在理想情况下,T/R 组件收发通道的相位具有线性频响特性。而实际上,T/R 组件由于功放、低噪放等器件的影响,其收发通道的相位频率特性呈现非线性特性。T/R 组件非线性相位误差是频带内 T/R 组件收发通道插入相位测量值与这些测量值拟合的线性相位之间的差值的最大值,通常用峰峰值表示。

(6) 相移寄生调幅。在理想情况下,T/R 组件移相器在各个移相态切换时,只有信号相位的改变,而信号幅度不会发生变化。实际上,由于 T/R 组件移相器各态组成电路结构不同,导致各态相位变化的同时,其插入衰减也会相应变化。相移寄生调幅是 T/R 组件数字移相器不同移相态时,引起的信号幅度的变化量。

(7) 衰减寄生调相。与移相寄生调幅类似,衰减寄生调相是指 T/R 组件数字衰减器不同衰减态时,引起的信号相位的变化量。

(8) 组件功率效率。T/R 组件的功率效率用来表示组件将直流电源功率转换为 T/R 射频输出功率的转换效率。对于 T/R 组件而言,常用的功率效率有三种表示方法。

**T/R 功放的漏极效率**(或集电极效率)$\eta_{DC-RF}$ 又称为 DC-RF 效率,定义为功放的射频输出功率 $P_{RFOUT}$ 与电源消耗的直流功率(或馈给功放漏极直流功率)$P_{DC}$ 之比,即

$$\eta_{DC-RF} = \frac{P_{RFOUT}}{P_{DC}} \tag{5-11}$$

**功率附加效率**(Power-Added Efficiency,PAE)是 T/R 组件最常用的功率效率,定义为 T/R 射频输出平均功率 $P_{RFOUT}$ 与输入平均功率 $P_{RFIN}$ 之差与电源消耗的直流功率 $P_{DC}$ 之比,即

$$PAE = \frac{P_{RFOUT} - P_{RFIN}}{P_{DC}} \tag{5-12}$$

**组件总效率**定义为 T/R 射频输出平均功率 $P_{RFOUT}$ 与组件总的供给功率(射频输入平均功率 $P_{RFIN}$ 和电源消耗的总直流功率 $P_{DC\_ALL}$)之比,即

$$\eta_{\text{total}} = \frac{P_{\text{RFOUT}}}{P_{\text{RFIN}} + P_{\text{DC\_ALL}}} \tag{5-13}$$

组件的总效率反映了 T/R 组件为了获得期望的射频输出功率需要耗费的总能量。那些没有转换为射频功率的能量都变成热能。在式(5-13)中，T/R 组件电源消耗的总直流功率 $P_{\text{DC\_ALL}}$，包括了发射和接收通道所耗散的直流功率的总和，因此对于脉冲工作的 T/R 组件，在计算组件电源消耗的总直流功率时，应将占空比权值计入发射和接收通道的电源耗散功率中。

### 5.5.4 组件集成架构

传统的 T/R 组件大多采用单一功能芯片和分立元器件，通过表贴组装和混合封装工艺，形成砖块式结构 T/R 组件。这种砖块式 T/R 组件集成度低、体积大、重量重，而且由于内部互连转接较多，组件总功耗大、效率低，因此传统砖块式 T/R 组件很难满足高性能和高分辨率微波成像雷达系统需求。为了获得较小的尺寸和重量，这一类组件通常采用多通道集成的方式，共用盒体、接头和内部集成功分器和定向耦合器等[89-91]。

微型化 T/R 组件基于 MMIC 多功能核心芯片技术和微系统集成技术，采用片式集成架构[92]，实现 T/R 组件的高密度集成。微型化 T/R 组件中几乎所有电路均为芯片化电路，射频收发电路已经功能化为 2~3 个芯片，甚至 1 个芯片。电源和控制电路也采用芯片实现。因此，微型化 T/R 组件具有集成度高、轻量化、高效率和小型化或微型化特点。随着微波频率的提高，阵列天线单元间距变小，有源通道密度变大，传统 T/R 组件很难与阵面单元尺寸匹配，因此微型化 T/R 组件在高频有源阵列天线系统应用中具有更大的优势。

微型化 T/R 组件主要由发射链路、接收链路、收发转换和公共链路等子电路组成，根据具体应用，微型化 T/R 组件的具体电路构成或多或少有些差异。一种典型的基于多功能芯片的微型化 T/R 组件电路组成如图 5-24 所示。

图 5-24 所示的微型 T/R 组件采用了多个射频砷化镓（GaAs）MMIC 芯片和一个电源与控制电路芯片。射频 MMIC 芯片分别为多功能芯片、功放芯片和低噪放芯片等。多功能芯片将数控移相器、数控衰减器、驱动放大、延迟线、开关等多种功能电路集成为一个芯片，将 T/R 组件的收发公共电路用一个核心芯片实现，极大提高了组件的集成度，简化了组件电路结构和布线。这种芯片架构的好处是集成度高，同时功放芯片和低噪放芯片可以采用不同的 GaAs 工艺，每个芯片电路可以获得最高的效率。而且，针对某些更高功率应用，这种芯片结

构可以方便地用氮化钾(GaN)功放芯片替换 GaAs 功放芯片,而不失组件布局的灵活性。

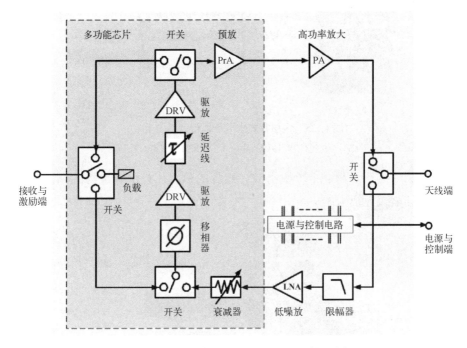

图 5-24　基于多功能芯片的微型 T/R 组件组成框图

综合 T/R 组件集成技术现状,微型化 T/R 组件主要采用片式集成架构,有多层集成和单层集成两种形式。T/R 组件的封装规模也有单通道封装、双通道封装和多通道封装等多种形式。

如图 5-25 所示为一种微型化 T/R 组件的多层片式组装架构,图 5-25(a)是基本集成架构,主要包括基板电路、围框和盖板等结构体。

这种多层架构微型化 T/R 组件的功能电路或芯片贴装在 2 个或多个基板上,如图 5-25(b)所示是微型 T/R 组件两层集成结构示意图。T/R 功能电路或芯片通过倒装焊或金丝压接方式与基板电路连接,基板电路通过围框和壳体与外部接口互连。通过围框的隔腔设计实现组件内部通道间的射频隔离。

多层架构集成突出的优点是射频与低频电路、大功率电路和小功率电路可以分层布局,减少相互之间的电磁干扰,具有较好的电磁兼容性;内部空间较充裕,可以布置更多附加电路,如滤波器、耦合器,甚至中频和数字电路等。另一个优点是电路相对分散,热密度较低,热设计难度小。缺点是集成度相对较低、体积重量较大、内部信号互连复杂。

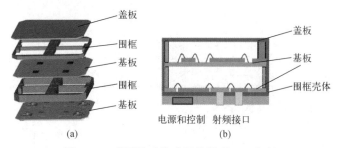

图 5-25　多层片式集成架构微型 T/R 组件

（a）T/R 组件基本集成架构；（b）T/R 组件结构示意图。

如图 5-26 所示为一个微型化 T/R 组件的单层片式组装架构，主要包括基板、围框和盖板等结构体。

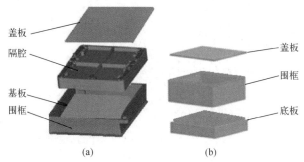

图 5-26　单层片式集成架构微型 T/R 组件

（a）隔腔式架构；（b）单腔式架构。

这种单层架构微型化 T/R 组件的功能电路或芯片贴装在一个基板的一面或两个面上，其中：图 5-26（a）为单层四通道 T/R 集成架构；图 5-26（b）为单层单通道 T/R 集成架构。与多层集成架构类似，单层集成 T/R 的功能电路或芯片也是通过倒装焊或金丝压接方式与基板电路连接，基板电路直接或通过围框与外部接口互连。单层集成架构也可以采用围框的隔腔设计，实现组件内部通道间的射频隔离。

单层集成架构的一种更简约形式是一体化单层集成，如图 5-27 所示为一个采用硅基材料封装的四通道微型化 T/R 组件示意图。

单层架构集成的优点是所有电路和芯片贴装在单个基板的一面或两个面上，因此，集成度高、体积小、重量轻；缺点是热密度大、布局布线复杂、电磁兼容性设计和热设计难度较大。

图 5-27 硅基一体化微型 T/R 组件示意图

片式集成的 T/R 组件,基板的选择和电路设计是关键。微型 T/R 组件采用的基板材料主要有低温共烧陶瓷(LTCC)、氮化铝(AlN)、高温共烧陶瓷(HTCC)、硅基板、聚酰亚胺薄膜、液晶基板、微波基板等。不同的基板材料具有不同的机械、热和电磁特性,应根据 T/R 组件性能要求、应用环境、电路元件与芯片组装工艺、芯片与基板的热匹配性、热设计措施和信号互连方式等因素综合考虑。

微型化 T/R 组件的围框、壳体和盖板材料主要有可伐、铝合金、高硅铝、碳化硅、钛合金,以及 LTCC 和 HTCC 等。围框材料的选择也应根据 T/R 组件性能、应用环境、制造与封装工艺、热设计措施等因素综合考虑。

微型化 T/R 组件常用的互联方式有:芯片或元器件与基板之间信号互连通常采用引线键合、倒装芯片(flip chip)、硅通孔(TSV)、微同轴、基于球栅阵(BGA)的贴装;基板内部或基板与外部接口之间的信号连接通常采用引线键合、金属化通过孔、硅通孔(TSV)、微同轴等。

微型化 T/R 组件常用的微系统集成主要技术有系统级封装(SIP)、片上系统(SOC)、晶圆级封装(Wafer Level Packaging, WLP)、多芯片组件(MCM)、集成无源器件(IPD)等。

### 5.5.5 电路分析与设计

如图 5-24 所示为微型化 T/R 组件的典型构成原理图,基于这种架构分析介绍微型化 T/R 组件的电路设计,通过组件链路分析和电路仿真,优化链路结构和电路布局及布版设计,以获得稳定的电路结构和频带内最优的收发性能。

电路设计包括电路布局设计和链路分析与仿真设计。在实际应用过程中,布局设计、链路分析与仿真设计是相互迭代的过程。在电路布局设计中,通常应结合电磁兼容性设计,尽量避免链路中过多不连续点的出现和较强的互耦,同时还应进行腔体的电磁仿真以避免腔体谐振频率落在工作频带范围内。

(1) 链路分析与电磁仿真。基于图 5-24 多功能芯片架构,输出功率约 3W 的一个微型化 T/R 组件收发链路信号分析模型如图 5-28 所示。

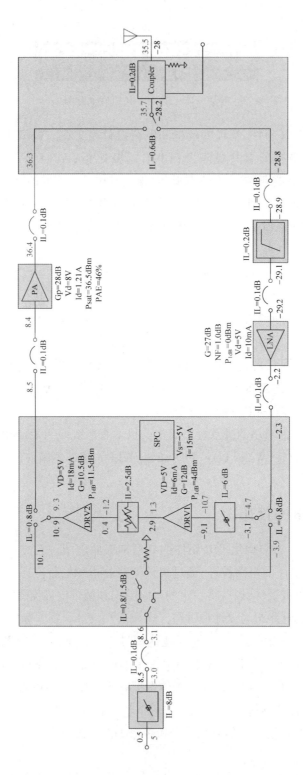

图 5-28 一个微型化 T/R 组件收发链路信号分析模型

针对图5-28收发链路模型,可以利用电磁仿真设计进行有源电路和场的仿真与优化。通常采用三维电磁仿真软件对组件基板的多层传输电路,包括垂直互连、接口引线搭接、匹配过渡等进行仿真和参数提取,采用二维有源电路仿真软件对组件接收和发射链路分别进行仿真和分析。

收发链路分析是利用各元件基本参数提取并建立等效串联模型,对链路收发信号进行近似计算和评估,其优点是简单、直观、快速,缺点是不能考虑不连续处电磁场的影响。相对而言,电磁场仿真的优点是可以从电磁场的角度分析基板电路及连接电路对组件性能指标的影响,除了收发链路信号参数之外,还能获得电路端口电压驻波比,以及内部各节点的信号特性,同时可以直接生成电路版图;缺点是虽然对于小信号有源链路有较高的仿真精度,但对于大信号电路,由于难以获得准确的电路参数,因此其仿真结果的准确性较低。但是,通过三维场和二维电路的协同仿真可以获得更多的电路信息。

针对图5-28的T/R组件电路结构,收发电路模型如图5-29所示。

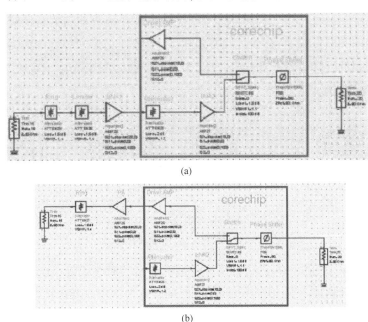

图5-29 微型化T/R组件收发电路仿真分析模型
(a) 接收电路;(b) 发射电路。

通过链路分析与仿真,可以得到各级功放的激励信号电平和总的输出功率,以及接收链路增益、噪声系数、端口电压驻波比等性能参数。

(2) 电路稳定性设计。由于微型T/R组件的高密度集成化,其电路布局密集,而且常常包括模拟电路/数字电路、大功率信号/小功率信号等多种电路形式,如果没有好的电路布局设计,很容易引起这些电路之间的相互干扰,从而影响组件的稳定性,甚至导致组件性能恶化或损坏。

为了提高组件工作的稳定性,合适的收发链路增益设计、收发链路隔离设计、腔体分隔设计和时序设计是非常重要的。

收发链路增益(包括小信号增益)不宜太高,如果链路增益很高时,应该在多级之间增加隔离电路。为了获得平坦的功率输出,常常采用大的增益压缩,这样容易导致链路增益过高,而出现电路振荡。为了使组件更稳定地工作,发射链路的增益压缩不能太大。

为了使组件更稳定地工作,除了尽可能提高组件收发通道隔离度之外,还应该通过时序管理,实现收发通道的隔离。前者是电路在空间上的隔离,后者是时间上的隔离。在大多数雷达系统中,收发通道常常是分时工作的,其收发通道的放大器通过脉冲调制管理实现分时工作。为了提高整个脉冲周期内的收发隔离度,具体措施是通过时序设计,保证组件在接收期间关断发射通道,而在发射期间关断接收通道。收发的控制时序不能有交叉,即发射控制的上升沿与接收控制的下降沿不能有交叉,且要求发射导通时间 $T_t$ 应小于接收截止时间 $T_r$,如图 5-30 所示。

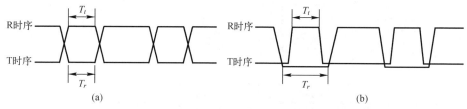

图 5-30 微型化 T/R 组件收发时序控制
(a) 错误的时序设计;(b) 正确的时序设计。

如果采用了图 5-30(a)这种收发控制有交叉的时序设计,就会导致组件在收发转换瞬间隔离不够,从而使 T/R 组件难以正常工作或者存在不稳定隐患。

(3) 波控与时序设计。为了高密度集成和微型化与轻量化,微型化 T/R 组件的波控电路大多采用波控芯片实现时序和电源管理。T/R 组件内波控芯片的主要功能是,接收上级波控送来的串行数据,判断正确后转换为并行数据,并送给对应的移相器、衰减器或开关;接收上级波控送来的收发控制时序,判断正确后经电平转换,送给对应的通道开关器件;输出时序正常/故障指示信号。

一个微型化 T/R 组件内部集成的波控芯片电路原理框图如图 5-31 所示。

# 第 5 章 有源阵列模块集成

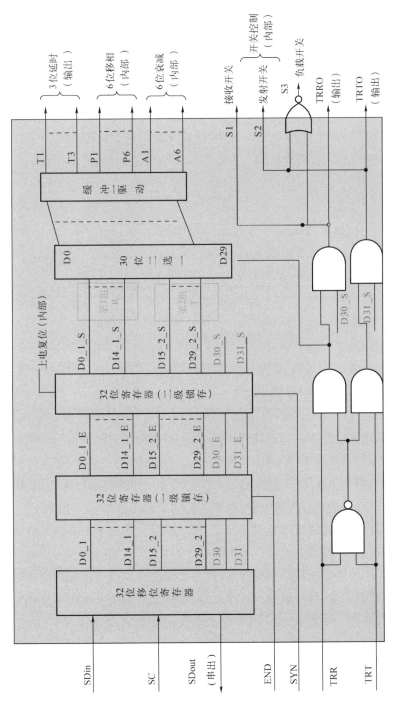

图5-31 微型化TR组件波控芯片电路原理图

197

在图 5-31 中,波控芯片的串转并控制电路,将外部的 30 位串行控制信号转换为并行信号,以控制 T/R 组件内部数字移相器、衰减器、开关等电路,完成幅相加权、模式转换等功能。

在一般情况下,一个微型化 T/R 组件内部波控芯片通常有 6 个输入控制信号,它们是串行时钟 SC、串行数据 SDin、一级锁存 END、二级锁存 SYN、发射时序 T/RT 和接收时序 T/RR。作为例子,一个完整的写入周期包含 26 个数据位,相应的控制时序如图 5-32 所示。其中,时钟 SC 上升沿移位数据,END 上升沿锁存数据,SYN 上升沿刷新数据。

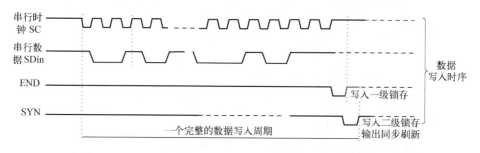

图 5-32　微型化 T/R 组件波控时序图

## 5.6　环境适应性技术

对星载微波成像雷达有源阵列天线来说,一方面与卫星平台有明确的接口关系,一般由接口数据单(Interface Data Sheet,IDS)确定,包括设备尺寸和安装尺寸、质心、转动惯量、功耗、数据传输率,以及其他机械接口、热接口、电接口等;另一方面必须能适应火箭发射,在轨运行的工作环境[93]。

有源阵列天线系统常常采用有源集成模块架构,是由多个有源集成模块扩充而成,有源集成模块包含了一定数量的 T/R 组件、延时放大组件和天线辐射单元等。为了轻量化和小型化需求,这些有源集成模块大都采用高密度集成技术,将有源与无源电路、射频与数字电路、大信号与小信号电路等多种电路和模块高密度集成一个模块中。由于有源集成模块具有电路构成复杂、集成度高、功率密度和热耗散密度大的特点,因此,良好的空间环境适应性,尤其是电磁兼容设计和热设计,不但可以有效防止有源阵列天线的性能劣化甚至损坏,还是有源阵列天线获得高稳定性和高可靠性工作的重要保证。

## 5.6.1 空间环境要求

空间环境除了电磁兼容设计和热设计要求外,还主要包括:

(1)力学。有源相控阵天线要求适应卫星发射阶段产生的振动、冲击、过载、噪声等,为此天线结构设计要有足够强度、刚度,要进行模态分析,防止产生共振,造成有源相控阵天线的损坏。为了承受发射阶段力学环境条件,相控阵天线展开机构需要锁紧,卫星入轨后再解锁。

(2)失重。卫星在轨运行处于失重状态,而有源相控阵天线地面调试时处于有重力作用状态。尽管采用气浮平台支持,来模拟有源相控阵天线的失重状态,但天线的平面精度等性能在有重力与无重力状态还是不同的。这些需要在设计中或地面调试中采取适当措施,以确保在轨运行有源相控阵天线性能在失重状态下能满足规定要求。

(3)真空。对于有源阵列天线来说,由于大量地使用 T/R 组件和延迟线,为了克服 T/R 组件和延迟线的腔体效应或者电磁干扰现象,有时会使用一些微波吸收材料,T/R 组件、延迟线在生产制造过程也会使用一些复合材料胶,这些材料在真空状态下会出现出气、蒸发现象,这将对 T/R 组件和延迟线中使用的芯片产生污染、影响它们寿命。此外,真空放电还可能造成某些电路部件的损伤,二次电子倍增效应也可能造成微波芯片的损伤。在有源阵列天线设计及制造中必须关注此类问题,才能确保适应真空状态要求。

(4)空间辐射。高能电子、质子和重离子对有源阵列天线的表面和电子元器件都会造成损伤,单粒子翻转和锁定都会使 CMOS 电路出现故障。在有源阵列天线设计和制造中,应采取适当措施,使之适应空间辐射环境要求。

有源阵列天线一般是卫星的"耗能大户",天线中包括大量 T/R 组件,T/R 组件中末级放大器的效率是相控阵天线射频功率转换效率的关键,GaAs 单片放大器,效率在 40% 左右,GaN 单片放大器转化效率达到 60%~70%。对于有源阵列天线,未变成射频功率的能量将全部变成为热量,增加热控负担。

卫星由于其设备在轨运行中的不可维修性,对有源阵列天线的高可靠和长寿命提出了更高要求。

## 5.6.2 电磁兼容设计技术

电磁兼容设计的目的是保证有源集成模块内部电路相互协调工作,使模块能够稳定和可靠地工作。

天线有源集成模块是一个集成度很高的多功能微波模块,包含了收发 T/R 组件、电源与控制电路、射频传输电路、监测与保护电路和接口驱动电路等多种有源和无源电路。由于有源集成模块采用分散式布局,其收发链路增益高,射频链路极其灵敏和敏感,不但容易受到内部互扰、耦合的影响,而且容易出现振荡、性能劣化、电路不稳定、器件寿命短等问题。因此,电磁兼容性设计是有源集成模块研究重点之一。

天线有源集成模块电磁兼容性设计的主要内容是限制干扰源的电磁发射、控制电磁干扰的传播以及增强敏感设备的抗干扰能力等。

针对天线有源集成模块的电路构成、功能和性能特点,其电磁兼容性设计的主要措施和方法包括:

(1) 合理架构布局和电路设计。对有源集成模块内部电路布局布线、元器件配置及其相对位置进行合理布局。基本原则是让感受器和干扰源尽可能远离,输出与输入端口合理分隔,高电平信号及脉冲信号引线与低电平信号线分立排布。尽可能选用自身发射小、抗干扰能力强的电子线路(包括集成电路)作为电子设备的单元电路。对于一般小信号放大器,应尽可能增大放大器的线性动态范围,以提高电路的过载能力,减小非线性失真。采用对称电路结构或滤波电路,可有效抑制功率放大器产生的谐波信号电平。为了减小放大器因非线性失真而产生的谐波发射,可采用反馈和非线性补偿方法改善放大器的线性。

(2) 腔体优化设计。通过腔体的三维电磁场仿真,优化腔体结构,调整谐振频点,采取加入隔栅的分腔设计或填充部分吸波材料等措施,避免或消除腔体谐振、组件内部射频信号的空间耦合和板间信号串扰,保证组件的稳定性。

(3) 优化时序、滤波和隔离设计。对收发通道脉冲调制时序合理设计,避免收发时序交叉,在发射期间完全关断接收通道,提高收发隔离度,避免收发电路互相干扰。滤波是利用抑制电路将组件中有用信号频谱之外的不希望的信号能量加以抑制,以便从有噪声或干扰的信号中,提取有用信号分量的一种技术,是抑制和防止传导干扰的一项重要措施。有源集成模块的主要滤波方法是:采用各种滤波电路抑制发射链路杂散信号的传输和发射,抑制外部干扰信号对接收链路敏感电路的影响;采用去耦电容旁路方法对电源和控制线路进行滤波,滤除电源线路因共阻抗而产生干扰信号,防止寄生反馈而引起的级间耦合,减少信号逻辑对电源的过冲影响,滤除局部电源信号与控制信号之间的耦合;对于采用多层微波基板或者 LTCC 基板电路,常采用多层板分层、金属化过孔、级间滤波等措施,实现射频、数字和电源线路与信号的隔离、信号间屏蔽和独立接地设计,可有效抑制各种信号之间的串扰。

(4) 接地与屏蔽设计。天线有源集成模块的接地是抑制电流流经公共地线,产生的耦合干扰及地电流环路所形成的耦合干扰,是抑制噪声和防止干扰的重要措施之一。良好的接地应尽量避免形成不必要的地回路。对于具有高低频混合电路的有源模块,通常应采用混合接地法;高低频电路、电源与控制电路、大功率与小功率电路等应单独接地;出现地线环路时,采用浮地隔离;有交叉的低电平电路接地线应垂直走线;采用平衡差分电路,尽量减少接地电位的串扰。

屏蔽设计是对干扰源的电磁信号进行包封或隔离,以抑制或减少干扰源信号的空间耦合、外向辐射和电路之间的相互干扰等。电磁屏蔽通常包括电屏蔽、磁屏蔽和电磁屏蔽三种。对于有源模块常采用导电橡胶衬垫、金属膜片等材料进行孔缝的屏蔽;模块盖板尽可能采用焊接密封屏蔽。用同轴电缆传输信号时,应通过屏蔽层提供信号回路;基板多层电路中,不同电路之间通过金属化地分层屏蔽;多层电路之间通过金属化过孔进行电路隔离;采用分腔设计或隔腔设计,以减小或抑制腔体内部的空间耦合。

### 5.6.3 热设计技术

热设计的目的是通过采用合适的热管理措施来保证器件或系统稳定和可靠的工作。对于采用大量射频元器件、控制芯片和射频芯片的有源微波模块,由于其集成度高,功率密度大,因此热设计的好坏对于有源微波模块的可靠工作有很大影响。不良的热设计往往会造成有耗微波模块严重热损坏,主要表现在性能恶化甚至烧毁。有源集成模块由于热感应导致的故障主要包括功能故障和物理故障两大类。对有源阵列模块来说,热感应的功能故障主要表现在其性能降低甚至完全失效,如收发增益、噪声系数、输出功率、非线性相位等;热感应的物理故障主要表现在组件中各种芯片、微波基板电路和各种组装材料而导致的严重物理损坏,如有机物的蒸发、焊点熔化、引线/接头和焊缝出现热应力断裂、密封剂和芯片因疲劳出现断裂、因蠕变出现的变形。

在天线有源集成模块耗散的热流密度和允许的温升已经明确的条件下,就需要研究散热方式和热传导路径,研究散热方法和热传递方法。一般地,对于元件表面温度与环境温度之间温差允许在60℃以下时,依赖于自由对流和辐射的"自然"空气冷却方法,只对低于 $0.05W/cm^2$ 的热通量有效。虽然强制对流空气冷却对导热系数有近似一个数量级的提升,但是即使是在允许温差达到100℃的情况下,热匹配不会具有超过 $1W/cm^2$ 的热移能力。

天线有源集成模块热设计的研究内容包括:

(1) 热耗分析。根据天线有源集成模块的构成,确定主要功耗元器件或电路,根据相应元器件工作模式和供电条件,计算各功耗元器件的功耗和热耗。对于有源集成模块,其功耗元器件主要有高功率芯片、低噪声放大器(LNA)芯片、多功能芯片、电源模块、环行器等。

(2) 热传导设计。根据有源集成模块内部功耗器件的热分布,选择合适的散热方法。常见的散热方式有传导散热(包括自然传导和强制传导,如液冷)、对流散热(包括自然对流和强制对流,如强制风冷)、辐射散热和相变散热(利用相变材料)等。

对于天线有源集成模块,末级高功率放大器芯片是其主要的热耗来源。有源集成模块的散热方式选择应结合其内部热耗分布、热耗密度、组件组装集成结构、环境条件以及外部应用系统热设计条件进行综合考虑,通过简便易行的散热措施达到组件良好的热设计和高可靠性工作是热设计的基本要求。

如果有源集成模块功率芯片热耗不是特别大,采用直接传导方式散热是一个经济有效的方法。为了实现功率芯片高效率散热和良好的热应力性能,在功率芯片与组件壳体之间可能需要加入具有高导热率和良好热膨胀匹配性能地热沉材料,并通过焊接方式进行组装,实现功率芯片良好的热匹配设计。

(3) 热模型和热仿真。采用热仿真分析软件进行仿真计算是有源集成模块热设计实用且有效的方法。在完成有源集成模块电路热耗分布设计及热耗分析之后,根据选定的热传导方式,结合组件具体电路组成、组装与集成工艺、腔体结构等设计条件,以及模块内外部热环境条件,建立有源集成模块的三维热仿真模型。根据建立的热仿真模型和模块材料及外部热环境条件的定义,在完成功耗条件及模型网格剖分参数设置之后,可以对模块进行完整的三维热仿真分析,并得到模块各层级的温度分布云图。利用仿真得到的温度分布云图,评估模块各热耗元件,特别是大功率功放芯片的表层温度分布和温升数据,然后依据热耗元件或者大功率功放芯片允许的最大工作结温、工作温度和可靠性指标要求,评估有源集成模块热设计措施的可行性。

热仿真设计中,热仿真模型的准确性非常关键,往往由于实际电路和工艺复杂性,以及仿真模型相对理想化,导致仿真结果有较大偏差。另外仿真模型的网格剖分也非常重要,不同的网络剖分方法对计算效率和仿真精度有很大影响。应针对模块不同的结构模型格式、仿真模型规模与复杂度、仿真计算的精度要求,合理选择网格划分类型。一种微型四通道 T/R 组件热仿真结果的温度分布云图如图 5-33 所示。

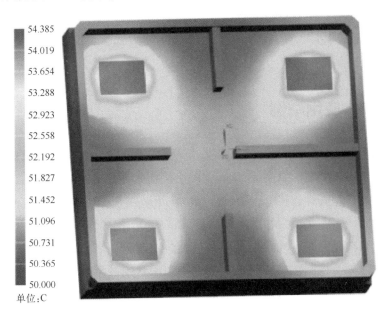

图 5-33　微型化四通道 T/R 组件热仿真温度分布云图

热仿真分析由于模型和仿真参数的误差,其仿真结果也会有一定的误差,因此在实际散热设计中应考虑一定的设计余量。

(4) 散热设计。根据有源集成模块电路系统热耗分布,采取合适的热控制措施并选择合理的散热方法。有源模块的热设计措施需要结合雷达系统工作模式和热管理措施、环境条件和成本等因素综合考虑。有源集成模块的散热方式通常有传导散热、对流散热、辐射散热和相变散热等。对于微型化有源模块如 T/R 组件,将高导热材料和高效率新型散热技术(热通孔、微流道)等与模块电路和结构融合设计是热管理技术的新途径。另外,根据天线系统可靠性设计要求,必要时采取降额设计,如电压电流降额、功率降额、工作结温降额和壳温降额等,减少模块散热量也是提高模块工作稳定性的有效措施之一。

以星载有源阵列天线为例,卫星的外热流和内部热流变化都会使相控阵天线所处的温度场发生变化,不同的辐射面散热能力不同[94],必须采取热控手段才能保证适应温度变化要求。在电性能和结构设计的同时进行热设计,使该部位到部件或星体散热面的热阻小,符合要求。其中有些部位从电的角度要求绝缘,但从热的角度要求良好导热,为此要采取专门的措施,如采用氧化铍材料。有些部位从电的角度不需要甚至不允许用良导体将热引出,也要采用专门的措施。例如,发射功率分配网络中的内导体(空气介质板线网络)的热导出问题,就应考虑采用内外导体表面发黑(以增加损耗为代价)、增加 λ/4 短路柱等措施。

## 5.7 应用举例

下面通过一种 64 单元片式有源集成天线样机[95]实例,介绍该瓦片模块的集成架构和典型性能。天线有源集成模块包括微型片式 T/R、多功能芯片、射频子板以及微型弹性连接等,具有集成度高、组装工艺操作性好、互连可靠性高等优点。天线有源集成模块由 64 个天线辐射单元、64 个微型片式 T/R 组件、9 个 1∶8 射频功分电路、1 个多功能电路(包含波控与电源电路)以及相应的结构支撑件和射频与控制接口等组成。天线采用层状组装架构,共 7 层物理结构,包括 4 层电路层和 3 层结构件。其中 4 层电路包括辐射阵面、片式 T/R 组件、射频功率合成电路、电源与控制电路。片式集成阵列天线模块原理如图 5-34 所示。

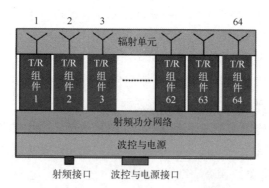

图 5-34 片式有源集成天线模块原理图

片式有源集成天线模块包括三个外部接口:射频接口、控制和电源接口。片式有源集成阵列天线模块集成架构如图 5-35 所示。

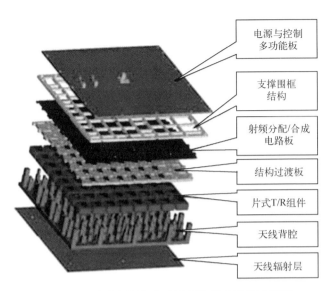

图 5-35　片式有源集成天线模块集成架构示意图

片式有源集成天线模块通过天线金属背腔、结构过度板和支撑围框将微型 T/R 组件与辐射单元、射频电路、控制与电源电路进行定位和组装，控制和射频信号分别通过弹性连接器、微型盲配连接器和弹性毛纽扣互连。微型同轴连接器和毛纽扣实现微型片式 T/R 组件与辐射单元和射频板间射频信号的垂直互连；采用高密度弹性连接器实现片式 T/R 组件与多功能板间控制/电源信号互连。64 单元片式集成天线模块样机如图 5-36 所示，测试结果如图 5-37 所示。

图 5-36　片式集成天线模块样机

64 单元片式有源集成天线样机测试结果为，在 10.5% 频带内，单元输出功率 2.0W（峰值），接收增益 30dB，噪声系数优于 2.7dB，波束扫描 ≥30°，天线厚度 46mm，模块样机外形 195mm×166mm。

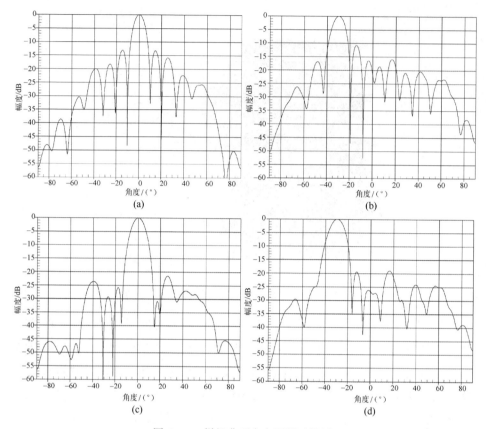

图 5-37 样机典型方向图测试结果

(a) 均匀加权法向方向图；(b) 均匀加权，-30°扫描方向图；
(c) -25dB 泰勒加权，法向方向图；(d) -25dB 泰勒加权，-30°扫描方向图。

# 第6章
# 共口径阵列天线

## 6.1 概述

微波成像雷达要求天线具有足够的功率和增益,以期达到高分辨高质量成像。对于卫星平台而言,微波成像雷达天线必须满足体积、重量和功耗等的限制。在单波段、单极化情况下,平台能力和微波成像雷达载荷之间的矛盾并不明显。随着电子信息技术的发展,利用对目标不同波段、不同极化电磁波散射特性的差别,实现多波段、多极化雷达图像融合,获得目标更加完整的信息,提升目标探测和分类识别能力,越来越多的微波成像雷达使用多波段、多极化等新技术。在多波段、多极化情况下,分立组件集成的有源阵列天线的体积和重量都急剧增加。

多波段、多极化共口径天线可有效提高天线效率、降低微波成像系统的体积和重量,以便提升雷达对卫星平台的适装性,降低平台研制和发射成本。在多波段、多极化共口径天线的结构中,由于不同天线单元之间嵌套、叠加造成了电磁场互扰、有害模式寄生辐射,引起天线工作频带内/外隔离度的变化。所以,需要在共口径天线架构设计、理论仿真分析等方面进行深入研究。例如,利用模式理论[95]和对称方法[96]提高极化之间、双频或多频之间的隔离度,降低交叉极化分量,提升共口径天线辐射效率等。

### 6.1.1 双极化天线构型

双极化天线通常有两种实现方式。一种是完全独立口径的两副天线简单地结构拼装;另一种是双极化天线嵌套共用一个物理口径。共用一个天线物理口径通常有双极化馈源反射面天线和双极化共口径阵列天线等,这里讨论分析阵列天线。

共口径有源阵列天线,根据极化选择工作方式不同有两种形式:一种是辐射天线两种极化采用共口径设计,而有源 T/R 通道共用,每个 T/R 组件端接双极化天线,极化选择通过开关切换实现,这种架构事实上仅仅是天线阵面双极化,其后端与单极化天线相同,如图 6-1(a)所示;另一种是天线阵面仍然是双极化共口径,双极化天线单元每个极化端口都端接一个 T/R 组件通道,在射频上双极化各自拥有完全独立的信号链路,而在电源、控制、热控和结构框架等实现共用,如图 6-1(b)所示。前一种架构的优点是有源通道数少、重量轻,但是

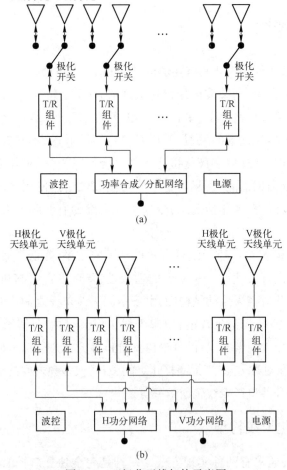

图 6-1　双极化天线架构示意图

(a) H/V 极化天线单元共用 T/R 组件;(b) H/V 极化天线单元独立 T/R 组件。

在射频上双极化不能实现天线全阵面同时工作,一般都是分时工作,极化之间切换是由射频开关完成的,双极化开关的插入损耗将降低整个天线辐射效率;后一种架构则回避了前一种的弱点,但是组件通道数量翻倍,增加了天线系统的复杂性、重量和成本。两种架构的选择取决于雷达系统需求、平台的适装性和成本要求等。

能够实现双极化共口径的天线单元种类较多,如印刷振子、维瓦尔第(Vivaldi)、开口波导、喇叭、微带贴片和波导缝隙等天线。基于天线剖面方面考虑,印刷振子、维瓦尔第和喇叭等天线单元剖面高,不利于低剖面集成,如图6-2(a)、图6-2(b)所示。因此,在大多数应用中,主要选择波导缝隙天线和微带贴片天线[80],如图6-2(c)、图6-2(d)所示。

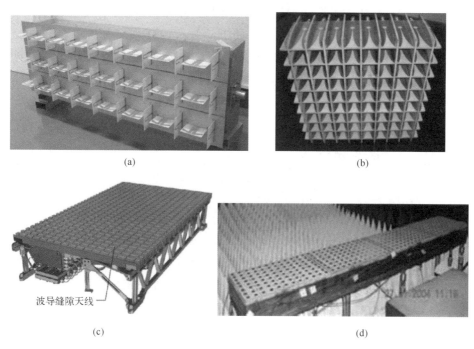

图6-2 双极化共口径天线

(a)印刷振子;(b)维瓦尔第;(c)波导缝隙;(d)微带贴片。

## 6.1.2 多波段双极化共口径构型

与双极化类似,多波段双极化天线可以采用各自独立天线阵面,在物理结构上拼装,但是这种架构天线面积大,受限于卫星发射包络,适应范围有限。显然、多波段、双极化馈源反射面天线是一个较好的选择，但是这种架构的天线波束形状固定，波束扫描需要机电伺服系统、多波段高功率多路旋转关节、集中式发射机等，存在着多个单点故障，失效风险大。另外，反射面天线收拢状态包络较大，收拢折叠型反射面结构复杂、技术难度大，通常仅有单波段、单极化反射面天线在微波成像领域获得应用。

多波段双极化有源相控阵天线，根据每个波段天线的极化分为三大类。第一类是每个波段单极化工作，如水平极化、垂直极化、左旋圆极化或者右旋圆极化，这种共口径天线实现相对容易；第二类是每个波段天线都是双极化工作，这类天线设计比较复杂；第三类则介于两者之间，一个波段是双极化，另一个波段是单极化等。每一个波段双极化天线的工作方式，又存在第6.1.1节所述的分时和同时工作两种情况。另外，根据雷达对天线阵列的扫描范围要求，存在单元级有源阵列和子阵级有源阵列之分。不管何种分类，共口径天线阵设计过程中都是最大可能地实现框架、展开机构、热控、电源和波束控制等共用，最大化地挖掘共口径天线架构的潜力，发挥在效率、体积和重量方面的优势。

## 6.2 基本原理

### 6.2.1 基本参数

与常规单波段、单极化有源阵列天线相比，多波段、多极化共口径天线除了带宽、增益、波束宽度、波束形状、副瓣、效率和端口电压驻波比等性能参数以外，需要重点研究交叉极化和不同通道之间隔离度等参数。

（1）隔离度。

隔离度参数来自于多端口网络，如功率分配/合成器、定向耦合器、电桥和环行器等，用于表征不同极化、不同频段通道之间的串扰程度，隔离度表示为

$$I = 10\lg\left(\frac{P_2}{P_1}\right) = 20\lg|S_{21}| \tag{6-1}$$

式中：$P_1$ 为主信号通道输入功率；$P_2$ 为进入另一通道的串扰信号输出功率。这一参数体现不同通道之间的信号串扰量，不同通道可以是不同的极化通道，也可以是不同频段通道。

(2) 交叉极化。

针对特定的电子信息系统都有一个明确的电磁场极化方式,例如水平极化、垂直极化、左旋圆极化或者右旋圆极化,通常定义为主极化,与之正交的极化称为交叉极化。相对应,与参考源场平行的场分量称为共极化场或者主极化场,与之正交的场分量则为交叉极化场。对于线极化而言,电磁波的主极化与交叉极化与坐标系相关,通常采用 A. C. Ludwig 提出的方法[23]。在基于运动平台合成孔径雷达应用中,沿飞行方向称为方位向,垂直于飞行方向指向观测目标的称为距离向;相对应地,辐射电场矢量与方位向平行的天线定义为水平极化天线,与之正交的则定义为垂直极化天线,如图 6-3 所示。表征天线交叉极化的度量通常为"交叉极化鉴别量",简称极化纯度或交叉极化,数值上是与主极化正交的电磁场分量与主极化分量之间的功率比,交叉极化分量表示为

$$\text{XPD} = 10\lg\left(\frac{P_X}{P_C}\right) = 20\lg\left(\frac{E_X}{E_C}\right)(\text{dB}) \tag{6-2}$$

式中:$P_X$ 为交叉极化功率;$P_C$ 为主极化功率;$E_X$ 为交叉极化电场分量;$E_C$ 为主极化电场分量。在实际应用中,由于安装或者在暗室测试架设误差,天线极化与探头极化失配,存在微小夹角 $\theta$,如图 3-9(b) 所示,这会带来天线阵交叉极化测量误差,该误差为

$$\text{XPD} = 20\lg(\tan\theta) \tag{6-3}$$

因此,通常根据交叉极化指标要求对天线测试架设提出精度要求。

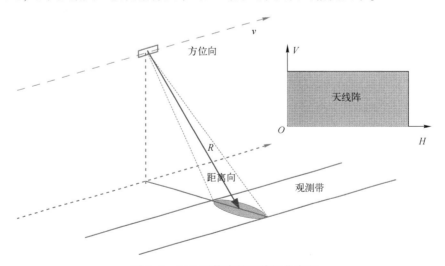

图 6-3 SAR 系统中的天线极化定义

## 6.2.2 双极化共口径

基于不同因素考虑,例如极化复用和极化分集、雷达中双极化/多极化的抗干扰和极化信息获取等,电子信息系统通常对天线提出了双极化的需求。双极化共口径天线的关键问题在于:解决通道中串扰耦合,提升隔离度,也就是说需要解决主极化和交叉极化两个端口间隔离度的问题;抑制两个正交主极化自身交极化分量,解决两个极化矢量串扰问题。如果采用完全独立的两个射频信号通道,由于各接收机大都选择金属盒体封装,通道隔离度可以获得优异性能,在这种情况下,主要解决天线单元两种极化输入/输出口之间的隔离度和空间辐射场交叉极化问题。

(1) 同构双极化天线。同构双极化天线就是同用一种类型辐射机理天线单元构成双极化天线,如方/圆形微带贴片天线、方/圆形喇叭、开口波导等。双极化共口径天线本质上就是在天线上激励两个正交内场,并辐射两个完全正交的电磁波。为了获得性能优异的端口隔离度和交叉极化性能,通常这两个极化模式都是选择主模工作,并确保其正交性。

以微带贴片天线为例,双极化方形微带贴片分别工作于 $TM_{01}$ 和 $TM_{10}$ 模式,如图 6-4(a)所示,$J_s^m$ 是等效磁流,$E_z$ 是四周磁壁上的切向电场。在 $C$ 点和 $D$ 点或者两者之间进行激励,可以获得主模 $TM_{01}$ 工作,辐射垂直极化波;在 $A$ 和 $B$ 点激励则可以获得 $TM_{10}$ 模式,辐射水平极化波。从图 6-4(a)中可以看出,两个主模式激励点互为电场零点,因此,理论上两个极化隔离度为无穷大,但是考虑到激励结构的扰动和激励结构并非无穷小,互相耦合仍然存在,因此,选择差分激励来消除端口耦合,即 $A$ 点和 $B$ 点同时反相激励,$C$ 点和 $D$ 点反相激励。如图 6-4(b)所示,当产生高次模式时,将难以保证两种极化之间的隔离度。另外,从图 6-4(b)中的磁流分布来看,高次模式辐射场基本上都是反相状态,在天线法向上,电磁场是相互对消,将影响天线增益和副瓣电平。

(2) 异构双极化天线。异构双极化天线就是由不同类型辐射机理天线单元构成的双极化天线,例如缝隙与偶极子嵌套双极化天线,如图 6-5 所示。

图 6-5(a)为缝隙与偶极子嵌套的共口径天线典型结构,缝隙为磁流 $J_s^m$ 辐射,而偶极子则是电流 $J$ 辐射,根据对偶原理[97],两者辐射场相互正交,获得双极化工作模式。在理想情况下,两种辐射结构相互不干扰,使各自的主模不会产生畸变。在实际应用时,需要解决双极化天线结构上的扰动,消除两种主模电磁场因结构带来的畸变响应。如图 6-5(b)所示为平行排列的双极化天线,

若将两种天线的几何中心位置错开一段距离,可以解决两种天线单元结构的电磁场模式畸变问题。

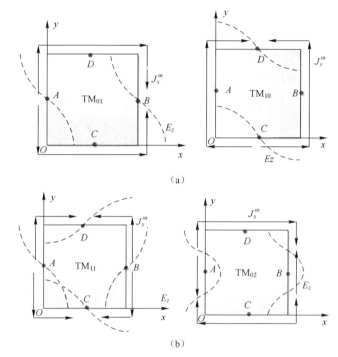

图 6-4 方形微带贴片双极化工作模式

(a) 主模;(b) 高阶模。

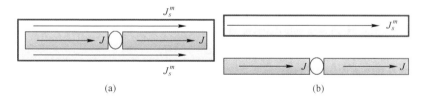

图 6-5 缝隙+偶极子共口径天线

(a) 嵌套排列双极化天线;(b) 平行排列双极化天线。

## 6.2.3 多波段、多极化共口径

与单波段、双极化共口径天线相类似,多波段、多极化共口径天线主要解决多副天线在交叠、嵌套和相间架构的实现方法,一方面要保证每一个波段每一极化天线的有效辐射和阻抗匹配,另一方面要消除或者减弱多波段多极化各通道相互之间的串扰,提升天线极化隔离度、波段隔离度和降低交叉极化,同时减弱寄生辐射对副瓣电平的影响。

在同波段双极化中,一般选择正交主模工作,确保内、外场正交;激励点互为零点,确保天线极化隔离度。在多波段共口径天线中,由于不可避免地出现电磁耦合和寄生辐射,影响交叉极化和隔离度性能。因此,通常采用对称性分布,抑制高波段天线在低波段辐射天线上的高次模式。在这种条件限制下,偶数倍频率比奇数倍频率情况下容易保证,天线形式选择更加多样化。当高低频率比为奇数或者不为整数时,将给设计带来很大困扰,这种情况仍然采用主模激励、对称分布的方式,适当使用反相馈电结构,消除高次模式影响。

图 6-6 为一个双波段、双极化共口径天线布局示例[98],高低频分别工作于 X 和 S 波段,频率比为 3∶1,由于 X 波段天线单元是微带天线辐射单元,S 波段是缝隙辐射单元,在波段上是属异构式辐射单元。在 X 波段上,两种极化都是微带天线单元,而 S 波段两种极化都是缝隙天线单元,因此在极化上,他们都是属于同构式辐射单元。

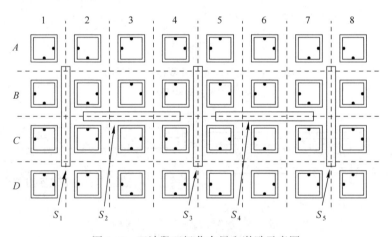

图 6-6 双波段双极化布局和激励示意图

结合图 6-6 中所示的天线阵列布局示意图可知,高低频天线都采用主模工作,为了抑制 X 频段耦合到 S 频段电磁能量,X 波段天线依据 S 频段天线按镜像对称方式布局,如图 6-6 中的 $S_1$ 单元,其周边的第 1 和 2 列按 $S_1$ 镜像对称,$S_2$ 单元上下 B 和 C 行是 X 波段关于 $S_2$ 镜像对称,$S_3$、$S_4$ 和 $S_5$ 也是按同样的原理进行布局。

## 6.3 天线单元

微波成像雷达系统通常要求有源阵列天线在一维具备较大角度扫描,而另一维仅仅几度扫描需求,鉴于重量、体积和成本的限制,有源阵列天线一般采用子阵架构,在方位向上一个收发模块端接多个天线单元组成的子阵。对于星载平台,由于其体积、重量和功耗受到平台能力的限制,有源相控阵天线优先考虑采用子阵架构。

### 6.3.1 介质基天线

天线单元种类繁多,从共口径实现难易程度来说,介质基天线具有灵活性,尤其是微带贴片、平面振子与微带缝隙天线的组合,微带贴片天线可以是矩形、方形、圆形、十字形、镂空等形状,而平面振子和缝隙天线则在空间上体现为一维结构方式,如图 6-7 所示。这些天线单元为多天线共口径设计提供了很大的自由度,不同外形结构的介质基天线可以采用嵌套、相邻、层叠等方式构成共口径天线,因此广泛地应用于线极化、双极化、圆极化、多频点和多波段等天线中。

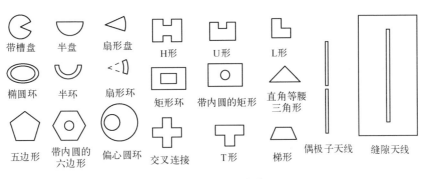

图 6-7 介质基天线单元

### 6.3.2 金属基天线

金属基天线主要包括缝隙波导天线、开口波导、喇叭和金属谐振腔缝隙天线等,如图 6-8 所示,其主要优势在于高效率,可以方便使用子阵架构,子阵天线整体设计,可以作为 T/R 组件、波控和电源等模块的安装结构件,甚至可以兼具散热和热沉功能。

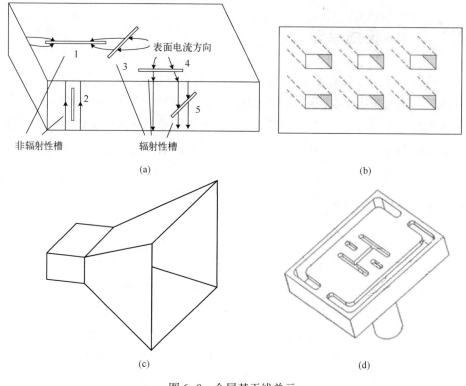

图 6-8 金属基天线单元

(a) 波导缝隙;(b) 开口波导;(c) 矩形喇叭;(d) 背腔天线。

### 6.3.3 混合基天线

混合基天线是指天线中包含了介质与金属等两种以上材料,例如宽带背腔天线中,其谐振腔采用金属框架式腔体,辐射面用微带电路实现,如图 6-9(a)所示,栅格状金属背腔同时作为结构、散热件使用,其他组件安装于其背部。

混合基天线共口径通常选择金属基天线置于底层,充当结构件和介质基天线的地。如图 6-9(b)所示,工作于高波段的天线选择波导缝隙阵,低频段采用了印刷振子,两者极化正交,降低它们之间的串扰。波导缝隙阵的辐射面就构成一个平面金属地,印刷振子设置于波导阵面上。波导缝隙阵既是印刷振子的接地反射面,也是其结构安装面。

平面化介质基天线在体积、重量和集成化方面占有优势,但是子阵天线效率较低是其固有缺陷;金属基天线在效率、结构力学和导热性能方面具有优势,而在体积、重量和集成化方面处于劣势。因此在共口径天线设计中,可以根据工作频带、带宽、极化和子阵规模等多种因素综合考虑,灵活应用介质基和金属基天线各自优点,选择混合组合方式,例如:在低频段选择介质基天线,而在高频段选择金属基天线;在双频段共口径天线中,一般子阵单元数少的选择介质基天线,单元数量多的选择金属基天线。

(a) (b)

图 6-9 混合基天线

(a) 金属背腔微带天线;(b) 波导缝隙+印刷振子天线。

## 6.4 双极化微带天线

### 6.4.1 微带天线单元

双极化微带天线按馈电方式分类主要有探针馈电微带贴片天线、共面微带线馈电的贴片天线和缝隙耦合微带天线等。与单极化天线相比,双极化天线增加了极化隔离度和交叉极化等关键参数。

微带天线双极化工作的基本条件是建立相互隔离、端口匹配和辐射两种正交极化的电磁场,理想情况下,双极化正交主模激励,端口无互耦、辐射元电磁场无畸变,可以获得优良的极化隔离度和交叉极化性能。假设微带天线的厚度远小于波长,将微带贴片与接地板之间的空间看成是四周为磁壁、上下为电壁的谐振空腔。根据麦克斯韦方程和空腔边界条件,可得

$$\begin{cases} E_z = \sum_{m,n} B_{mn} \cos \dfrac{m\pi x}{a} \cos \dfrac{n\pi y}{a} \\ B_{mn} = jk_0 \eta_0 I_0 \dfrac{\delta_{0m}\delta_{0n}}{a^2(k^2 - k_{mn}^2)} \cos \dfrac{m\pi x_0}{a} \cos \dfrac{n\pi y_0}{a} j_0\left(\dfrac{m\pi d_0}{2a}\right) \end{cases} \quad (6\text{-}4)$$

式中:$\delta_{0m}$ 和 $\delta_{0n}$ 是纽曼(Neumann)函数;$x_0$,$y_0$ 为激励点的位置;$d_0$ 为馈电微带线的宽度。

双极化天线单元通过两独立的馈电点，激励起一对正交极化工作模 $TM_{10}$ 和 $TM_{01}$，如图 6-10 所示，垂直极化主要工作于 $TM_{01}$ 模，水平极化主要工作于 $TM_{10}$。除了工作模之外，两个馈电点还会激励高次模，如图 6-10(b)~(d) 所示为方形贴片的高次模，通常只考虑 $TM_{11}$，$TM_{02}$ 和 $TM_{20}$ 模。由式 (6-4) 可知，当馈电点的位置在边上正中间时，系数 $B_{11}$ 为零，该单元不会激励起 $TM_{11}$ 模，$TM_{02}$ 和 $TM_{20}$ 在端口 $H$ 和端口 $V$ 处的电场不为零，从而产生耦合激励，增大了两端口之间的耦合。如果要提高端口之间的隔离度，只有减少高次模对端口的激励耦合。比较图 6-10(b)~(c) 和图 6-10(d)~(e)，单独在左边激励时产生 $TM_{02}$ 和 $TM_{20}$ 模的电场方向与单独在右边激励时刚好相反，因而可以采用在两个边上同时进行等幅反相馈电，如图 6-10(f) 所示，这样从理论上就可以消除了 $TM_{02}$ 和 $TM_{20}$ 模对端口 $V$ 的激励；由于两个模在两个边上激励的场刚好反相，对于总端口 $H$ 也刚好相互抵消，从而进一步减少了两端口之间的耦合，提高了两极化端口的隔离度。由于高次模式的辐射对消抑制，从而降低了交叉极化电平。

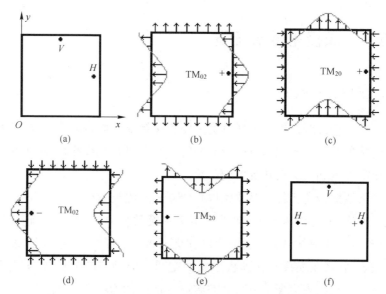

图 6-10 方形贴片天线磁流分布以及几种双极化馈电方式

如果将双点边馈形式变为双点角馈形式，不仅可以获得双极化特性，而且双点角馈方形微带天线提升隔离度[99]，相对于双点边馈方形微带贴片天线而言，其端口隔离度有 10dB 的优势。在构成双极化微带天线线阵时，可以获得 -33dB 的端口隔离度[100]，交叉极化在 -20dB 左右。但是，由于角馈方形微带天线在构成天线阵时，其对角线尺寸相对于方形贴片边长增加了 $\sqrt{2}$ 倍，因此,相应地增加了非天线单元的占用空间,不利于宽带馈电合成/分配网络的布线。

图6-11(a)为一种双极化微带天线单元侧馈结构[101],天线单元采用独立的两个馈电端口,垂直极化选择与贴片天线同层的微带线直接连接馈电,水平极化则是通过贴片天线地板下面微带线,经地板上开的缝隙耦合馈电。为了增加天线带宽,选择了双层微带结构。

这种结构应用于X波段的双极化仿真结果如图6-11(c)~(e)所示,图6-11(c)中的$S_{11}$表示共面微带馈电端口,即垂直极化端口,$S_{22}$表示缝隙耦合馈电端口,即水平极化端口。其中天线单元的尺寸为:寄生方形贴片 $10\times10mm^2$,辐射贴片 $9\times9mm^2$,$W_1=2mm$,$W_2=1mm$,$L=7.4mm$,$S=2mm$,辐射缝隙偏离中心3.4mm,耦合馈电微带短路线长3.3mm。天线单元两个端口反射损耗小于-10dB的带宽分别达到15.2%和17.2%,频率范围包括了8.75~10.19GHz和8.79~10.44GHz,两个端口之间的隔离达到了-20dB。

图6-11(d)和图6-11(e)为天线两个主极化及其交叉极化的辐射方向图。对于垂直极化,在$E$面,交叉极化低于-25dB,而$H$面则低于-17dB。对于水平极化,其$E$面和$H$面的交叉极化分量相近,均低于主极化-23dB左右。上述较差的隔离度和交叉极化性能是由于馈电结构破坏了天线的两维对称性所造成。

基于上述分析,单个耦合缝隙位于微带辐射贴片的一边破坏了辐射天线的对称性,将水平极化端口通过两个完全相同的缝隙耦合对称地设置在垂直极化馈线的两侧,而两个耦合缝隙通过一个相位差180°的等功率分配器馈电,如图6-12(a)所示。这种结构增加了天线的对称性,减小了因为不对称结构造成的电磁场畸变对天线性能的影响。如图6-12(b)所示为两个极化端口的隔离度计算与实验值,隔离达到了-40dB。H和V极化辐射交叉极化分别低于-30dB和-35dB[102]。

图6-13为一种典型对称性结构,天线单元的两种馈电都采用缝隙耦合形式,为双层微带天线结构。图6-13(a)中侧边两个缝隙耦合激励实现双极化,其端口隔离度仅-18dB[103]。改变耦合缝隙位置,使两者具有一维对称性,如图6-13(b)所示,天线端口隔离度达到36dB,交叉极化优于-25dB[104]。将终端L形短路线改为T形结构[105],如图6-13(c)所示,由于对称馈电结构的使用,使天线两个极化端口激励时的交叉极化都达到-28dB左右,端口隔离在带内达到了-33dB,如图6-14所示。

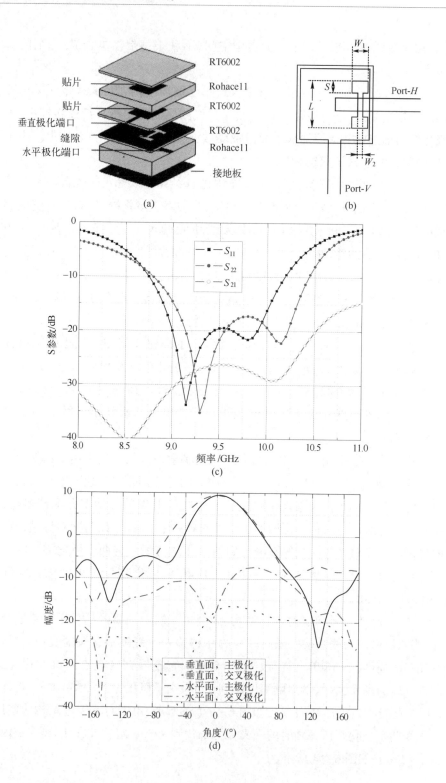

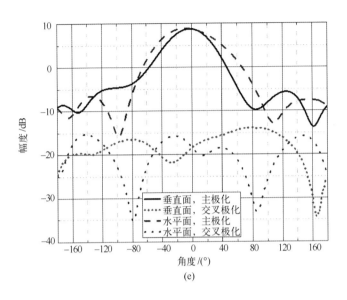

图 6-11 不对称单点馈电双极化微带天线

(a) 三维立体结构；(b) 侧馈方形贴片天线结构；(c) S 参数仿真结果；
(d) 垂直极化天线方向图；(e) 水平极化天线方向图。

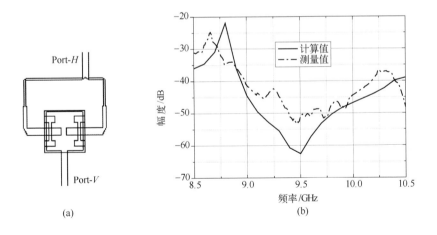

图 6-12 改进的混合馈电双极化微带天线

(a) 天线单元结构；(b) S 参数测试结果。

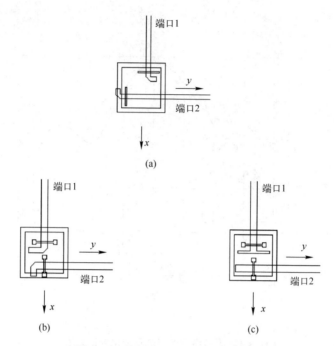

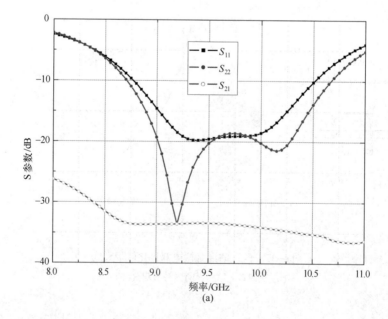

图 6-13 缝耦合双极化微带天线结构

(a) 双极化不对称激励微带天线结构;(b) 双极化对称激励天线结构(L形短路线);
(c) 双极化对称激励微带天线结构(T形短路线)。

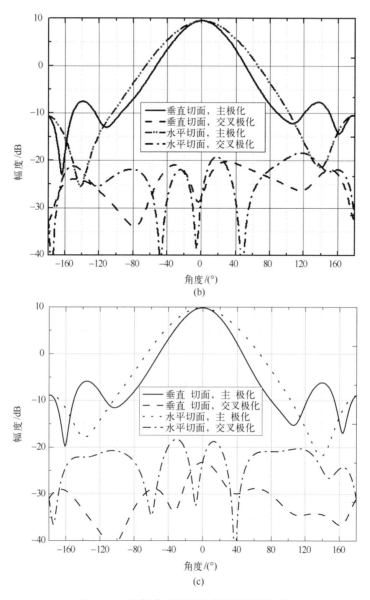

图 6-14 缝耦合双极化微带天线仿真结果

(a) S 参数仿真结果;(b) 垂直极化天线方向图;(c) 水平极化天线方向图。

## 6.4.2 双极化微带天线阵列

双极化微带天线阵列需要考虑馈线损耗和双极化网络的空间布线等问题。双极化微带天线阵列馈电分为三种情况,即并馈、串馈和串并馈结合。图 6-15(a) 为一种 8 单元并馈方式示意图,多级 1∶2 功分器构成并馈网络,保证了总口至每个辐射单元等电长度,这样具有良好的宽带等相位性能,但是其网络占用空间较大,受限于天线单元($y$ 方向)间距,尤其是在天线单元数量较大、垂直向扫描角度较大时难以实现串馈则是用馈线直接将多个馈电点连接,结构简单,对双极化天线单元间距大的要求降低。由于中心馈电点至每个单元电长度不同,存在带内色散,因此其工作带宽受限,如图 6-15(b)所示;串并馈则介于并馈和串馈两者之间,如图 6-15(c)所示。

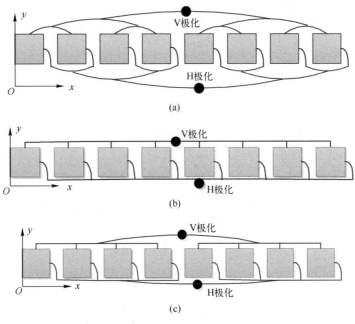

图 6-15　子阵网络合成方式

(a)并馈双极化;(b)串馈双极化;(c)串并馈结合双极化。

微带贴片天线馈电主要包括同轴探针馈电、共面微带馈电和耦合馈电三类,如图 6-16 所示。

图 6-16(a)为同轴探针馈电结构,同轴接头内导体直接穿过接地板和介质层,与辐射贴片连接。这种垂直互联可以与 T/R 组件通过电缆或插拔方式连接,适合于单元级馈电相控阵天线,但是没有充分利用微带平面电路的优势。

图 6-16(b)为共面微带馈电结构,馈电微带线与辐射贴片同层,位于介质板表面,与微带功分器一体设计加工,适合于子阵级馈电相控阵天线。但是由

于馈线与辐射贴片同层,因此馈电网络与贴片之间"抢"面积资源。另外,在低交叉极化需求下馈线网络寄生辐射不可忽视。

图6-16(c)为耦合馈电结构,缝隙耦合贴片天线中至少需要两层介质板,馈电微带线通过天线接地板上的细长缝耦合激励,馈线与天线之间由接地板隔离,因此在子阵网络设计中增加了使用面积,同时消除了网络寄生辐射,其缺点是介质层数较多。

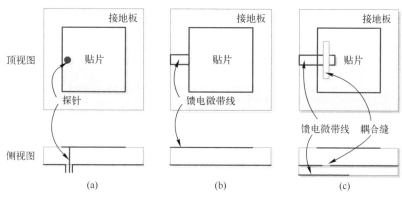

图6-16 微带典型馈电方式

为了进一步提升双极化隔离度和交叉极化性能,在双极化天线设计中,同样加入对称性设计,抑制单元高次模影响。图6-17(a)和图6-17(b)都是二元微带线阵[106],每个贴片包含两个激励点,产生两种线极化波,"H"表示激励水平极化波的端口,"V"表示激励垂直极化波的端口。符号"+"表示两个单元对应的端口等幅同相馈电,"-"表示两个单元对应的端口等幅反相馈电,天线远区电场的方向图为

$$E(\theta,\varphi)=\begin{cases}E^h(\theta,\varphi)\\E^v(\theta,\varphi)\end{cases} \tag{6-5}$$

式中:$E^h$为水平极化分量;$E^v$为垂直极化分量。二元阵的电场为两个单元的电场在远区的叠加,即

$$E_{2\times1}(\theta,\varphi)=G_L E_L(\theta,\varphi)+G_R E_R(\theta,\varphi) \tag{6-6}$$

$$G_L=A_L e^{-jB},\ G_R=A_R e^{jB},\ B=\frac{\pi dx}{\lambda_0}\cos\varphi\sin\theta$$

式中:$E_L(\theta,\varphi)$为左侧天线单元的辐射电场;$E_R(\theta,\varphi)$为右单元的辐射电场;$\lambda_0$为自由空间波长。对于图6-17(a)所示结构,由于两个端口都采用等幅同相馈

电,取 $A_L^H = A_R^H = A_L^V = A_R^H = \dfrac{1}{\sqrt{2}}$。

利用奇偶模对称原理,左单元的电场可表示为

$$E_L(\theta,\varphi) = \begin{cases} E^h(\theta,\varphi) = E^{he}(\theta,\varphi) + E^{ho}(\theta,\varphi) \\ E^v(\theta,\varphi) = E^{ve}(\theta,\varphi) + E^{v0}(\theta,\varphi) \end{cases} \quad (6-7)$$

右单元的电场可表示为

$$E_R(\theta,\varphi) = \begin{cases} E^h(\theta,\pi-\varphi) = E^{he}(\theta,\varphi) - E^{ho}(\theta,\varphi) \\ E^v(\theta,\pi-\varphi) = E^{ve}(\theta,\varphi) - E^{v0}(\theta,\varphi) \end{cases} \quad (6-8)$$

将式(6-7)和式(6-8)代入式(6-6)可得

$$E_{A_{2\times 1}}^H(\theta,\varphi) = \sqrt{2} \begin{cases} \cos B E^{Hhe}(\theta,\varphi) - \mathrm{j}\sin B E^{Hho}(\theta,\varphi) \\ \cos B E^{Hve}(\theta,\varphi) - \mathrm{j}\sin B E^{Hvo}(\theta,\varphi) \end{cases} \quad (6-9)$$

$$E_{A_{2\times 1}}^v(\theta,\varphi) = \sqrt{2} \begin{cases} \cos B E^{Vhe}(\theta,\varphi) - \mathrm{j}\sin B E^{Vho}(\theta,\varphi) \\ \cos B E^{Vve}(\theta,\varphi) - \mathrm{j}\sin B E^{Vvo}(\theta,\varphi) \end{cases} \quad (6-10)$$

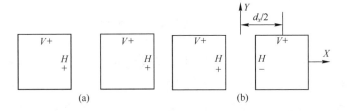

图 6-17 二元阵布局激励组合

(a) 二元同相馈电;(b) 二元反相馈电。

对于图 6-17(b)所示结构,水平极化端口采用等幅反相馈电,取 $A_L^H = -A_R^H = \dfrac{1}{\sqrt{2}}$;垂直极化端口采用等幅同相馈电,取 $A_L^V = A_R^V = \dfrac{1}{\sqrt{2}}$。左单元的电场仍为式(6-7),右单元的电场则变为

$$E_R(\theta,\varphi) = \begin{cases} -E^h(\theta,\pi-\varphi) = -E^{he}(\theta,\varphi) + E^{ho}(\theta,\varphi) \\ E^v(\theta,\pi-\varphi) = E^{ve}(\theta,\varphi) - E^{v0}(\theta,\varphi) \end{cases} \quad (6-11)$$

从而,可以得到图 6-17(b)所示结构的电场为

$$E_{B_{2\times 1}}^H(\theta,\varphi) = \sqrt{2} \begin{cases} \cos B E^{Hhe}(\theta,\varphi) - \mathrm{j}\sin B E^{Hho}(\theta,\varphi) \\ -\mathrm{j}\sin B E^{Hve}(\theta,\varphi) + \cos B E^{Hvo}(\theta,\varphi) \end{cases} \quad (6-12)$$

$$E_{B_{2\times1}}^{V}(\theta,\varphi)=\sqrt{2}\begin{Bmatrix}-\mathrm{j}\sin BE^{Vhe}(\theta,\varphi)+\cos BE^{Hho}(\theta,\varphi)\\ \cos BE^{Vve}(\theta,\varphi)-\mathrm{j}\sin BE^{Vvo}(\theta,\varphi)\end{Bmatrix} \quad (6\text{-}13)$$

另外,根据奇偶模原理,有

$$\begin{cases}E^{e}(\theta,\varphi)=E^{e}(\theta,-\varphi)\\ E^{0}(\theta,\varphi)=-E^{0}(\theta,-\varphi)\end{cases} \quad (6\text{-}14)$$

令 $\varphi=0$,可得

$$\begin{cases}E^{h0}(\theta,0)=0\\ E^{v0}(\theta,0)=0\end{cases} \quad (6\text{-}15)$$

那么,当 $\varphi=0$ 时,式(6-9)和式(6-10)可以简化为

$$E_{A_{2\times1}}^{H}(\theta,0)=\sqrt{2}\begin{Bmatrix}\cos BE^{Hhe}(\theta,0)\\ \cos BE^{Hve}(\theta,0)\end{Bmatrix} \quad (6\text{-}16)$$

$$E_{A_{2\times1}}^{V}(\theta,0)=\sqrt{2}\begin{Bmatrix}\cos BE^{Hhe}(\theta,0)\\ \cos BE^{Hve}(\theta,0)\end{Bmatrix} \quad (6\text{-}17)$$

同样,式(6-12)和式(6-13)也可以简化为

$$E_{B_{2\times1}}^{H}(\theta,0)=\sqrt{2}\begin{Bmatrix}\cos BE^{Hhe}(\theta,0)\\ -\mathrm{j}\sin BE^{Hve}(\theta,0)\end{Bmatrix} \quad (6\text{-}18)$$

$$E_{B_{2\times1}}^{V}(\theta,0)=\sqrt{2}\begin{Bmatrix}-\mathrm{j}\sin BE^{Vhe}(\theta,0)\\ \cos BE^{Vve}(\theta,0)\end{Bmatrix} \quad (6\text{-}19)$$

定义端口 $H$ 的交叉极化为 $|E^{Hv}(\theta,\varphi)|/|E^{H}(\theta,\varphi)|$,端口 $V$ 的交叉极化为 $|E^{Vh}(\theta,\varphi)|/|E^{V}(\theta,\varphi)|$。比较图 6-17(a) 和图 6-17(b) 两种结构,在 $\varphi=0°$ 面上,交叉极化分量中的 $\cos B$ 变为 $\sin B$。为了抑制栅瓣电平,通常取 $d_x\leq\lambda_0/2$,则 $B$ 的范围为 $0\sim\pi/2$。可见图 6-17(a)结构的交叉极化分量在 $\theta=0°$ 时最大,而图 6-17(b)结构的交叉极化分量在 $\theta=0°$ 时最小,从而抑制了其主瓣内的交叉极化,但抬高了其主瓣外的交叉极化电平。

成对单元等幅反相馈电能较好地抑制其主瓣内的交叉极化,却抬高了主瓣外的交叉极化电平。因此在天线阵列中需要通过多对单元及子阵间的对称性优化,实现较大范围内交叉极化的抑制。图 6-18(a)~(d)是四单元不同组合方式[107,108],图 6-19 依次给出了 4 种组合主极化及其交叉极化方向图,交叉极化电平分别为-17.5dB 和-23.8dB、-22.2dB 和-22.5dB、-24.4dB 和-20.5dB、-27.4dB 和-30.2dB。可见,由于成对单元采用等幅反相馈电,4 种结构的交叉极化电平在主瓣内都比较低,而在主瓣外相对比较高,但图 6-18(d)结构相对

于其他三种结构,主瓣外的交叉极化电平有了明显的下降(约 6~10dB)。其主要原因是这种排阵的馈电结构既抑制了 $TM_{02}$ 模的辐射,同时又抑制了 $TM_{20}$ 模的辐射,而其他三种结构只是抑制了 $TM_{02}$ 模的辐射。

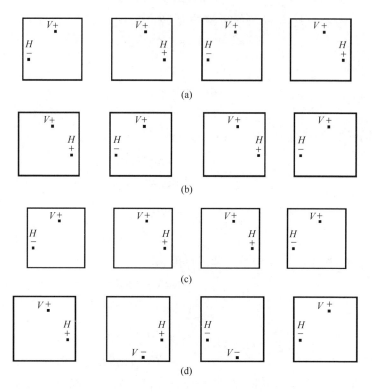

图 6-18　多元阵布局激励组合
(a) 方式一;(b) 方式二;(c) 方式三;(d) 方式四。

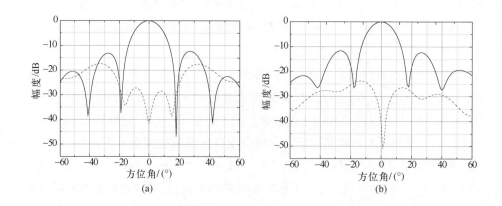

第 6 章 共口径阵列天线

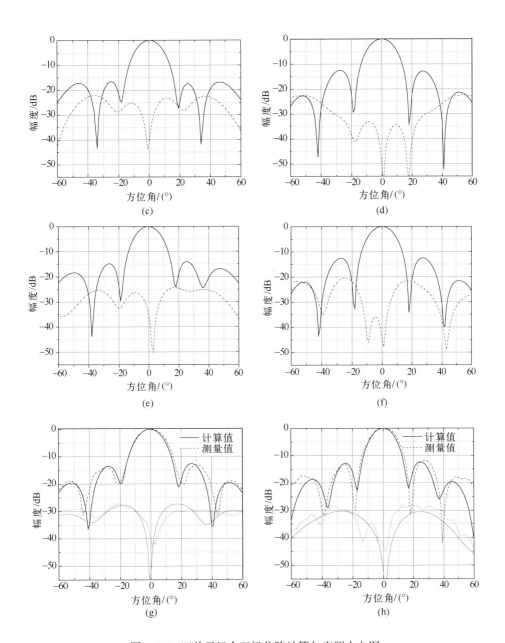

图 6-19 四单元组合双极化阵计算与实测方向图
(a) 组合方式一水平极化；(b) 组合方式一垂直极化；(c) 组合方式二水平极化；
(d) 组合方式二垂直极化；(e) 组合方式三水平极化；(f) 组合方式三垂直极化；
(g) 组合方式四水平极化；(h) 组合方式四垂直极化。

229

双极化微带天线阵列是由天线单元、馈电结构和功率合成/分配网络等组成，下面结合实际范例加以分析讨论。图 6-20 给出了几种串馈和串并结合典型结构。图 6-20(a) 中的天线子阵为中馈 6 单元，共面微带线串馈方式[109]。图 6-20(b) 为一种 8 单元串馈结构[110]，两种极化都选择了开路微带线耦合馈电方式，由于采用的反向馈电和线阵间对称分布，其交叉极化得到很好抑制。图 6-20(c) 为一种 16 单元天线串并馈电结构，采用共面微带和缝隙耦合混合馈电方式[111]，由于单元数较多，带宽较窄，其水平极化采用共面微带线馈电，其交叉极化性能较差，而垂直极化采用位于贴片中轴线的缝隙耦合方式馈电，交叉极化分量较低。

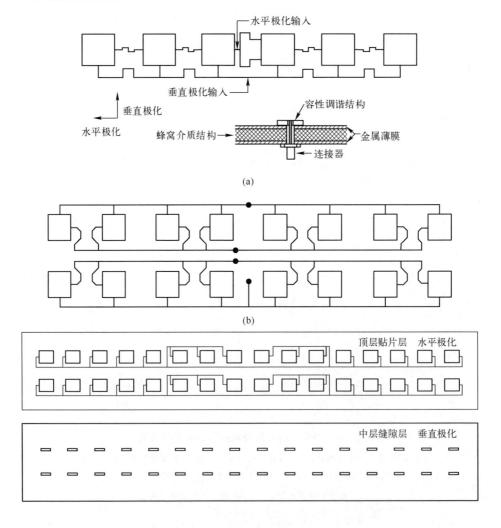

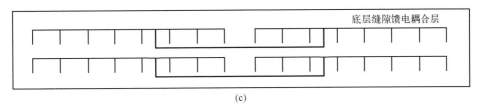

(c)

图 6-20　串/并馈天线阵列

(a) 共面微带串馈；(b) 耦合串馈；(c) 串并结合混合馈电。

随着天线的工作带宽和交叉极化抑制要求的提高，有时必须选择并馈合成/分配网络，共面微带线馈电存在并馈网络与辐射贴片之间"争抢"面积资源的问题。因此选择并馈合成/分配网络设置在金属地以下，通过缝隙耦合激励微带天线，为网络设计布局提供较为宽裕的空间。一种 C 波段 8 单元天线阵采用单层贴片天线形式[112]，如图 6-21(a) 所示，由于该天线阵中的双极化馈电采用缝隙耦合，并且两个缝隙都偏离方形天线的两个轴线，对天线的双极化主模的电磁场分布影响大。

图 6-21(b) 为一种针对对称性改进设计的 X 波段 8 单元并馈双极化阵[106]，其性能如图 6-22 所示，该天线两个极化端口反射损耗小于 $-10$dB 的带宽达到 20%，端口隔离在整个带内优于 $-35$dB，两个端口激励的辐射方向图表明，天线交叉极化电平在主瓣内低于 $-37$dB。

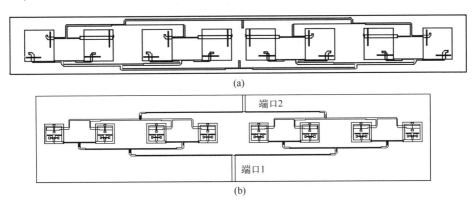

图 6-21　并馈缝隙耦合天线阵

(a) 8 单元单层贴片天线；(b) 8 单元并馈双极化阵。

如果天线要求宽带工作，并且天线子阵内单元数较多，尽管采用了上述的双缝耦合馈电方式，两个并馈网络的布置仍然非常拥挤，此时采用混合馈电方式将是一个合适的选择。以四单元馈电分布作为一个基本组合，将辐射单元连

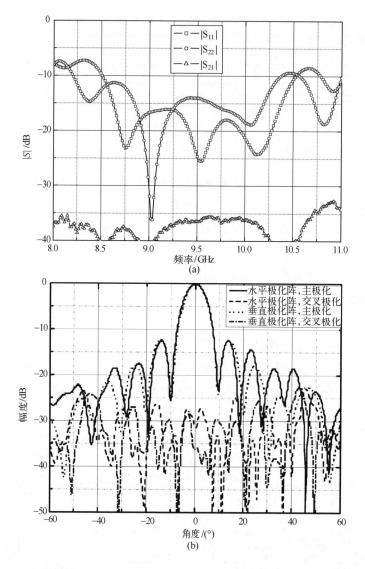

图 6-22　8 单元并馈双极化阵测试结果

（a）端口反射损耗及隔离；(b) 方向图及交叉极化。

接成 16 单元天线阵列。基于同样的目的,在垂直方向,线阵之间采用镜像的方法,使天线阵在垂直方向同样为对称结构。相邻线阵之间水平极化端口等幅同相馈电,而垂直极化端口则为等幅反相馈电,阵面基本馈电组合如图 6-23(a) 所示。以此设计加工的 16×16 单元双极化阵列,如图 6-23(b) 所示,背部支撑选择蜂窝夹层轻型结构板,该天线工作于 X 波段[49]。测试结果如图 6-24 ~

图 6-26 所示,电压驻波比小于 1.5 的双极化阻抗带宽达到 18.5%,极化隔离度优于 45dB。水平极化阵两个主面主瓣内交叉极化低于 -44dB,宽角范围内低于 -38dB;垂直极化阵中,水平面稍差,主瓣内低于 -35dB,宽角范围内低于 -34dB,垂直与水平极化阵相当。天线增益水平极化阵略低于垂直极化阵,天线效率高于 47.6%。

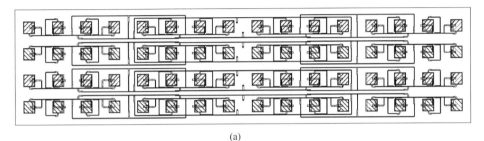

(a)

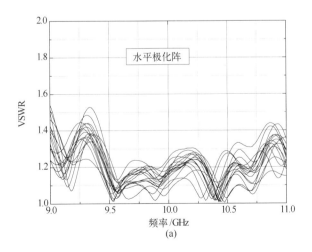

(b)

图 6-23 混合馈电 16 单元子阵

(a) 子阵结构图;(b) 16×16 单元天线阵实物。

(a)

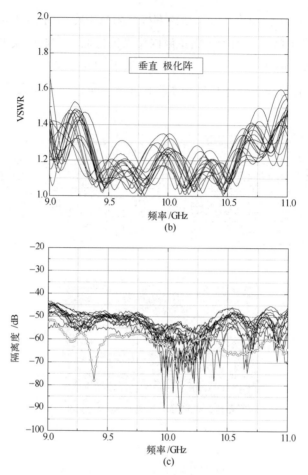

(b)

(c)

图 6-24　天线端口隔离度测试结果

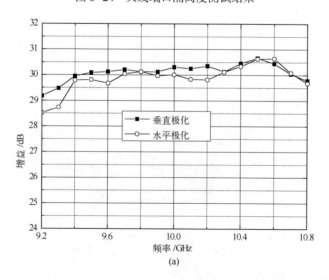

(a)

第 6 章 共口径阵列天线

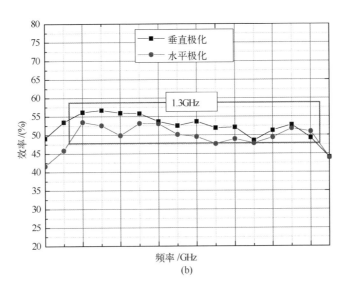

(b)

图 6-25 天线增益及效率测试结果

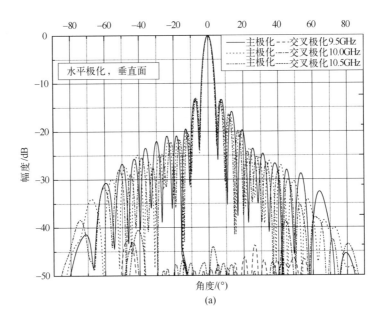

(a)

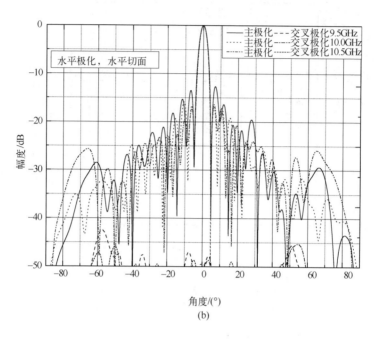

(b)

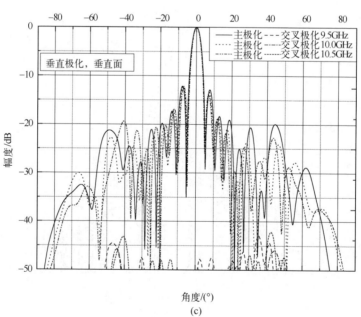

(c)

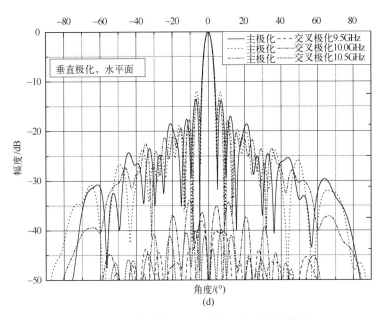

图 6-26 天线阵方向图及其交叉极化测试结果

### 6.4.3 双圆极化天线

空间任意电磁波电场矢量可以表示为

$$E(\theta,\varphi) = \theta E_\theta(\theta,\varphi) e^{j\phi_1} + \varphi E_\varphi(\theta,\varphi) e^{j\phi_2} \quad (6-20)$$

式中:$\theta,\varphi$ 为远场正交基;$E_\theta(\theta,\varphi)$ 和 $E_\varphi(\theta,\varphi)$ 为天线辐射远场正交电场分量;$\phi_1$ 和 $\phi_2$ 为两个正交分量相位。当 $E_\theta(\theta,\varphi) = E_\varphi(\theta,\varphi)$,并且 $\phi_1-\phi_2 = \pm 90°$ 时,辐射电场矢量终端在垂直于波矢平面内,随时间轨迹表现为一个圆,即圆极化,如图 6-27 所示。圆极化天线从其电磁场本质上追溯,是非常容易理解和设计的,就是激励辐射幅度相等、空间正交、两者相位差 90°电磁波。任意一个辐射体激励和辐射满足这三个要素都可以得到一个圆极化天线,单圆极化天线主要有单点、双点和四点激励方式[113-115]。

从基本概念出发,若实现了双线极化,则很容易获得双圆极化天线,在两个线极化天线的基础上,在两个极化通道附加一个超前或者滞后 90°相位差。这种相位差可以在有源阵列天线中的系统级实现,也可以在单元级实现。系统级就是在双通道线极化有源阵列天线中,通过天线阵面移相器统一控制,获得两个极化通道之间相位差,这种方式非常灵活,可以在有源阵列天线中获得双线极化和双圆极化工作模式。而单元级则是在天线单元上就实现双圆极化,其优势在于天线发射饱和放大情况下,可以提供任意线极化工作模式[116],这一工作模式通常应用于卫星通信领域,但是也为未来微波成像技术提供一条新的技术路线。

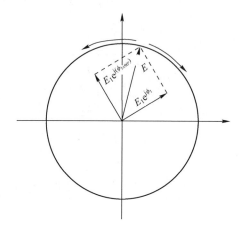

图 6-27　圆极化场电场轨迹

单元级双圆极化天线直接有效的方法是在双极化天线基础上,在两个激励端附加 90°电桥[117],如图 6-28 所示。为了提升带宽和轴比性能,则每个线极化采用双点反相馈电合成,然后附加宽带 90°电桥。

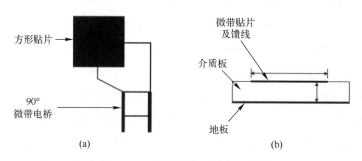

图 6-28　双极化微带贴片典型结构

## 6.5　双极化缝隙波导天线阵

尽管微带天线在微波成像雷达的应用中得到迅速发展,波导缝隙天线仍具有优势,主要表现在具有宽带、双极化、高效率、低交叉极化等工作特性,同时具有良好的导电、导热和结构强度等性能。此外,在先进的制造条件下,波导缝隙天线也可以获得较轻的重量。

基于波导缝隙的缝隙辐射机理,如图 6-29 所示,矩形截面金属波导开有 5 类缝隙,其中:缝隙 1 和 2 平行表面电流,因此这两类缝隙无辐射;而缝隙 3、4 和 5 切割了金属表面电流,形成了电磁场不连续而产生电磁辐射,可以作为天线的辐射单元,传统上选择缝隙 4 和 5 在波导管中作为并联辐射单元。缝隙 4 的标准应用是集中馈电平面波导缝隙阵,缝隙线阵通常工作于谐振状态;缝隙 5 的典型应用则在于大型雷达中的平面阵,阵列通常工作于行波状态。

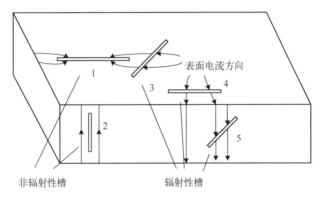

图 6-29 矩形波导壁开缝

## 6.5.1 波导缝隙构形

从电磁波辐射机理来看,任意导行电磁场只要满足不连续并处于自由空间这两个基本条件都会产生辐射,因此,位于封闭腔体金属壁上的细长缝最接近理想线极化天线。如图 6-30(a) 所示,细长缝上下金属边间隙越小则电场畸变越小,电场完全垂直于长缝,另外,馈电结构完全封闭,避免了其他结构的寄生辐射,因此其辐射的电磁波交叉极化分量接近于零。考虑辐射缝隙互耦造成的寄生辐射影响交叉极化和端口隔离度恶化,选择对称布阵结构,如图 6-30(b)、(c) 所示。排列方式一中,在水平方向两种极化辐射缝连续分布,而在垂直方向则是相间排列,基于矩形金属腔结构特点,该排列适合于水平向线阵。排列方式二中,则适合于垂直向线阵。

缝隙波导天线是建立在封闭金属波导管基础上,辐射电磁波唯一来源是开在金属壁上切割电流的长缝,如图 6-29 中的 3、4 和 5 缝,因此,适当设计辐射缝隙及其排列方式就可以获得良好的双极化天线性能。

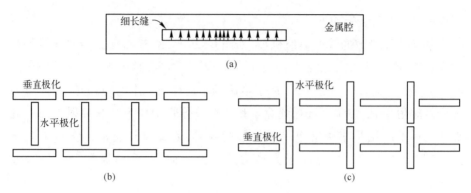

图 6-30 缝隙波导天线

(a) 封闭腔细长辐射缝;(b) 双极化缝隙排列方式一;(c) 双极化缝隙排列方式二。

在微波成像雷达中,子阵级有源阵列天线在水平向扫描角度较小,而距离向扫描角度较大,因此大多天线单元子阵按水平向平行排列,在双极化阵中,垂直极化由波导宽边缝隙天线实现,水平极化由波导窄边缝隙实现。基于这种工作状态,图 6-30(c) 中双极化辐射缝在水平向相间排列,难以实现,只能选择图 6-30(b) 中排列方式。

图 6-31(a) 为一种矩形波导宽边缝隙天线及布阵方式,辐射缝隙选择图 6-29 中的 4 号缝,满足了作为天线的最基本条件,通常其长度约为半个波长,缝隙辐射强度决定于偏离中轴线的距离,从图 6-29 中电流分布可以看出,辐射缝偏离中线对称位置极性相反。尽管缝隙 3 也能获得电磁辐射,但是与缝隙 4 相比,其交叉极化问题突出,因此实际中很少选择缝隙 3 作为波导宽边辐射缝。

图 6-31(b) 为一种矩形波导窄边倾斜缝隙天线及布阵方式,辐射缝隙选择图 6-29 中的 5 号缝,构成基本天线形式,幅度取决于缝隙的倾斜角 $\xi$,其左或右倾斜状态决定了辐射电磁场的极性。由于矩形波导窄边宽度不能满足辐射缝半波长谐振要求,因此实际应用中通常需要切割入波导宽边,呈"Π"形。

基于以上分析,两种正交极化的天线可以由图 6-29 中的 4 和 5 号缝构成,其辐射强度和极性通过偏置或倾斜角的大小和方向控制。当同一根波导管上的缝隙间距 $d_x$ 选择为二分之一波导波长时,缝隙交替偏置或者反转倾斜角,一端输入、另一端短路,就可以构造一个驻波阵天线。当选择 $0<d_x<\lambda_g/2$ 或者 $\lambda_g/2<d_x<\lambda_g$,波导管另一终端端接匹配负载时,则构成行波阵天线。

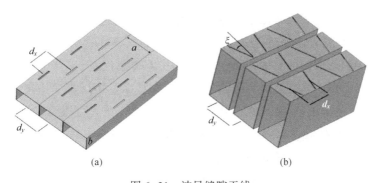

图 6-31 波导缝隙天线

(a) 矩形波导宽边开缝天线;(b) 矩形波导窄边倾斜缝隙天线。

由于波导天线尺寸较大,选择标准波导实现双极化天线阵列存在结构干涉问题,因此常常采用压缩波导尺寸的方法。矩形波导尺寸的压缩应保证单模传输,由于波导尺寸与工作频率区段相关,考虑到高次模干扰天线辐射,因此工作频段的最高频与最低频比例不能太大,一般取 $f_{max}/f_{min} \leqslant 1.5$。此外,工作频带应与主模截止频率保持一定的距离,一般取 $f_{min}/f_c \leqslant 1.25$,主模的截止波长 $\lambda_c = 2a$。因此,只传输 $TE_{10}$ 单模的条件为

$$\frac{\lambda}{2} < a < \lambda \tag{6-21}$$

为了使 $TE_{01}$ 模截止,则要求

$$b < \frac{\lambda}{2} \tag{6-22}$$

另外,波导尺寸选择还影响着传输损耗,在高效率天线中也是需要考虑的因素。对于 $TE_{m0}$ 传输模式而言,其衰减常数为

$$a_{mo} = \frac{1}{b} \frac{R_f}{\sqrt{1-\left(\frac{\lambda}{\lambda_c}\right)^2}} \left[1 + \frac{2b}{a}\left(\frac{\lambda}{\lambda_c}\right)^2\right] \quad (\text{Np/m}) \tag{6-23}$$

式中:$R_f$ 为归一化表面电阻;$a$ 为波导宽度;$b$ 为波导高度。理想状态下,$a/b = 0.85$ 时,波导损耗最小,但是不满足单模传输限制条件,通常选择 $a/b = 2$ 左右。但是为了压缩尺寸,通常选择半高波导,有时选择四分之一高波导。

对于波导宽度的压缩,通常采用脊波导结构,包括单脊波导、双脊波导等。

## 6.5.2 带宽展宽技术

缝隙波导行波天线比谐振天线阵带宽要宽,但是该类天线波束指向随频率

变化发生扫描。在高分辨微波成像雷达应用时，天线的波束色散效应将极大地影响图像分辨率，基本原理是距离向通过瞬时带宽获得高分辨，而行波阵波束色散则造成照射目标的有效带宽变窄，导致分辨率恶化。

波导谐振阵天线带宽受到限制，如图 6-32 所示。矩形波导一端短路，另一端作为输入/输出端口，波导宽边开有 4 个辐射缝，四单元谐振阵以中心频率 $F_0$ 设计，单元间距为 $\lambda g_0/2$，每个辐射缝位于电场强波峰点。一方面，随着工作频率由中心频率向高 $F_H$、低 $F_L$ 两边偏移，其导波长 $\lambda_g$ 发生变化，辐射缝逐渐偏离该频率对应电场强度的波峰点，随着带宽增加导波长变化越大，高低频率 $F_H$ 和 $F_L$ 所对应电场强度的波峰点偏离越多，辐射的方向图恶化越严重。另一个方面，带宽一定情况下，单元数越多，距离终端短路面越远的辐射缝隙位置，工作频率偏离中频时，辐射缝波峰偏离积累量越大，辐射方向图恶化也越快。

理论上，通过改变缝隙电纳曲线，可以提升波导谐振天线阵列的方向图带宽，增加阻抗匹配结构可以拓展阻抗带宽。但是，波导谐振阵列展宽工作带宽最为直接有效的方法仍然是减少谐振阵列中的单元数量，将较多单元的谐振阵划分成多个子阵，用并馈网络对子阵进行馈电激励。如图 6-33 所示，16 单元中间馈电，每个谐振阵有 8 个单元，增加一层功分器，每个谐振阵单元数则降为 4 个，谐振阵单元数减少一半，因此天线方向图带宽获得极大拓展。

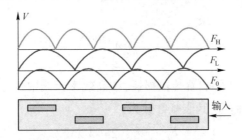

图 6-32　波导缝隙谐振阵带宽限制

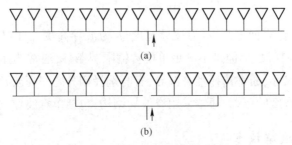

图 6-33　分段功分激励谐振天线

(a) 中馈 16 单元阵；(b) 一级功分 16 单元阵。

在星载微波成像应用中,通常是选择一维谐振阵,以满足距离向大角度扫描、方位向仅几度扫描的要求。在辐射波导管的下方设计波导功分器,两者通过缝隙耦合或 T 接头实现微波功分激励,从而达到展宽带宽的目的。这一方法适用于矩形波导缝隙谐振阵列。图 6-34 是两种脊波导功分器结构,图 6-34(a)是辐射脊波导与馈电脊波导上下平行排列[53],图 6-34(b)是背靠背脊波导结构[118]。辐射缝开在上面脊波导宽边,馈电脊波导与辐射波导之间通过"工"形缝耦合,端口用同轴波导"T"形接头。

由于这种宽带波导缝隙天线阵列附加了波导功分器,并集成了干扰抑制滤波器,为微波成像雷达系统提供了抗带外干扰特性,如图 6-35 所示。这种组合设计没有额外增加结构,并且将插入损耗降至最低。在一些较低分辨率应用中,天线带宽适中,则无需附加功分器,这时就需要采用其他手段实现天线的滤波功能,例如超材料表面结构的波导缝隙天线[119]。

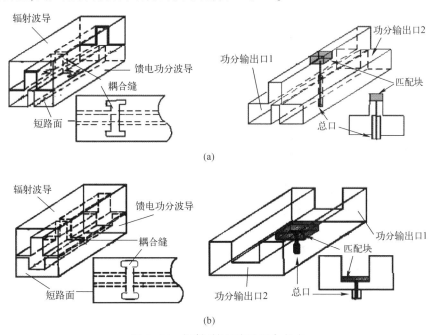

图 6-34 辐射/馈电波导组合方式
(a) 上下平行脊波导;(b) 背靠背脊波导。

图 6-36(a)为一种 X 波段 16 单元分段馈电驻波阵实物局部,该天线选择了图 6-34(a)布局,天线厚度仅 13mm,与标准波导高度相当。图 6-36(b)是天线反射损耗的计算与测试结果,可以看出天线端口反射损耗小于-15dB 的阻抗带宽达到 14.9%。图 6-36(c)、(d)、(e)是天线高、中、低三个频率点的方向图

及其交叉极化测试结果,最大副瓣低于-11.5dB 的方向图带宽达到 10%,主瓣内交叉极化低于-37dB。

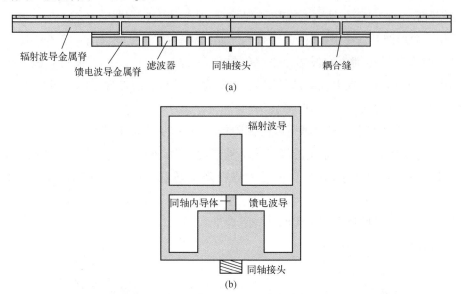

图 6-35 集成滤波器抗干扰波导缝隙天线

(a) 纵向切面;(b) 横截面。

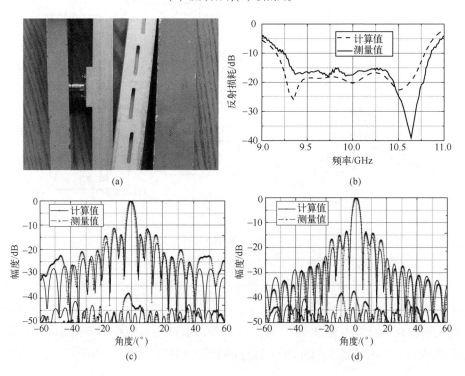

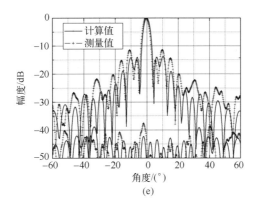

(e)

图 6-36　16 单元谐振阵天线

(a) 天线照片；(b) 天线端口反射损耗；(c) 9.5GHz 方向及交叉极化；
(d) 10GHz 方向及交叉极化；(e) 10.5GHz 方向及交叉极化。

如果将同轴结构与波导缝隙谐振阵相结合,在多天线单元波导腔体内附加内导体,构成同轴功分器,分段激励波导缝隙阵列中的辐射单元。由于馈电的同轴功分器与辐射波导共用一个腔体,这种结构可以进一步压缩天线的高度[120]。

对于多单元波导窄边缝隙谐振阵列,同样可以采用分段激励方式来拓展天线工作带宽[121]。但是,矩形波导窄边开缝天线由于结构原因其厚度较高,单层线阵厚度为波导的宽边 $a$,分段波导激励时,波导功分器进一步增加了天线的高度,如图 6-37(a) 所示,在辐射波导上部窄边开缝,下部馈电功分波导总口通过探针磁耦合激励,馈电波导与辐射波导之间通过 T 接头实现电磁波功率分配和传输,天线剖面高度为 $2a$;为了压缩天线高度,图 6-37(b)、(c) 图中的馈电波导采用双脊和单脊结构,压缩了馈电波导高度;图 6-37(d)、(e) 中的辐射波导也采用对称双脊波导结构,压缩辐射波导和馈电波导;图 6-37(f) 是一种辐射不对称脊波导与馈电不对脊波导互补结构,进一步压缩天线高度[105]。

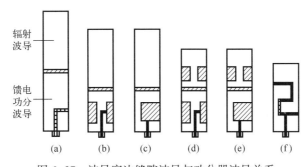

图 6-37　波导窄边缝隙波导与功分器波导关系

### 6.5.3 交叉极化抑制

图 6-29 中缝 4 偏离波导中心轴线，缝之间因为耦合造成辐射电磁场扭曲，抬高了交叉极化分量。另外，在脊波导宽边缝隙阵波束扫描时，会出现寄生副瓣；采用反相馈电，消除法向交叉极化分量，这种方法在偏离法向空域时，由于空间相位差的递增，削弱反相对消效果，造成交叉极化抬升，当天线阵列扫描时，交叉极化进一步恶化，尤其是空间相位差接近 180°时。图 6-29 中缝隙 5 构造的波导窄边倾斜缝隙阵列不可避免地出现交叉极化分量，传统的解决方法也是相邻线阵成对反相馈电对消交叉极化分量。同样，存在偏离法向时交叉极化对消弱化问题。以下针对这两种极化天线的交叉极化抑制进行分析。

对于波导宽边纵向辐射缝隙阵列，非对称单脊波导[121]和扭曲脊波导[122]结构以波导腔内部不对称，换取辐射缝隙的对称。如图 6-38 所示，由于细长辐射缝位于一条直线上，排除了偏置缝之间因互耦带来的斜向电流辐射，该类天线主瓣内交叉极化通常低于 -60dB，主瓣外交叉极化也能达到 -50dB 左右。

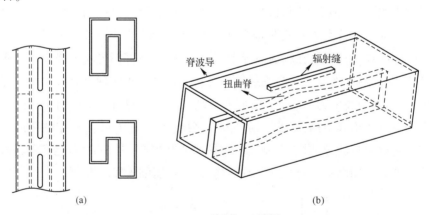

图 6-38　波导宽边非偏置缝隙阵
（a）非对称单脊波导缝隙天线；(b) 扭曲脊波导缝隙天线。

同样，波导窄边倾斜缝天线阵列天然地辐射斜极化电磁波，传统地采用成对线阵镜像排列，通过布阵对称性抵消交叉极化分量。为了降低设备量和提高天线阵列的增益，平面阵列中的线阵间距选择尽量大，通常以扫描最大角时不出现栅瓣为限制条件，即

$$d_x \leq \frac{\lambda_H}{1+|\sin\theta_{\max}|}\left(1-\frac{1}{N}\right) \qquad (6\text{-}24)$$

式中：$\lambda_H$ 为工作频带内最高频率点对应的导波长；$\theta_{\max}$ 为最大扫描角；$N$ 为单元数量。一般情况下，单元间距通常选择式(6-24)中的最大值，如图 6-39(a)所示。在此单元间距下，偏离法向 $\theta$ 角的空间相位差为

$$\varphi = \frac{2\pi}{\lambda}d_x\sin\theta \qquad (6\text{-}25)$$

在选定天线单元间距的情况下，天线阵列半空域覆盖 $\theta$ 在 $\pm 90°$ 范围之内，空间相位差与 $d_x$ 成正比，因此 $d_x$ 越大，偏离法向交叉极化对消效果越差。

对称单脊波导倾斜缝隙对天线中的两个窄边表面电流呈现天然反相特性，如图 6-39 所示，"V"字形缝两边辐射场中平行于波导轴向的分量同相叠加[123]，而垂直于轴向的场分量则反相对消。由于成对倾斜缝分布在单根波导上，单元间距成倍减小，如图 6-39(b)所示，偏离法向的空间相位差较小，对交叉极化分量对消影响较小，可以在较宽的空域获得良好的极化纯度，如图 6-40 所示。

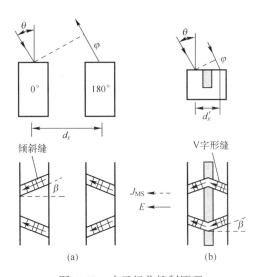

图 6-39 交叉极化抑制原理
(a) 两根线阵反相激励；(b) 单脊波导倾斜缝隙对。

图 6-41 为几例典型交叉极化抑制结构，例如采用倾斜金属棒或者表面附着倾斜金属膜的介质片来扰动电磁场分布。图 6-41(a)结构需要在窄边和宽

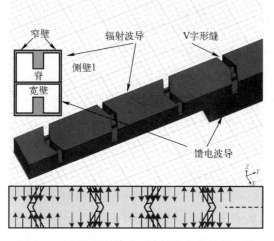

图 6-40　宽带倾斜缝隙对交叉极化自抑制天线

边倾斜穿孔、安装、固定倾斜金属棒[124]，给机械加工增加了极大的难度；图 6-41(b)结构中在金属波导中插入介质薄片[125]，从加工精度、定位和固定可靠性，以及因材料膨胀系数不同造成的冷热工况下不稳定性等因素考虑，工程性较差。基于机械加工和焊接，选择一体化金属片激励非倾斜缝隙更具可制造性[126]，如图 6-41(c)所示。如果用矩形金属膜片替代直角梯形结构可以获得同样效果，可进一步提升可制造性。图 6-41(d)中的结构采用扭曲双脊波导窄边非倾斜缝也能获得抑制交叉极化效果[127]，这种结构采用机械加工方式也较为简单，与图 6-41(c)中结构相比，在加工零件上增加了一层。以上几类非倾斜缝构造的天线，由于外部结构的正交性特点，加以选择宽度较窄的缝隙，天线的交叉极化都可以达到-60dB 左右。如果考虑宽带谐振天线分段激励波导功分器的制造性，也可以将脊波导倾斜缝隙谐振阵中的斜缝改为金属膜片激励的非倾斜缝，如图 6-41(e)所示，从而获得宽带、低交叉极化特性。

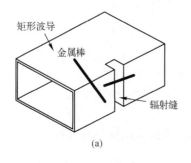
(a)

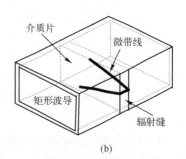
(b)

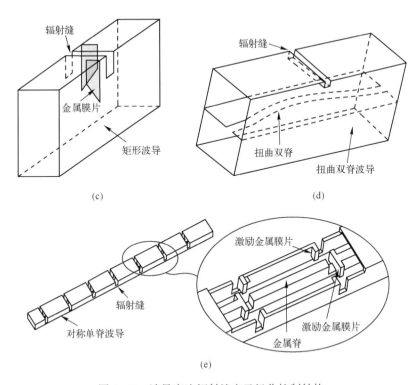

图 6-41 波导窄边辐射缝交叉极化抑制结构

(a) 倾斜金属棒扰动;(b) 介质金属膜扰动;(c) 金属片扰动;(d) 扭曲双脊波导;
(e) 对称单脊波导金属膜扰动直缝。

## 6.5.4 双极化缝隙波导天线

最常用的双极化缝隙波导天线是将波导宽边缝隙阵列与窄边缝隙阵列简单地排列,如图 6-42(a)所示,这种结构缺陷明显,体积大、重量重。为了提高天线极化纯度和端口隔离度,发展出紧凑型相间排列的双极化结构,如图 6-42(b)所示,其水平极化线阵列采用了金属棒激励的矩形波导窄边非倾斜缝,垂直极化则采用了单脊波导宽边纵缝,使双极化天线的波导同层相间排列,与图 6-42(a)布局相比,降低了天线高度,因此相间排列的双极化波导截面宽度得以有效压缩。

在高分辨、多极化微波成像系统中,需要宽带双极化天线,图 6-42 中仅采用单层波导腔体,受限于波导驻波阵列带宽约束,单子阵中单元数量越多带宽越窄,拓展带宽有两条路径:一是在子阵级相控阵天线中增加有源通道数量,减少子阵中单元数量,这种做法非常有效,并且可以增加水平向扫描范围;二是子阵分块、多点激励,从而拓展子阵带宽[53,118-120]。

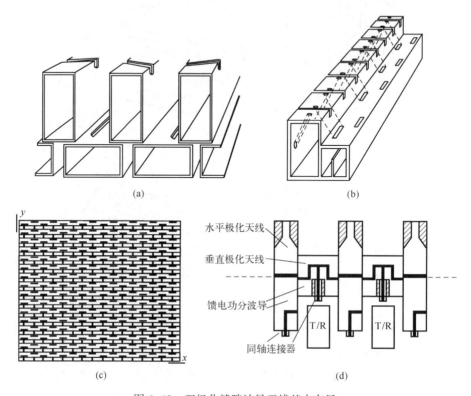

图 6-42 双极化缝隙波导天线基本布局
(a) 简单拼装;(b) 相间排列;(c) 宽带双极化俯视;(d) 宽带双极化横截面。

对于微波成像雷达系统中的有源阵列天线,由于应用平台的特殊性,天线的体积和重量已提升到电性能同等重要程度。为了获得轻型、低剖面、高强度、易于加工的天线阵列,设计双极化阵列时,在追求带宽、隔离度和交叉极化等优越性能的同时,需要根据两种宽带线极化天线不同的波导结构组合,结合机械加工特点,同时优化波导腔体结构,以便双极化天线适合一体化加工。

基于以上基本分析,双极化波导缝隙天线中,垂直极化和水平极化阵的波导采用侧向共壁、水平金属壁同层。图 6-43 为一种一体化双极化天线结构[128],它由两种线阵相间平行排列构成,每个线阵有 16 个辐射缝隙。为了简化结构、降低加工制造难度,垂直极化由对称单脊波导纵向偏置缝隙阵列实现,水平极化则由对称脊波导窄边"V"形缝隙阵列实现,基于天线阵列没有采用完全的对称单元结构,因此可以在天线布阵上优化,对消交叉极化分量。在频率较低、机械加工条件允许的情况下,"V"形缝隙可以由图6-41(e)中的直缝替换[129]。双极化16单元线阵等分为4个4单元端馈谐振阵,由1∶2波导功分器等幅同相中馈激励,拓展波导谐振阵列工作带宽。

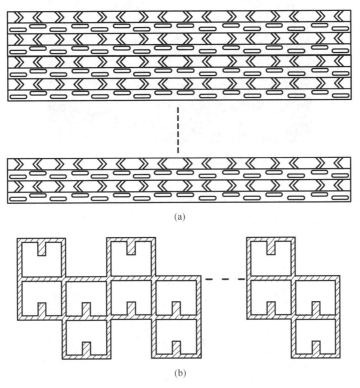

图 6-43　一体化宽带双极化缝隙波导天线结构示意图
(a)俯视图;(b)横截面图。

根据加工和力学特性,确定一体化双极化阵列整体加工的规模。图6-44是一例16对双极化线阵构成的平面阵列,其水平极化阵列选择了成对反相激励抑制交叉极化的方法,该天线工作于X波段,由于波导功分器直波导段为波导滤波器提供了空间,因此该天线阵列集成了滤波结构。水平极化阵列相对于垂直极化阵列整体上移错位一个波导腔高度,同层波导腔体高度相同,有效地减少了机械加工零件数量,降低了焊接难度。

图6-45为样机天线端口反射损耗测试结果,双极化天线带宽大于10%。图6-46为样机工作频带内,主极化和交叉极化辐射方向图的测试结果,可以看出在高、中、低三个频点近似为理想均匀分布特性,第一副瓣约为-13dB,主瓣内

图 6-44 一体化宽带双极化缝隙天线实物图

交叉极化低于 -43dB,远区低于 -30dB。与方向性系数相比,天线效率大于 82%,天线由于集成了波导滤波器,其带外抑制达到 25dB,在工作频带边频 500MHz 以外则达到 30dB 以上。

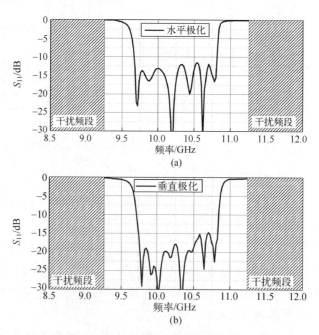

图 6-45 天线端口反射损耗测试结果
(a) 水平极化;(b) 垂直极化。

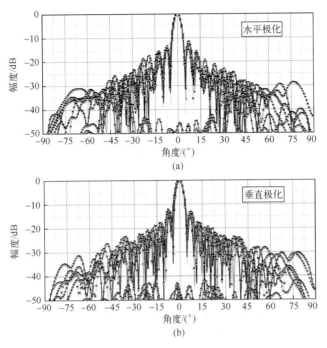

图 6-46 天线方向图测试结果

(a) 水平极化阵;(b) 垂直极化阵。

## 6.5.5 双圆极化缝隙波导天线

单圆极化波导缝隙天线有较多研究,主要集中在行波阵列天线方面,这些圆极化结构拥有较大的横向尺寸,难以实现双极化阵列天线,尤其是天线阵列需要做一维大角度扫描情况。

通过并列放置单圆极化波导天线,可以实现双圆极化波导阵列。在单根圆极化天线阵列中,对称单脊波导中间凹陷金属壁开细长缝获得垂直极化,突出的两个脊上的对称"八"字缝实现水平极化,而脊波导凹陷的深度选择为四分之一波长,两种极化辐射缝的高度使双极化辐射电磁波获得90°相位差,改变细长缝的偏置位置,则可以获得左旋或者右旋极化波。图 6-47(a)~(c)为一种单圆极化天线结构[130]。在单圆极化的基础上,左右旋圆极化天线平行排列构成双圆极化[131]。图 6-47(d)为一种双圆极化天线俯视布局结构,左右旋圆极化变换仅仅改变纵向细长缝隙偏置。

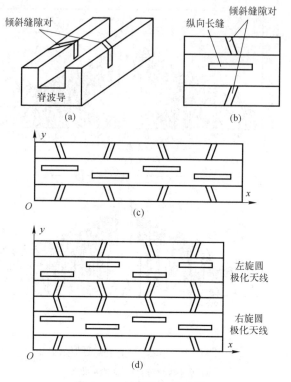

图 6-47 波导圆极化天线

(a) 单元立体结构;(b) 单元俯视图;(c) 单圆极化阵俯视图;
(d) 双圆极化阵俯视图。

## 6.5.6 双极化开口波导天线

方形开口波导或者四脊波导具有天然的两维对称性,激励两个正交内场的技术也比较成熟,其分析主要集中在子阵级应用中功率合成/分配网络设计方面。双极化开口波导天线广泛应用于通信领域,尤其是在低剖面卫星通信终端上。当高分辨多极化微波成像系统中两维扫描角度都较小时,双极化开口天线则显示了较好的实用性。这种天线为了简化馈电网络,辐射开口通常是一个尺寸较大的方形谐振腔;为了改善开口天线阵列在高频段的电磁场分布,在谐振腔开口附加一个方形栅格,近似为 2×2 单元,如图 6-48(a)所示。其底部采用双极化组合波导进行激励,构成双线极化天线阵列,结合宽带波导电桥还可以构成双圆极化[132]。

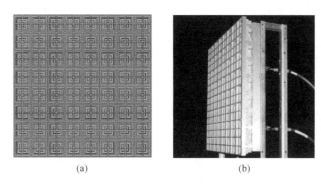

图 6-48 双极化开口波导天线阵

(a) 阵面布局俯视图;(b) 实物照片。

图 6-49 为一种 Ku 波段双极化开口波导天线测试结果,垂直极化端口在接收频段(14.0~14.5GHz)和发射频段(12.25~12.75GHz)电压驻波比小于 1.8,水平极化端口在接收频段和发射频段电压驻波比小于 1.9,阻抗带宽大于 16.8%,通过测试增益与方向性系数比较,天线效率大于 80%。

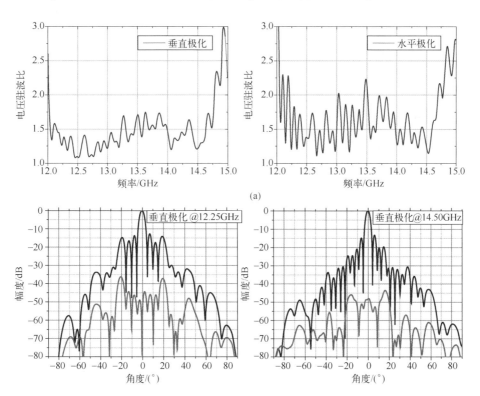

(a)

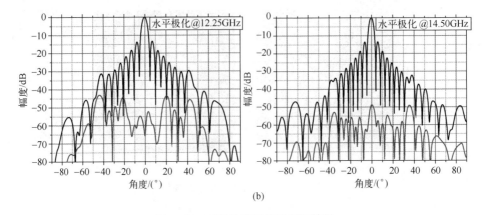

图 6-49 双极化开口波导测试结果

(a) 端口电压驻波比测试结果;(b) 方向图测试结果。

## 6.6 多波段多极化共口径

多波段、多极化共口径天线是多个天线共用一个物理天线孔径,研究和分析的重点在于受限的空间内布置多个天线,保证不出现栅瓣或者将栅瓣控制在一定范围内。密集的辐射天线结构造成互相耦合、干扰,影响各个单极化的交叉极化性能、双极化之间的隔离度,以及不同波段之间的隔离度。

多波段多极化共口径天线按工作频段分主要有双频段、三频段甚至四频段,按极化数量分则有单极化和双极化,不同数量频段和极化组合构成多频段多极化共口径天线系列。天线实现形式根据材料选择涵盖了介质基天线、金属基天线和混合基天线。介质基微带类天线由于形式的多样性和馈电传输线所占空间较小,多付天线嵌套、叠加实现上具有很高的自由度,因此在多波段多极化共口径天线设计中有很大的优势;而金属基波导类天线由于截止频率限制条件和腔体结构特点,所占三维空间较大,多天线共口径结构干涉严重,设计难度极大,但是其优点也非常明显,即很高的效率和轻质化机电热一体集成[16]。以下根据不同组合结合实际范例加以讨论。

### 6.6.1 双波段单极化

在一些应用中,天线阵列双频段工作,每个频段仅一种极化,事实上是两副天线共口径,为了便于与两个频段都是双极化的共口径天线区别,此处定义为双波段单极化共口径天线。这种情况通过介质基或者金属基天线都可以实现，介质基天线如微带贴片天线阵，如图6-50(a)所示，低频段天线对应于矩形贴

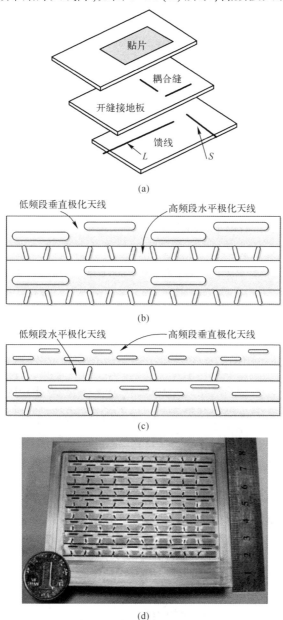

图 6-50 双频段单极化天线

(a) 矩形微带贴片双波段天线组合；(b) 双波段双极化波导天线组合方式一；
(c) 双波段双极化波导天线组合方式二；(d) Ka波段双频段天线照片。

片的长边,高频段对应短边,这种天线受限于两个波段的频率比,也就是高频段与低频段之间的比例。在频率比较大的情况下,由于矩形贴片天线长边尺寸约束,使平行于该维度的单元间距较大,相对于高频段而言,这一间距不满足抑制栅瓣限制条件,因此在这一维度高频段天线阵列会出现栅瓣;而对应高频段贴片的短边,相对于低频天线而言,单元间距又过小,造成有源阵列天线有源通道的过密集。

图6-50(b)和(c)为一种双频段波导缝隙天线阵两种组合方式。在组合方式一中,低频段是波导宽边纵向缝隙阵列,高频段是波导窄边倾斜缝隙阵列,波导宽边比波导窄边尺寸大,因此,这种组合中频率比小。在组合方式二中,高频段选择波导宽边缝隙阵列,而低频段则选择波导窄边缝隙阵列,由于波导宽窄边的比例在2:1左右,甚至更大,因此该种组合频率比较大。

图6-50(d)为一种双波段单极化阵列的实物照片[133],波导窄边倾斜缝隙天线阵构成35GHz水平极化阵列,而脊波导宽边缝隙阵则构成30GHz的垂直极化阵列,天线交叉极化小于-25dB。从对称性角度分析,垂直极化选择了偏置缝,尽管水平极化采用了相邻线阵成对反相馈电结构,但是在水平向倾斜缝没有置于垂直缝隙中间,造成垂直极化缝与水平极化缝互相耦合,寄生辐射无法对消,抬高了交叉极化分量。

通常,在实际应用中的两个频段天线扫描角相同,两个频段天线的单元间距选择等电长度,当两个频段的频率比非偶数时,需要折中天线单元间距,尽量使多个高频段天线单元对称分布于低频段天线单元的四周,降低双频段之间的耦合和交叉极化的影响。

### 6.6.2 双波段双极化

双波段双极化共口径天线有多种实现方式。

(1)双频单天线,即一个天线单元多个谐振频率。通常这种天线具有带宽窄、交叉极化高、频率比较小、实现双极化难度大,以及有源阵列天线中有源通道密度大等缺点,主要应用于通信和导航领域。

(2)低频天线阵列"挖出"空间嵌入高频天线阵列。这种以阵列为单元嵌入方式的共口径牺牲了低频天线阵列的性能,适用于对天线副瓣要求不高的应用场景。

(3)双频段单元交织嵌套。这一类单元形式多、组合自由度大,通常高频段天线单元选择微带贴片,按天线扫描要求构成阵列,低频段天线则选择合适的结构,"见缝插针"嵌入高频段天线单元之间。

双频段单元交织嵌套式组合中,高频段双极化天线单元选择对称性很好的正方形贴片或是圆形贴片。低频段单元则有两类:双极化独立的两个细长形状贴片或缝隙天线;双极化一体的"十"字形贴片或中间开孔的正方形或圆形贴片等。

**1) S 和 X 波段双极化共口径天线**

细长形状贴片可以选择平面印刷偶极子天线,也可以选择大长宽比的窄条微带贴片。如图 6-51 所示为一例典型双极化共口径天线构型[99],低频工作于 S 波段,高频工作于 X 波段,频率比为 1:3。X 波段双极化天线为正方形贴片,其中垂直极化选择共面微带馈电激励,水平极化则通过缝隙耦合激励,两个馈电结构保证了一维对称性,因此提升了端口隔离度;S 波段则是由两个独立的细长形贴片实现双极化,同样是通过同轴探针馈电激励。为了展开工作带宽,两个频段的天线都采用双层贴片结构,S 频段激励贴片还增加了短截线调节端口匹配,使整个馈电微带线呈"十"字形。

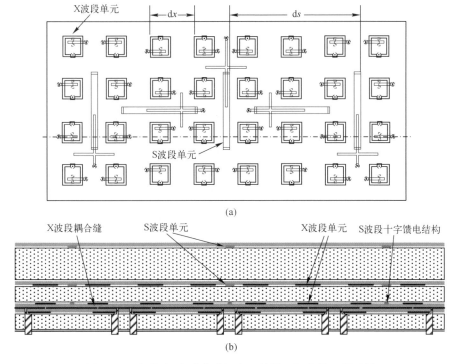

图 6-51 窄贴片/方形贴片组合双波段双极化共口径天线
(a) 天线阵面布置图;(b) 天线剖面结构示意图。

如图 6-51(b)所示,按电路分层,最低一层是 X 波段水平极化馈电微带线;第二层是天线的金属地,X 波段的耦合缝开在这一层;第三层则是 X 波段方形贴片天线,其垂直极化馈电的共面微带线也在这一层,位于 X 波段贴片天线之间的是 S 频段"十"字形馈电微带;第四层有 X 波段的寄生贴片和 S 频段的细长条贴片;第五层仅有 S 频段的寄生贴片。各个电路层之间是介质板。

**2) L 波段缝隙 C 波段微带双波段双极化共口径天线**

将细长缝隙替换细长贴片就构成了高波段方形贴片与低波段缝隙天线的双波段双极化共口径组合[134],通过将馈电网络分层设计,实现两个频段天线的双极化工作,如图 6-52 所示。

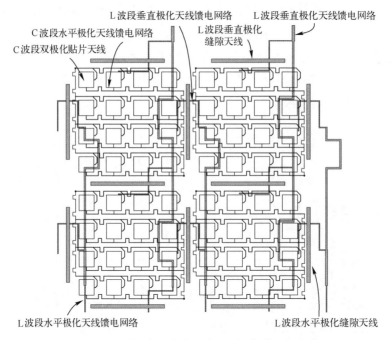

图 6-52　L 缝隙 C 贴片双波段双极化共口径天线

选择细长形贴片或者是细长缝作为低频段天线时,双极化天线是两个完全独立分离的天线单元,而在某些应用中,双极化天线相位中心重合或者需要用双极化构成圆极化,这时就需要双极化天线共用一个辐射体,如方形微带贴片。低频段选择方形微带贴片天线,需要解决高频段天线等间距布阵时,高低频天线结构干涉的问题,即低频段方形贴片天线占用了较大面积,高频段天线仅仅布置在低频天线的四周,造成高频天线单元的间距过大,天线阵易出现栅瓣。

### 3) L/S 双频段圆极化共口径天线

图 6-53(a)为一种双频段双圆极化共口径天线结构,S 频段辐射单元都选择圆形贴片,单个 L 波段辐射单元置于四个 S 频段单元之间的间隙内,并做相应的类"十"字形赋形[135],L 波段贴片使用四点馈电保证两个主模电磁场的正交性。图 6-53(b)中的高频单元则选择了方形贴片,低频天线则是"十"形贴片实现高低频天线结构相间互补嵌套。另外,低频段天线也可以在其贴片内开多个孔,将高频段天线置于孔内实现结构上的包含式嵌套,如图 6-54 所示,单元可以选择圆形或者是方形。

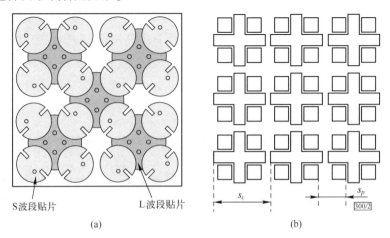

图 6-53　相间式双频段贴片天线组合
(a) 圆形贴片;(b) 方形贴片。

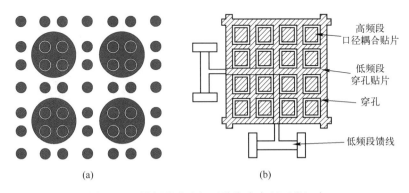

图 6-54　低频贴片中间开孔嵌套高频天线组合
(a) 圆贴片嵌套;(b) 方贴片嵌套。

### 4) L/C 双频段双极化共口径天线

通过将两个频段的波导缝隙天线并列放置,可以实现双波段双极化共口径波导缝隙天线。高波段双极化天线选择双极化缝隙波导天线形式,在双极化波导之间留出空隙,并在此缝隙处切割出低波段辐射缝,在高波段双极化天线的背部附加金属壁构成低波段脊波导腔。这是一种 L/C 波段双极化共口径天线构型,C 波段双极化辐射缝分别选择了脊波导宽边纵向细长缝和脊波导窄边"V"字形缝,由于 L 波段细长缝偏置位置不可调,因此在 C 波段双极化波导之间的间隙"见缝插针"地增加了 1~2 个缝,替代传统波导宽边缝隙阵中的单缝,调节辐射阻抗匹配,这种结构可以实现双波段双极化高效天线共口径目标,但是由于 L 波段选择了波导结构,因此尺寸大、重量重。将 L 波段波导结构替换为谐振腔结构则解决了这一问题[83],如图 6-55 和图 6-56 所示,辐射缝隙仍然插入在 C 波段双极化波导之间,该天线在两个波段获得 100MHz 带宽,效率大于 85%。如图 6-57 所示为双波段天线端口电压驻波比结果,带宽分别达到 3.7% 和 8%,图 6-58 中的方向图及交叉极化表明主瓣内交叉极化分量低于主极化 45dB 以上。

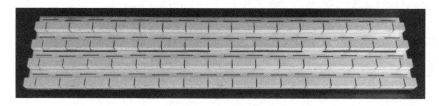

图 6-55 L/C 双波段双极化波导缝隙共口径天线

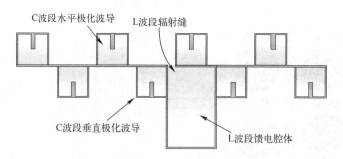

图 6-56 L/C 双波段双极化波导缝隙共口径天线结构示意图

### 5) Ka/Ku 双波段单极化共口径天线

在一些应用中,天线子阵中单元数较少,这种情况下可以选择灵活的介质基天线与低损耗高强度金属基天线相结合的方式。图 6-59 为一种典型构形,Ka 频段单极化选择高效率的波导缝隙天线位于底层,兼具结构支撑板、金属地

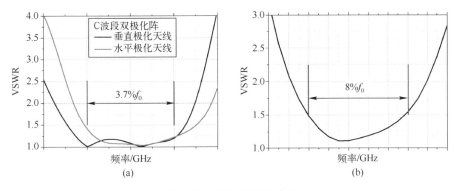

图 6-57 端口电压驻波比

(a) C 波段；(b) L 波段。

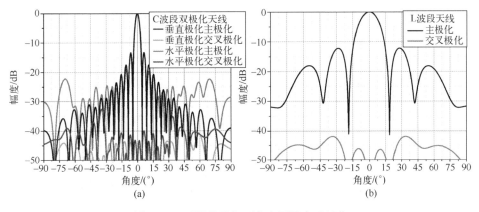

图 6-58 天线线阵切面方向图及交叉极化

(a) C 波段；(b) L 波段。

以及有源组件安装板作用，Ku 频段的双极化微带贴片天线置于波导表面，辐射贴片位于波导辐射缝之间的空隙处。当介质基平面微带贴片天线替换成介质基垂直放置的单元时，则可以获得宽带共口径天线，这种应用通常是两个波段，每个波段天线仅单极化工作，并且两者极化正交，将互相干扰降低到最小。

图 6-59 Ka 波导缝隙 Ku 双极化微带共口径天线

### 6.6.3 三波段双极化共口径天线

多波段双极化共口径天线是一个巨大挑战，三个波段并且每个波段都是双极化情况下,等效于 6 副天线共用一个物理口径,如此多的单元嵌套、混合交叠于一个物理口径,在结构上实现难度非常大。另外,在单元级有源阵列天线中,天线背部将布满 6 套天线的输出/输入接头,6 套有源通道(T/R 组件)也无法密布、平铺于天线背面,采用层叠安装时需要电缆连接天线单元和 T/R 组件,因此将带来较大的插入损耗。子阵级有源阵列天线中,6 套功分激励网络也难以实现。

  微波成像雷达中,多波段多极化的使用目的是对同一目标获得多维度图像,需要多波段多极化波束覆盖相同区域。因此,在频率比差距较大时,各个频段天线阵电尺寸大小相当,而物理口径则大小不同,提出两个高波段天线分别与低波段天线共口径,两种双波段双极化共口径天线拼接成一个物理阵列[136]。天线阵布局如图 6-60 所示,天线工作于 L、S 和 X 波段,频率比为 1:3:8,全阵面分为 L/S 双波段双极化共口径、L 波段双极化区域和 L/X 双波段双极化共口径区域,其中 L/S 和 L/X 子阵分别位于全阵的两侧,中间用 L 波段双极化子阵补足所需增益的口径长度。

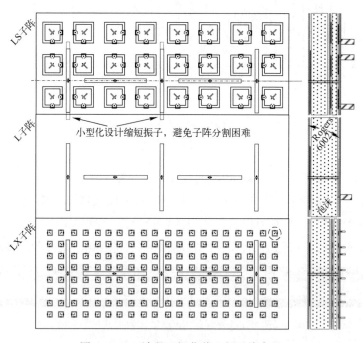

图 6-60 三波段双极化共口径天线布局

  S 及 X 波段单元采用方形晶格状排列,并运用相邻单元成对反相馈电的技术,以抑制主瓣内交叉极化电平和改善阵列极化隔离度,单元结构与 X 波段双极化类似,L 波段则选择了平面偶极子。单 L、L/S 和 L/X 双极化阵中的 L 波段单元采用相同结构,以确保辐射特性和端口 S 参数的一致性,这有利于 L 波段的阵面拼接。L 波段单元采用"T"字形交织于 X(或 S)波段空隙中。

实际上,这种方案是将三波段双极化共用口径天线阵的设计工作分解成两个双波段双极化共用口径天线阵列和一个单波段双极化天线阵列,因此可以借鉴以前双波段双极化共口径天线阵列的设计经验和加工工艺,极大地简化了三波段双极化的设计并降低了研制风险。

为了保证 L 波段天线在全阵面幅度/相位带内特性一致性,在三个区域设计中,L 波段天线保持不变,均采用平面偶极子单元。S 波段和 X 波段单元都采用方形叠层贴片结构。为改善双探针馈电的极化隔离度,在驱动贴片上蚀刻了非对称隔离槽。天线实验件经过测试,L 波段带宽达到 13.4%,端口极化隔离度优于 37dB,交叉极化电平低于-30dB;S 波段实测带宽为 14.8%,带内阵列隔离度优于 45dB,交叉极化电平低于-30dB;X 波段带宽为 16.8%,带内阵列隔离度优于 43dB,交叉极化电平低于-35dB。

# 第 7 章
# 有源封装阵列天线

## 7.1 概述

有源封装天线是基于封装材料与集成工艺技术,将天线单元、多种芯片、元器件等集成在一个封装内实现系统级天线功能的一门技术。将有源封装天线单元或者多个天线单元构成的封装体组成阵列,称为有源阵列封装天线。

集成电路芯片诞生于 20 世纪 60 年代[9],自从第一块集成电路芯片问世以来,芯片的集成度以摩尔定律预测的速度飞速提高。越来越高的集成度意味着集成电路芯片的功能日趋多样化,例如微波信号的产生、放大、移相与开关等。为了实现如此多样化的功能,需要对集成电路芯片进行混合集成,即芯片与其他异质芯片或者元器件通过互连的方式集成起来。同时,可保证多种芯片之间协调工作,不能相互干扰,更不能受外界环境的影响。

从功能上来看,有源封装天线是将天线与射频收发系统进行集成化封装,形成一个封装整体,使得整个系统获得更加稳定电气特性与更高集成度,同时又提高了系统的信号完整性和可靠性。

从设计上来看,有源封装天线是指将天线、芯片、元器件等功能模块按照机电热多物理量匹配设计要求进行布局、随后进行粘接、焊接、键合等微组装技术,使之成为一个整体系统,从而满足天线系统特定的性能和功能需要。

### 7.1.1 封装天线的构型

封装天线(Antenna in Package,AiP)是 20 世纪初提出的一种新型有源天线型式[11],继承与发扬微带天线、多芯片电路模块及瓦片式相控阵天线结构的集成概念。集成电路技术的发展,促进了有源封装天线的出现和发展。封装天线技术将天线触角伸向集成电路、封装、材料与工艺等领域,倡导多学科协同设计与系统级优化,同时兼顾了天线性能、成本及体积。

封装天线的基本结构如图 7-1 所示,简单地说,封装天线是由普通天线、封装腔和封装地三部分组成。封装腔被安排在天线地和封装地之间,芯片和电路元件放置在这个腔中,通过键合线和过孔与外部引线相连。同时,天线地与封装地将通过金属过孔相连接。实际测试和使用时,需要将封装天线安装在系统板上。

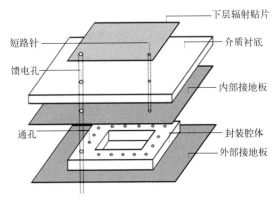

图 7-1 封装天线的基本结构

图 7-1 所示的天线结构将天线与射频集成电路芯片进行集成封装,使天线单元、芯片成为一个整体系统,可以有效地实现射频系统的小型化与集成化。随着射频频率和射频前端集成度的提高,各器件之间的距离也越来越近,特别是器件与辐射单元之间的距离减小,微小尺度互连的寄生效应就显得越来越明显了。

## 7.1.2 有源阵列封装天线

将有源封装天线单元或者多个天线单元封装组成阵列,称为有源阵列封装天线。将天线单元排列为天线阵列的目的主要有:一是将多个单元天线波束合成,增加天线系统的增益;二是通过天线单元通道移相器移相等方式进行波束扫描,将原来的机械扫描方式变为电子扫描。

有源阵列封装天线的型式主要有两种。一种型式是有源天线进行单通道封装,天线单元按照设计要求进行阵列布阵,图 7-2 为单通道封装天线,其中,编号 3 是天线基板,一般是微带或者背腔式,材料常用的是低温共烧陶瓷或者氮化铝陶瓷等;编号 8 和编号 9 是多功能芯片和收发开关,高功率放大器、低噪声放大器、开关、移相器、衰减器和预功率放大器组成多功能芯片。芯片间通过金丝(编号 6)互连,高功率放大器的输出通过收发开关与天线相连,收发开关的接收端与低噪声放大器相连。单个天线单元有源封装体输入输出球栅阵列(Ball Grid Array,BGA)(编号 7)与下一级功率合成/分配网络相连。通过编号 2,可以将一定数量的单个天线单元封装体组成为一个子阵级有源阵列封装天线,再通过 PCB 基板编号 1 组成更大阵列的有源封装天线。

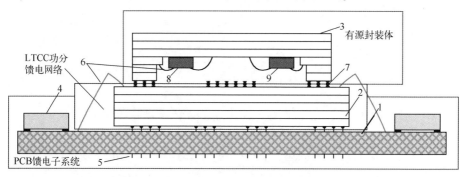

图 7-2　单通道封装天线

1—PCB 基板;2—LTCC 馈电基板;3—天线基板;4—馈电/控制/激励电路;5—PGA 引线;
6—金丝;7—BGA;8—多功能芯片;9—收发开关。

另一种阵列型式是将多个天线单元及其有源电路芯片进行集成封装成一个封装阵列天线,如图 7-3 所示。

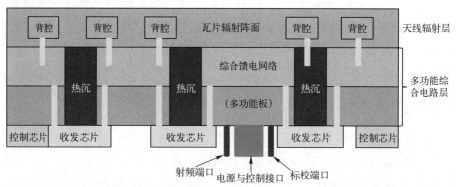

图 7-3　多天线单元封装天线

图 7-3 所示与图 7-2 的区别在于其将一定数量的天线单元(如多种芯片、综合馈电网络、热沉以及多功能板)集成封装为一体,直接构成一个子阵级有源封装天线。

在实际运用中,根据天线的工作频率、频率带宽、天线单通道功率等不同,优化封装天线的构型、封装方式和封装材料等。

## 7.2 封装天线单元

高分辨对地观测合成孔径雷达通常采用宽带有源阵列天线,常用于宽带有源阵列天线设计的典型天线单元形式有锥形槽天线、长槽天线、偶极子天线。对于封装天线而言,为了减小天线厚度,降低天线剖面,通常采用谐振式天线[137],例如微带谐振天线和背腔天线。

### 7.2.1 多层微带天线

微带天线具有诸多优点:平面结构,体积小、重量轻、剖面低,易于安装,可有效与半导体集成电路集成;加工制造成本低廉,易于批量生产;激励馈电灵活,易于获得线极化、双极化、圆极化等状态,也容易实现天线双频段甚至多频段工作。由于其谐振时品质因素较高,一般的微带天线通常只有不到1%~5%的阻抗带宽[138],这被认为是微带天线最大的缺点。此外,容易激励表面电流致辐射效率及增益较低,大规模组阵时馈电网络损耗较大,这将导致天线增益受限,这些因素制约着微带天线进一步的发展和应用。

提升微带天线工作带宽方法有两类:一类是多谐振点方法,例如双/多层微带贴片、平面增加寄生贴片、缝隙耦合和馈电网络补偿等;另一类是降低Q值,例如增加贴片厚度、降低介质板介电常数等。多层微带贴片天线通过上下层不同大小的贴片获得多频谐振,可以有效展宽带宽,通常双层微带贴片可以获得大于10%的工作带宽[139];缝隙耦合则是由于贴片、耦合缝和馈电短路线多个变量的介入,从而获得较宽的工作带宽,在增加空气层措施下,可以获得大于20%的带宽[140];耦合微带线匹配技术可以实现超过53%的阻抗带宽[141]。

天线的平面化和小型化必然伴随着某些方面性能参数的牺牲,如果能够实现一些新型的结构,充分利用天线占用的空间,如低温共烧陶瓷(Low Temperature Co-fired Ceramic,LTCC)技术多层结构,如图7-4所示,使天线的结构立体化,选择相适应的宽带微带天线结构,在确保尺寸减小的同时,保证增益、带宽等性能参数满足应用需求。此外,将射频连接器进行重构并内埋至介质内部,能够有效避免射频连接器在实际使用中受到磨损,提高天线的稳定性与可靠性。

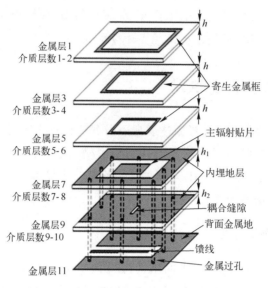

图 7-4 多层寄生微带天线的结构示意图

## 7.2.2 背腔天线

背腔天线通常分为金属背腔天线和基片集成波导(Substrate Integrated Waveguide,SIW)背腔天线两类。

金属背腔天线的研究从 20 世纪 50 年代开始[142],它由一个金属腔体和激励源组成。背腔天线按照激励源型式可以分为微带贴片背腔天线、微带或金属缝隙背腔天线、偶极子背腔天线、螺旋背腔天线等;按照天线的极化形式可以分为线极化背腔天线和圆极化背腔天线等。微带贴片背腔天线结合不同形状的贴片[50,51],可以实现 45% 的阻抗带宽[51]。纯金属材料的缝隙背腔天线同样可以获得非常宽的工作带宽,阻抗带宽达到 43%[143]。另外,经过特殊设计纯金属材料的缝隙背腔天线具有一定的滤波能力[144]。

为了方便分析,将背腔天线分解为几个独立的部分,如图 7-5 所示。在这里 $J_a$ 和 $M_a$ 是背腔口径面 $S$ 上等效的电流和磁流,$V_r$ 是谐振腔体,$E_0$ 是带有电流 $J_0$ 和磁流 $M_0$ 的激励源,$M_i$ 是在激励源处的匹配组件,$W_g$ 是馈电波导。因此对背腔天线问题的分析可以分解为三个基本问题:腔内问

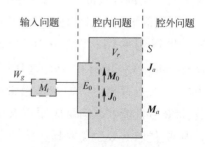

图 7-5 背腔天线结构示意图

题、腔外问题和输入问题。其中腔内问题是最关键的问题,因为腔内模式的电场分布直接决定了辐射口径处的电场幅度和相位分布,根据口径处的电场分布就可以解决腔外问题了。输入问题主要解决的是腔内激励源和馈电波导之间的阻抗匹配的关系,对腔内问题也有一定的影响。

对于一个腔体,尤其是填充了介质的腔体,腔体的品质因数 $Q_A$ 都比较高,腔体可以认为是一个谐振腔,可以通过分析腔内的本征模求得腔内电场分布。但是相对于一般的封闭式的谐振腔,腔体天线有着独特的性质[145],腔体天线会引起腔内电场扰动,从而导致天线谐振频率产生偏移和模基谱变窄等。

腔体天线的品质因数为

$$\frac{1}{Q_A} = \frac{1}{Q_{wall}} + \frac{1}{Q_{med}} + \frac{1}{Q_{rad}} \tag{7-1}$$

式中:$Q_{wall}$、$Q_{med}$ 和 $Q_{rad}$ 为天线部分品质因数,它们分别与金属壁的损耗、腔体媒质损耗和辐射损耗有关。

由式(7-1)可知,将腔体天线等效为一端开口的谐振腔后,可以认为是在腔体的横截面发生二维谐振。这种谐振模式和传统的波导谐振模式是相同。因此利用熟悉的波导模式来分析背腔天线的模式会使问题简化很多。

在微波频段,金属背腔天线的特点是不同的极化均由激励源直接产生,激励源一般为同轴线馈电,此种馈电形式不便于与系统中其他组件连接,并且组成天线阵列时,同轴线馈电网络的形式比较复杂。由于天线腔体的材质为金属,在组成天线阵列时,会造成天线体积过大,不容易集成。

为了满足现代信息系统的需求,天线的设计在满足性能指标的前提下要尽量小型化、集成化,并能有效地与系统中其他组件连接。因此基片集成波导结构因其低剖面、低损耗、高集成度等优势逐渐被用于背腔天线。同时利用低温共烧陶瓷技术和多层电路板(Printed Circuit Board,PCB)技术将天线单元、多种芯片和馈电网络集成于介质板中,有效提高有源封装天线的集成度和稳定性。

基片集成波导(SIW)的概念始于基片集成电路(Substrate Integrated Circuit,SIC)。典型的 SIW 结构如图 7-6 所示,与普通矩形波导中主模的电场结构相类似,只不过由于通孔缝隙的存在,会对电磁场产生一定的泄露。这种结构可以有效地实现无源和有源电路集成,使微波毫米波系统小型化,甚至可把整个微波毫米波系统制作在一个封装内,而且它的传播特性与矩形金属波导类似,所以由其构成的微波毫米波甚至亚毫米波部件及系统具有高 Q 值、高功率容量、易与其他平面电路和芯片集成等优点。同时由于整个结构完全为介质基片上的金属化通孔阵列所构成，所以这种结构可以利用普通 PCB 工艺、LTCC 工艺甚至薄膜电路工艺来精确实现。

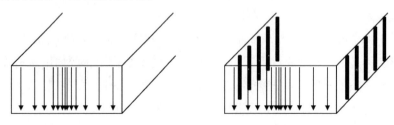

图 7-6　典型 SIW 结构与等效矩形腔体

图 7-7 为一种典型常用 SIW 的构型图，厚度为 $h$ 的介质基片的上下表面均金属化，并由中间两排周期排列的金属化通孔连接。当金属化过孔的排列密度满足一定要求时，可有效阻止电磁波在孔间隙泄露，从而在基片的横截面上形成了类似矩形波导的导波结构。两排金属化孔等效为金属波导的侧壁，而上下金属化表面即为金属波导的上下金属壁。其中金属化过孔直径 $D$，孔阵周期 $p$，两排金属孔圆心之间距离 $W$，$W$ 是基片集成波导的宽度。电磁场数值分析和实验已经证明[146]基片集成波导的导波特性和矩形波导类似，所以在用基片集成波导设计微波电路时，可参照金属波导的设计原理。

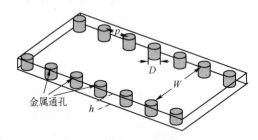

图 7-7　基片集成波导结构示意图

对于基片集成波导的基板材料，如果选用低介电常数板材，电磁场能量耦合到介质中的非辐射部分会减小，使得天线等效电路的辐射电导增大，天线 $Q$ 值降低，带宽会提高。如果选用高介电常数板材，往往用在一些平面电路，如功分器、耦合器、滤波器等场合，其对场能量的"束缚"能力较强。天线 $Q$ 值与板材介电常数和板材厚度的关系可表示为

$$Q = \frac{\varepsilon_r}{\mu_0 h} A \qquad (7-2)$$

式中：$\varepsilon_r$ 为板材的相对介电常数；$\mu_0$ 为磁导率常数；$h$ 为板材的厚度；$A$ 为常数。

从式(7-2)可以看出，天线 $h$ 增大，$Q$ 值会减小，天线带宽会显著提高，但单纯增加介质厚度往往会牺牲天线性能。介质厚度增大，会增大介质表面波。低频应用场合，表面波效应可能不是很明显，但随着频率增加，天线效率会显著下降，如果用微带或 CPW 等共面传输线激励，天线表面电流分布会沿介质表面传播，远场辐射方向图相比较于原来的方向图轴向发生显著偏移。

### 7.2.3 带宽与阻抗匹配

天线带宽与天线的阻抗带宽密切相关，天线带宽是天线设计中一个重要的参数，是用来描述天线的辐射能力随着工作频率变化的量。针对谐振天线，阻抗带宽 BW 的表达式为[147]

$$\text{BW} = \frac{\text{VSWR}-1}{Q\sqrt{\text{VSWR}}} \times 100\% \tag{7-3}$$

$$\frac{1}{Q} = \frac{1}{Q_r} + \frac{1}{Q_c} + \frac{1}{Q_d} + \frac{1}{Q_{sw}} = \tan\delta_{\text{eff}} \tag{7-4}$$

式中：$\tan\delta_{\text{eff}}$ 为等效介质损耗正切；$Q$ 为天线的品质因数；$Q_r$ 为天线辐射引起的品质因数；$Q_c$ 为导体损耗引起的品质因数；$Q_d$ 为介质损耗引起的品质因数；$Q_{sw}$ 为表面波引起的品质因数。品质因数为

$$Q_r = \frac{\varepsilon_r WL}{120\lambda_0 hG_r} \tag{7-5}$$

$$Q_c = \pi h\sqrt{\frac{120\sigma_c}{\lambda_0}} \tag{7-6}$$

$$Q_d = \frac{1}{\tan\delta} \tag{7-7}$$

$$Q_{sw} = \left(\frac{\lambda_0}{3.4h\sqrt{\varepsilon_r-1}}\right) Q_r \tag{7-8}$$

式中：$\lambda_0$ 为自由空间的波长；$G_r$ 为等效辐射电导；$\sigma_c$ 为导体的电导率；$\varepsilon_r$ 为介质的相对介电常数；$\tan\delta$ 为介质的损耗正切；$h$ 为介质的厚度；$W$ 和 $L$ 为天线等效长度和宽度。

**(1) 减小品质因数提高天线带宽。** 从式(7-3)可以看出，较高的介电常数会使得天线的品质因数 $Q$ 较高，从而使得天线有很高的储能，不能很好地将能量辐射出去。为了增加天线的阻抗带宽，需要减小天线的品质因数 $Q$，也就是

选用较大的基板厚度或者较低的介电常数。当天线介质基板的材料选定时,正切损耗 tanδ 就可确定下来,一般增加天线带宽的有效办法就是改变天线的等效宽长比 $W/L$,或者采用其他加载的方式来拓展带宽。

优化天线介质层的结构是增加天线带宽的有效办法之一。减少天线介质材料的介电常数可以提高阻抗带宽,除了使用复合材料和新型材料以外,也可以设计优化天线介质层结构来实现等效介电常数的减小,例如在介质层中利用空腔技术设置多个空气腔体,以便在不增大介质层高度的前提下使得等效介电常数减小。

优化天线形状也可以增加天线的带宽。通过引入曲折线或其他特殊分形等手段改变天线辐射单元的形状,可以增加其电流通过的有效路径,在一定程度上改变其等效宽长比,进而增加其阻抗带宽。

**(2) 阻抗匹配提高天线带宽。**天线的输入阻抗定义为天线输入端电压和电流之比,其值表征了天线与馈线(馈线是连接天线和发射机或者接收机)的匹配状况,体现辐射波与导行波之间能量转换的好坏。天线输入阻抗通常表示为

$$Z_{in} = \frac{U_{in}}{I_{in}} = \frac{P_{in}}{\frac{1}{2}|I_{in}|^2} = R_{in} + jX_{in} \tag{7-9}$$

$$P_{in} = \text{Re}(P_{in}) + \text{Im}(P_{in}) \tag{7-10}$$

式中: $R_{in}$ 为输入电阻; $X_{in}$ 为输入电抗; $P_{in}$ 为馈给天线的功率由实输入功率和虚功率组成。考虑到天线本身及周围的损耗性结构(包括有耗媒质的损耗、支撑结构的损耗、接地装置的损耗及周围物体吸收电波的损耗等),实输入功率为

$$\text{Re}(P_{in}) = P_{rad} + P_n \tag{7-11}$$

式中: $P_{rad}$ 为天线辐射功率; $P_n$ 为损耗功率。

由式(7-9)可见,如果考虑天线导体的欧姆损耗,输入电阻 $R_{in}$ 引起损耗由两部分组成:一是由辐射损耗引起的功率;二是由欧姆损耗所引起的功率。

当天线的输入阻抗与特征阻抗不匹配时,会造成反射,用反射系数 $\Gamma$、电压驻波比 VSWR 和回波损耗 $L$ 均可表示阻抗匹配程度,即

$$\Gamma = \frac{Z_{in} - Z_0}{Z_{in} + Z_0} \tag{7-12}$$

$$\text{VSWR} = \frac{|V_{max}|}{|V_{min}|} = \frac{1+\Gamma}{1-\Gamma} \tag{7-13}$$

$$L = 10\log\left(\frac{P_{in}}{P_{ref}}\right) = 20\log(\Gamma) \tag{7-14}$$

式中：$Z_{in}$ 为天线的输入阻抗；$Z_0$ 为天线传输线的特性阻抗；$V_{max}$ 为传输线上最大值电压；$V_{min}$ 为传输线上最小值的电压；$P_{in}$ 为入射功率；$P_{ref}$ 为反射功率。

从式(7-9)可以看出，当天线的输入阻抗远大于特征阻抗时，反射系数 $\Gamma=1$，此时发生了全反射。当输入阻抗等于特征阻抗之时，输入端阻抗匹配，全部的电磁能量都会进入天线辐射单元，这时候反射系数 $\Gamma=0$，达到了最为理想的情况。但是通常情况下天线不能完全匹配，也经常使用电压驻波比 VSWR 和回波损耗 L 来表示天线的匹配程度和工作状况。

天线的输入阻抗与天线的几何形状、尺寸、馈电点位置、工作波长和周围环境等因素有关，天线阻抗匹配就是消除天线输入阻抗中的电抗分量，使电阻分量尽可能地接近馈线的特性阻抗。在封装天线中，集成度越来越高，馈线的长度越来越短，可能进入了微小尺度，这种微小尺度的阻抗匹配特性发生变化，将产生失配效应。

优化匹配电路网络是减小微小尺度馈线寄生效应方法之一。在天线的馈电端添加电容贴片或者电阻等损耗元器件，相当于减小了品质因数，可以在一定程度上增加阻抗带宽。但是，添加额外的匹配网络，会使得天线增益和辐射效率等性能的下降。

多模谐振技术是通过改变同轴馈线在辐射贴片上的位置使得天线产生多个谐振频率点，来增加天线的阻抗带宽。也可将多个天线辐射单元垂直叠层，使不同的天线辐射单元工作于邻近的频段，使其来拓展天线带宽。

## 7.3 多层垂直互连技术

封装天线的基本结构主要有两种形式：水平结构和垂直结构，如图 7-8 所示。

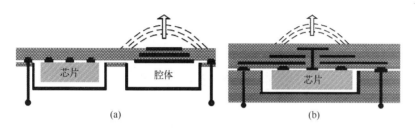

图 7-8 封装天线结构形式
(a) 水平结构；(b) 垂直结构。

水平结构的封装天线如图7-8(a)所示,将芯片和天线水平并列放置在两个腔体中,天线的馈电点与芯片通过键合线或者利用倒装焊技术实现。此种天线结构容易实现,但是因为水平排列而导致整个封装天线的截面积过大,水平方向上的集成度难以提高。

垂直结构的封装天线如图7-8(b)所示,通过将天线垂直封装在芯片的上方,使用倒装焊和金属互连通孔技术实现天线端的馈电。该结构大大地减小了微波射频系统的尺寸,还可以在芯片和天线之间引入金属屏蔽层来减少彼此之间的干扰。封装天线单元与有源收发芯片之间的垂直互联对于实现有源阵列天线系统的低剖面、轻量化有着重要的作用。这种垂直馈电互联带来的寄生效应,会影响到天线的辐射效率、天线的输入阻抗、馈线的插入损耗和封装天线内部的电磁兼容性等。

垂直互连结构主要有板间毛纽扣互连、板间BGA互连、板间栅格阵列封装技术(Land Grid Array,LGA)互连、板内层间互连、芯片间硅通孔技术(Through-Silicon Via,TSV)互连等。

## 7.3.1 板间毛纽扣互连

毛纽扣(Fuzz Button)一般是细金属丝绕制而成的柱状体,具有一定的弹性,并在外层包裹支撑介质,例如聚四氟乙烯。毛纽扣的实物照片如图7-9所示。制作毛纽扣的金属丝通常具有良好的电性能,同时具备一定的弹性,这是因为在使用过程中,往往将毛纽扣压在两块板材之间,良好的弹性使得毛纽扣与电路紧密接触在一起。可以选择的金属材料通常有钼(Mo)、铍铜(BeCu)、钨(W)以及镍铬合金(NiCr)等,一般情况下,为了进一步加强毛纽扣的电性能,增加抗氧化能力,减少毛纽扣与焊盘之间的接触电阻,在金属丝的表面上再镀上一层金(Au)。

图7-9 毛纽扣实物图

微波电路垂直互连技术所使用的毛纽扣往往有两种型式:一种是同轴形式如图7-10(a)所示,是将毛纽扣作为中心导体;另一种是三线形式(three-wire),如图7-10(b)所示,将三根毛纽扣并排摆放在一起,其中中间的毛纽扣作为信号通道,而其他两根则接地形成微波地。

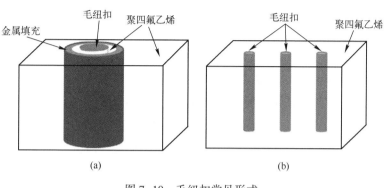

图7-10 毛纽扣常见形式
(a)同轴形式;(b)三线形式。

毛纽扣是一种高性能常用的、可定制的连接器件,根据不同的电路形式制成符合要求的连接尺寸。毛纽扣可以用于多种封装形式,例如插针网格阵列封装技术(Pin Grid Array,PGA)、焊球阵列封装技术(BGA)、栅格阵列封装技术(Land Grid Array,LGA)、圆柱栅格阵列封装技术(Cylinder Grid Array,CGA)、四周扁平无引脚伸出封装技术(Quad Flat No-lead Package,QFN)以及多芯片互连技术(Multi-Chip Module,MCM)等。毛纽扣的半径、高度都是匹配连接的重要参数。毛纽扣相比于其他连接技术,例如伸缩探针(Pogo Pin)和弹簧探针(Spring Probes),以及各焊接技术都有着非常大的优势,不仅能减小信号失真,最高可以传输40GHz的信号[148],而且具有稳定性高、防震动耐冲击、使用寿命长等优点。

毛纽扣有其自身的缺陷。由于毛纽扣需要压制在电路层上,电路层往往需要被设计成"面对面"的形式,或者利用金属化通孔将信号引到背面层。"面对面"形式一般会引起两层电路之间信号的串扰,而要拉开足够大的距离也会加大器件的尺寸,若保证足够大的间距意味着毛纽扣需要同样增加长度,这会使得过渡结构处的损耗加大。而通过金属化通孔引到背面层会带来更多的加工困难,例如通孔与毛纽扣的对位问题。这缺陷不是毛纽扣特有的,是微小尺度互连产生的寄生效应,其原因主要是电磁场不连续,而且过渡连续线变短,高次模没有足够地衰减,同时相邻两层电路"面对面"距离太近,两层信号串扰较为严重。考虑到这些因素，在利用毛纽扣技术设计电路时，上下层电路应尽可能避开形成平行电路。

### 7.3.2 板间 BGA 互连

在有源封装阵列天线分析与设计中，最核心问题之一就是要解决微波信号的三维传输问题。在传统的二维封装模块中，信号的传输都是基于 $X$-$Y$ 平面内进行传输，如图 7-11 所示，但是在三维系统中，微波信号的传输除了在 $X$-$Y$ 平面传输之外，实现了在 $Z$ 轴方向的传输。在三维集成系统的应用中，对微波信号沿 $Z$ 轴进行传输比较常用的技术是 BGA 技术，把 I/O 端子作为圆柱形来与系统中不同的元器件之间建立高密度连接，尽管这种方式增加了 I/O 的引脚数量，但是采用 BGA 进行引脚的焊接时，可以很好地提高封装天线的整体电热性能，使整个封装天线的厚度和寄生参数都大大减小，同时还可以提高使用频率。

如图 7-11 所示为采用 BGA 技术实现、采用不同材料制作的上下基板间垂直互连示意图。该结构由上下基板和中间的 BGA 焊球组成，两个基板之间使用回流焊的技术产生了若干个 BGA 焊球，BGA 焊球在这个结构中起到对传输通道支撑作用，微波信号的传输都是基于上下两个基板来完成的。

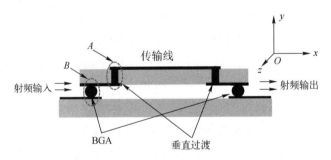

图 7-11 板间 BGA 垂直互连示意图

### 7.3.3 板间 LGA 互连

栅格阵列封装（Land Grid Array，LGA）技术是在上下两个基板之间通过使用焊料来实现不同的元器件之间的物理连接，从而可以很好地避免使用 BGA 焊球导致的两个基层之间的过渡。LGA 技术最核心的就是可以在两个基板之间实现无缝连接，降低系统内部的寄生效应，采用过渡结构可以有效提高整个系统工作的频率。其中比较典型的应用就是采用方形扁平无引脚封装（Quad Flat No-lead Package，QFN），借助基板上大面积的暴露来实现整个系统内部的导热效果。

传统上,通常采用 QFN 技术实现单个 MMIC 芯片封装,这种封装技术功能单一,应用的选择性比较少,无法满足对多种芯片、功能较多的情形下的应用需求。如果要提高整个封装的性能多样化,那么就需要把多种芯片在同一个基板内完成集成封装,一般只能选择使用多层基板材料来实现。如图 7-12(a)所示为多层基板的 LGA 连接模式图,在这种结构中大多采用多层陶瓷材料,内部使用裸芯片来完成多层基板的集成封装。在下层母板中,一般采用 PCB 材料,材料价格比较便宜,易于加工,可以把这种材料作为底层大面积基板使用。

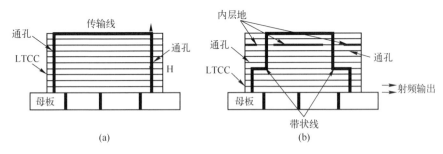

图 7-12　板间 LGA 互连

(a)传统模式;(b)改进模式。

在实际的应用中,采用多层基板设计的 LGA 垂直互连结构还存在一定的局限性。例如在微波毫米波频段,为了提高微波性能,需要尽量减小上层基板的厚度,这样机械性能与可靠性都大大降低,同时当上层基板的厚度减小后,上层基板的布线能力也大大下降。

为了使这一问题得到有效解决,一般采用新型 LGA 结构,如图 7-12(b)所示,这种结构在上下两层基板之间插入一个金属地层,在电路结构内部就可以在上下两层基板之间完成传输线的过渡。这种结构实质是把孔传输结构分为长度不同的两个过渡结构,可以有效降低电路中的电感效应,拓宽整个电路的工作带宽。

## 7.3.4　板内层间互连

垂直互连结构采用板内层间互连方式,是紧随着 LTCC 和 $Al_2O_3$-HTCC、AlN-HTCC 多层陶瓷封装技术的发展而来的。相比较毛纽扣、微连接器、BGA 和 LGA 等板间互连技术,板内层间互连技术具有路径更短、微波传输损耗更小、结构更简单等优点,典型的封装天线与有源收发芯片板内层间垂直互连的结构示意图如图 7-13 所示。

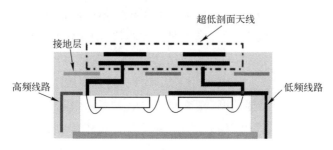

图 7-13　板内层间互连

## 7.3.5　硅通孔互连

硅通孔技术(Through-Silicon Via,TSV)也称为通孔互连技术,是实现芯片级三维集成的核心技术。不同于传统在芯片表面走线的方式,这是一种穿透芯片的垂直连接方式,如图 7-14 所示。在不采用引线的情况下,TSV 技术在晶圆与晶圆间的垂直方向上制作通孔来实现芯片间热与信号的传输,很好地克服了传统集成技术引线繁多、延时大等的局限性。随着硅晶片叠层技术的发展,利用 TSV 技术制作三维集成的芯片成为片上系统(System on Chip,SOC)技术的主要的发展方向。

图 7-14　芯片间 3D 互联堆叠

TSV 技术有三个技术核心点,即穿透基片的通孔、绝缘层和导体填充。通孔利用离子刻蚀、湿法腐蚀、机械打孔和激光打孔等手段来制成;绝缘层往往利用热氧化形成 $SiO_2$ 或者采用溅射绝缘材料的方式形成;而导电材料的填充一般采用电镀法、低阻硅填充或者焊锡球回流等手段。其中导体材料的填充是关键和难点,它影响 TSV 技术的应用范围、可靠性、制作成本以及制作周期。而对于集成电路而言,填充导电材料时,如果产生了不均匀或者空洞,都将对电路的性能产生非常大的影响。

TSV 技术比传统的键合堆叠技术有更高的互连密度、传输路径更短、功耗更小和成本更低等优势。

当然,TSV 技术也有缺点,由于硅晶体本身晶格的形状是正四面体,刻蚀出来的传输线槽的横截面无法做到真正意义上的矩形,往往只能做成梯形。这对于频率不高的电路而言影响不大,但在高频段,影响就无法忽略了。

## 7.4 热设计与散热技术

有源封装阵列天线系统主要由天线无源阵面、T/R 组件、馈电网络、波控模块、电源、天线框架等部分组成,其中 T/R 组件和高密度电源发热量较大。由于大型有源阵列天线中使用大量的 T/R 组件,T/R 组件中的各移相器的移相态的误差,传输线的相位误差以及各器件的相位特性与工作温度密切相关,天线阵内允许的环境温度最高值与最低值之差一般小于 10℃,否则 T/R 组件各相位态与标称值差别就比较大。对有源阵列天线进行热设计与分析的目的就是保证 T/R 组件与电源工作在适当的温度范围内,并尽可能保证各组件工作温度一致性。另外,天线阵面受热变形的影响会引起天线增益下降、副瓣电平升高和波束指向不准确等问题,降低有源阵列天线的电性能。

有源阵列封装天线是将天线阵面、有源收发电路甚至馈电网络及波控电路等高密度集成在一个封装体内,热流密度更高,对散热技术要求更高,需要从系统级封装(System in Package,SIP)的角度来进行综合分析和热设计。同时,需要结合热力学、材料学、电磁学等学科知识对温度场、应力场、电磁场等进行多物理场匹配分析。

有源阵列封装天线内部产生的热耗功率主要包括两部分:一是有源收发电路产生的热耗功率 $P_1$;二是功率放大输出端与天线单元之间的馈线损耗引起的热耗功率 $P_2$。它们的计算公式分别为

$$P_1 = N \times P \times \left(\frac{1}{C_1} - 1\right) \tag{7-15}$$

$$P_2 = N \times P \times C_2 \tag{7-16}$$

式中:$N$ 为天线单元总数;$P$ 为单元功率放大器的输出功率;$C_1$ 为功率放大器的效率,一般仅为 15%~40%;$C_2$ 为损耗系数,一般较小,为 1%~10%。

有源阵列封装天线外部的热量主要来源于其工作环境中的温度变化,需针

对系统的不同应用场景,对有源阵列封装天线进行散热设计。例如,对于热流密度不大的地面有源相控阵天线,采用传统的强迫风冷散热方式是可行的,这种散射方式安装方便,满足散热要求,许多工程实例中都有应用。对于热流密度较大的机载有源相控阵天线,由于有源阵列天线热功耗越来越大,传统风冷方式已难以满足散热要求,越来越多的工程实例和研究都集中在强迫液冷方式。对于热流密度较大又对系统体积和重量要求严苛的星载有源阵列天线,热控系统完成天线与空间环境之间、天线内部的热交换。热控由热控涂层、多层隔热组件、控温加热回路、相变热管、热敏电阻、导热填料等产品组成[2]。

### 7.4.1 芯片散热分析

为了减小有源阵列封装天线的体积和封装难度,通常采用将多个单片微波集成电路(Monolithic Microwave Integrated Circuit,MMIC)混合集成的方法来实现有源电路,再将大尺度天线和微小尺度有源电路进行封装集成,形成有源封装天线。

高功率和小型化是有源阵列天线系统对 MMIC 的基本要求,而随着集成电路技术的发展,MMIC 的集成度越来越高,这将导致其功率密度和热流密度大幅度提高,从而引起芯片结温升高。

芯片结温过高将导致 MMIC 可靠性降低,甚至会造成失效、烧毁等严重后果。另外,MMIC 中移相器对温度最为敏感,不同的工作温差会引起移相器产生不同的相位偏差,进而影响有源阵列天线的波束合成和扫描性能。

图 7-15 为有源相控阵天线阵面上 MMIC 的热流密度发展趋势。从图 7-15 中可以看出随着集成电路的发展,天线上 MMIC 的功率密度将会超过 $1kW/cm^2$,这对有源阵列封装天线阵面的散热带来了巨大挑战。

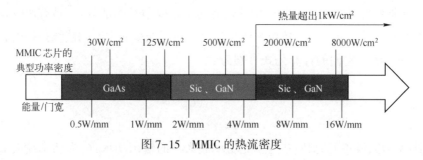

图 7-15 MMIC 的热流密度

传统的对流散热方式往往需要额外增加风扇等设备。散热虽然能够达到效果,但是增加了系统的重量和体积,不利于相控阵天线系统的小型化和轻型化。对于有源阵列封装天线而言，无法采用这种对流方式为 MMIC 散热，热辐射方式传热效率低，散热效果差，无法满足 MMIC 长时间工作的需要。

一般情况下，采用热传导的方式对 MMIC 芯片进行散热是最直接有效的，即采用高导热率的封装基板材料，使芯片上的热量被快速、有效地传递到冷端，从而降低芯片的结温。热传导方式在对 MMIC 芯片有效散热的同时，也保证了系统整体重量和体积不会增加太多。

在实际应用中，MMIC 芯片与基板、热沉或散热片之间不是紧密贴合的，往往由于表面粗糙度的原因，二者之间存在空气间隙，而空气的导热率较低，热流通道在空气间隙处产生较大的热阻，非常不利于系统散热。为了解决这个问题，需要在空气间隙处填充热导率相对较大的导热硅脂、导电银胶或者金属焊料，以降低热阻，提高散热效率。

## 7.4.2 微流道冷板

常规的有源阵列天线散热设计大多是在有源电路模块封装外壳的外面添加散热器，散热器主要有翅片散热器和冷板。翅片用在发热量不是很高的场合。冷板通常用在发热量较大的场合，可配合强迫空气冷却或强迫液体冷却方式混合使用，有源阵列天线的散热设计多采用冷板方法。凭借高效的散热设计和先进的加工工艺，冷板可以达到很好的效果，但是不论是风冷冷板还是液冷冷板，都有占用空间大、重量大的特点，这对于高效率低剖面要求较高的有源阵列天线系统来说，已经成为一个很重要的制约因素。因此，采用更加高效、精细的热设计方法，对于有源阵列天线系统来说非常重要。

有源阵列封装天线由于将天线与有源收发电路一体化封装在一个模块内，集成度高，在缩小了系统体积的同时，也提高了系统的功率密度。如何系统地优化热设计，增强系统散热能力，是面临的关键问题之一。微流道冷板技术出现和发展有力地支撑了有源阵列天线系统热设计技术难题的解决。

微流道冷板技术是一种新型散热技术，具有效率高、体积小、热阻低和容易与封装外壳一体化集成等优点。图 7-16 为有源阵列封装天线微流道冷板的结构示意图。从图 7-16 中可以看出，微流道冷板散热技术除了具有散热效果好等优点外，还具有比较轻薄的外形，能够与天线阵面、有源收发电路、波控电路等一体化封装集成。另外，采用结构强度较高的金属材料制作的微流道冷板，还可以同时作为有源阵列封装天线的系统支撑板，有效降低系统的剖面高度。

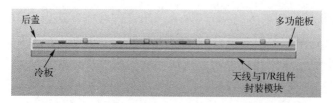

图 7-16  有源阵列封装天线微流道冷板结构示意图

微流道冷板技术的研究主要集中在高强度高导热冷板材料、宽温度热相变材料、微流道线路拓扑技术以及微流道冷板加工新工艺技术等方面。例如,采用 LTCC 或 HTCC 等多层陶瓷布线基板技术来制作微流道冷板,可以将封装天线和液冷板一体化集成,最大程度的降低相控阵天线系统的体积。

### 7.4.3 热仿真技术

有源阵列封装天线的热仿真需要从系统级封装(System in Package,SIP)的角度来进行综合分析和热设计,同时需要结合热力学、热学、材料学、电磁学等学科知识对应力场、温度场、电磁场等进行多物理场匹配分析仿真。

下面以有源封装天线单元在受热后会产生变形为例进行分析。由于变形会影响阵列天线的平面度和单元间的位置偏差,会引起天线口面场的相位误差,所以可把结构变形误差作为附加的相位因子引入到天线方向图函数中。基于此思想,可以建立如图 7-17 所示的温度场、位移场、电磁场的三场耦合仿真分析流程。

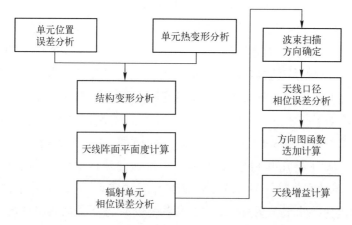

图 7-17  热引起天线位置变化多物理场仿真分析流程

有源封装天线的热仿真,以及多物理场仿真是面临的难题,需要引起关注:

(1)尺度匹配理论和方法。大尺度天线与微小尺度芯片集成在同一封装体内,大尺度天线辐射的电磁场与不同小尺度芯片微观电磁信号互扰效应,射频信号与模拟、数字信号在封装体内的串扰效应,射频信号在微小尺度下的趋肤效应。

(2)信号流布局和优化技术。在有源天线封装体内,研究机、电、热多物理场基本理论,布局和优化射频、模拟及数字信号流,热产生及散热通道流,多种力传导流等。

(3)微小尺度连接寄生效应研究。在有源封装天线的封装体内,三维微小尺度连接产生电磁场不连续,研究特定边界条件下电磁场本征模特性及其变化。

## 7.5 内埋微波器件

随着大规模集成电路、新型电子材料和高密度封装互联技术的快速发展,有源封装天线向低剖面、轻量化、高度集成化的方向发展。低噪声放大器、功率放大器、混频器、开关、倍频器等单片集成电路,在小型化方面取得了巨大的进步。相比较而言,进一步实现无源器件(如电阻、电容、电感、耦合器、双工器、滤波器及功分器等)的小型化、轻量化和高度集成化意义重大。

无源元件的集成方式主要有分离式、集成式和内埋式三种。分离式是将封装好的元件安装到系统中,集成度低,但工艺比较成熟;集成式是将未经封装的无源元件用一定的互连方式集成到系统中;而内埋式则是直接在基板上制作无源元件,在基板内部进行连接,实现了最短地互连和最高的封装效率。内埋式的无源元件集成技术是实现有源封装阵列天线的基础。

LTCC技术以厚膜技术和陶瓷多层技术为基础,通过在生瓷带上利用机械打孔/激光打孔、丝网印刷将导体浆料填充进通孔孔隙,精密导体浆料印刷制作出所需要的电路版图,并将多个无源元件埋入其中。这种内埋式无源器件,具有加工精度高、一致性好、设计灵活、高频性能优异等特点,便于与其他集成电路和元器件进行混合集成。LTCC技术借助于过孔、开腔、灵活的金属层印刷,为无源器件的小型化、宽带、与有源器件集成等设计提供了极大的便利和可能性。同时LTCC技术还可以利用其三维集成优势,集成各类电阻、高Q值电容、电感甚至滤波器等无源电路,最大限度地减少独立元器件数量和重量,降低系统复杂度和成本。

图 7-18 为一种 LTCC 作为基板的三维集成封装体示意图。在最上层 LTCC 基板上是 IC、有源器件和模块,如 PIN 管、三极管等,而多层基板内部则有大量的内置无源器件,多种类型电感、电容或埋置电阻等分布在板内,通过通孔或通过以 LTCC 为介质的平板电容等与板上的器件、IC 连接,形成一个具有一定功能的微系统。LTCC 可以作为某个功能模块的载体,内置无源元件,表面上贴装 IC 和有源器件,使用时通过 BGA 焊接技术与其他 LTCC 基板相连,这样可设计出多种专用的多芯片功能模块(Multi-Chip Modules,MCM)。LTCC 技术也可以设计某些独立的标准封装的器件,如滤波器、双工器等,这些器件既可以贴装到 LTCC 基板上作为 MCM 系统的一部分,也可以作为具有标准输入输出接口条件的通用器件应用在任何其他场所。

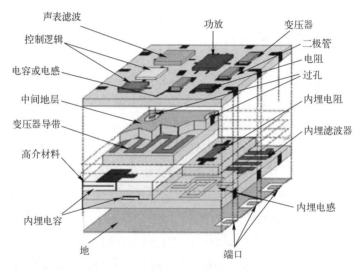

图 7-18 典型 LTCC 模块内部构造图

### 7.5.1 电感、电容、电阻

**(1) 内埋式电感**。作为一个用途广泛而且是微波射频系统中必不可少的元件,电感性能的优劣是决定整体电路性能好坏的关键一环。与电阻、电容等无源元件相比,电感占用的面积最大。所以,在不影响电感性能的前提之下,如何降低电感尺寸成为微小型化迫切需要解决的问题。LTCC 技术是实现内埋电感小型化的有效途径,充分发挥 LTCC 技术三维多层以及可内埋无源元件的优势,既有效缩小电感所占面积,也大大提高电感的 $Q$ 值。

一般情况，用有效电感量 $L_{eff}$、$Q$ 值以及自谐振频率(Self Resonance Frequency, SRF)三个主要参数作为内埋式电感的表征。

有效电感量 $L_{eff}$ 定义为电感输入口的电感总值。输入阻抗为

$$Z_{in} = R + jX \tag{7-17}$$

则有效电感量为

$$L_{eff} = \frac{X}{\omega} = \frac{X}{2\pi f} \tag{7-18}$$

式中：$R$ 为输入阻抗的实部；$X$ 为输入阻抗的虚部；$\omega$ 为角频率；$f$ 为频率。

对于 $Q$ 值有不同的定义，对于 LTCC 内埋式电感而言，$Q$ 值是 $Z_{in}$ 的虚部比实部

$$Q = \text{mag} \frac{\text{Im}(Z_{in})}{\text{Re}(Z_{in})} \tag{7-19}$$

影响内埋置式电感 $Q$ 值的主要因素分为两方面：一方面是由电感金属导体以及外形因素导致的导体损耗；另一方面是由 LTCC 材料引起的介质损耗。

自谐振频率定义因寄生效应致使 $Z_{in}$ 从感性变到容性的频率转折点，它决定着电感的有效频率范围。影响自谐振频率的因素主要是寄生电容效应，在工程设计中，常用的估算寄生电容的公式为

$$C = \frac{\varepsilon_0 \varepsilon_r w L}{h} \tag{7-20}$$

式中：$\varepsilon_r$ 为相对介电系数；$\varepsilon_0$ 为真空的介电系数；$w$ 为电感金属绕线的宽度；$L$ 为电感金属绕线的总长度；$h$ 为电感金属绕线平面到地平面的距离。

LTCC 内埋置电感大体分为两种，即单层形式和多层形式，区别在于其整体是否均处于同一平面。如图 7-19 所示为常见的单层电感，从左到右依次为直线形电感、环式电感、折式电感以及方螺旋式电感。

(a)      (b)      (c)      (d)

图 7-19 常见的单层电感

直线形和环式电感适用于电路电感量不大的情况，这主要是由于其电感量很小，同时线段与线段之间互感为零且高 $Q$ 值。折式电感多适用于特性阻抗较低或耦合较弱的电路，其组成包括多个小折线段，正是因为此种结构，导致互感为负的弱耦合现象在邻近的导体之间滋生。折式和螺旋式电感可以用来实现

较大的电感值。相比较而言，相同尺寸前提下的 $Q$ 值和自谐振频率，圆螺旋式电感较占优势，但是在单位面积上的电感量要逊于方螺旋的形式，然而在实际应用中，为了使器件更为紧凑往往会放弃 $Q$ 值而选择尺寸上更为有利的方螺旋式电感。

制作多层电感是 LTCC 结构优势，此种电感充分利用三维空间，使原本平面上延展的构型转化成立体垂直的形式，有效地缩小占用面积，实现电感小型化的目标。如图 7-20 所示为常见的多层电感：平面式(Planar)、位移式(Offset)、堆叠式(Stack)和三维螺旋式(3D Helical)。

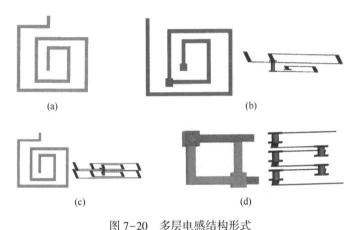

图 7-20 多层电感结构形式

(a) 平面式；(b) 位移式；(c) 堆叠式；(d) 三维螺旋式。

由表 7-1 中可以看出，无论是所需面积、自谐振频率还是品质因素三方面，3D 螺旋式电感都强于其他三者。但是，3D 螺旋式电感所需层数最多，这就增加了工艺设计上的难度。3D 螺旋式电感利用 LTCC 的多层三维布局的特点，可以将布局在垂直方向上进行延展，从而构成多层螺旋电感，如图 7-21 所示为两种典型的多层螺旋电感结构，其中图 7-21(b)的结构可以有效地减小寄生电容的影响，拓展应用频率范围。利用多层螺旋电感结构，可以有效利用立体式导线的互感来提高电感值，同时可以利用更多的层来达到减小电感占用面积的目的。

表 7-1 不同结构内埋置电感比较

| 结构形式 | 平面式(Planar) | 位移式(Offset) | 堆叠式(Stack) | 螺旋式(Helical) |
| --- | --- | --- | --- | --- |
| 所占面积(在相同有效电感值下) | 最大 | 中等 | 小 | 最小 |
| 自谐振频率(在相同有效电感值下) | 最低 | 中等 | 高 | 最高 |

(续)

| 结构形式 | 平面式<br>(Planar) | 位移式<br>(Offset) | 堆叠式<br>(Stack) | 螺旋式<br>(Helical) |
|---|---|---|---|---|
| 品质因素(在相同有效电感值下) | 最低 | 中等 | 高 | 最高 |
| 所需层数 | 最少 | 少 | 少 | 最多 |

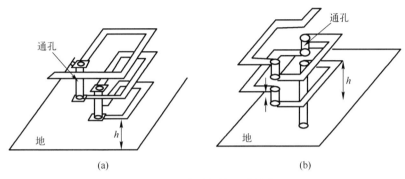

图 7-21　多层螺旋电感结构

**(2) 内埋式电容**。与内埋电感相似，表征内埋置电容依然是有效电容量 $C_{eff}$、$Q$ 值以及自谐振频率 SRF 三个物理参量。

基于 LTCC 技术实现的电容主要有金属—绝缘体—金属(Metal Insulator-Metal, MIM)与垂直插指式电容(Vertical Interdigital Capacitor, VIC)两种结构，如图 7-22 所示。针对金属—绝缘体—金属和垂直插指式电容结构电容分别在所占面积、自谐振频率、品质因素及所需层数进行了比较，如表 7-2 所列。

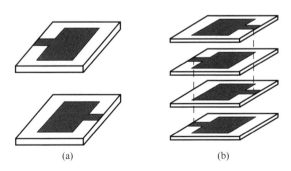

图 7-22　内埋置电容
(a) 金属—绝缘体—金属式电容；(b) 垂直插指式电容。

从表 7-2 中可以得出，不论是占用面积、自谐振频率以及 $Q$ 值，垂直插指式电容都优于金属—绝缘体—金属式电容，但是，垂直插指式电容所需的层数较多,这给加工带来了一定的难度。如图 7-23 所示为一种 LTCC 多层交叉垂直插指式电容,这种垂直插指式结构电容的实质就是电容的并联,从图 7-23 中可以看出 4 块平板其实形成了 3 个并联的电容。因此在相同的面积下,垂直插指式电容的值大概是金属—绝缘体—金属式电容的 3 倍。电容的大小不仅与平板的面积和相互距离有关,还与地面和平板的距离也有很大关系。总体来讲,多层交叉式电容与双平行板电容相比,在实现小面积、大电容方面更具优势。电容值一定,电容的层数越多,面积就越小。

表 7-2 两种结构内埋置电容比较

| 结构形式 | 金属-绝缘体-金属 | 垂直插指式电容 |
| --- | --- | --- |
| 所占面积(在相同有效电容值下) | 大 | 小 |
| 自谐振频率 SRF(在相同有效电容值下) | 略低 | 高 |
| 品质因素 Q(在相同有效电容值下) | 略低 | 高 |
| 所需层数 | 少 | 多 |

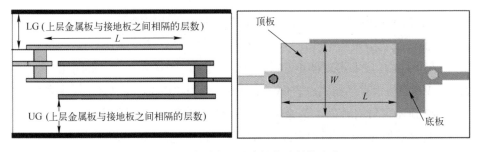

图 7-23 多层交叉垂直插指式结构电容

**(3) 内埋式电阻**。采用内埋式电阻,能够使电子产品体积缩小和性能提高,典型的内埋式电阻结构型式如图 7-24 所示,内埋式电阻阻值 $R$ 计算公式为

$$R = R_S \cdot N \quad (7-21)$$
$$R_S = \rho/d$$
$$N = L/W$$

式中:$R_S$ 为方阻;$\rho$ 为材料电阻率;$d$ 为印刷电阻的膜层厚度;$N$ 为方数;$L$ 为电阻长度;$W$ 为电阻宽度。

内埋式电阻设计时,电阻的尺寸大小与陶瓷基板的功率密度和电阻允许的功率有关,而电阻所消耗的功率与其阻值有关,阻值越小,消耗功率越大。设计时可根据电阻消耗的功率灵活设计内埋式电阻的尺寸。

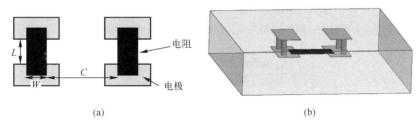

图 7-24 内埋式电阻

(a) 内埋式电阻示意图；(b) 内埋电阻结构图。

## 7.5.2 双工器、耦合器

**(1) 内埋式双工器**。一般在电子信息系统的前端配置多通道的频率合成和分离器件，也就是双工器。双工器通常是由发射端滤波器、接收端滤波器和组合电路组成，其中组合电路一般是为了减少发射端滤波器和接收端滤波器的互相影响而加入的相位调整电路，通常是由传输线，电阻，电容等电抗元件组成。

如图 7-25 所示为一种典型的双工器，对于经典的 LC 结构，一般采用立体螺旋型电感和垂直插指电容，这样可以在较小的空间获得较大的电容电感值。

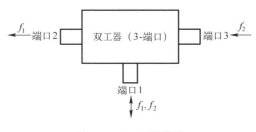

图 7-25 双工器模型

双工器的基本参数有：工作频率、带宽、插入损耗、隔离度、匹配阻抗以及最大使用功率等。

基于 LTCC 技术实现的双工器，它具有集成度、小体积、重量轻、可靠性高、电性能优异、结构简单、成品率高、造价低、性能稳定等特点。如图 7-26 所示为一种典型的 LTCC 双工器，整个电路由 18 个金属层和 17 个陶瓷片层组成。在中间部分，谐振器垂直和水平折叠在第 6，8，9，10 和 12 层上。金属过孔用于连接不同层上的电路。在第 3 层、第 7 层、第 11 层和第 15 层上蚀刻正方形，使两块陶瓷板牢固地粘接在一起，提高了可靠性。由于多层 LTCC 结构的设计灵活性，可以分别控制两个通带的带宽和频率。

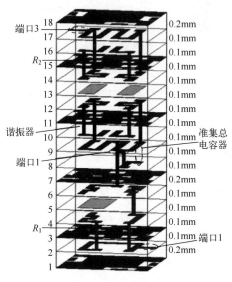

图 7-26 双工器模型

**(2) 内埋式耦合器**。定向耦合器是微波电路中一般常见的射频器件，其功能是将信号按照设定的方向及比例进行功率合成分配。如图 7-27 所示为一种典型的定向耦合器，它是一种四端口元件，输入端的信号功率一部分直接到达一个输出端，另一部分通过耦合方式耦合到耦合输出端，并且要求耦合功率只传向耦合端，另一端口则是隔离端口，则无功率输出。两个输出端的输出功率可以相等也可以不等，当两个输出端功率相等时，即一半的输入功率被耦合到了耦合端，此时称为 3dB 定向耦合器。

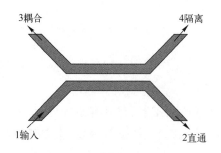

图 7-27 定向耦合器模型

定向耦合器的基本参数有耦合度、方向性、隔离度和带宽等。

耦合度就是耦合端输出功率与输入端输入功率之比,即

$$C(\mathrm{dB}) = 10\lg \frac{P_3}{P_1} \tag{7-22}$$

方向性就是耦合端输出功率与隔离端输出功率之,即

$$D(\mathrm{dB}) = 10\lg \frac{P_3}{P_4} \tag{7-23}$$

隔离度就是输入功率与隔离端输出功率之比,一般希望越大越好。隔离度在数值上等于耦合度与方向性之和,即

$$I(\mathrm{dB}) = 10\lg \frac{P_1}{P_4} = -C(\mathrm{dB}) + D(\mathrm{dB}) \tag{7-24}$$

内埋式耦合器通常采用耦合带状线,主要包括侧边耦合带状线和宽边耦合带状线,如图 7-28 所示,$b$ 为上下接地板间距,$t$ 为导线厚度,$w$ 为导线宽度,$s$ 为导线间距。侧边耦合带状线是单层结构,不利于节约面积,更无法发挥 LTCC 技术优势,实现三维结构,所以 LTCC 耦合器设计中常采用的是宽边耦合带状线的结构。

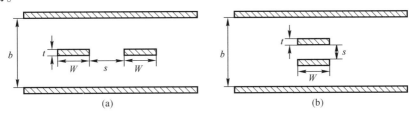

图 7-28  耦合带状线

(a) 侧边耦合带状线;(b) 宽边耦合带状线。

### 7.5.3  滤波器

滤波器是一种具有频率选择特性的微波/毫米波器件,能使频率有选择地通过,并抑制不需要或有害的频率。

微波无源滤波器的基本构成元件就是电容、电感和电阻。采用低损耗的 LTCC 材料与多层基板结构方式,可以将滤波器的布局由平面转为立体三维结构,制作出微小的叠层式滤波器。三维结构带来的电磁耦合特性用来优化滤波器的性能,提高滤波器的集成度和可靠性。

图 7-29 为 LTCC 多层微波无源滤波器的一般结构,微波电路印刷在 LTCC

基片上。上下两层为屏蔽层,用于屏蔽器件内外的电磁场;中间为起滤波作用的电路结构。图案层的具体样式和层数要根据所要求的滤波器参数来确定。

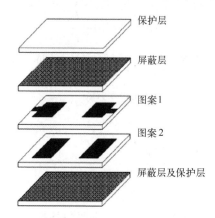

图 7-29　LTCC 滤波器的结构示意图

在综合分析和设计滤波器时,主要关心的基本参数为:截止频率、带宽、通带内插入损耗、回波损耗、带外抑制、纹波和矩形系数等。

LTCC 内埋多层滤波器设计的技术难点主要是寄生效应的影响。由于 LTCC 滤波器为多层微小结构,层与层之间由通孔互连,在大于 1.0GHz 的情况下会产生电磁场耦合效应。

### 7.5.4　功率分配/合成网络

功率分配/合成网络主要作用是进行功率的分配和合成,如图 7-30 所示,通常情况下为等功率合成/分配,但也有不等功率合成/分配。

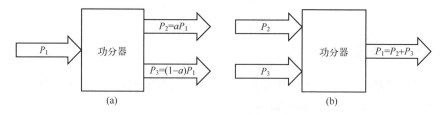

图 7-30　功率分配和合成
（a）功率分配;（b）功率合成。

威尔金森功分网络是一种简单的三端口网络,当输入/输出端口都匹配时,它具有无耗的特性。功率分配/合成网络的基本参数为频带宽带、插入损耗、入射功率范围、隔离度以及驻波比等。

图 7-31 为基于 LTCC 技术设计的一种二阶多层带状线威尔金森功分网络,该功分网络体积为 9mm×10mm×4.5mm,共有 6 个金属层,其中三个金属层用于传输线的布线,分别是输入输出端口所在的层以及两段分支线所在的层,另外三个金属层为金属地,相邻金属层通过金属过渡孔连接在一起,隔离电阻采用方块电阻,埋置在金属层中间。

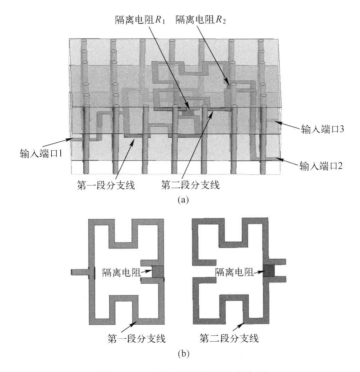

图 7-31　二阶多层带状线功分器
（a）正视图;（b）两分支线的平面图。

这种带状线多层功分器的面积仅为单层共面波导功分器面积的 10%。由此可见,基于 LTCC 技术的带状线功分网络在尺寸上要明显优于共面波导功分网络。

## 7.6　封装天线材料与工艺

一般情况下,高频、高速电路的性能主要取决于所采用的元器件性能及其集成方式,但集成这些元器件所使用基板材料和制造工艺的影响同样不可小觑。有源封装天线所使用基板的材质、结构,以及基板电路的布置方式、引线的长短和间距,都会对电特性造成影响。

随着有源封装天线技术的发展,为了能保持 MMIC 芯片的固有性能,不引起信号传输性能的劣化,对有源封装天线来说,通常关注以下问题。

(1) 信号传输延迟时间。对于非铁磁性介质,单位长度下,电磁波在介质中传输延迟时间 $T_{pd}$ 为

$$T_{pd} = \frac{\sqrt{\varepsilon_r}}{C} \quad (7-25)$$

式中: $\varepsilon_r$ 为相对介电常数; $C$ 为光速。为了进行高速低延迟的信号传输,在有源封装天线一般采用较低介电常数的材料。

(2) 特性阻抗。特性阻抗 $Z_0$ 可表示为

$$Z_0 = \sqrt{\frac{R+jwL}{G+jwC}} \quad (7-26)$$

式中: $R$ 为电阻; $L$ 为电感; $G$ 为电导; $C$ 为电容。该式又可用下列经验公式进行计算,即

$$Z_0 = \frac{8}{\sqrt{\varepsilon_r + 1.41}} \ln \frac{5.98h}{0.8w+t} \quad (7-27)$$

式中: $\varepsilon_r$ 为相对介电常数; $w$ 为导体线条的宽度; $t$ 为厚度; $h$ 为信号线与接地层的距离。显然,在有源封装天线设计制造时,需要对布线图形的形状、尺寸、层间绝缘层的厚度等进行控制,使器件、传输线等特性阻抗匹配。

(3) 寄生效应。在有源封装天线设计时,应使器件之间的引线距离尽量短,同时使用低电阻率的导体材料、低介电常数的基板材料等。尽量避免连接线、导体材料和基板材料产生寄生效应。

(4) 交调噪声。在有源封装天线设计时,尽量避免信号线之间离得太近以及平行布置。

上述要求反映到有源封装天线基板材料的性能要求上,主要体现在需要使用较低介电常数的材料和电导率高的导体材料。有源封装天线基板材料主要是多层布线陶瓷和多层布线有机物两种。其中陶瓷材料主要包括 LTCC 和高温共烧陶瓷(High Temperature Co-fired Ceramic,HTCC)。有机物材料主要包括 PCB 和模塑化合物。

### 7.6.1 LTCC 材料及工艺

LTCC 是由印有导线图形和含有互连通孔的多层陶瓷生瓷带相叠烧结而形

成的一种多层布线陶瓷技术。常见 LTCC 材料性能如表 7-3 和表 7-4 所列。

表 7-3 国外 LTCC 材料性能

| 供应商 | 型号 | 介电常数 | 介电损耗 | TCE /(ppm/℃) | 热导率 /(W/m·K) | 抗折强度 /MPa |
|---|---|---|---|---|---|---|
| Dupont | 9k7 | 7.1 | 0.001(10GHz) | 4.4 | 4.6 | 230 |
| Dupont | 951 | 7.8 | 0.014(10GHz) | 5.8 | 3.3 | 320 |
| Ferro | A6M | 5.9 | <0.002(1~100GHz) | 7.8 | 2 | 170 |
| Kyocera | GL330 | 7.7 | 0.0005(2GHz) | 8.2 | 4.3 | 400 |
| NTK | Noc | 5.9 | 0.0006(3GHz) | 5.2 | 3 | 250 |

表 7-4 国内 LTCC 基板材料性能

| LTCC 材料体系 | 介电常数 | 介电损耗 | TCE /(ppm/℃) | 热导率 /(W/m·K) | 抗折强度 /MPa | 科研单位 |
|---|---|---|---|---|---|---|
| $SiO_2-Al_2O_3-MgO$ | 4.7 | 0.00046(1MHz) | 3.05 | 1.097 | 177 | 43 所 |
| $CaO-B_2O_3-SiO_2$ | 5.7 | 0.0024(10MHz) | - | - | - | 南京工业大学 |
| $CaO-B_2O_3-SiO_2$ | 4.9 | 0.0014 | 3.52 | - | 160 | 电子科大 |
| $CaO-B_2O_3-SiO_2$ | 5.8 | 0.000046(1MHz) | - | - | - | |
| $MgO-Al_2O_3-SiO_2$ | 6.13 | 0.00423(1GHz) | - | - | - | 上硅所 |
| $CaO-Al_2O_3-SiO_2$ | 6.13 | 0.00257(1MHz) | - | 2.62 | 110 | 国防科技大 |

LTCC 基板制造技术是一种并行加工技术,是将所有层单独加工,然后共同烧制成一个陶瓷封装的陶瓷基板。首先将陶瓷生瓷带切割成一定尺寸,然后冲通孔、印刷电路、叠压,最后烧成,从而形成单块陶瓷的多层电路基板,如图 7-32 所示。

LTCC 特点是易于实现更多布线层数,提高组装密度。由于使用多层导电带金属化烧结和多层陶瓷生片烧成同时完成的工艺,其共烧陶瓷多层基板的层数可以做得较多,可以获得较高的布线密度;由于低温共烧的烧结温度低,通常为 850℃,可与电阻、电容、电感等厚膜无源器件共烧,易于内埋置元器件,提高组装密度,实现多功能;基板烧成前对每一层布线和互连通孔进行质量检查,有利于提高多层基板的成品率和质量;LTCC 可以采用高导电材料(如 Ag-Pd,Au,Cu 等)进行多层金属化布线,以便减少信号传输损耗,更有利于高密度多层布线,具有良好的高频特性和高速传输特性。同时,采用低介电常数材料也使其非常适合在高频领域的应用。

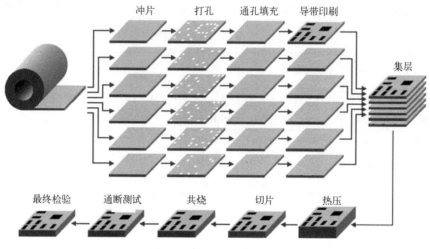

图 7-32 LTCC 工艺流程

## 7.6.2 HTCC 材料及工艺

HTCC 典型代表是氧化铝($Al_2O_3$-HTCC)和氮化铝(AlN-HTCC)这两种陶瓷材料,如表 7-5 所列为这两种 HTCC 陶瓷材料与 Ferro A6M 型 LTCC 陶瓷材料的对比。

表 7-5 陶瓷材料性能对比

|  | $Al_2O_3$-HTCC | AlN-HTCC | Ferro A6M |
| --- | --- | --- | --- |
| 介电常数 | 9.1 | 8.8 | 5.9 |
| 介质损耗 | 0.001 | 0.004 | 0.002 |
| TCE/(ppm/℃) | 6.9 | 4.5 | 7.8 |
| 密度/(g/cm³) | 3.6 | 3.26 | 2.45 |
| 抗弯强度/MPa | 400 | 350 | 170 |
| 热导率/(W/m·K) | 18 | 170 | 2 |
| 单层厚度/μm | 125 | 125 | 96 |
| 导体材料 | W、Mo | W | Au,Ag |

从表 7-5 中可以看出:对于小功率的有源封装天线,采用 Ferro A6M 材料比较合适;对于大功率的封装天线组件,采用 Ferro A6M 材料与 AlN-HTCC 材料相结合比较合适。另外,由于 HTCC 只能使用电导率较低的钨、钼金属做导线,相比较 LTCC 材料而言,其导体电阻损耗会比较大。如何降低 HTCC 导体材

料的电阻率,成为需要解决的重要问题之一。

除了所使用的材料不一样以外,HTCC 基板制造工艺与 LTCC 大致相同,如图 7-33 所示,但是烧结温度要高得多,$Al_2O_3$-HTCC 的烧结温度大多数需要达到 1650℃,AlN-HTCC 的烧结温度往往需要达到 1800℃ 以上。此外,HTCC 由于使用的导体材料钨或钼无法直接进行金丝键合及回流焊接等微组装工艺,需要在钨或钼导体表面再电镀或化学镀覆上镍、金,才能满足封装使用需求。

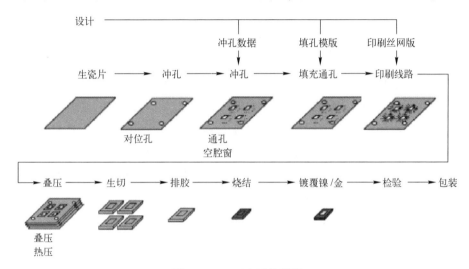

图 7-33 HTCC 工艺流程

### 7.6.3 有机物材料及工艺

有机物材料种类很多,用于制作天线的印制电路板(Printed Circuit Board,PCB)的材料主要有玻璃纤维环氧树脂、液晶聚合物、陶瓷填充聚四氟乙烯等。有机材料特性如表 7-6 所列,由于有机材料自身特性限制,PCB 板材无法作为有源 MMIC 芯片气密封装材料使用。在一些要求高可靠性的应用领域,MMIC 芯片封装仍需采用陶瓷或金属封装材料。

表 7-6 有机物材料特性

| 材料型号 | Rogers5880 | Rogers4350B | Rogers6035HTC |
| --- | --- | --- | --- |
| TCE /(ppm/℃) | $X$:31<br>$Y$:48<br>$Z$:237 | $X$:10<br>$Y$:12<br>$Z$:32 | $X$:19<br>$Y$:19<br>$Z$:39 |
| 密度/(g/cm$^3$) | 2.2 | 1.86 | 2.2 |

(续)

| 材料型号 | Rogers5880 | Rogers4350B | Rogers6035HTC |
|---|---|---|---|
| 热导率/(W/m·K) | 0.2 | 0.69 | 1.44 |
| 介电常数 | 2.2 | 3.48 | 3.5 |
| 介质损耗 | 0.0009 | 0.0037 | 0.0013 |
| 单层厚度/μm | 127 | 101 | 254 |
| 材料 | 玻璃微纤维增强 PTFE | 玻璃纤维增强碳氢化合物/陶瓷层压 | 陶瓷填充 PTFE |
| 导体材料 | Cu | Cu | Cu |

模塑化合物（molding compound）是扇出式晶圆级芯片尺度封装（Fan Out-Wafer Level Chip Scale Packaging, FO-WLCSP）工艺中封装 MMIC 芯片的使用材料，近期也在尝试着用在有源封装天线上。从表 7-7 中可以看出，模塑化合物介电常数基本不随频率变化而变化，而损耗角正切则随频率升高而增加，由于模塑化合物材料自身特性限制，其介电性能和机械性能会随着温度的变化而有较大变化。另外，模塑化合物材料难以解决耐受潮湿环境的问题，无法作为高可靠有源封装天线材料使用。

表 7-7 模塑化合物介电特性

| 性能 | 材料 A | 材料 B | | |
|---|---|---|---|---|
| 测试方法 | 谐振法 | 自由空间法 | | |
| 频率/GHz | 24~36 | 40~60 | 75~110 | 110~170 |
| 介电常数 | 3.34 | 3.61 | 3.62 | 3.61 |
| 损耗角正切 | 0.015 | 0.0045 | 0.0055 | 0.009 |

采用有机物材料制作有源封装天线通常采用 PCB 工艺。传统 PCB 工艺核心层采用有机介质材料，为了防止整体结构发生翘曲，核心层厚度最少需要 400μm，在核心层上下实行平衡式布局叠加层。线宽与线距（$L/S$）取决于介质层及金属层的厚度，典型值 $L/S = 50/50$μm。典型的 PCB 工艺流程如图 7-34 所示。

FO-WLCSP 工艺不同于 LTCC 或 PCB 工艺，它不再需要叠层基片，而是用模塑化合物、重新配置金属与介质层。如图 7-35 所示，微带天线辐射片由重布线层（Redistribution Layer, RDL）实现，微带天线接地层则由系统板上的金属层实现。

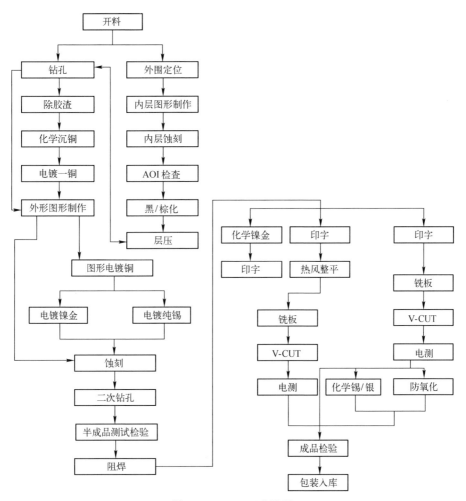

图 7-34 PCB 工艺流程

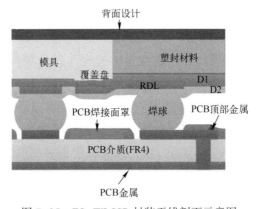

图 7-35 FO-WLCSP 封装天线剖面示意图

## 7.7 应用举例

图 7-36 为一种毫米波四单元有源封装天线阵列。有源封装天线的设计思想是模块化、芯片化。以模块为基本结构单元,通过积木式扩充构建较大尺寸有源封装天线阵列,通过天线阵列内部器件芯片化实现大规模阵列天线的低剖面、轻量化和低功耗。

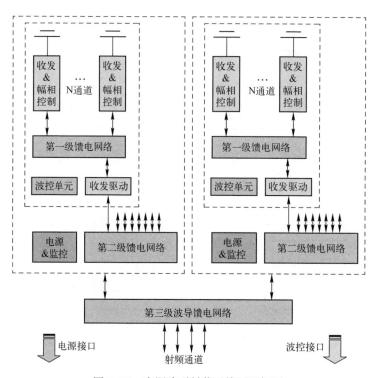

图 7-36  有源阵列封装天线原理框图

有源封装天线阵列以四单元有源封装天线阵列为基本模块。四单元封装天线阵列采用分布式架构、瓦片式叠层组装,其中包含四个天线单元、四路微波收/发链路芯片、电源、波束控制芯片,以及储能电容、功率合成/分配网络和其他辅助结构件,如图 7-37 所示。四单元封装天线阵列基本模块采用 LTCC 一体化封装,上层为微带贴片天线占 8 层,天线采用微带线耦合馈电方式,收发馈电与天线单元采用垂直互联方式。四单元有源通道由两组一分二威尔金森功分合成网络馈电,威尔金森功分合成网络采用 18 层 LTCC 为衬底,两功分器再通过带状线形式一分二功分合成器形成一路四单元封装天线阵列射频输入/输出口，收/发链路与功分合成网络采用金丝键合互联。

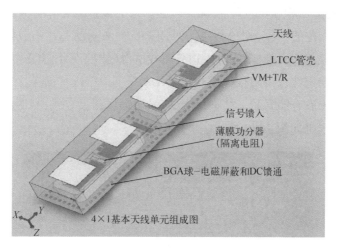

图 7-37　封装天线单元组成示意图

以四单元封装天线为模块采用 2×8 的组阵方式，与多功能网络采用 BGA 垂直互联方式形成 64 单元封装有源阵列天线。多功能网络包含高密度低频、射频信号互联，主要包含射频电路、电源与控制电路等，采用异构三维集成，一分十六射频电路采用 LTCC 工艺制成，低频电路中电源、控制信号、监控等采用 PCB 制造工艺。64 单元结构组成如图 7-38 所示，收/发链路与多功能网络的电源、控制、射频馈电网络之间实现无连接器的互联方式，相比现有采用电缆或弹性盲配连接器的互联方式，省去了中间互联支撑件和大量的连接器，降低了剖面高度和重量，提升了安装精度。

图 7-38　毫米波有源封装相控阵天线内部结构图

有源相控阵封装天线集成了天线、射频、电源和波控网络，实现低频、射频馈电网络和内部垂直互联的一体化集成。与常规的"瓦片式"有源阵列天线相比，降低了"瓦片式"天线厚度，省去了不同馈电网络之间的互联支撑结构件。

收/发链路采用异构单片集成技术,在封装体内集成发射功率放大电路、接收低噪声放大电路、移相器、衰减器、开关等功能芯片,与基于分立元器件的模块化组件相比,通道面积和重量降低80%以上。末级波控采用单芯片实现对收/发链路幅度和相位的控制,相比传统的采用FPGA加驱动芯片的波控方法,电路重量和平面尺寸大大降低,同时采用分布式电源、波控设计,有源封装阵列天线的可靠性和稳定性也得到很大提升。

对该毫米波有源封装天线进行测试,采用远场测量方式,有源封装64单元毫米波阵列样机如图7-39所示。

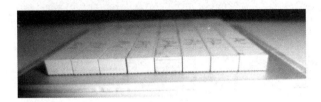

图7-39 天线样机测试示意图

测试结果如图7-40所示,天线波束扫面范围满足±60°不出现栅瓣。在±60°角度时,天线增益下降小于3dB,法线方向天线增益大于24.2dB、波束宽度12.6°,封装有源天线发射功率大于3.6W,四单元封装天线的厚度是3mm,重量是2.4g。

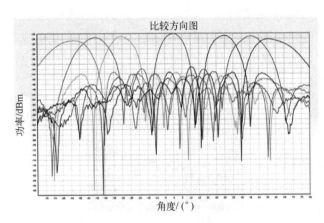

图7-40 天线扫描测试方向图

# 第 8 章
# 数字阵列天线

## 8.1 概述

根据波束形成原理,天线波束可以在射频、模拟和数字域形成,接收和发射波束均以数字方式形成的阵列天线称为数字阵列天线。数字阵列天线是一种有源相控阵天线,与传统的有源相控阵天线相比,它是在数字域进行幅度和相位控制。图 8-1 为典型的传统有源相控阵天线与数字阵列天线示意图。数字阵列天线是对每个收发通道的信号进行数字化处理,实现发射波形产生与接收信号处理数字化,一般情况下,采用直接数字频率合成器(Direct Digital Frequency Synthesizer,DDS)在数字域形成了发射波形,采用模拟/数字转换器(A/D)将接收的模拟信号变为数字信号,数字阵列天线每个发射及接收通道的幅度和相位等参数均单独可控,天线发射数字波束形成和接收数字波束形成所需的幅度和相位加权是在数字域完成的。

数字阵列天线一般是由天线辐射阵面,校正/监测单元,数字阵列模块(含多通道射频接收、多通道射频发射、数字收发及分布式电源等),时钟本振分配网络单元,频率源单元等功能电路组成[65],如图 8-2 所示。数字阵列模块接收通道作用是回波信号的接收、放大、变频、滤波和数字化,形成数字基带信号。发射通道作用是发射信号波形产生、变频、滤波放大,送到天线辐射阵面。校正/监测单元为数字阵列天线的校正、测试和监测提供有源发射/接收通道。频率源单元提供接收/发射通道变频所需要的本振信号,数字收发电路所需的采样时钟,信号处理、数据处理、波束与时序控制所需要的多种参考同步时钟信号,保证电子信息系统的相参性。频率源通常以原子钟和高稳定、低相噪恒温晶体振荡器为频率基准。

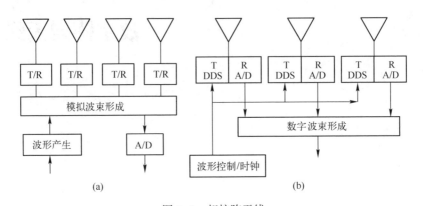

图 8-1 相控阵天线

(a) 有源相控阵天线;(b) 数字阵列天线。

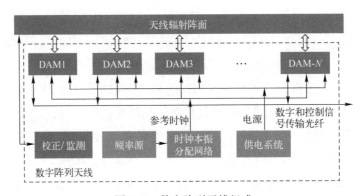

图 8-2 数字阵列天线组成

简单地说,数字阵列天线是在数字域实现幅度和相位控制,射频链路一般由数字化接收机(含模/数转换)、数字化发射机(含波形产生)、频率源和校正通道等组成,如图 8-3 所示。

在数字阵列天线中,射频、模拟和数字链路往往不再是独立的设备,通常是在一定规模上进行了集成,通常由功率放大器、限幅低噪声放大器、上下变频器(射频直接数字化除外)、模数转换器(Analog to Digital Converter,ADC)、DDS、光电转换以及滤波器、环行器等组成。图 8-4 为典型的射频链路拓扑图。

第 8 章 数字阵列天线

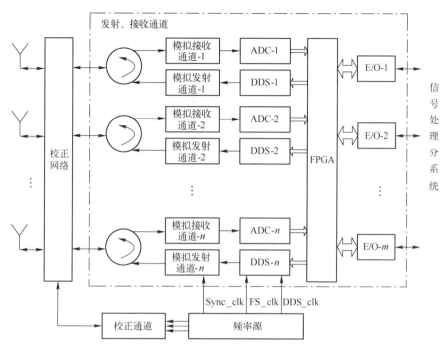

图 8-3 数字阵列天线系统组成

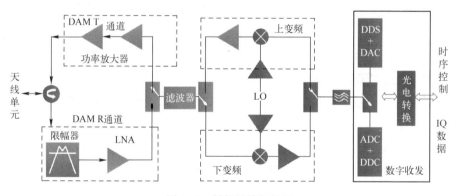

图 8-4 射频链路拓扑图

## 8.2 数字化信号产生

数字化发射链路一般由数字化信号产生、匹配滤波器、上变频、功率放大链和环行器(或隔离器)等组成。数字化信号产生由 DDS 芯片直接产生所需的波形信号,其频率、带宽、调制形式、脉冲宽度、脉冲幅度和初始相位等信号特征均

307

由外部参数控制。DDS 输出的波形信号一般要经过匹配滤波进行提纯处理。通常情况下,功率放大链可分为前级放大和末级放大,如图 8-5 所示。

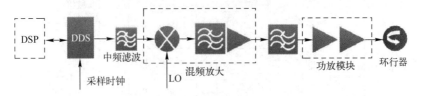

图 8-5 发射链路示意图

数字阵列天线的发射链路是一个多通道系统,多个天线单元分别发射信号,通过相位调度在空间实现功率合成,降低对单路发射链路的功率要求。上变频电路是发射链路的核心,通常关注其工作频率、噪声系数、1dB 压缩点、三阶交调、增益、互调频率干扰等参数[149]。

由于天线单元之间存在互耦,当发射波束指向大扫描角时,天线有源驻波会产生较大的变化,如果数字阵列天线采用的是收发开关而不是环行器/隔离器,势必会对发射链路的功率放大器产生负载牵引作用,导致其输出信号的幅度和相位随波束指向变化而发生变化,严重时会对发射波瓣产生较为恶劣的影响。

数字阵列天线发射链路中的核心是数字化信号产生,其主要作用包括[75]:一是产生数字阵列天线波形信号;二是提供发射波束形成所需的相位;三是大数字阵列天线波束扫描时,为了补偿天线孔径渡越时间,提供数字阵列天线大瞬时带宽工作所需的时间延迟。

数字直接合成信号是一种频率合成方法,通常称为直接数字合成技术(Direct Digital Synthesis,DDS)。一般分为直接数字波形合成(Direct Digital Waveform Synthesis,DDWS)和直接数字频率合成(Direct Digital Frequency Synthesis,DDFS)两种类型,通常情况下,DDS 是指后者。

## 8.2.1 相位累加器

假设频率累加字 FTW=1,相位累加器初始值为 0,相位累加器每个系统时钟都会增加 1。如果相位累加器的位宽为 32,则在相位累加器返回至 0 前需要 $2^{32}$(超过 40 亿)个时钟周期,周期会不断重复。相位累加器的截断输出用作 SIN 信号(或 COS 信号)查找表地址。查找表每个地址对应 SIN 信号从 0~360°的一个相位点。查找表包括一个完整 SIN 信号周期相应的数字幅度信息。因此,查找表可将相位累加器的相位信息映射到数字幅度信息,进而驱动 DAC。

如图 8-6 所示,以图形化的"相位轮"显示了这一过程,频率控制字 $K$ 是字长为 $N$ 位的二进制数,$K$ 实际上就是相位增量数,$K$ 的值可以是 $2^N$ 个不同的数之一,即 $0 \leqslant K \leqslant 2^N-1$。

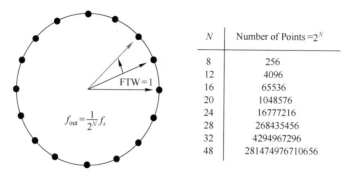

图 8-6　数字相位轮($FTW=1$)

如果 $N=32$,$FTW=1$,相位累加器会逐步执行 $2^{32}$ 个可能输出的每一个累加值,直至溢出并重新开始。相应输出的 SIN 信号频率等于输入时钟频率的 $2^{32}$ 分频,也即 $f_{out}=\dfrac{1}{2^N}f_s$。若 $FTW=M$,相位累加器就会以 $M$ 倍的速度"滚动计算",如图 8-7 所示,输出频率也会增加 $M$ 倍,即 $f_{out}=\dfrac{M}{2^N}f_s$。

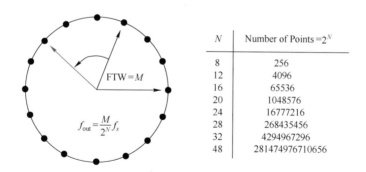

图 8-7　数字相位轮($FTW=M$)

由此可以看出,相位累加器在每个时钟周期更新,相位累加器输出为每个时钟周期数据加上频率 FTW。

## 8.2.2　相位/幅度转换器

相位/幅度转换器是一种波形存储器,在每一个存储单元内,以一定位数的二进制数存储不同相位时的正弦波幅度值,这样每输入一个相位字,则取出对应相位时的正弦波幅度值。相位累加器输出的瞬时相位值作为相位/幅度转换器的地址去寻址。

当 $N=4, K=2$ 时,每个周期相位累加器和相位/幅度转换器输出的波形如图 8-8 所示。

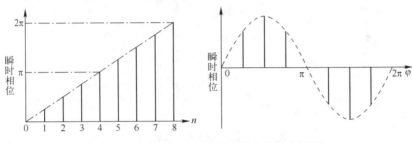

图 8-8　累加器和相位/幅度转换器输出波形

当 $N=4, K=2$ 时,相位/幅度转换器输入的相位增量、瞬时相位与输出的量化幅度值之间的关系如图 8-9 所示。

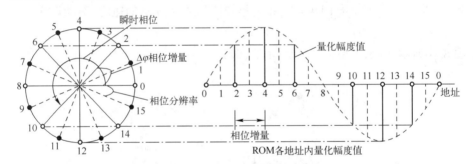

图 8-9　相位/幅度转换示意图

### 8.2.3　直接数字波形合成

直接数字波形合成一般是由相位累加器、幅度/相位转化器、数模转换器、可变时钟发生器和滤波器组成,如图 8-10 所示。根据预定的采样频率、信号的时域特征、波形长度等参数,由信号的数学表达式计算出各信号点幅度值,经过量化后按采样顺序在预先存储幅度/相位转化器的地址去寻址。可变时钟发生器按照设置的采样频率输出相应的时钟信号。每一个时钟信号的上升沿,地址发生器的输出地址加 1,地址发生器的输出地址对波形查找表寻址,逐点读出波形数据,经数模转换后生成相应的输出信号,图 8-10 中主要节点的波形图如

图 8-11 所示。设可变时钟频率为 $f_s$，若周期波形每个周期由 $n$ 个采样点构成，则该波形输出频率为

$$f_0 = \frac{1}{T_0} = \frac{1}{nT_s} = \frac{f_s}{n} \qquad (8-1)$$

式中：$T_0$ 为输出信号波形周期；$T_s$ 为可变时钟周期。

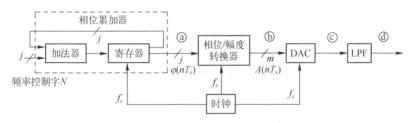

图 8-10 DDWS 原理框图

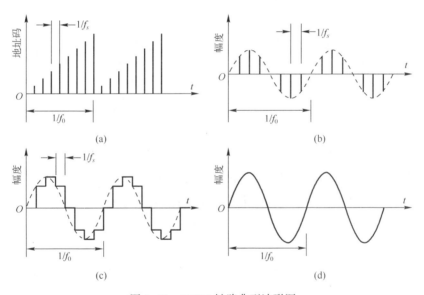

图 8-11 DDWS 链路典型波形图

由式(8-1)可知，输出信号频率取决于可变时钟频率 $f_s$ 和每周期波形的采样 $n$，因此，输出信号的频率分辨率取决于采样时钟的分辨率。

## 8.2.4 直接数字频率合成

数字阵列天线一般要求发射信号频率稳定度高，输出动态范围大，具有良好的输出频率响应，并具有调制功能，频谱纯度高并具有频率、相位、幅度可编

程控制等。数字方法产生的波形具有相干性、可重复性、高稳定性和可编程的特性,能够方便地实现波形参数捷变以及产生任意复杂波形。与传统的模拟合成技术相比较,它频率切换时间快,可达纳秒量级;相对带宽宽,可在 $0 \sim f_s/2$ 之间产生信号;频率分辨率高,为 $\frac{1}{2^N}f_s$,如 $N=48$, $f_s=1000\mathrm{MHz}$,则频率分辨率可达 $3.55 \times 10^{-6}\mathrm{Hz}$;相位噪声高,与时钟信号相位噪声相当;波形种类多,可产生任意调制形式的工作波形;可输出理想的互为正交的两路信号。

直接数字频率合成一般由固定时钟发生器、相位累加器、相位/幅度转换器、数模转换器和低通滤波器等组成,如图 8-12 所示。在采样时钟的控制下,$N$ 位的相位累加器以频率控制字 $K$ 进行累加,经相位/幅度转换器,输出相应的 $D$ 位幅度信息,完成波形相位到幅度的转换。输出的波形幅度信息通过数模转换器得到相应的模拟信号输出,低通滤波器滤除杂散分量,保证输出波形的纯度。

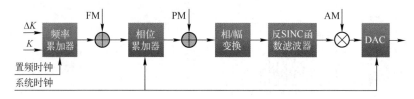

图 8-12　DDFS 工作原理框图

从理论上讲,DDS 可以产生任意的信号波形,也就是说 DDS 技术可以直接对产生的信号波形参数(如频率、相位、幅度)中的一个、二个或三个同时进行直接调制。以调频为例,对于一个 DDS 系统其输出频率可表示为

$$f_{\mathrm{out}} = K \times \frac{f_s}{2^N} \tag{8-2}$$

式中:$K$ 为频率控制字;$f_s$ 为 DDS 输入时钟频率;$N$ 为相位累加器的位数。

对于给定的 DDS,相位累加器的位数是一个固定值,当输入时钟频率设定后,其输出频率随控制字 $K$ 而变化。所以,只要使频率控制字 $K$ 按照调制信号的规律进行改变,就可实现所需要的调频信号。通过相位累加器和相位/幅度转换器,可以实现对输出信号的精确相位控制。

如图 8-13 所示,DDS 若输出点频信号,需要满足如下条件:频率变化字 $\Delta k=0$,$\mathrm{FTW}(n)=\mathrm{ftw}'=$ 常数,无频率、相位和幅度调制。

开始工作时,相位累加器的初始值为 $\Delta\varphi$,之后每个系统时钟,相位累加器加上频率字 FTW,送给相位/幅度变化,经过幅度缩放后,送 DAC 和低通滤波器

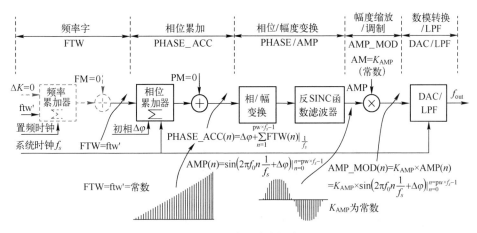

图 8-13 输出单点频率

(Low Pass Filter, LPF)之后,可以输出点频信号,即

$$\Delta K = 0 \tag{8-3}$$

频率变化字 $\Delta k = 0$,因此频率累加器的输出结果为常数,即

$$\text{FTW}(n) = \text{ftw}' = 常数 \tag{8-4}$$

相位累加器每个系统时钟输出结果为

$$\text{PHASE\_ACC}(n) = \Delta\varphi + \sum_{n=1}^{\text{pw}\times f_s - 1} \text{FTW}(n) \bigg|_{\frac{1}{f_s}} \tag{8-5}$$

式中:PW 为波形脉冲宽度。经过相位/幅度变换后,输出的数字幅度为

$$\begin{aligned}\text{AMP}(n) &= \sin\left[\Delta\varphi + \sum_{n=1}^{\text{pw}\times f_s - 1} \text{FTW}(n)\right]\bigg|_{\frac{1}{f_s}} \\ &= \sin\left(2\pi f_0 n \frac{1}{f_s} + \Delta\varphi\right)\bigg|_{n=0}^{n=\text{pw}\times f_s - 1} \end{aligned} \tag{8-6}$$

$$f_0 = \frac{\text{ftw}'}{2^N} f_s$$

经过幅度缩放后的结果为

$$\begin{aligned}\text{AMP\_MOD}(n) &= K_{\text{AMP}} \times \text{AMP}(n) \\ &= K_{\text{AMP}} \times \sin\left(2\pi f_0 n \frac{1}{f_s} + \Delta\varphi\right)\bigg|_{n=0}^{n=\text{pw}\times f_s - 1}\end{aligned} \tag{8-7}$$

式中:$K_{\text{AMP}}$ 为常数。

经过 DAC 和 LPF 后,输出模拟信号,输出信号为

$$f_{\text{out}}(t) = \text{AMP\_MOD}(nT_s) \times \sum_{n=0}^{\text{pw} \times f_s - 1} \delta(t - nT_s) * \hbar(t)$$

$$= K_{\text{AMP}} \times \sin\left(2\pi f_0 n \frac{1}{f_s} + \Delta\varphi\right)\bigg|_{\substack{n = 0 \\ }}^{n = \text{pw} \times f_s - 1} \times$$

$$\sum_{n=0}^{\text{pw} \times f_s - 1} \delta(t - nT_s) * \hbar(t) \tag{8-8}$$

式中：$\hbar(t)$ 为 DAC 和 LPF 组成的系统的冲击响应。

DDS 输出点频信号需要满足：频率变化字 $\Delta k = 0$，ftw′ = 常数，无频率、相位和幅度调制。

一般情况下，频率调制信号（FSK）是频率累加器输出的频率字 FTW 加上频率调制（Frequency Modulated，FM）；相位调制信号（PSK）是相位累加器输出的累加相位加上相位调制字（Phase Modulation，PM）；幅度调制信号（ASK）是相位/幅度变换后的数字幅度信息，经过缩放送给 DAC，在这个基础上乘以幅度调制字；非线性调频（Nonlinear Frequency Modulation，NLFM）信号可以有多种实现方式，可以将 NLFM 看成是由一组按照一定规律输出的点频信号组成，与单点频信号本质一样，频率累加器每隔一段时间片按照一定规律（如 FTW 存储表）输出不同的频率字给相位累加器即可。也可以将 NLFM 看成是由一组按照一定规律输出的线性调频（Linear Frequency Modulation，LFM）信号组成，一般可以将频率变化字 $\Delta K$ 每隔一段时间片按照一定规律（如 $\Delta K$ 存储表）输出不同的值给频率累加器。

## 8.2.5 DDS 频谱

一个理想的 DDS 要满足相位累加器的输出全部用来转换为幅度，幅度完全是真值，没有量化误差，数模转换器的分辨率无限小，即 DAC 的位数为无限大，并且不存在转换误差，完全理想。DDS 相当于一个理想的采样/保持电路，这时 DDS 结构可以简化成如图 8-14 所示的数学模型，其中 $\sigma(t)$ 为冲击函数，$h_r(t)$ 为阶梯重构函数，即

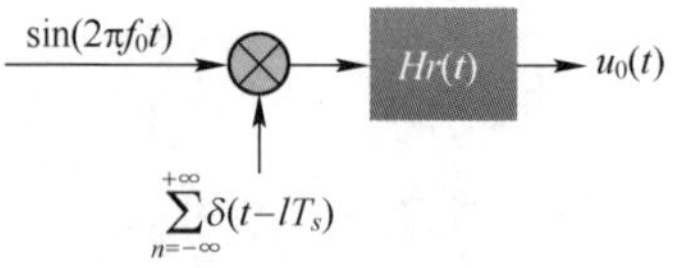

图 8-14 DDS 等效结构

$$h_r(t) = \begin{cases} 1, & 0 \leq t \leq T_S (T_S = 1/f_s) \\ 0, & \text{其他} \end{cases} \tag{8-9}$$

$$u_0(t) = \sum_{-\infty}^{+\infty} \sin(2\pi f_0 t) \delta(t - lT_s) * \hbar_r(t) \tag{8-10}$$

对 $u_0(t)$ 作离散傅里叶变换可得

$$U_0(w) = j\pi Sa\left(\frac{\omega T_s}{2}\right) \cdot e^{\frac{j\omega T_s}{2}} \cdot \sum_{-\infty}^{+\infty} (\omega + \omega_0 - L\omega_s) - (\omega - \omega_0 - L\omega_s) \quad (8-11)$$

如图 8-15 所示,可以看出理想的 DDS 输出信号的谱线位于 $lf_s \pm f_0 (l=0, \pm1, \pm2, \cdots)$ 处,它们是由时钟谐波频率与信号频率和混频分量,以及时钟谐波频率与信号频率差混频分量组成。

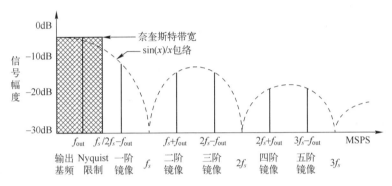

图 8-15 理想 DDS 输出频谱

以上讨论的是 DDS 系统的理想情况,然而,因受到多种因素的限制和影响,会引入多种误差,误差模型如图 8-16 所示,DDS 杂散模型主要的误差来源有三个方面:相位截短误差 $e_p(n)$;幅度量化误差 $e_T(n)$;DAC 转换误差 $e_{DA}(n)$。

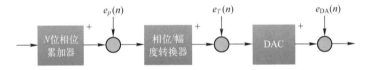

图 8-16 DDS 杂散来源数学模型

**(1) 相位截断误差**。为了得到足够高的频率分辨率,相位累加器的位数 $N$ 越大越好,实际使用中不可能取无限大,一般取 32,48 等,但受体积、速度、成本等因数限制。早期,DDS 采用波形查表方式完成相位/幅度转换,其中存储 ROM 表的容量都远小于 $2^N$,通常都是用相位累加器的高 $M$ 位去对 ROM 表进行寻址,将低位 $N-M$ 位舍掉,这样就不可避免地产生相位误差,称为相位截断误差,表现在输出频谱上就是杂散分量。因为 DDS 输出信号通常是正弦信号,因此它的相位截断具有明显的周期性。这相当于周期性的引入一个截断误差,最终影响就是输出信号带有一定的谐波分量。

已有学者证明[150],由于相位截断引起的最差杂散/信号比为

$$[C/S] = 2^M \text{sinc}\left[\frac{\text{Gcd}(K, 2^{N-M})}{2^{N-M}}\right], \quad \text{Gcd}(K, 2^{N-M}) < 2^{N-M} \quad (8-12)$$

式中:$\text{Gcd}(K, 2^{N-M})$表示$K$和$2^{N-M}$的最大公约数。相位截断误差只是在$\text{Gcd}(K, 2^{N-M})$比$2^{N-M}$更小时发生,如果$\text{Gcd}(K, 2^{N-M})$等于或大于$2^{N-M}$,则低于$2^{N-M}$的相位位数为零,不产生相位误差。

相位截断并不是在每个输出频点上都产生杂散,其大小及分布取决于3个因数:累加器位数$N$、寻址位数$M$、频率控制字$K$。由于相位截断误差引入的最大杂散分量,其杂散幅度与ROM寻址位数$M$的关系为:杂散(SPUR) = $-6.02 \times M$ (dBc),当$M \geq 15$时,相位截断误差引入的杂散在工程上可以忽略不计。目前,DDS中相位/幅度转换器基本都是以算法来完成,不需要使用存储器,相位累加器输出的相位经过流水线处理后,直接转换为幅度值,流水级数越多,相位/幅度转换结果越接近理想值,相位截断误差可以忽略。

**(2) 幅度量化误差**。早期,DDS采用波形查找表方式完成相位/幅度转换,由于DDS内部波形存储器中存储的正弦幅度值是用二进制表示的,对于越过存储器字长的正弦幅度值必须进行量化处理,这样就引入了量化误差。目前,虽然DDS中相位/幅度转换器基本都是以算法来完成,不需要使用存储器,但是输出的幅度值也是经过量化的,且DAC的位数有限,必要时还需要对量化后的幅度进行截断处理。

幅度量化主要有两种方式,即舍入量化和截尾量化,实际DDS多采用舍入量化方式。一般情况下,幅度量化引入的杂散水平低于DAC非理想转换特性所引起的杂散水平。

**(3) DAC转换误差**。DAC转换带来的杂散主要包括DAC非线性带来的杂散和DAC毛刺引起的杂散。DAC非线性包括差分非线性(Differential Nonlinearity, DNL)、积分非线性(Integral Nonlinearity, INL)、建立时间、尖峰能量、转换速率、抖动误差、馈通误差、DAC量化位数有限等。由于DAC的非线性的存在,使得相位/幅度转换所得的幅度序列从DAC的输入到输出要经过一个非线性的过程,于是就会产生输出信号$f_0$的谐波分量。又因为DDS是一个采样系统,所以这些谐波会以$f_s$为周期搬移,即

$$f = nf_s \pm mf_0 \quad (8-13)$$

式中:$n, m$为任意整数。它们落到奈奎斯特(Nyquist)带宽内形成了有害的杂散频率,频率的位置可以确定,但幅度难以确定。DAC的非线性实际上已成为

DDS 杂散的主要来源,特别是随着时钟频率的提高,这个问题已变得越来越明显。

由奈奎斯特取样定理可知,要恢复理想波形,输出频率不能超过 $f_s/2$,若超过 $f_s/2$,则一阶镜像频率就会落在第一奈奎斯特带宽内,即直流到 $f_s/2$ 的范围内。由于孔径失真带来 $\sin(x)/x$ 的包络,使得 DDS 的输出幅度在第一奈奎斯特带宽内会有数分贝的下降。因此有的公司推出的 DDS 芯片中含有一个特性为反 $\sin(x)/x$ 的预失真滤波器,它可以把 DDS 的输出幅度波动限制在 ±0.1dB 内。

除了上述误差带来的杂散外,其他一些误差引起的杂散水平一般小于上述提到的几点,可以称为背景噪声或背景杂散。

## 8.2.6 DDS 杂散抑制

随着超高速 GaAs 器件的发展,DDS 输出带宽的限制正在逐步被克服。而杂散是 DDS 的自身特点所决定的,杂散将越来越明显地成为限制 DDS 技术应用领域的重要因素。

**(1) DDS 输出频谱扩展**。由 DDS 原理可以知道,DDS 输出有效带宽有效范围一般小于 $f_s/2$,对于一个采样系统(包括 DDS)均会存在以采样频率 $f_s$ 为周期延拓频谱折叠,一般会用一个模拟镜像抑制滤波器滤除镜像,选取需要的信号,而模拟镜像抑制滤波器一般不是理想的,所以实际中,DDS 输出的有效带宽小于 $f_s/2$。DDS 输出的不同镜像频率载频不同,可以利用这个特性扩展 DDS 的输出频率范围,一般在工程中使用 DDS 输出的基带、第一镜像、第二镜像、第三镜像,以扩展 DDS 使用的输出频率范围。而很少使用更高阶的镜像信号,高阶信号不仅因为 $\sin(x)/x$ 包络导致幅度较低,而且输出的信噪比也随之降低,以致不能满足系统指标要求,另外 DAC 本身的模拟带宽有限,无法将所有镜像信号平坦输出。利用模拟方法倍频也是扩展频谱的一种方法。另外,如果需要的输出频率范围很宽,利用模拟频率合成多个频标,再与 DDS 输出信号混频滤波,这样可以覆盖大范围的频率范围[151],同时信号的性能指标也能满足要求。

**(2) DDS 输出宽带信号预失真补偿**。现代雷达系统要求雷达信号应具有大的时宽带宽积,以提高雷达的发现能力、测量精度和对目标的分辨能力。线性调频信号(LFM)因其具有良好的脉冲压缩性能及分辨能力,成为雷达最主要的信号形式。由于宽带雷达的关键因素是可实现的距离副瓣抑制度,伴随着目标识别要求的提高,实际系统中宽带波形可能因信号路径环节多,无法满足要求,需要对宽带信号产生系统进行失真测试校准、误差提取、预失真补偿,来抑制距离副瓣。因此很多文献介绍了宽带信号预失真补偿方法[152]。

**（3）典型波形产生器。** 基于典型 DDS 芯片 GM4940 的波形产生，GM4940 是一款国产 DDS 芯片，具有 4 路独立通道的直接数字频率合成器（DDS），每个通道均可提供独立的相位、频率、幅度控制，最高工作频率可达 1GHz。所有通道共用一个公共系统时钟，具有固有的同步性，支持多设备同步。如图 8-17 所示为基于 GM4940 的波形产生器输出的 LFM 频谱及脉内频谱。

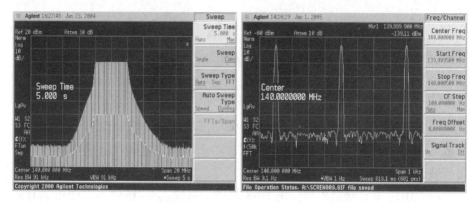

图 8-17　LFM 频谱及脉内频谱

## 8.3　数字化接收机

对于 2GHz 以下的射频接收链路一般不需要混频环节，直接对射频信号进行数字化，对于 2GHz 以上的射频链路，一般采用一次或二次混频将射频频率搬移到中频，再进行数字化。采样后的数字信号在专用数字下变频（Digital Down Conversion，DDC）芯片，或者在 FPGA 中借助于数控振荡器（Numerical Control Oscillator，NCO）完成射频信号数字解调，解调出数字基带信号。同时，为了与信号处理机的数率匹配，往往对高速率的数字信号进行抽取和数字匹配滤波，如图 8-18 所示。

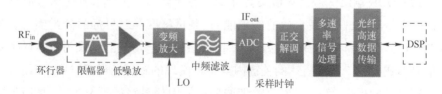

图 8-18　接收链路示意图

数字阵列天线通常采用多通道数字化接收,多通道数字化接收机是基于软件无线电射频数字化技术和数字下变频(DDC)技术来实现模拟射频信号到数字基带 I/Q 信号的变换,如图 8-19 所示。

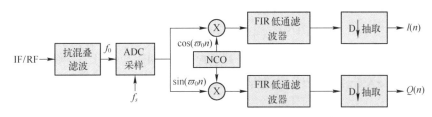

图 8-19 典型数字接收机框图

根据采样频率、信号中频频率、信号带宽和输出采样率间的不同关系,数字下变频处理的实现结构包括 Hilbert 变换法、插值滤波法、低通滤波法、多相时延滤波法、多相混频后置高效结构等实现方式[153]。图 8-19 中 NCO 为数控振荡器,它实质上是一个能输出正弦、余弦两路正交信号的 DDS。由于混频和正交本振都由数字电路实现,因此有更高的精度和稳定度。其精度决定于低通滤波器 FIR 对负谱分量的抑制。

### 8.3.1 数字采样

为了保证 ADC 采样后的信号能够无失真地恢复原来的信号,ADC 采样需要满足采样定理,对于中频或射频信号采样需要满足带通采样定理,即

$$\frac{2f_H}{N} \leqslant f_s \leqslant \frac{2f_L}{N-1} \qquad (8-14)$$

$$1 \leqslant N \leqslant \text{round}\left(\frac{f_H}{\text{BW}}\right)$$

式中:$f_H$ 和 $f_L$ 分别为信号的上下边带频率;BW 为信号带宽。为了简化抗混叠滤波器设计以及 DDC 数字混频设计,采样信号的中心频率 $f_0$ 和采样频率 $f_s$ 要求满足最佳采样定理要求,即

$$f_s = \frac{4f_0}{2N-1} \qquad (8-15)$$

当采样率满足 $f_s \geqslant 2\text{BW}$,$f_0 = \left(M \pm \frac{1}{4}\right)f_s$($M$ 为 $\geqslant 0$ 的整数,为 0 时只取"+"

号)时,$f_s$对实信号进行采样时,正负频谱不会发生混叠,采样得

$$x(n) = i(n)\cos\frac{\pi}{2}n - q(n)\sin\frac{\pi}{2}n, \quad f_0 = \left(M \pm \frac{1}{4}\right)f_s \text{ 取正号} \quad (8\text{-}16)$$

$$= \begin{cases} (-1)^{n/2} i(n), & n \text{ 为偶数} \\ (-1)^{(n+1)/2} q(n), & n \text{ 为奇数} \end{cases} \quad (8\text{-}17)$$

式(8-17)表明,采样值是 I、Q 交替的序列,将两序列符号统一变正,群延时对齐,即可分离出 I/Q 信号,这就是低通滤波法在时域上的理解。

### 8.3.2 数字下变频

数字混频后对 I/Q 两路信号进行实数低通滤波处理,再抽取获得匹配采样率,由于信号复数表示采样率可以降为实数的一半,因此 DDC 处理抽取比至少为 2。当 ADC 采样满足采样定理,采样最佳采样为

$$\frac{2f_H}{N} \leq f_s \leq \frac{2f_L}{N-1} \quad (8\text{-}18)$$

$$f_s = \frac{4f_0}{2N-1} \quad (8\text{-}19)$$

满足最佳采样定理的 DDC 混频处理数字本振 $e^{-j2\pi f_0 n}$ 退化为抽取和符号变换,此时 DDC 处理可以采用图 8-20 所示的多相时延滤波法[154]简化结构来实现。该结构混频变成符号变换后直接抽取处理,抽取造成的 I/Q 时延通过设计一个原型滤波器,对该滤波器进行 1/4 抽取获得四个多相子滤波器,间隔选择两相分别对 I/Q 子路滤波,实现半个样本点延迟校正和低通滤波处理。

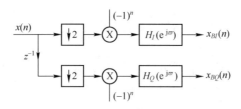

图 8-20 多项时延滤波法 DDC 处理结构

当信号的中频频率 $f_0$、采样频率 $f_s$ 和基带输出采样率 $f_{bs}$、抽取比 $D$ 和 NCO 周期 $M$ 满足特定关系时,可以采用混频后置多相滤波[155]高效 DDC 处理结构来实现。常规采样/混频/滤波/抽取 DDC 输出为

$$\begin{cases} f_0/f_s = m/M, 1 \leqslant m \leqslant M-1 \\ f_s/f_{bs} = M = D \end{cases} \quad (8-20)$$

$$y(n) = \{[s(t)\mathrm{e}^{-\mathrm{j}\varpi_0 t}] * h(t)\} \sum_{n=-\infty}^{\infty} \delta(t-nM)$$

$$= \sum_{k=0}^{K-1} h(k)s(nM-k)\mathrm{e}^{-\mathrm{j}\varpi_0(nM-k)} \quad (8-21)$$

式中:$h(t)$,$t=0,1,\cdots,K-1$ 为 FIR 滤波器冲击响应。

通过选择合适的中频、采样频率抽取比和滤波器系数,保证数字本振周期和抽取比相同,分配到每个多相滤波器支路上的本振信号为常数,因此混频可以放到多相滤波后面,整个 DDC 实现结构变成采样/抽取/多相滤波/数字混频,如图 8-21 所示。

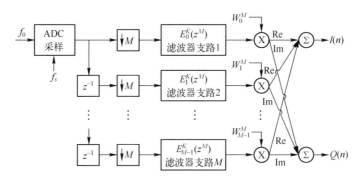

图 8-21 混频后置多相滤波高效 DDC 实现结构

混频后置多相滤波高效 DDC 实现结构,要求中频或射频信号中心频率为基带输出信号采样率的整数倍($f_s = mf_{bs}$),通过低通滤波和后续复数相位旋转实现频谱搬移和分离混叠。当需要多个子带同时 DDC 输出时共用滤波器,后接多个并行复数相位旋转即可,当通道数为 $M = \log2(N)$ 时,滤波后的相位旋转多信道输出可以通过逆快速傅里叶变换(Inverse Fast Fourier Transform,IFFT)/逆离散傅里叶变换(Inverse Discrete Fourier Transform,IDFT)来实现[156],具体实现结构如图 8-22 所示。

混频后置多相滤波高效 DDC 实现结构的优点是:滤波与混频在低的数据率一端处理,降低了对处理速度要求;滤波处理在混频前和 ADC 后实现,为实数滤波,运算量和资源降低一半;对于多信道、滤波器组或信道化应用,所有信道共用一个滤波器,后接一组、多组或 IFFT 复数相位旋转处理可以获得不同子带同时下变频输出。

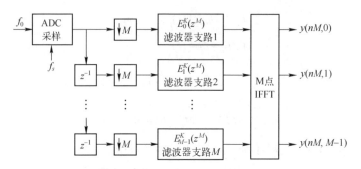

图 8-22 基于 IFFT 实现的混频后置多信道器

混频后置多相滤波高效结构只能针对固定位置中频信号的 DDC 处理,对于实际应用会造成接收盲区,基于格兹尔(Goertzel)算法改进的混频后置多相滤波结构可以实现任意频率位置信号的 DDC 高效处理[157]。传统格兹尔算法可以实现均匀分布的频率点处的 DFT/IDFT 处理,通过引入格兹尔滤波概念可以获得频带内任意频点的 DFT/IDFT 值,格兹尔滤波器传递函数为

$$H_k(z) = \frac{1 - W_M^k \cdot z^{-1}}{1 - 2 \cdot \cos\left(\frac{2\pi}{M}k\right) \cdot z^{-1} + z^{-2}} \quad (8-22)$$

根据格兹尔滤波器传递函数可以获得其直接实现形式,基于格兹尔算法改进的混频后置多相滤波结构如图 8-23 所示。

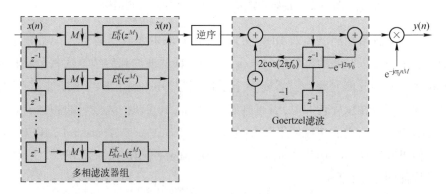

图 8-23 基于格兹尔滤波高效 DDC 实现结构

该 DDC 处理结构特点是继承了混频后置多相滤波结构所有优点,通过格兹尔滤波器精确调谐实现无盲区接收,该结构包括多相低通滤波、格兹尔滤波和移相处理,通过一定运算量增加换取混频序列频点位置的灵活性。

对于高速宽带 DDC 处理,现场可编程门阵列(Field-Programmable Gate Arrays,FPGA)无法在采样频率的速度下直接处理,并且抽取后的采样率也超出 FPGA 处理能力,这种情况下,可以采用广义多相滤波结构[158]来实现,该结构通过对常规多相滤波在频域上进行解算,获得了并行实现的广义多相滤波结构,可以根据具体应用进行速度与资源的平衡来设计宽带并行 DDC 处理。

常规 DDC 处理整个链路抽取比为整数,因此可以通过单级或多级抽取滤波实现,但是对于通信应用、对抗/成像等宽带应用情况下存在抽取比为分数的情况,这时需要通过数字重采样滤波结构[159]来实现 DDC 处理,该结构通过内插镜像抑制滤波和抽取抗混叠滤波复用,选择合适的滤波器阶数以及结构变换来实现。

### 8.3.3 噪声系数

数字化接收机系统的噪声系数由射频链路和数字化接收机噪声系数构成,如图 8-24 所示。

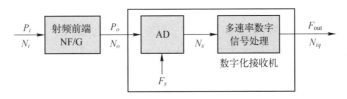

图 8-24 数字化接收机噪声框图

射频链路低噪声放大器噪声系数决定了数字化接收机系统的噪声系数。为降低后置电路的影响,在满足系统动态范围和自身稳定性的条件下,尽量提高低噪声放大器的增益;在存在干扰情况下,为了使低噪声放大器不容易饱和,尽量提高其输出 1dB 压缩点。

互调特性是衡量接收机非线性特性性能的一个重要参数指标,通常输入双音信号,测量输出端的三阶互调的幅度来评估互调性能。在接收链路中,当输入电路的功率大到一定程度时,输出的三阶互调和被放大的基波信号功率相同。此时定义输入基波信号为输入三阶截断点(IIP3),定义输出基波信号的功率为输出三阶截断点(OIP3),如图 8-25 所示,二者间的理想差值为接收链路增益。

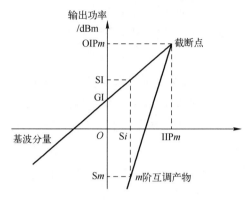

图8-25 互调产物与M阶截断点图

噪声是限制接收机灵敏度的主要因素，一般情况下接收机的噪声来源主要是电阻噪声、天线噪声和接收机噪声。根据奈奎斯特定理，电路中电阻元件在温度 $T$（单位为 K）时将产生开路热噪声电压 $V_n$，即

$$V_n = \sqrt{4kTRB_n} \tag{8-23}$$

式中：$k$ 为波耳兹曼常数（$1.380658 \times 10^{-23}$ J/K）；$R$ 为电阻（Ω）；$B_n$ 为接收机带宽（Hz）。当该开路电压加到匹配负载时的有效噪声功率为

$$P_n = 4kTB_n \tag{8-24}$$

接收机的噪声部分是电阻的热噪声，还包括其他有源器件产生的噪声，但都具有热噪声相同的频谱和概率特性，因此一般都用噪声温度来表示，即

$$T_n = P_n/4kB_n \tag{8-25}$$

为便于计算信号噪声，往往从输入角度来看系统的输出噪声，定义系统噪声温度 $T_s$（单位为 K），即

$$kT_sB_n = P_{no}/G_0 \tag{8-26}$$

式中：$G_0$ 为系统有效增益；$B_n$ 为系统噪声带宽；$P_{no}$ 为系统输出噪声功率；$T_s$ 为系统折算到输入端的系统噪声温度；$kT_sB_n$ 为折合到天线输入端的系统输出噪声功率。

若两端口线性网络具有确定的输入端和输出端，且输入端源阻抗处于290K 时，输入端信噪比与输出端信噪比的比值定义为该网络的噪声系数。其网络的噪声系数是网络输出对输入信号的信噪比恶化的倍数。用 $S_i/N_i$ 表示接收机输入信噪比，$S_0/N_0$ 表示输出信噪比，噪声系数 NF 定义为

$$\mathrm{NF} = \frac{S_i/N_i}{S_o/N_o} = \frac{N_0}{GN_i} = \frac{GN_i + GN_n}{GN_i} = \frac{N_i + N_r}{N_i} = 1 + \frac{T_e}{T_o} \qquad (8\text{-}27)$$

式中:$G$ 为接收机增益;$N_i = kT_0B$ 为天线噪声输入噪声功率;$N_r = kT_eB$ 为接收机输出噪声功率折合到输入端的噪声功率。因此噪声系数大小与信号功率无关,取决于输入输出噪声功率的比值。

一般接收机是由多级放大器、混频器和滤波器等组成,级联电路的噪声系数或噪声温度表示为($G$ 为放大器增益或变频/滤波器损耗的倒数)

$$\mathrm{NF}_e = \mathrm{NF}_1 + \frac{\mathrm{NF}_2 - 1}{G_1} + \frac{\mathrm{NF}_3 - 1}{G_1 G_2} + \cdots + \frac{\mathrm{NF}_n - 1}{G_1 G_2 \cdots G_n} \qquad (8\text{-}28)$$

$$T_e = T_1 + \frac{T_2}{G_1} + \frac{T_3}{G_1 G_2} + \cdots + \frac{T_n}{G_1 G_2 \cdots G_n} \qquad (8\text{-}29)$$

噪声系数是在源温度为标准温度 $T_0 = 290\mathrm{K}$ 时定义的,例如接收机噪声系数为 3dB 时,接收机折合到输入端噪声温度为 290K。雷达实际工作时源和天线噪声温度 $T_a$ 一般都不是标准温度,此时与接收机噪声系数相对应的实际噪声温度折合到接收机输入端为

$$T_e = (\mathrm{NF} - 1) T_a \qquad (8\text{-}30)$$

数字化接收机噪声系数一般是由 ADC 以及数字信号处理引起的,设 ADC 等效输出噪声功率为 $N_\mathrm{ADC}$,噪声为带限噪声,且 ADC 输入抗混叠滤波器能够保证无 ADC 采样折叠噪声进入 ADC,这时 ADC 输出噪声 $N_s$ 为

$$N_s = N_0 + N_\mathrm{ADC} \qquad (8\text{-}31)$$

式中:$N_0$ 为输入端噪声功率;$N_\mathrm{ADC}$ 为 ADC 等效输出噪声功率。

系统级联后的噪声系数为

$$\mathrm{NF}_s = \frac{N_s}{GN_i} = \frac{N_0 + N_\mathrm{ADC}}{GN_i} = \mathrm{NF} + \frac{N_\mathrm{ADC}}{GN_i} \qquad (8\text{-}32)$$

令 $M = N_o / N_\mathrm{ADC}$,代入式(8-32)有

$$\mathrm{NF}_s = \mathrm{NF} \left( \frac{1+M}{M} \right) \qquad (8\text{-}33)$$

根据噪声系数的定义,ADC 的噪声系数可以表示为

$$\mathrm{NF}_\mathrm{ADC} = P_\mathrm{FS(dBm)} - \mathrm{SNR}_\mathrm{dBFS} - 10\lg(F_s/2) - KT_\mathrm{(dBm/Hz)} \qquad (8\text{-}34)$$

ADC 的噪声系数不是一个固定值,与采样时钟/采样率、输入信号幅度、频率和数字滤波器带宽等都有关。如图 8-26 所示为 ADC 噪声系数与不同信噪比和采样率的关系图;图 8-27 为不同输入信号幅度下 ADC 输出噪声频谱情况。

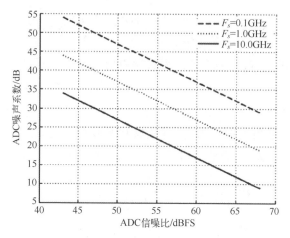

图 8-26　ADC 噪声系数与 SNR 和采样率间关系

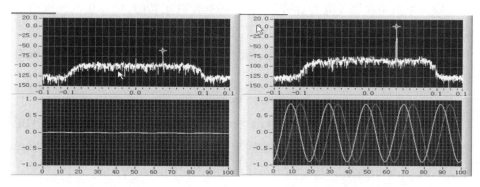

图 8-27　不同输入信号幅度下 ADC 输出噪声电平

因此,数字化接收机 ADC 对系统噪声的影响与前端噪声功率和 ADC 噪声功率的比值直接相关。级联系统噪声系数的降低可以从两个方面解决,一方面降低 ADC 等效噪声功率,另一方面保证前端输入噪声加上信号能够被 ADC 充分量化。

ADC 的等效噪声功率表示为

$$N_{\text{ADC}} = N_q + N_t + N_j \quad (8-35)$$

式中:$N_t$ 为热噪声;$N_q$ 为理想的量化噪声;$N_j$ 为孔径抖动噪声。对于分辨率为 $N$、输入峰—峰值为 $V_{p-p}$ 的 ADC,量化电平表示为

$$Q = V_{p-p}/2^N \quad (8-36)$$

此时 ADC 最大功率为

$$P_{\max} = \left(\frac{V_{p-p}}{2\sqrt{2}}\right)^2 = \frac{2^{2N}Q^2}{8} \quad (8\text{-}37)$$

当 ADC 最低位为噪声位且噪声均匀分布时,量化噪声功率为

$$N_q = \frac{Q^2}{12} \quad (8\text{-}38)$$

此时理想 ADC 最大信噪比为

$$\text{SNR}_{\text{dBFS}} = 10\lg\frac{P_{\max}}{N_q} = 10\lg\left(\frac{3}{2}\times 2^{2N}\right) = 6N+1.76(\text{dB}) \quad (8\text{-}39)$$

影响 ADC 等效噪声功率的另外一个关键因素是时钟的孔径不确定性产生的噪声,孔径不确定性包括 ADC 自身采样保持电路取样延迟的变换以及采样时钟上下沿抖动两个方面,采样时钟抖动与时钟相位噪声是同一现象的两种不同表述,与时钟源的热噪声、相位噪声和杂散密切相关。单点频输入情况下,由孔径抖动所限制 ADC 的 SNR 为

$$\text{SNR}_j = -20\lg(2\pi f_a \Delta t_{ms})(\text{dB}) \quad (8\text{-}40)$$

式中:$f_a$ 为模拟输入信号频率;$\Delta t_{ms}$ 为孔径抖动均方根值。理想情况下 ADC 输出 SNR 与输入频率和时钟抖动间关系如图 8-28 所示。

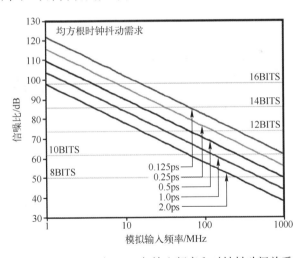

图 8-28  ADC 理想 SNR 与输入频率和时钟抖动间关系

降低数字化接收机级联系统噪声系数,需要保证前端输入噪声加上信号能够被 ADC 充分量化。当低于最低量化分层电平的微弱信号和高于最低量化层又低于最高量化层的强信号一起进入 ADC 时,微弱信号在强信号的背越效应下,能够与强信号一道通过 ADC 变换器。强信号可以是信号,也可以是噪声,

其强度要求至少 90%的能量被 ADC 量化,通常约为 ADC 最低量化分层电平的 6 倍。这种情况下,保证有用的微弱信号基本不损失。应用 ADC 的背越效应,可以考虑在条件允许的情况下,放宽射频模拟通道的带宽,通过数字域滤波抽取提高系统瞬时动态范围,其代价将是更高采样率和更多的数字基带处理硬件。图 8-29~图 8-31 为 ADC 采样信号的噪声背越效应仿真结果。

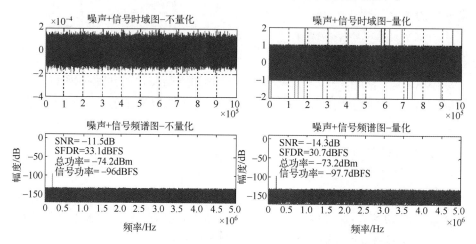

图 8-29　信号功率-96dBm 噪声功率能够量化 1 位时 ADC 输出 SNR

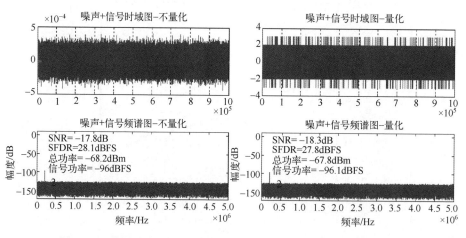

图 8-30　信号功率-96dBm 噪声功率能够量化 2 位时 ADC 输出 SNR

数字化接收机一般是欠采样和过采样相结合,即采样频率可能低于射频或中频信号载频,但远大于信号瞬时带宽,多速率信号处理后输出的信号带宽将与信号的瞬时带宽相匹配。当多速率信号处理各级滤波器带宽均与信号瞬时带宽相匹配,同时带外噪声得到有效抑制而不会由于抽取造成噪声混叠,此时

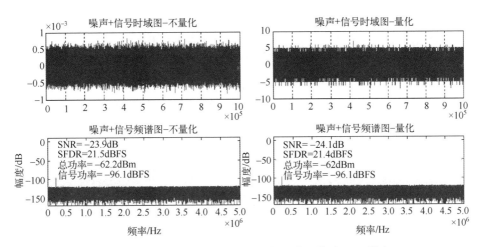

图 8-31 信号功率-96dBm 噪声功率能够量化 3 位时 ADC 输出 SNR

输出噪声功率将是 ADC 输出噪声功率的 $F_s/2B$ 分之一,因此多速率信号处理后理想 ADC 输出 SNR 表示为

$$\mathrm{SNR}_{\mathrm{dBFS}} = 6N + 1.76 + 10\lg(F_s/2B) \text{ (dB)} \quad (8\text{-}41)$$

多速率信号处理主要包括多级滤波和抽取等定点数字信号处理来实现,因此中间必然包括截位处理过程,与前面 ADC 量化噪声充分量化分析类似。随着 SNR 的提高,必须保证足够的噪声位才能保证输出 SNR,而不造成系统 SNR 的损失或系统噪声系数恶化。图 8-32 和图 8-33 为不同截位位数下 SNR 的影响。

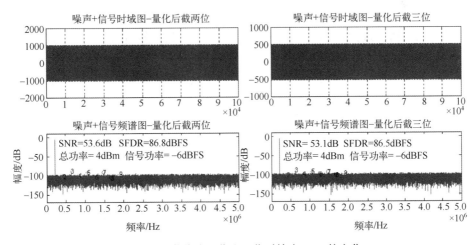

图 8-32 截位为两位和三位时输出 SNR 的变化

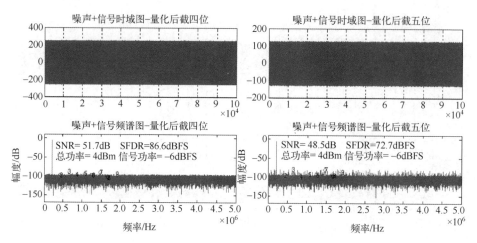

图 8-33 截位为四位和五位时输出 SNR 的变化

## 8.3.4 动态范围

接收链路的动态范围通常是指所能容许的天线端输入信号的功率范围,它的下限主要由接收机的灵敏度决定,上限是由输入端所能处理的最大信号功率决定。也可以定义为在双频测试中三阶交调分量不超过噪声基底的最大输入功率,这种定义下得到的动态范围也称为无杂散动态范围(Spurious-free Dynamic Range,SFDR),定义 SFDR 为

$$SFDR = 2\times(IIP3-S_{min})/3 \quad (8-42)$$

式中:SFDR 为无杂散动态范围;IIP3 为输入三阶交调;$S_{min}$ 为灵敏度。

因此,接收链路的无杂散动态范围是与所选择的元器件三阶截断点及增益分配相关。接收机动态范围为

$$D = D_r + D_\sigma + D_{S/N} + D_f \quad (8-43)$$

式中:$D_r$ 为目标回波信号随距离远近的变化范围;$D_\sigma$ 为目标 RCS 变化范围,由雷达目标/杂波的截面积变化范围决定;$D_{S/N}$ 为目标检测所需信噪比,与工作模式以及检测目标类型相关;$D_f$ 为接收机带宽失配动态要求增加量。

数字阵列雷达在单元级实现有源接收、ADC 采样、数字下变频处理后进行数字域 DBF 处理,后续进行脉冲压缩或多脉冲相干积累处理。假设 DBF 处理得益为 $D_{DBF}$,数字脉压得益为 $D_{DPC}$,多脉冲积累得益为 $D_{CI}$,因此数字相控阵雷达单通道接收机瞬时动态 $D_{dr}$(接收机最大输出 SNR)为

$$D_{dr} = D - D_{DBF} - D_{DPC} - D_{CI} \quad (8-44)$$

传统模拟相控阵天线在模拟域进行接收波束合成后进行 ADC 采样处理和后续信号处理,如果信号处理方式相同,模拟相控阵雷达接收机的瞬时动态 $D_{ar}$ 为

$$D_{ar}=D-D_{\text{DPC}}-D_{\text{CI}} \tag{8-45}$$

因此相同系统动态要求下,数字相控阵天线接收机动态要求比模拟相控阵天线接收机动态要求低 $D_{\text{DBF}}$,或者接收机动态相同的情况下,数字阵列天线系统总动态将比模拟相控阵天线高 $D_{\text{DBF}}$。

射频接收机动态范围常用的表示方式有 1dB 压缩点动态范围 $\text{DR}_{-1}$(接收机线性动态范围)和无失真信号动态范围 $\text{DR}_{\text{SFDR}}$。

**(1) 1dB 压缩点动态范围 $\text{DR}_{-1}$** 定义为当接收机输出功率大到产生 1dB 增益压缩时,输入信号功率与最小可检测信号或等效噪声的比值,即

$$\text{DR}_{-1}=\frac{P_{i-1}}{P_{i\min}}=\frac{P_{o-1}}{GP_{i\min}}=\frac{P_{o-1}}{GP_{\min}}=\frac{P_{o-1}}{GkT_0\text{NF}BM} \tag{8-46}$$

式中:$P_{i-1}$ 为产生 1dB 压缩时接收机输入端的信号功率;$P_{o-1}$ 为产生 1dB 压缩时接收机输出信号功率;$G$ 为接收机增益;NF 为接收机噪声系数;$B$ 为接收机带宽;$M=1$ 为识别因子;$T_0$ 为热力学温度。式(8-46)也可以表示为

$$\text{DR}_{-1}=P_{o-1(\text{dBm})}+114-\text{NF}_{(\text{dB})}-10\lg B_{(\text{MHz})}-G_{(\text{dB})}(\text{dB}) \tag{8-47}$$

$$\text{DR}_{-1}=P_{i-1(\text{dBsm})}+114-\text{NF}_{(\text{dB})}-10\lg B_{(\text{MHz})}(\text{dB}) \tag{8-48}$$

**(2) 无失真信号动态范围 $\text{DR}_{\text{SFDR}}$** 是指接收机三阶交调等于最小可检测信号时,接收机输入最大信号功率与三阶互调信号之比,即

$$\text{DR}_{\text{SFDR}}=\frac{P_{isf}}{P_{i\min}}=\frac{P_{osf}}{GP_{i\min}} \tag{8-49}$$

图 8-34 为无失真信号动态范围图解法,其中:$P_3$ 是三阶互调功率电平;$P_{osf}$ 为接收机三阶互调信号等于最小可检测信号时,接收机输出的最大信号功率。三阶互调交截点是基波频率信号输入输出关系曲线与三阶互调及输入信号关系曲线的交点,$P_1$ 为接收机三阶截获点功率,忽略高阶分量和非线性所产生的相位失真和幅度失真,有

$$\text{DR}_{\text{SFDR}}=\frac{2}{3}(P_1-P_{o\min})=\frac{2}{3}(P_1-P_{i\min}-G) \tag{8-50}$$

$$P_{osf}=P_{o\min}+\text{DR}_{\text{SFDR}} \tag{8-51}$$

$$P_1=P_{o-1}+10.65(\text{dBm}) \tag{8-52}$$

$$\text{DR}_{\text{SFDR}}=\frac{2}{3}(P_{o-1}-P_{i\min}-G+10.65)$$

$$= \frac{2}{3}(P_{o-1}+114-NF-10\lg B-G+10.65)$$

$$= \frac{2}{3}(DR_{-1}+10.65) \qquad (8-53)$$

式中：$DR_{SFDR}$ 为无失真信号动态范围；$P_1$ 为接收机三阶截获点功率；$P_{imin}$ 为接收机三阶互调信号功率；$P_{isf}$ 为接收机输入最大信号功率；$G$ 为接收机增益；$P_{osf}$ 为接收机输出的最大信号功率。

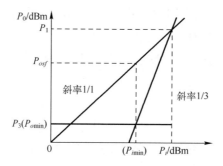

图 8-34 无失真信号动态范围图解

数字化接收机动态设计时，要求接收机动态与雷达回波信号进入接收机的信号的动态相匹配，即接收机模拟射频通道动态与接收机输入信号的动态相匹配，同时要求射频通道的动态还与 ADC 的动态相匹配。射频数字化接收机动态和灵敏度是互相关联、互相制约的两个参数，通过合理分配通道增益、选择模拟器件指标、选择 ADC 指标来综合优化。

理想 ADC 动态范围表示为

$$DR_{ADC} = 10\lg \frac{P_{max}}{P_{min}} = \frac{2^{2N}Q^2/8}{Q^2/8} = 20N\lg2 = 6N(\text{dB}) \qquad (8-54)$$

射频前端的动态与 ADC 动态相匹配，就是要求接收机增益设计时，最大输入信号不致 ADC 饱和，同时最小信号输入经过射频前端增益放大后，能够被 ADC 充分量化，而不致接收机 NF 恶化。提高接收机大线性动态范围，可以合理分配接收机各级增益，选择动态范围大的器件。

数字阵列天线一般都有多种工作模式，相对应的有多种瞬时信号带宽，有时有宽窄带兼容工作模式（例如目标成像识别、目标跟踪和目标搜索等）。为了简化接收机设计，接收通道往往是按照最宽带宽来进行设计，在最宽带宽模式下，保证系统的灵敏度要求和动态要求，窄带工作模式的灵敏度和瞬时动态可以通过后续多速率信号处理来获得,这要求数字信号处理输出 I/Q 信号要保证足够的噪声位[160],这种宽窄带一体化接收机设计可以同时获得高灵敏度和大线性动态范围,区别于传统模拟接收机。

### 8.3.5 实例

多通道射频数字化接收机一般采用多通道并行射频采样 ADC、高性能 FPGA 和高速光传输接口集成化一体化方法来实现。图 8-35 为一个 16 通道数字化接收机实现功能框图。

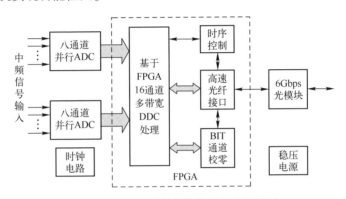

图 8-35 16 通道数字化接收机功能框图

该数字化接收机主要包括带宽抑制低通滤波器、中频/射频采样 ADC、基于 FPGA 实现的数字下变频(DDC)处理、光纤接口、时钟电路和电源电路等。其中,采用表贴式基于 LTCC 技术的低通滤波器,用来限制 ADC 的模拟输入信号带宽,以便抑制带外干扰。ADC 选择八通道并行 14 位 125MHz 采样率,采样时钟选择 120MHz,射频信号中心频率为 270MHz,满足最佳带通采样定理。设计要求在瞬时 20MHz 带宽内,同时有一个 5MHz 带宽信号和一个点频信号或者同时有 5 个 1MHz 带宽信号。八通道并行 ADC 主要参数为:

(1) 八通道并行 ADC;

(2) 采样率最高 125MHz;

(3) 分辨率 14bit;

(4) 信噪比 SNR≥71dBFS(输入频率 270MHz,采样率 125MHz);

(5) 无杂散动态范围 SFDR≥75dBFS(输入频率 270MHz,采样率 125MHz);

(6) 输入模拟带宽 800MHz,输入信号幅度 1Vp-p/2Vp-p 可选;

(7) 单电源 1.8V/1.12W，芯片内置电源旁路滤波电容，无须外加。

DDC 设计的基本考虑如下：

(1) 中频 270MHz，采样率 120MHz，中频带宽 20MHz，满足最佳采样定理；

(2) 瞬时信号带宽 5MHz/1MHz/0.2MHz 三种，对应基带信号采样率 5MHz/1.25MHz 两种，同时在 20MHz 中频带宽内，频分复用 5 个 1MHz 带宽的子带信号或只有一个 5MHz 带宽信号；

(3) 单个 FPGA 同时实现 16 通道并行 DDC 处理。

考虑兼用滤波器阶数最小化、多采样率、多带宽、多通道 DDC，采用二次数字混频三级滤波抽取结构来实现，单个通道 DDC 实现功能框图如图 8-36 所示。

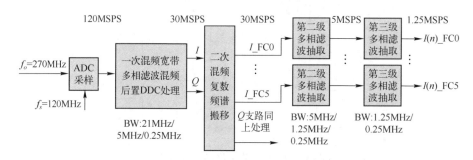

图 8-36　多采样率、多带宽、多通道 DDC 算法实现功能框图

各模块功能为：

(1) 一次混频宽带多相滤波混频后置 DDC 处理，实现 20MHz 宽带中频信号数字下变频处理，当系统工作在 5MHz、1MHz、0.2MHz 带宽情况下，滤波器对应的带宽分别为 5MHz、1.25MHz 和 0.25MHz，通过控制信号，切换滤波器系数来实现不同带宽信号滤波处理；

(2) 二次混频复数频谱搬移实现 1MHz 带宽模式下中频频带内 5 个子带信号的下变频处理，其中一个子带兼容 5MHz/1MHz/0.2MHz 三种带宽，在 5MHz 模式下，其中心频率在中频频带内任意可变，5 个 1MHz 频谱分布如图 8-37 所示；

(3) 第二级多相滤波抽取实现 5MSPS 采样率信号的输出，滤波器系数根据工作带宽来变换以适应不同带宽信号滤波，带宽包括 5MHz/1.25MHz/0.25MHz 三种；

(4) 第三级多相滤波抽取实现 1.25MSPS 采样率信号的输出，滤波器系数根据工作带宽不同来变换以适应不同带宽信号滤波,带宽包括 1MHz/0.25MHz 两种。

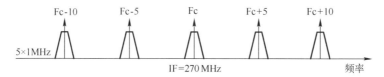

图 8-37　1MHz 带宽模式下信号频谱在中频频带内的分布

5MHz、1.25MHz 和 0.25MHz 带宽滤波器仿真参数如表 8-1~表 8-3 所列。

表 8-1　5MHz 带宽两级滤波器参数设置

| 参　数 | FIR1 | FIR2 |
| --- | --- | --- |
| 滤波器阶数 | 23 | 47 |
| 通带截止频率/MHz | 5.0 | 5.0 |
| 通带纹波/dB | 0.5 | 0.2 |
| 阻带抑制/dB | 75 | 75 |
| 阻带衰减率/dB | 55 | 45 |

表 8-2　1.25MHz 带宽三级滤波器参数设置

| 参　数 | FIR1 | FIR2 | FIR3 |
| --- | --- | --- | --- |
| 滤波器阶数 | 23 | 47 | 95 |
| 通带截止频率/MHz | 21 | 1.25 | 1.25 |
| 通带纹波/dB | 0.5 | 0.2 | 0.4 |
| 阻带抑制/dB | 80 | 85 | 80 |
| 阻带衰减率/dB | 83 | 50 | 5 |

表 8-3　0.25MHz 带宽三级滤波器参数设置

| 参　数 | FIR1 | FIR2 | FIR3 |
| --- | --- | --- | --- |
| 滤波器阶数 | 23 | 47 | 95 |
| 通带截止频率/MHz | 0.25 | 0.25 | 0.25 |
| 通带纹波/dB | 0.5 | 0.2 | 0.4 |
| 阻带抑制/dB | 80 | 95 | 90 |
| 阻带衰减率/dB | 102 | 60 | 15 |

DDC 算法以及相关模块在 FPGA 中实现的资源如表 8-4 所列。

表 8-4　16 通道并行 DDC 算法模块 FPGA 实现情况

| FPGA 型号 | EP4SGX180FF35I4 |
|---|---|
| 乘法器(18×18) | 800(87%) |
| 逻辑单元(LE) | 93403(85%) |
| 最高运行时钟速度/MHz | 148 |
| 存储器/Mb | 5.5(49%) |

16 通道射频数字化接收机实物图如图 8-38 所示。

图 8-38　多通道射频数字化接收机实物图

数字化接收机实际工作时的测试结果如图 8-39 所示。

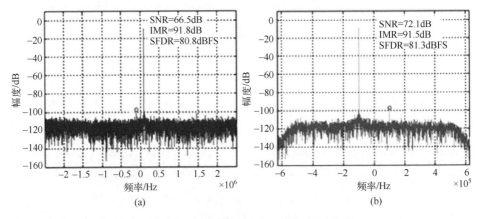

图 8-39　DDC 输出(频偏 0.1MHz)测试结果

(a) 5MHz 带宽;(b) 1MHz 带宽。

## 8.4　频率源

频率源也称为频率合成器,是由一个或多个频率稳定度和精确度很高的振荡器作为频率基准,通过频域的线性运算,产生数字阵列天线所需的各种时钟频率,包括本振信号、采样时钟信号、波形产生时钟信号和系统定时器使用的基准时钟信号。

与常规的有源相控阵天线相比,数字阵列天线突出的优势是波束控制灵活,包括波束快速赋型和动态形成多波束,多路信号合成获得高信噪比,以实现高灵敏度和大动态[161]。其中信噪比与频率源密切相关,在数字阵列天线中,一般期望各天线单元之间本振及时钟信号相位同步相参,而噪声为非相参。

## 8.4.1 噪声相参性

为提高数字阵列天线系统的接收信噪比,特别是提高雷达在强杂波相位噪声里的动目标检测能力,降低对数字阵列天线系统频率稳定度要求,一般情况下,采用全相参体制,实现相位噪声对消。假设电磁波往返目标的时间为 $t_d$,集中式噪声相参频率源雷达等效框图如图8-40所示。

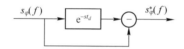

图8-40 噪声全相参雷达检测原理

从频域角度来看,电磁波往返加上相干检波,传递函数为

$$H(s) = 1 - e^{-st_d} = 1 - \cos\omega_d t_d + j\sin\omega_d t_d \tag{8-55}$$

式中:$\omega_d$ 为信号的载频频偏,即相位噪声的频偏;$t_d$ 为目标的回波时间。

因为相位噪声为功率谱密度,因此有

$$S_\varphi^*(f) = |H(s)|^2 s_\varphi(f) = 2(1-\cos\omega_d t_d) s_\varphi(f) \tag{8-56}$$

系统输出信号相位噪声谱密度由 $s_\varphi(f)$ 转变为 $(1-\cos\omega t_d)s_\varphi(f)$,输出信号相位噪声幅度,在载频的付氏频偏呈现周期性的关系,既有对消也有增长,周期为目标距离 $t_d$,因此当杂波较近时,噪声相参可以极大提高信号的信噪比,这就是地面雷达为改善地杂谱抑制,通常采用全相参体制的原因。对不同距离点上的动目标,该体制雷达改善因子是不同的。而当目标较远时,如机载雷达,对地杂谱这种对消效应将大打折扣。如 45km,$\tau$ 为 300μs,即噪声变换频率为 330kHz,在第 1 周期里,即雷达相位噪声主要能量区,载频 556Hz 外的部分相位噪声反而被提高。因此对于强地杂波或海杂波背景下,进行目标检测的机载雷达,相位噪声的空间相关性得益非常有限。

由于数字阵列天线波束任意控制、超高灵敏度,在强杂波下,极弱动目标检测能力强,广泛地应用于现代雷达。若要发挥数字阵列天线理论上合成效应获取高信噪比的技术优势,所涉及的噪声必须是非相参的,否则将无法实现期望的合成效果。对于收发通道的放大器噪声和 AD、DA 变换的量化噪声,其非相参假设是成立的,而对于频率源系统的相位噪声,其特性却复杂得多。

不考虑目标本身特性,限制雷达信噪比主要有两个因数:一是接收机内噪声,即接收机通道噪声和频率源相位噪声;二是发射信号噪声,即发射放大链路噪声和频率源相位噪声。在回波信号幅度一定时,常规雷达回波最大信噪比主要限制于接收机噪声系数,而数字阵列雷达每个通道间的热噪声是非相参的,可以通过合成实现噪声抑制,回波最大信噪比限制于频率源相位噪声和发射信号的信噪比,例如期望更好的信噪比得益,数字阵列天线要采用噪声非相参的分布式频率源。

### 8.4.2 频率源体制

天线理论上,可通过多路信号矢量合成提高发射信号信噪比,提高接收信号信噪比和动态范围。对 $N$ 单元线性阵列天线,如图 8-41 所示,天线远场方向图可以表示为

$$S = \sum_{i=0}^{n-1} I_i \mathrm{e}^{jikd(\sin\theta - \sin\theta_0)} \tag{8-57}$$

$$I_i = A_{mp} \mathrm{e}^{j\varphi_0} \tag{8-58}$$

式中:$I_i$ 为单元激励权值;$d$ 为天线单元间距;$\theta_0$ 为天线波束指向;$A_{mp}$ 为单元激励幅度;$\varphi_0$ 为各激励单元初相。

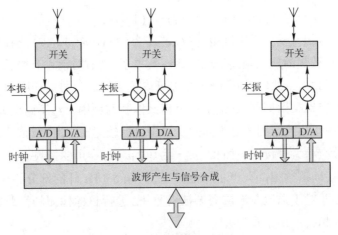

图 8-41 一维线性数字阵列框图

通过空间合成,数字阵列天线信号和信号的相位噪声数学模型为

$$S_n = A_n \mathrm{e}^{j\omega t - jPs_n}$$
$$N_n = B_n \mathrm{e}^{j\omega t - jPn_n} \tag{8-59}$$

忽略电磁波时谐特性,只分析天线波束指向方向上,即 $\theta = \theta_0$ 时,数字阵列天线信号和信号的相位噪声为

$$\begin{cases} G_s = \sum_{i=0}^{n-1} A_i \mathrm{e}^{-jPs_i} \\ G_N = \sum_{i=0}^{n-1} B_i \mathrm{e}^{-jPn_i} \end{cases} \tag{8-60}$$

式中: $G_s$ 为信号增益; $A_i$ 为第 $i$ 单元信号实际激励幅相; $Ps_i$ 为第 $i$ 单元信号实际激励相位; $G_N$ 为相位噪声增益; $B_i$ 为第 $i$ 单元相噪实际激励幅相; $Pn_i$ 为第 $i$ 单元相噪实际激励相位。

对 $N$ 单元线性阵列天线,若采用均匀分布激励 $A_i = 1$,初始相位相同,信号相参,空间信号合成的得益为

$$G_s = N \tag{8-61}$$

若信号非相参,空间信号合成的得益为

$$G_s = 0 \tag{8-62}$$

由于集中频率源通常是由基准源和线性运算器组成的[162],如果由它统一给数字阵列天线提供本振和时钟,则属于相参信号,通过空间信号合成,信号和噪声信号都能够获得式(8-62)的得益。如果将频率源的线性运算器配置到每个天线单元或者天线子阵上,由基准源统一给数字阵列天线线性运算器提供基准信号,这时信号是相参的,信号能够获得式(8-62)的得益。对于相位噪声信号,由于线性运算器引起的噪声相位在 -180°~180° 内随机分布,破坏了信号的相参性,也就是说相位噪声信号是非相参的,无法形成阵列空间合成增益。

数字阵列天线频率源主要涉及问题有:噪声相参体制与噪声非相参体制的选择、本振源噪声非相参设计、采样时钟同步和高稳定基准源的传输等。需要说明的是,这里的非相参是指其相位噪声,而信号必须是相参的,天线阵列单元相位不一致影响合成效果和波束指向精度,如果采样时钟相位变化严重,将会使系统时序紊乱,因此数字阵列天线分布式源相位必须是一致的,否则数字阵列天线无法形成预期的波束。

## 8.4.3 分布式频率源特性

数字阵列天线要获得期望的合成效果,分布式频率源不仅需要满足信号幅

度相位稳定同步,也要实现相位噪声的非相关。因此分布式频率源主要关注问题是:各单元信号之间相位一致性,避免开机和频率捷变状态下出现多相位现象;多路之间相位稳定性,特别是温度变化对多路之间相位的影响,相位噪声去相参性能。

频率合成主要包括直接合成和间接合成(以锁相为核心)。直接合成为开环结构形式,相位一致性取决于线性运算器内部计数分频器状态,相位稳定性取决于线性运算器的合成电路(主要由有源非线性器件和滤波器组成)的时延稳定性,时延随温度、输入功率变化(非线性有源电路)而变化,分布式不同电路单元,难以保证内部计数分频器状态一致和时延变化的一致性。以某440MHz直接合成分布式采样时钟作为研究对象,两模块间相位波动特性实验结果如图8-42(a)所示,两模块间相位波动随时间变化较大,10°左右,且稳定时间较长。

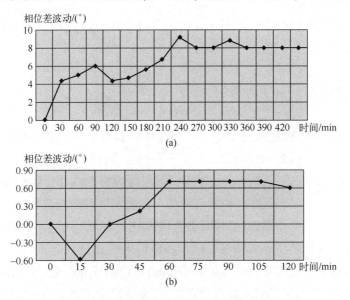

图 8-42　分布式频率源单元间相位稳定性
(a) 直接合成分布式频率源;(b) 锁相合成分布式频率源。

锁相环为相位闭环反馈系统,对于二阶 2 型系统,输出信号的相位与参考源的稳态相差为 0,因此采用同一参考源的锁相分布式频率源,使各单元间相位不会因工作温度、反馈系数等变化而改变,可实现良好的相位同步性。以 800MHz 锁相合成分布式采样时钟为实验对象,对二阶 2 型锁相合成源两个单元之间相位稳定性进行研究,两模块间相位波动特性实验结果如图 8-42(b) 所示,两模块间相位波动在 1°以内,且稳定时间较短。

集中式频率源数字阵列雷达采用分路馈电形式,分配本振和各时钟至各收发单元,各阵列单元相位噪声显然是相参的,无法实现数字阵列雷达理论上的合成效果,各单元相位噪声的非相参是分布式频率源研究的关键问题。

锁相合成相位噪声主要来源于基准源、鉴相器和压控振荡器,由于各阵列单元的本振源合成是相对独立的,因此鉴相器噪声和压控振荡器的噪声是非相参的,而基准源的相位噪声是相参的。对于一般规模的数字阵列雷达,分布式频率源的子合成单元的附加噪声(即鉴相器噪声和压控振荡器的噪声)是系统相位噪声主要贡献者,通过锁相环路的窄带滤波,使分布式频率源各单元间相位噪声,在带外实现噪声去相参。

随着数字阵列天线单元数的增加,各单元带内基准源相位噪声的相参性是分布式频率源性能提升的主要约束条件,因此参考源噪声去相参是分布式频率源的关键,参考源噪声去相参主要有滤波去相参、分频去相参和 $\Sigma$-$\Delta$ 噪声去相参[163]。

### 8.4.4 分布式频率源实现

和集中式频率源一样,分布式频率源一般由基准源、线性运算器和传输线组成。基准源对合成器性能有重要影响,高性能雷达基准源主要有两种形式:一为恒温晶体振荡器,它频率高低适中,一般在 100MHz 左右,短期频率稳定度高,相位噪声相对较小,对频率精度和长期稳定性要求较高,常采用低频晶体振荡器(如 10MHz),其近载频等效噪声较高频晶体振荡器(如 100MHz)更优,即频率长期稳定性更好。二为原子钟,它频率相对较低(一般在 10MHz 左右),超近区相位噪声好,成本相对较高,长期频率稳定度高,但等效中远区相位噪声较恒温晶体振荡器差。随着微波光电技术发展,光电振荡器正被人们关注,它频率高(一般在 10GHz 左右),中远区相位噪声较传统的频率合成器高一二个数量级。

分布式频率源的线性运算器需要配置在数字阵列天线单元或者子阵中,线性运算器的小型化越来越受到关注。一方面,随着 CMOS 等半导体技术以及 MMIC、LTCC 技术的发展,频率源中的锁相环、分频器、鉴相器、倍频器等芯片集成程度越来越高,工艺条件越来越成熟,上述器件均可以进行高密度集成。另一方面,多层布线封装技术,厚膜和共烧陶瓷技术的进步,可以实现内埋无源器件,例如电容、电感等,可以大大缩小整个频率源线性运算器模块的体积及功耗。

## 8.5 应用举例

图 8-43 为一种轻质宽带数字阵列天线组成框图,图 8-44 为天线实物照

片。它是天线单元、轻质材反射板、数字阵列模块(DAM)、光电盲配、光纤传输、高速数字与数据处理集成架构型式,天线机、电、热多物理参数综合设计。

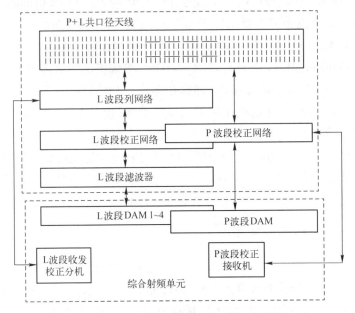

图 8-43　轻质宽带数字阵列天线组成框图

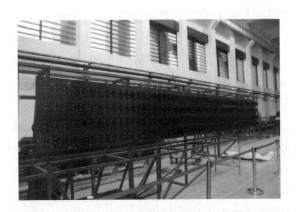

图 8-44　轻质宽带数字阵列天线照片

轻质宽带数字阵列天线工作参数是:工作频率为 995~1400MHz;极化方式为垂直线极化;天线单元为 4(俯仰)×56(方位);口径尺寸为 6076mm(长)×800mm(宽);天线系统重量大于 220kg。天线系统全频带时延校正精度优于 5ps,幅度校正精度优于±0.5dB,相位校正精度优于±5°;天线系统在 10%频带时延校正精度优于 3ps,幅度校正精度优于±0.3dB,相位校正精度优于±2°。

轻质宽带数字阵列天线典型的测试方向图如图 8-45~图 8-47 所示。测试时,数字阵列天线的俯仰波束指向+6°。天线发射波束采用等幅度加权,天线接收和差波束都是采用-30dB 幅度加权。

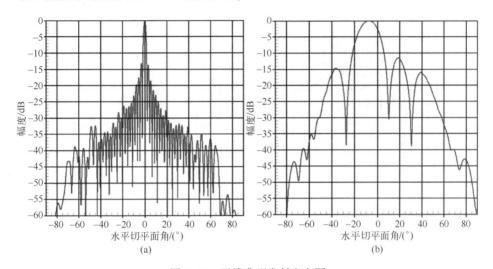

图 8-45　天线典型发射方向图

(a) 方位;(b) 俯仰。

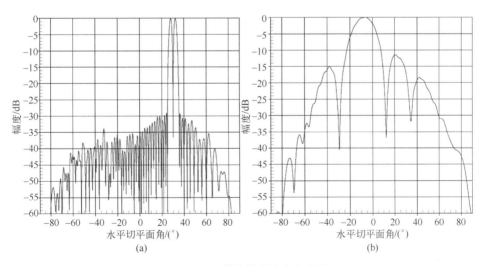

图 8-46　天线接收差波束方向图

(a) 方位;(b) 俯仰。

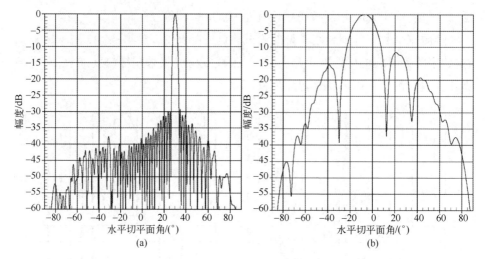

图 8-47 天线接收和波束方向图

(a) 方位;(b) 俯仰。

# 第 9 章
# 微波光子阵列天线

## 9.1 概述

从技术发展角度来看,随着光纤技术、集成光学、半导体集成电路技术的快速发展与不断成熟,微波光子技术(Microwave Photonics)随之诞生,主要研究光信号与微波信号相互作用而延伸出的一系列基础技术与应用问题。微波光子技术是一种融合了微波技术和光子技术的新兴技术[65]。

从技术应用角度来看,尽管有源阵列天线优越性已为雷达界所公认,但其本身也存在着系统尺寸大、重量重、工作带宽窄、传输损耗大、易受干扰、成本高等缺陷,从而大大限制了有源相控阵天线的潜力。鉴于微波光子技术的优异特性,雷达研究人员在有源阵列天线系统中引入了微波光子技术,例如用光纤作为雷达信号和数据传输线、用光真实延迟线构成光波束形成器、用光处理器进行雷达信号和数据处理等。

根据微波光子技术在天线阵列中的功能差异,微波光子阵列天线分为两种形式:微波光子数字阵列和光控相控阵天线[164]。在过去几十年中,科研人员致力于研究基于上述应用的微波光子技术,并将该技术应用于雷达、卫星通信和电子战等领域[165-167]。

### 9.1.1 微波光子数字阵列天线

在微波、毫米波频段,传统电缆的传输损耗随着频率的升高会急剧增大,例如 5.8GHz 的微波信号通过同轴电缆传输的损耗高达 190dB/km,在 2.4GHz 频段的损耗也有 145dB/km。与传统的同轴电缆或波导等传输介质相比,光纤的损耗要小得多[168],例如1550nm波长的光在光纤中的传输损耗只有0.2dB/km,并且损耗不随传输信号频率的升高而增加。

数字阵列天线集成了天线单元、射频、模拟和数字等功能链路,用数字收发组件(Digital Transmitter and Receiver,DTR)取代传统相控阵天线中的T/R组件,将天线单元、射频收发单元和信号处理单元融为一体进行高密度集成,有效地解决传输损耗和物理尺寸大的问题[169]。例如,为解决传输损耗大的问题,数字阵列天线一般采用天线辐射阵面与数字阵列模块(DAM)紧密集成,随着天线阵单元规模的增大,集成度越来越高,系统的复杂性、架构形式、散热与供电、测试维修等问题已经成为分析设计的瓶颈。

随着光电技术的发展,微波光子学将对电子信息系统产生重大影响[170,171],利用微波光子链路实现天线收发信号的远距离传输,使数字阵列天线与后端数字处理与控制系统相分离,微波光子链路以其独特的优势避免了传统微波链路长距离传输损耗大的问题。对于大型阵列天线,此种方法不仅保留了数字阵列固有特点,如幅相控制精度高、瞬时动态范围大、空间自由度高、波束形成灵活等,并具有频带宽、重量轻、抗电磁干扰强的优点,而且改变了传统数字阵列天线构造形式,使天线系统与馈线收发等系统进行了集成设计,根据装载平台或地面雷达阵地的实际情况,灵活设置天线系统和后端数字处理/控制系统安装装置,实现电子信息系统的灵活性和安全性。

光链路实现远距离信号传输时,一般采用波分复用技术,使数字阵列天线的复杂性得到有效简化,几十个甚至上百个数字阵列天线子阵集成为一个光电收发模块,通过密集波分复用百根光纤合成为一根光纤,来完成数字阵列天线上万个收发单元的信号收发与远程传输。

微波光子数字阵列雷达原理如图9-1所示,系统是由微波光子阵列天线,后端光电及数字信号系统和远程数据/信号传输光纤组成的。微波光子阵列天线由无源天线阵面、收发开关、数字收/发组件、光电/电光转换器、光复用器等组成。后端光电及数字处理系统由光电/电光转换器、数字下变频器、波形产生、数字波束形成、信号处理、数据处理和系统控制等组成。

在图9-1中,为获得理想的信噪比,实现高分辨率多功能成像雷达较大的探测威力和强杂波下检测目标能力,数字阵列天线一般不采用集中式频率源,而采用噪声非相关的分布式频率源。同时,分布式频率源也适合数字阵列天线高密度集成。

第 9 章 微波光子阵列天线

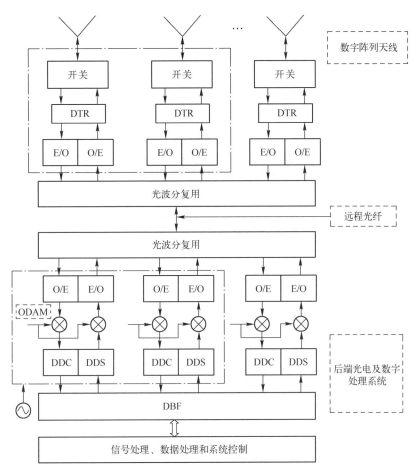

图 9-1 微波光子数字阵列雷达原理

## 9.1.2 光控相控阵天线

为了解决目标的高分辨率微波成像问题，提高雷达对目标的分辨、识别能力，有源阵列天线必须采用具有大瞬时带宽的信号。由于传统相控阵天线是控制相位来进行天线波束合成和扫描，信号在同频率时相位相同，延迟时间却有差异，这将导致有源阵天线在宽带信号情况下，天线波束在扫描时，存在波束指向偏斜现象，这就是由于孔径渡越时间引起的孔径效应，使得信号的瞬时带宽受限[172-174]。

有源阵列天线波束扫描角是按照相位波阵面原理来控制天线每个辐射单元相位，天线波束最大值指向为

$$\theta_0 = \arcsin\left(\frac{\lambda}{y}\frac{\Psi}{2\pi}\right) \tag{9-1}$$

式中：$y$ 为线阵天线辐射单元的位置；$\lambda$ 为波长；$\psi$ 为天线辐射单元的相位。

为了得到一个固定的天线波束指向，天线辐射单元的相位 $\psi$ 与其位置 $y$ 成比例，在 $y$ 处天线辐射单元的相位为

$$\Psi = 2\pi\frac{y}{\lambda}\sin\theta_0 \tag{9-2}$$

如果用频率来替换式(9-1)和式(9-2)中的波长，就会发现有源阵列天线的窄带特性，即

$$\theta_0 = \arcsin\left(\frac{c}{y}\frac{\Psi}{2\pi f}\right) \tag{9-3}$$

$$\Psi = 2\pi\frac{y}{c}f\sin\theta_0 = \frac{\omega y}{c}\sin\theta_0 \tag{9-4}$$

式中：$c$ 为电磁波的速度；$f$ 和 $\omega$ 分别为频率和角频率。

从式(9-3)可以看出，频率的改变会导致天线波束指向的改变。式(9-4)给出了解决天线阵列宽带的方法，天线单元控制的相位量与频率成正比，即在宽带频率范围内，实现波束扫描应该控制天线辐射单元的时间延时，而不是相位。

为了实现相控阵天线波束宽带宽角扫描，一般采用真实时间延迟线（True Time Delay，TTD）取代常规移相器[175]，由于实际相控阵天线移相器是成千上万，这给工程实现带来困难，折中的方法是在相控阵天线的子阵级别上设置真实时间延迟线，进行子阵级的延时补偿。

传统的 TTD 是由波导、同轴电缆或者微带传输线构成的，对一个口径长为 20m 的相控阵天线，当波束扫描角为 60°时，真实时间延迟线中最大位延迟线长度约为 17m。如此长的波导、同轴电缆或者微带传输线，无论是微波信号插入损耗还是工程实现，都是非常困难的。如果将微波信号调制到光纤上，用光纤作为真实时间延迟线，称为光真实时间延迟线（Optical True Time Delay，OTTD），由于光载波频率极高，信号带宽相对载波频率极小，光链路具有稳定的传输特性，同时减小了有源阵列天线的体积和重量。

一种常见的光控相控阵天线就是将微波信号调制到光信号上，光信号在不同长度的光纤中传播实现不同的真实延时，然后将微波信号从光信号中解调出来。在光链路上进行时间延时控制，来实现天线波束合成和波束扫描[176,177]。

光控相控阵天线的主要特点是：光延时器件替代移相器，可获得大的瞬时带宽；采用光传输和分配技术，可减轻系统重量，减小体积，提高可靠性，增强抗电磁干扰的能力。

光控相控阵天线基本工作原理如图9-2所示，在发射工作状态，宽带微波信号经电光变换（E/O）、光隔离，由1:$M$光分配器将光信号分为$M$路。$M$路对应$M$个子阵，每子阵信号经OTTD后，经光纤传输到天线阵面，再经光电变换（O/E），恢复为微波信号。经放大后，通过1:$N$功率分配器，每子阵$N$个阵元，即传送到$N$个微波T/R组件，经移相后从$N$个天线辐射出去，在空间实现功率合成。接收工作状态与发射类似，只是信号传输方向相反，最后各天线子阵信号合成接收波束。

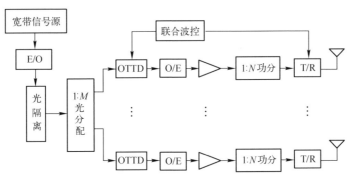

图9-2　光控相控阵基本工作原理图

## 9.1.3　移相器与延迟线

宽频带数字移相器通常是要求移相器的各移相位的相移量在频带内基本不变。在此情况下，当射频信号具有较大瞬时带宽，且天线波束指向不是天线法线方向时，各频率成分所对应的波束指向不同，使天线波束展宽；当射频信号瞬时带宽较窄，而工作频率超过射频信号瞬时带宽时，天线波束指向将随工作频率变化而变化。若使天线波束指向不变，则在工作频率改变的同时，使天线辐射单元的相位也要做相应的改变。

一般情况下，移相器中相移量最大的一位（即第一位）为$\pi$，相应地第$n$位为$\pi/2^{n-1}$；若时间延迟线中延迟量最小的一位（即第一位）为$\lambda_0$，第$m$位则为$2^{m-1}\lambda_0$。通常宽频带、大扫描角的相控阵天线，每个天线单元接一个移相器，若干个天线单元组成一个子阵，每个子阵接一个延迟线，子阵的规模大小决定于最大扫描角和天线孔径等。选定天线子阵的恰当规模后,若将天线子阵规模适当缩小,而将移相器的 π 位搬至延迟线,即增加 $\lambda_0/2$ 位,天线系统各项性能参数不变,而总移相和延时位将有所减少。

移相器与延迟线间的界线并不是固定不变,必要时还可将移相器的 π/2 位也搬到延迟线,即再增加 $\lambda_0/4$ 位,甚至可将移相器和延迟线中各位数分布在各层功率合成/分配网络中。当移相器和延迟线均具有线性规律时,移相器最小一位的相移量 $\Delta\varphi$ 不一定要满足,即移相器的位数 $n$ 不一定要满足,可根据所需最小波束跃度 $\theta_{\min}$ 和单元间距 $d$ 来确定。至于移相器和延迟线其余位均在 $\Delta\varphi$ 的基础上按二进制进位,但延迟线最大一位也不一定要满足 $2^{m-1}\Delta\varphi$ ($m$ 为移相器和延迟线位数之和),可根据所需最大扫描角 $\theta_{\max}$ 和天线孔径尺寸 $L$ 等来确定。

## 9.2 真实时间延迟线

真实时间延迟线是一个时间延时网络,通常放置在天线辐射单元之后,根据天线波束形成或者扫描的需要延时时间(或者相位)进行控制。为实现相控阵天线的宽带宽角扫描,一般应在相控阵天线中采用 TTD,为简化设备,实用中通常在子阵级上采用真实时间延迟线,而在 T/R 组件内仍用移相器。基于光传输的光真实时间延迟线具有损耗低、色散小、重量轻、体积小、不受电磁干扰等优点。通常情况下,实现光真实时间延迟线的技术途径有以下几种[178-182]。

(1) 基于电切换和光纤环的 OTTD。

如图 9-3 所示,光真实时间延迟线采用电开关切换,使 RF 信号调制到不同的激光器,经过不同长度的光纤,实现不同的延时。

整个装置包含了 8 根光纤延迟线,延时的大小分别为 $t_0, t_0+\Delta t \sim t_0+7\Delta t$,这样就构成了一个 3bit 的延时结构,延迟线上的激光二极管前都有一个偏置开关,控制激光二极管的开启与关闭。当其中一个激光二极管开启时,其他的激光二极管都是关闭的,调制信号获得一个固定的延时,然后这 8 根光纤和耦合器相连,通过光电探测器得到不同延时的射频信号输出。

(2) 基于光开关切换和光纤环的 OTTD。

如图 9-4 所示,基于光开关切换和光纤环的 OTTD 是利用光开关对光路进行切换,该类 OTTD 的延时完全由光纤长度决定,理论上延时可以任意长,切换时间、隔离度、插入损耗等主要由光开关决定，光开关性能是该类 OTTD 技术性能的关键。

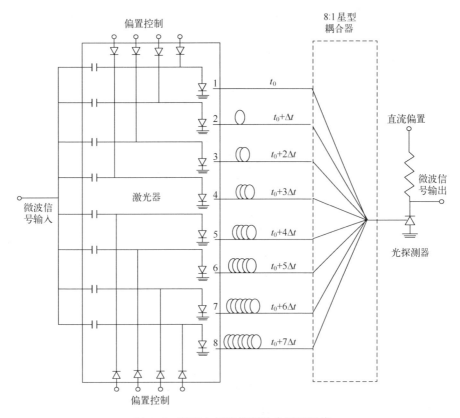

图 9-3　基于电切换控制的光纤延迟线

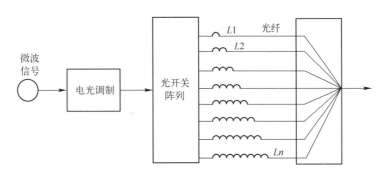

图 9-4　基于光开关切换的光纤延迟线

（3）基于集成光学的 OTTD。

集成光学的 OTTD 是将光切换开关和延时部件（或光波导）集成于同一基

片上，由于体积小，其最大延时通常较小(几百皮秒)，因此该 OTTD 适用于频率较高的场合或单元移相器。

基于集成光波导的光延迟技术与基于光纤的延迟技术原理基本一致，其利用平面光波导技术，把光纤换成了波导，与分离的光开关或调制器集成到同一基片上，实现更为紧凑的光真实延迟线结构，如图 9-5 所示。

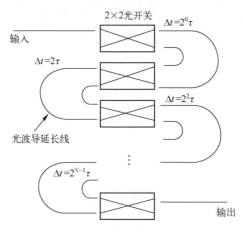

图 9-5　基于光波导延迟线原理

相比采用光纤的延迟线，由于集成光波导的制备工艺采用的是光刻技术，基于集成光波导技术的延迟线可以实现精度到皮秒量级的延时，而且光波导也易于大规模制造，降低光延迟线的使用成本，但其缺点是器件的插入损耗、串扰和偏振敏感性都较大。因此，光波导延迟线主要的研究热点包括波导的结构、损耗、材料、工艺等，目前基于集成光波导的光延迟技术仍然有很大的改进空间。

(4) 基于空间光路的 OTTD。

该类 OTTD 的原理是通过控制反射镜组移动不同的位置，使光经过不同的光程，实现不同的延时。自由空间光路延迟线与光纤延迟线的区别在于光在空间传播，当光在空气中以速度 $c$ 传播时，延迟时间正比于空间光的长度 $L$，通过反射镜组的移动，实现不同的光程，从而达到时间延迟的可控制。基于空间光路的延迟线原理如图 9-6 所示。

在图 9-6 中，光延时变化范围由反射镜的可移动范围决定，使用了反射镜的延时光程近似为反射镜面移动距离的 2 倍。

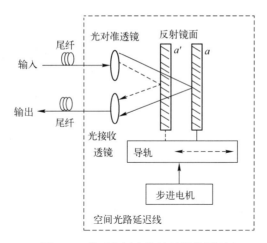

图 9-6 基于空间光路的延迟线原理

（5）基于可调谐激光器和光色散的 OTTD。

该类 OTTD 的基本工作原理,是利用不同波长的激光对色散元件的延时不同,或利用不同波长的激光对光栅的反射特性不同,实现不同的时间延迟。基于可调谐激光器和光色散的延迟线如图 9-7 所示。

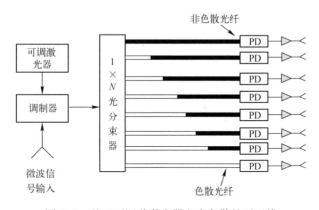

图 9-7 基于可调谐激光器和光色散的延迟线

在图 9-7 中,由激光器产生的光通过电光调制器被微波信号调制后,经过光分束器后进入到不同的光纤,每一路光纤都是由一段高色散光纤和零色散光纤组成,只是各路中色散光纤和零色散光纤的长度比例不一样。当按照一定规律改变光载波的波长时,各路光信号的传播时间就发生改变,从而得到不同的延时差。

对大型相控阵雷达,由于天线阵面口径大,需进行的延时补偿较长,如对 20m 口径天线的 L 波段相控阵雷达,在扫描角为 60°时,其最大延时对应的长度达 17m。因此采用基于光开关切换和光纤环的 OTTD 是合适的选择。

5 种真实时间延迟线的特性比较如表 9-1 所列。

表 9-1　5 种真实时间延迟线的特性比较

| 类　型 | 工作原理 | 延时主要介质 | 延时特点 | 体积 | 环境适应性 |
|---|---|---|---|---|---|
| 基于电切换和光纤环的 OTTD | 通过电开关切换和不同长度的光纤实现延时 | 光纤 | 步进延时;延时范围宽;精度较低 | 大 | 好 |
| 基于光开关切换和光纤环的 OTTD | 通过光开关切换和不同长度的光纤实现延时 | 光纤 | 步进延时;延时范围宽;精度较低 | 较大 | 好 |
| 基于集成光学的 OTTD | 通过集成的光开关选择不同的波导路径实现延时 | 光波导 | 步进延时;延时范围小;精度高 | 小 | 较差 |
| 基于空间光路的 OTTD | 通过反射镜组的移动,实现不同的空间光程延时 | 空气 | 步进延时;延时范围较小;精度较高 | 较小 | 对温度、振动敏感 |
| 基于可调谐激光器和光色散的 OTTD | 利用不同波长的色散特性不同和不同长度色散光纤延时量不同实现不同延时 | 色散光纤 | 可连续延时;延时范围宽;精度较高 | 较小 | 较差 |

## 9.3　微波光子链路

微波光子传输链路实现中心站与远端微波光子阵列天线之间微波信号/数据传输,具有频带宽、抗电磁干扰能力强的特性,光纤信道还具有传输损耗低的特性。

### 9.3.1　微波信号调制与解调

微波光子链路(Microwave Photonic Link, MPL)常用的电光调制方式主要有激光器直调(也称直接调制)、幅度外调制(简称外调制)、相位外调制,以及平衡外差探测,如表 9-2 所列为 3 种调制方式在动态范围、环境稳定性等性能参数的比较。

表 9-2 微波光子链路调制方式对比

| 调制方式 | 理论动态范围 /(dB/Hz$^{2/3}$) | 最佳工作频段 | 环境稳定性 |
| --- | --- | --- | --- |
| 激光器直调 | 105 | <20GHz | 高 |
| 幅度外调制 | 115 | <40GHz | 高 |
| 相位外调制 | 120 | <40GHz | 中 |

激光器直调方式中微波信号直接调制激光器,直接调制只需一个激光器即可,设备量少。经过多年的发展,技术已经成熟,已有大量通信传输设备采用这种调制方式,但其理论动态范围仅能达到105dB/Hz$^{2/3}$,且适合的工作频段一般在18GHz以下。

激光器直接调制是用微波信号直接对激光器的注入电流进行调制,使激光器输出的光强随微波信号的幅度变化而变化。直接调制的优点是结构简单、成本低,但注入光源电流的不恒定会导致频率偏移,并且半导体激光器有限的张弛振荡频率(典型值6~9GHz)限制了微波光子链路的调制带宽。此外,注入电流较小时,相对强度噪声较大。直接调制微波光子链路的典型结构如图 9-8 所示。

图 9-8 直接调制微波光子链路的典型结构

用于直接调制微波光子链路的激光器主要有法布里珀罗激光器(Fabry-Perot Laser Diode,FP-LD)、垂直腔面发射激光器(Vertical Cavity Surface Emitting Laser,VCSEL)和分布式反馈激光器(Distributed Feedback Laser,DFB)等,其中分布式反馈激光器是直接调制常用的激光器。直接调制微波光子链路刚出现时,其性能很不理想,增益通常为-40dB左右,传输18G微波信号,噪声系数高达50dB。经过多年的研究与发展,直接调制链路的性能已有很大提高。

相对于直接调制,外调制可使用输出光强恒定、相对强度噪声低的光源,外调制微波光子链路不受激光器张弛振荡的影响,带宽可达几十吉赫兹,并且可通过增加光功率提高链路的增益。常用的外调制有强度外调制、相位外调制等,在微波光子链路中应用最广泛的是强度外调制,是由一个激光器和一个调制器组成,把激光的产生和信号的调制分开,激光器产生强度恒定的光载波,而微波信号的调制是通过电光调制器调制激光器发出的连续光实现。这种调制方式可以达到115dB/Hz$^{2/3}$的动态范围,其工作带宽也不受激光器的限制,工作频率最高可达40GHz,其环境稳定性较好,仅需对调制器的工作点进行控制即可得到较高的幅相稳定性。

基于马赫-曾德尔调制器的外调制微波光子链路典型电路如图9-9所示,由激光器、马赫-曾德尔调制器、光纤和光电探测器等组成。在发射端,以强度调制的方式将微波信号通过马赫-曾德尔调制器调制到光载波上,被调制的光信号通过光纤传输,接收端通过光电探测器恢复出微波信号。

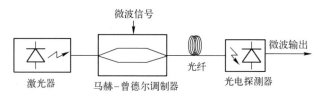

图9-9 外调制微波光子链路典型电路

相位外调制是外调制的另一种方式,具有很高的动态范围,理论可以超过120dB/Hz$^{2/3}$的动态范围,但由于光的相位很难保持一致,受环境(例如震动、温度)影响比较大,需要复杂的光锁相环,其环境稳定性比较差。

### 9.3.2 光学模数转换

模数转换(Analog-to-Digital Conversion,ADC)是实现模拟信号向数字信号转换的关键过程。随着现代数字信号处理技术的发展,越来越多的模拟功能都采用数字系统来实现,但是,由于受采样保持电路带宽、比较器弛豫和时钟抖动等因素的影响,传统的电子ADC性能受到了较大的限制,已经不能满足高采样速率、大带宽的要求。采用光子技术实现模数转换的显著优点是:用皮秒或亚皮秒的超短光脉冲进行采样,可以实现大于100Gbps的高采样率;锁模光脉冲的时间抖动与电采样脉冲相比可以降低两个数量级(达到200fs左右)。因此,相比于传统的电子模数转换,光学ADC可以在实现高速率、超宽带采样的同时,达到高量化精度。

一般情况下,主要有两种光学ADC:一种是基于时域展宽的光学ADC;另一种是基于复用技术的光学ADC。基于时域展宽的光学ADC的基本原理是:将输入的高速信号调制在线性啁啾的光信号上,然后利用光纤色散对调制后的信号进行时域展宽,降低其速率,通过探测器转换为电信号,再利用相对低速的电模数转换器实现 ADC。基于复用技术的光学 ADC 的基本原理是：首先将输入的高速信号调制在光脉冲上，然后利用复用技术将调制后的光脉冲分为若干路重复频率相对较低的脉冲序列，通过探测器转换为电信号，同样再利用相对低速的电模数转换器实现 ADC。基于复用技术的光学 ADC 常用的有波分复用光学 ADC 和时分复用 ADC。

基于时域展宽的光学 ADC 如图 9-10 所示。

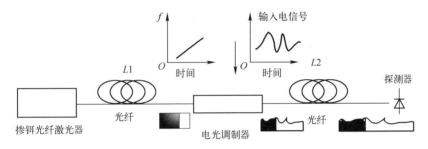

图 9-10　光脉冲时域展宽 ADC 原理

基于时域展宽的光学 ADC 需要使用线性啁啾光源，光源啁啾量无法精确控制，也就无法得到输入信号的精确时域波形，同时基于时域展宽的光学 ADC 由于对输入信号进行了时域展宽，因此无法实现对输入信号的实时连续处理。该方法适用于对超高速瞬态信号的处理。

复用技术包括时分复用技术和波分复用技术。光时分复用 ADC 原理如图 9-11 所示。

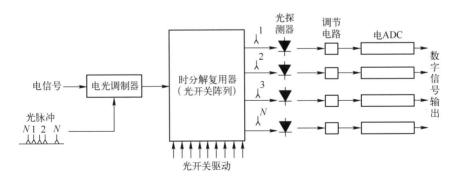

图 9-11　光时分复用 ADC 原理

$N$ 个重复频率为 $f_0$ 的光脉冲通过时分复用技术，复用成重复频率为 $Nf_0$ 的取样光脉冲串，其中 $N$ 为通道数，$f_0$ 为单通道脉冲重复频率。脉冲串通过电光强度调制器，对模拟信号进行调制，然后利用时分解复用器将光脉冲串重新解复

用为 $N$ 个通道,每个通道速率降低为 $f_0$,再进行光电转换,用低速电 ADC 采集。

基于波分复用光学 ADC 如图 9-12 所示。

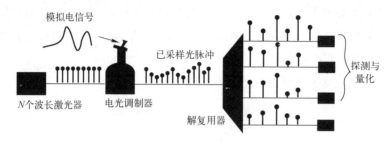

图 9-12 光波分复用 ADC 原理

光波分复用 ADC 与光时分复用 ADC 的基本原理一致,不同的是将 $N$ 个不同波长的采样光脉冲安排在不同的时序上,利用电光调制器对模拟信号进行采样,被调制的光脉冲序列经波分解复用分成平行的 $N$ 路波长通道,再经光电检测、量化输出。

三种常用的光学 ADC 特性参数比较如表 9-3 所列。

表 9-3 常用光学 ADC 特性比较

|  | 光脉冲时域展宽 ADC | 光时分复用 ADC | 光波分复用 ADC |
| --- | --- | --- | --- |
| 工作原理 | 利用色散光学元件的啁啾特性,将高速信号展宽为相对低速信号,再用低速电 ADC 实现数据采集 | 利用光时分复用特性,构造超高速采样光脉冲序列,直接对高速电信号进行采集,通过解复用技术将已调高速光脉冲序列变为低速信号,再用低速电 ADC 实现数据采集 | 利用光波分复用特性,将不同波长的光脉冲复用为光脉冲采样序列,直接对高速电信号进行光调制,通过解复用技术将已调光脉冲序列变为低速信号,再用低速电 ADC 实现数据采集 |
| 特色元件 | 色散光纤或其他色散器件 | 重复频率为 $f_0$ 的光脉冲 | $N$ 个波长的激光器 |
| 信号展宽 | 是 | 否 | 否 |
| 成本 | 低 | 高 | 高 |
| 适用场合 | 超高速 | 中高速 | 中高速 |

### 9.3.3 微波光子滤波

传统的数字滤波器是由延时单元、乘法器和加法器组成的一种算法或装置,与数字滤波器相似,微波光子滤波器也由延时单元、乘法器和加法器组成,不同的是在光域内实现信号的延时、相乘和相加。利用激光器、电光调制器将电信号调制为光信号,通过不同的光纤实现延时,通过分光器实现不同延时信号的不同幅度权重,通过耦合器实现信号的相加。与传统电滤波技术相比,微波光子滤波技术具有宽频带、可调谐、可重构和不受电磁干扰等优点。微波光子滤波器的基本结构如图 9-13 所示。

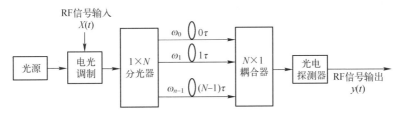

图 9-13　微波光子滤波器原理

在图 9-13 中,通过电光调制器将电信号调制变为光信号,已调光信号经 $1×N$ 分光器实现不同光功率的分路,相当于实现了数字滤波器常数乘法器的功能,经过不同长度的光纤实现不同的延时,经过 $N×1$ 耦合器实现不同延时信号的加法功能,最后通过光电探测器实现电信号的输出。

## 9.4　微波光子器件

微波光子器件一般包括激光器、探测器、调制器、光纤、光放大器、光分路器、光波分复用器、光隔离器、光环行器、光开关、光移相器等。

### 9.4.1　激光器与探测器

在直接调制微波光子链路中,激光器的作用是直接将电信号调制为光信号,而在外调制微波光子链路中,激光器的作用是提供稳定的光载波信号,与调制器一起完成电信号的光调制。激光器由工作物质、泵浦源和光学谐振腔三部分组成[183],如图 9-14 所示。

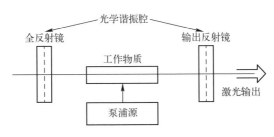

图 9-14　激光器基本结构

在图9-14中,工作物质是激光器的核心,提供形成激光的能级结构体系,是激光产生的内因;泵浦源提供形成激光的能量激励,是激光形成的外因;光学谐振腔为激光器提供反馈放大机构,同时具有选模的作用。激光器的种类很多,按照工作物质的不同,激光器可分为气体激光器、液体激光器、固体激光器和半导体激光器等类型,4种激光器的特点比较如表9-4所列。

表9-4　4种激光器特点比较

| 激光器类型 | 优点 | 不足 |
|---|---|---|
| 气体激光器 | 结构简单、造价低,操作方便,工作介质均匀,光束质量好以及能长时间较稳定地连续工作 | 所需泵浦功率高、需加冷却水或热交换器 |
| 液体激光器 | 波长连续可调(调谐范围从紫外直到红外)、结构简单、价格低 | 染料溶液的稳定性比较差 |
| 固体激光器 | 体积小、易维护、输出功率大且适于调Q产生高功率脉冲、锁模产生超短脉冲 | 工作介质的制备较复杂,价格较贵 |
| 半导体激光器 | 体积小、重量轻、能量转换效率高、使用寿命长、结构简单、易于单片集成、具有波长调谐及高速调制能力 | 制造工艺复杂,调谐范围较窄,谱线宽度较宽 |

微波光子链路中最常用的半导体激光器是分布式反馈激光器(Distributed Feedback Laser,DFB)。DFB激光器属于侧面发射的半导体激光器,具有输出功率大、单模特性好、边模制比高、调制速率高等特点。

在微波光子链路中,半导体激光器应满足基本要求:

(1) 输出光信号中心波长在850nm、1310nm或1550nm附近;

(2) 电光转换效率高、线性度好;

(3) 输出光信号的边摸抑制比大;

(4) 激光器本身的相对强度噪声小。

光电探测器是微波光子链路的又一重要器件,其作用是把接收到的光信号转换成电信号。光电探测器的基本参数包括:频带宽度、响应度、暗电流和饱和光功率。

微波光子链路应用中,光电探测器应满足基本要求:

(1) 波长响应范围要至少覆盖850nm,1310nm,1550nm光通信窗口;

(2) 响应度高,即光电转换的效率高;

(3) 暗电流尽可能小,光电转换的噪声小,便于微弱光信号的接收;

(4) 饱和光功率大,即能接收的最大光功率大。

为满足上述要求,微波光子链路中,常用的光电探测器有雪崩光电探测器(Avalanche Photo Diode,APD)和光电二极管探测器(Positive Intrinsic Negative,PIN)两种。雪崩光电探测器是指光照在反向偏置的一种特殊结构二极管上发生雪崩击穿,使得光生载流子浓度迅速增大,结电流急剧增加,从而形成可探测电流。雪崩光电二极管特点是自增益高、灵敏度高、响应速度快、工作频率范围宽,应用主要是极微弱光信号的快速探测。PIN 光电探测器基本工作原理是调制光照到接收区(p 区)后,在 p-n 结及附近产生的电子在外电压作用下运动,使回路电流增加,从而形成可探测电流。它具有结构简单、价格低廉、温度特性好等特点,适用于中、短距离和中、低速率系统。光电探测器的基本参数是:3dB 带宽、平坦度、响应度和暗电流等。

### 9.4.2 调制器与解调器

直接调制微波光子链路是利用激光器直接将微波信号调制到光载波上,而外调制微波光子链路是需要独立于激光器的外部电光调制器将电信号调制到光载波上。

直调激光器一般采用发射功率大、调制特性好、电光转换效率高、输出光具有良好方向性和相干性的半导体激光器[184]。一般情况下,半导体激光器中波长稳定性好、线宽窄、线性度高的 DFB 激光器是较常见的选择。直接调制的实现是通过控制直调型激光器的注入电流 $I$,从而使其输出光的强度得到调制,输出光功率 $P$ 与 $I$ 的关系为微波光子链路的 $P$-$I$ 特性,如图 9-15 所示,$I_{sig}(t)$ 是输入微波信号,$I_{th}$ 是阈值电流,$I_{bias}$ 是直流偏置电,$I_{sat}$ 是饱和电流,$P_{out\_b}$ 是输出光功率。

从图 9-15 可以看出,直调激光器是阈值型器件,输出光功率 $P$ 随 $I$ 的不同,经历了几个典型阶段:当 $I$ 较小时,激光器的自发辐射占主导地位,从而发射光谱很宽的荧光;随着 $I$ 的增大,受激辐射开始占主导地位,但当 $I$ 仍小于阈值电流 $I_{th}$ 时,激光器谐振腔的增益还不足以克服自身损耗,而建立起一定模式的振荡,从而发射的仅仅是较强的荧光;只有当 $I$ 达到 $I_{th}$ 以后,才能输出振荡模式明确、谱线窄的激光;当 $I$ 开始从 $I_{th}$ 逐渐加大时,激光器的 $P$ 与 $I$ 保持连续的线性关系,但是激光器的输出光功率 $P$ 不可能随着工作电流 $I$ 增大而无限制的增大,当 $I$ 增大到一定程度(饱和电流 $I_{sat}$)时,输出光功率 $P$ 达到饱和。

基于 LiNbO$_3$ 晶体制成的马赫-曾德尔调制器是应用最广泛的一种外部光强度调制器,其利用 LiNbO$_3$ 晶体的线性电光效应,实现电光转化,该类调制器具有

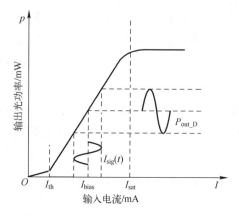

图 9-15　直调激光器的 $P\text{-}I$ 特性曲线

电光效应显著、插入损耗小、对波长依赖关系小、易制作、工艺成熟等特点。此外，马赫-曾德尔调制器应用于微波光子链路中，还有其他优势，例如：可与传输光纤高效耦合；调制啁啾可做得很小或者可调；调制带宽较大等。

马赫-曾德尔调制器通常由具有强电光效应的 $LiNbO_3$ 晶体制成，晶体的折射率随外加电场 $E$（电压 $U$）变化而变化。马赫-曾德尔调制器的结构如图 9-16 所示，调制器包括 Y 型分路器、两条光程相等的单模光波导和合路器。对两条波导中的一条施加可变电压，就会使光波经过两个不同折射率的波导，后获得不同的相位，合路器把两路光波再次合到一起后，会发生相长干涉或者相消干涉，从而导致输出光信号的强度随着所施加的电压变化而变化。

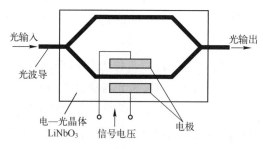

图 9-16　马赫-曾德尔调制器原理

马赫-曾德尔调制器的基本参数有光插损、半波电压、最大可输入光功率、调制带宽和消光比等。高性能的微波光子链路通常需要光插损低、半波电压小、可输入光功率大和调制带宽大的马赫-曾德尔调制器，调制器的典型插入损耗为 3~7dB，半波电压一般为 2~5V。除了铌酸锂晶体，电光聚合物和硅基等新材料也开始被考虑用于制作马赫-曾德尔调制器,以实现制作低半波电压、低插损和小尺寸器件目标。

在外调制中,马赫-曾德尔调制器的基本作用是尽可能无失真地实现信号的电光转换。为了保证调制信号的线性度,需要将马赫-曾德尔调制器工作在正交偏置点,如图 9-17 所示。

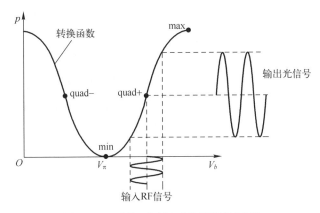

图 9-17 马赫-曾德尔调制器调制曲线

### 9.4.3 光纤与光放大器

如图 9-18 所示为 3 种典型光纤的横截面图,它们的包层外径都为 $125\mu m$。单模光纤的纤芯直径典型值为 $9\mu m$,它只能传输一种光模式,多模光纤的纤芯直径典型值为 $62.5\mu m$,它可以传输多种光模式。虽然多模光纤具有更高的光纤到器件耦合效率,但其存在模间色散的缺点。

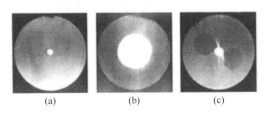

图 9-18 3 种光纤横截面图
(a) 单模光纤;(b) 多模光纤;(c) 保偏光纤。

在一些应用中,如对偏振敏感的外调制器,需要输入固定偏振态的光,以保持最大的调制效率,一般采用保偏光纤连接偏振敏感的器件,如图 9-18(c) 所示为熊猫型保偏光纤的横截面图。

光纤的损耗与传输光的波长有关,随着半导体激光器与光电探测器技术的发展,光纤通信系统中,光纤主要工作在 1310nm 和 1550nm 波段。标准单模光纤在 1550nm 波段,损耗约为 0.2dB/km;在 1310nm 波段,损耗约为 0.35dB/km。在 1550nm 波段,石英光纤的传输损耗最小,因此该波段是长距离微波光子链路的最佳选择,然而,1310nm 波段的色散为零,因此也被广泛用于高频和长距离的微波光子链路。在光纤中,传输的光信号的不同频率成分或不同模式分量以不同的速度传播,这种现象被称为光纤的色散。光纤的色散主要有材料色散、波导色散、模间色散和偏振模色散,其中模间色散是多模光纤特有的色散。不同波长的光,在单模光纤中传播速度不同的现象也称为色度色散,色度色散主要由材料色散和波导色散引起。在 1310nm 波段的光,在标准单模光纤中的色度色散为零;而 1550nm 波段的色度色散为 17ps/(km·nm),1km 光纤传输 30GHz 的调制信号,色散引起的信噪比恶化小于 1dB;对于更低频率的信号,色散影响则更小。

光纤的色散对长距离微波光子链路性能的恶化表现在增益在特定频点处的快速衰减,偶阶失真分量的引入和相位噪声与强度噪声的相互转化。近年来,为了减小色度色散对长距离微波光子链路性能的恶化,已出现了一些解决方法,如单边带调制、可调的色散补偿、脉冲整形,以及调制分集等。

在微波光子链路中,存在许多损耗机制,包括插入损耗、分支损耗以及光纤的传输衰减等。光放大器就是在光域内对信号进行放大,同时降低信号的散粒噪声和接收机噪声对系统信噪比的恶化。

光放大器一般由增益介质、泵浦光和输入输出耦合结构组成,常用的光放大器主要有三种:利用掺杂光纤制作的光纤放大器,其中以掺铒光纤放大器(Erbium Doped Fiber Amplifier,EDFA)为主;利用激光二极管制作的半导体光放大器(Semiconductor Optical Amplifier,SOA);利用常规光纤非线性效应制作的分布式光放大器,例如光纤拉曼放大器(Fiber Raman Amplifier,FRA)。三种常用光放大器的特性比较如表 9-5 所列。

表 9-5 常用光放大器特性对比

| 主要特性 | 掺铒光纤放大器 | 半导体光放大器 | 光纤拉曼放大器 |
| --- | --- | --- | --- |
| 工作原理 | 利用掺铒光纤中掺杂的稀土离子在泵浦光源的作用下,形成粒子数反转,产生受激辐射 | 粒子数反转放大发光,发光媒介是电子空穴对 | 强泵浦激光在光纤中传输的三阶非线性效应 |

(续)

| 主要特性 | 掺铒光纤放大器 | 半导体光放大器 | 光纤拉曼放大器 |
|---|---|---|---|
| 增益介质 | 掺铒光纤 | 半导体激光器 | 普通光纤或色散光纤 |
| 波长范围 | 1525~1625nm | 1300~1600nm | 1270~1670nm 全波段 |
| 放大倍数 | 单级约25 dB，可级联 | 大于30dB | 小于15dB |
| 噪声系数 | 4~5dB | 约5dB | 小于1dB |
| 特殊应用 | — | 光开关、波长变换 | 非线性抑制、色散补偿 |

### 9.4.4　光分路器与光波分复用器

光分路器是将单根光纤传送的光功率分成若干光纤支路后，传送到各个终端，从而大大节约光纤和设备端口。光分路器按制作工艺分为熔融拉锥型和平面波导型，其中熔融拉锥型光分路器按器件性能覆盖的工作窗口分为单窗口、双窗口和三窗口，平面波导型属全波段分路器；光分路器按支路功率分配方式可分为均匀分光和不均匀分光。

熔融拉锥技术是将两根或多根光纤捆在一起，然后在拉锥机上熔融拉伸，并实时监控分光比的变化，分光比达到要求后结束熔融拉伸，其中一端保留一根或两根光纤作为输入端，另一端则作为多路输出端。一般情况下，成熟的拉锥工艺一次只能拉1×4以下的器件，1×4以上的器件则由多个1×2器件连接在一起，再整体封装到分路器盒中。采用熔融拉锥技术比较容易制作不均匀分光的光分路器，且价格低廉。

平面波导技术是用半导体工艺（光刻、腐蚀、显影等）技术，制作光波导分支器件，光波导阵列位于芯片的上表面，分路功能在芯片上完成，例如可以在一块芯片上实现1×32以上的分路，然后在芯片两端分别耦合封装输入端和输出端多通道光纤阵列，平面波导技术要求较高。

两种形式分路器基本特性比较如表9-6所示。

表9-6　分路器基本特性比较

| 主要特性 | 熔融拉锥型光分路器 | 平面波导型光分路器 |
|---|---|---|
| 工作波长/nm | 1310、1490 和 1550±40 | 1260~1650 |
| 功率分配方式 | 可变，不等分 | 主要以均分为主 |
| 分光均匀性 | 差别较大 | 较小 |
| 温度稳定性 | 较差 | 较好 |

(续)

| 主 要 特 性 | 熔融拉锥型光分路器 | 平面波导型光分路器 |
|---|---|---|
| 波长相关损耗 | 有窗口,较高 | 无窗口,较低 |
| 偏振相关损耗 | 较高 | 较低 |
| 可靠性 | 故障点多,可靠性较低 | 故障点少,可靠性高 |
| 体积 | 较大 | 较小 |
| 制作工艺 | 较简单 | 较复杂 |
| 产品价格 | 1×4 以下性价比占优 | 1×16 以上性价比占优 |

波分复用器(Wavelength Division Multiplexing,WDM)是将一系列载有信息但波长不同的光信号合成一束,沿着单根单模光纤传输,在接收端再通过解复用将不同波长的光信号分开的光器件,如图9-19所示。WDM 技术在很多光模块或者子系统中都有相应的应用。

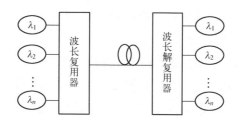

图 9-19 光波分复用器

常用的波分复用有粗波分复用(Coarse Wavelength Division Multiplexer,CWDM)和密集波分复用(Dense Wavelength Division Multiplexer,DWDM)两种,两者的区别在于 CWDM 的光波长间隔更宽,业界定义的标准为 20nm,而国际电信联盟(ITU)规定 DWDM 波长间隔标准为 0.8nm。CWDM 所使用的激光器宽波长间隔特性使得整体的复用通道数较低,一般不超过 8 信道,上限为 18 信道,使用 1310nm 传输,相比 1550nm,传输损耗较大,不适合长距离传输。DWDM 使用 1550nm 单模光纤,通常为 80 路,通道数可扩展至 150~160 路,每路的传输速率可达 10Gb/s 以上,结合掺铒光纤放大器(Erbium Doped Fiber Amplifier,EDFA)技术可实现上千公里的超长距离传输。

## 9.4.5 光隔离器与环行器

光隔离器的作用是防止光路中由于各种原因产生的反射光对光源以及光路系统产生不良影响。例如,在半导体光源和光传输系统之间安装一个光隔离器,可以在很大程度上减少反射光对光源输出光功率稳定性的影响。在直接调制、直接探测光纤通信系统中,反射光会产生附加噪声,使系统的性能劣化,同样需要光隔离器来消除。

光隔离器的原理主要是利用磁光晶体的法拉第效应,沿磁场方向传输的线偏振光通过厚度 $L$ 的磁光晶体时,其线偏光旋转角度 $\theta$ 和磁场强度 $B$ 与材料厚度 $L$ 的乘积成正比,即

$$\theta = VBL \tag{9-5}$$

式中:$V$ 为费尔德常数,与介质性质及光频率有关。光隔离器的工作原理如图 9-20 所示,光隔离器包括两个透光方向夹角 45°的偏振器和一个法拉第旋转器。入射平行光往返一次时,偏振角变化 90°,反向光不能通过 $P_1$,实现反向隔离。

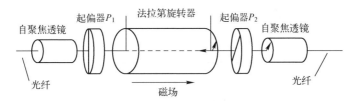

图 9-20 光隔离器原理

环行器的工作原理与隔离器类似,区别是环行器一般有三个或者四个端口。在三端口环行器中,1 端口输入的光由 2 端口输出,2 端口输入的光由 3 端口输出,如图 9-21 所示。

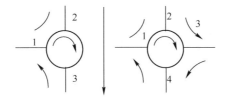

图 9-21 光环行器工作原理

光环行器可以完成正反向传输光的功能,如图 9-22 所示。

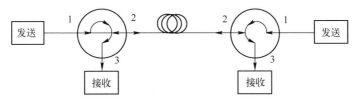

图 9-22 光环行器双向收发

### 9.4.6 光移相器与光开关

随着硅基光子学的发展,出现了硅基光学移相器。硅基移相器是基于波导结构,通过改变波导有效折射率来改变其相位,实现可调节移相功能。硅基光学移相器的主要实现方式是基于自由载流子色散效应和基于热光效应。一般来讲,基于自由载流子色散效应的移相器可以实现高速移相,而热光效应的移相器具有低损耗的特点。

光开关是一种具有一个或多个可选择的传输端口、可对光传输线路或集成光路中的光信号进行相互转换或逻辑操作的器件,其功能是转换光路,实现光交换。常用的光开关有机械式光开关、MEMS 式光开关和集成光波导式光开关三种。它们的特点比较如表 9-7 所示。

表 9-7 常用光开关特点比较

| 光开关名称 | 工作原理 | 优点 | 不足 |
| --- | --- | --- | --- |
| 机械式光开关 | 靠光纤或光学元件移动使光路发生改变 | 插损低(<2dB)、隔离度高(>45dB)、不受偏振和波长影响 | 开关时间较长(ms),存在回跳抖动、重复性较差 |
| MEMS 式光开关 | 利用 MEMS 技术制作的微型化自由空间光开关 | 结构小巧、开关时间较短、隔离度高 | 各通道一致性差、控制困难 |
| 集成光波导式光开关 | 依靠物理效应改变波导折射率而改变光路 | 结构小巧、开关时间较短、隔离度高 | 插损大,隔离度低,约 20dB |

## 9.5 微波光子链路分析

微波光子链路主要用于微波信号点对点的高保真传输,但微波光子链路会对调制信号引入损耗、噪声和非线性失真等。因此,需要引入一些参数来表征微波光子链路的性能,例如增益、噪声系数和动态范围等,这些参数与描述两端口微波器件的参数相似,即可将微波光子链路看作只有一个微波输入口和一个微波输出口的黑盒子。

### 9.5.1 噪声源

微波光子链路的噪声源主要有热噪声、散粒噪声和激光器相对强度噪声。
热噪声主要来自于链路各电阻元件中热引起的带电离子的随机运动。由于存在于所有介质中,因此热噪声不可能被消除,其构成通信系统的噪声下限。热噪声电流表示为 $I=\sqrt{4KT\Delta f/R}$,对于外调制微波光子链路,输出端的热噪声可表示为

$$\mathrm{NF}_{\mathrm{th}} = -190 - 20\lg(V_\pi)g + 20\lg(I_{\mathrm{dc}}) \tag{9-6}$$

式中:$R$ 为链路负载阻抗;$K$ 为波尔兹曼常数,其值为 $1.38\times 10^{-23}$ J/K;$T$ 为绝对温度;$V_\pi$ 为半波电压;$I_{\mathrm{dc}}$ 为调制电流;$\Delta f$ 为载频的绝对带宽。

散粒噪声又称为散弹噪声或闪烁噪声,是由形成电流的载流子分散性造成的,它是半导体器件的主要噪声来源之一,微波光子链路中光电探测器引入的主要噪声就是散粒噪声。散粒噪声谱密度如同热噪声一样,也呈宽谱特性,其均方根电流谱密度为

$$I_{\mathrm{sh}}^2 = 2eI_{\mathrm{dc}} \tag{9-7}$$

式中:$e$ 为电子常量($1.602\times 10^{-19}$);$I_{\mathrm{dc}}$ 为探测器输出直流电流值。若探测器输出阻抗 $Z$ 为 50Ω,则散粒噪声功率谱密度为

$$\mathrm{NF}_{\mathrm{shot}} = 10\lg(2eZI_{\mathrm{dc}}) = -168 + 10\lg(I_{\mathrm{dc}}) \tag{9-8}$$

式中:$Z$ 为输出阻抗。由式(9-8)可见,探测器输出直流电流值越大,散粒噪声功率谱密度越大。

一些因素会导致激光器输出功率的随机波动,通常称为噪声。一般对激光器输出光功率随机起伏的衡量定义为相对强度噪声。激光器相对强度噪声不是白噪声,在驰豫振荡频率处会有峰值。相对强度噪声(RIN)定义为

$$\mathrm{RIN}_{\mathrm{laser}} \equiv \langle(\Delta P)^2\rangle/\langle P\rangle^2 \tag{9-9}$$

式中:$\langle(\Delta P)^2\rangle$ 为光功率波动的平方均值;$\langle P\rangle$ 为平均光功率。

相对强度噪声写成对数形式往往采用 dBc 为单位,以光载波功率为参考值。由光强与探测器电流的关系可得

$$\langle(\Delta P)^2\rangle/\langle P\rangle^2 = \langle(\Delta I)^2\rangle/\langle I\rangle^2 \tag{9-10}$$

式中:$\Delta P$ 为光功率起伏;$P$ 为光平均功率;$\Delta I$ 光电流起伏;$I$ 为光平均电流。

不像热噪声和散弹噪声,相对强度噪声的频谱在整个频谱范围内不是平坦的。在低频率的时候,相对强度噪声频谱是一个常数,在驰豫振荡频率处出现峰值,之后相对强度噪声再下降到散弹噪声水平。在频谱图中相对强度噪声主导部分,也就是低于驰豫峰值的部分,噪声功率会随着激光器功率的平方变化,而高于峰值的部分,也就是散弹噪声主导的部分,噪声功率随着激光器功率线性变化,则相对强度噪声经过探测器输出后,得到的噪声功率谱密度为

$$N_{\text{LaserRIN}} = 10\lg[\langle(\Delta I)^2\rangle Z] - 30$$
$$= 10\lg(\text{RIN}_{\text{laser}} I_{\text{dc}}^2 Z) - 30$$
$$= -13 + 20\lg(I_{\text{dc}}) + \text{RIN}_{\text{laser}} \quad (9\text{-}11)$$

由式(9-11)可知,激光器相对强度噪声越大,其产生的 RF 噪声功率谱密度越大;且随着探测器输出直流电流值的增大,激光器相对强度噪声产生的 RF 噪声功率谱密度也变大。假设输入探测器的光强为 6±1.7dBm,当 RIN = -160dBc/Hz,相对强度噪声转换为射频噪声输出的功率谱密度为-168.4±1.45dBm/Hz。此时,微波光子链路总的噪声功率谱密度可表示为

$$N_{\text{link}} = 10\lg[10^{N_{\text{shot}}/10} + 10^{N_{\text{RINlaser}}/10}] \quad (9\text{-}12)$$

式中:$N_{\text{link}}$ 为光子链路噪声密度;$N_{\text{shot}}$ 为热噪声密度;$N_{\text{RINlaser}}$ 为相对强度噪声密度。

## 9.5.2 噪声系数

微波光子链路的噪声主要是热噪声、散弹噪声和相对强度噪声。其中热噪声包含经过链路放大或衰减后的输入热噪声和链路负载的输出热噪声。

对于如图9-23所示的典型微波光子链路,噪声系数为

$$F_{\text{接收}} = F_1 + \frac{F_{\text{光路}} - 1}{G_1} + \frac{F_{\text{后级}} - 1}{G_{\text{光路}} G_1} \quad (9\text{-}13)$$

式中:$F_{\text{接收}}$ 为微波光电接收机噪声系数;$F_1$,$G_1$ 分别为光路前级(预选滤波和低噪声放大器)噪声系数和增益;$F_{\text{光路}}$,$G_{\text{光路}}$ 分别为光路(调制器、光纤和光解调器)噪声系数和增益;$F_{\text{后级}}$ 为光路后级(匹配滤波器、对数检波器和数据采集)噪声系数。光路噪声系数和增益为

$$N_{\text{光路}} = 10\lg F_{\text{光路}}$$
$$= 10\lg\left(1 + \frac{1}{G_{\text{光路}}} + \frac{I_D^2 10^{\frac{\text{RIN}}{10}} R_{\text{LORD}}}{2G_{\text{光路}} kT} + \frac{2qI_D R_{\text{LORD}}}{G_{\text{光路}} kT}\right) \quad (9\text{-}14)$$

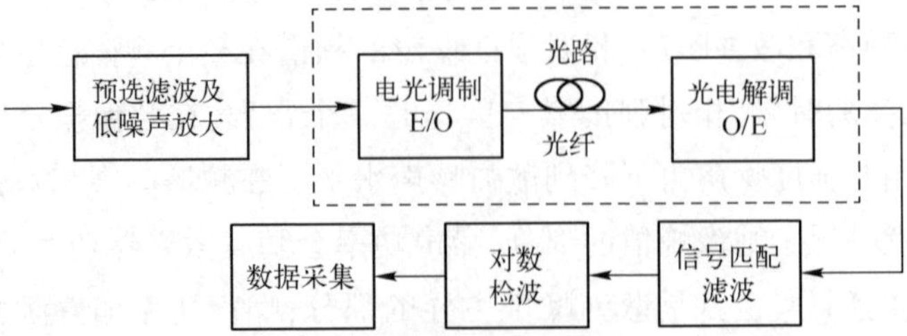

图 9-23 微波光电接收机原理

$$G_{光路} = \frac{4a^2\eta_1^2\eta_d^2 R_O R_{LORD}}{[sC_L R_L R_O + R_O + R_L]^2 [sC_D(R_D + R_{LORD})]^2} \quad (9-15)$$

式中：$I_D$ 为探测器输出电流平均值；RIN 为激光器相对强度噪声；$R_O$ 和 $R_{LORD}$ 分别为系统匹配网络和负载阻抗；$C_L$ 和 $C_D$ 分别为激光器和探测器等效电容；$R_L$ 为激光器阻抗；$R_D$ 为探测器电阻；$\eta_1$ 为激光器转换效率；$\alpha$ 为光纤损耗；$\eta_d$ 为探测器转换效率；波尔兹曼常数 $k = 1.38 \times 10^{-23}$ J/K；绝对温度 $T = 290$ K。

对于外调制微波光子链路，假设输入射频信号的信噪比受限于热噪声，则 RF 噪声系数 $NF_{rf}$ 可表示为

$$NF_{rf} \equiv 10\lg(snr_{in}/snr_{out}) = 10\lg[(s_i/s_o)\cdot(n_0/n_i)]$$
$$= 174 - G_{rf} + N_t \quad (9-16)$$

式中：$G_{rf}$ 为系统总增益；$N_t$ 为系统输出端总的 RF 噪声功率谱密度；$snr_{in}$ 为输入信噪比；$snr_{out}$ 为输出信噪比；$s_i$ 为输入信号功率；$s_0$ 为输出信号功率；$n_i$ 为输入信号噪声；$n_0$ 为输出信号噪声。式(9-16)可进一步表示为

$$NF_{rf} = 177 + 20\lg(V_\pi) + N_{link} + 10\lg(I_{dc}) \quad (9-17)$$

由式(9-17)知，RF 噪声系数与调制器半波电压 $V_\pi$ 大小、激光器 RIN 噪声、探测器输出直流电流 $I_{dc}$ 有关。调制器半波电压越小，系统的噪声系数越小；激光器 RIN 噪声越小，系统噪声系数也越小。

### 9.5.3 动态范围

微波光子链路的动态范围描述了无失真传输信号时的功率范围，通常微波光子链路的噪声和非线性决定了它的动态范围。微波光子链路的动态范围有多种定义，例如 1dB 增益压缩动态范围(Compression Dynamic Range，CDR)和无杂散动态范围(Spurious Free Dynamic Range，SFDR)。

(1) 1dB 增益压缩动态范围。

1dB 增益压缩动态范围，也称为线性动态范围，定义为当接收机的输出功率大到产生 1dB 增益压缩时，输入信号的功率与可检测的最小信号或等效噪声功率之比，即

$$CDR = \frac{P_{in,-1dB}}{KTBNF} = \frac{1.259 P_{out,-1dB}}{N_{out}} \quad (9-18)$$

式中：$P_{in,-1dB}$ 为压缩 1dB 时输入信号的功率；$K$ 为玻尔兹曼常数，其值为 $1.38 \times 10^{-23}$ J/K；$T$ 为绝对温度；$B$ 为噪声带宽；NF 为噪声系数；$P_{out,-1dB}$ 为压缩 1dB 时输出信号的功率；$N_{out}$ 为输出端的噪声功率。

(2) 无杂散动态范围。

无杂散动态范围是与非线性特性密切相关的参数，无杂散动态范围的定义为非线性失真分量与输出噪声相等时，输入信号与等效输入噪声之比或非线性失真分量与输出噪声相等时输出信号与输出噪声之比。根据限制无杂散动态范围失真分量的阶数 $M$，可将微波光子链路的无杂散动态范围定义为

$$\text{SFDR}_n = \left(\frac{\text{OIP}_n}{N_{\text{out}}B}\right)^{\frac{n}{n-1}} = \left(\frac{\text{IIP}_n}{FKTB}\right)^{\frac{n}{n-1}} \quad (9-19)$$

式中：$\text{OIP}_n$ 为 $n$ 阶非线性失真分量的输出截点；$N_{\text{out}}$ 为链路输出噪底；$B$ 为测试带宽；$\text{IIP}_n$ 为 $n$ 阶非线性失真分量的输出截点；$F$ 为噪声因子。如果将式(9-19)写成分贝的形式，且测试带宽 $B=1\text{Hz}$，则无杂散动态范围可表示为

$$\text{SFDR}_n = \frac{n}{n-1}(\text{OIP}_n - N_{\text{out}}) \quad (9-20)$$

或

$$\text{SFDR}_n = \frac{n}{n-1}(\text{IIP}_n - \text{NF} + 174) \quad (9-21)$$

其中利用 $KT=-174\text{dBm}$ 进行了简化。工程应用中，通常使用双音法来测试系统的无杂散动态范围，一般系统输出的三阶交调是限制系统无杂散动态范围的主要非线性失真分量。于是无杂散动态范围的定义可简化为：当三阶交调信号功率与单位带宽内输出噪声功率相等时，基频信号功率与该单位带宽内噪声功率的比值。

射频双音信号传输的非线性传输谱线，给出了无杂散动态范围，并且列出了各射频分量，如图9-24所示。

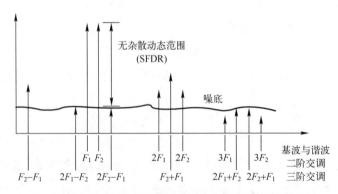

图9-24 微波光子链路无杂散动态范围示意图

无杂散动态范围计算公式为

$$\text{SFDR} = \frac{2}{3}(\text{OIP3} - N_t) \tag{9-22}$$

式中：OIP3 为输出三阶截获点功率；$N_t$ 为微波光子系统总输出噪声功率谱密度。通过增大链路的输出三阶交调点、降低链路噪声，都可以改善链路的无杂散动态范围。

对于外调制微波光子链路，常使用马赫-曾德尔调制器，而该调制器输出的三阶截获点功率为 OIP3 = $4I_{dc}^2 Z$，假设阻抗 $Z$ 为 50Ω，则三阶截获点功率表达式为

$$\text{OIP3} = -7 + 20\lg(I_{dc}) \tag{9-23}$$

当系统输出噪声由激光器相对强度噪声决定时，则微波光子系统无杂散动态范围计算公式可写为

$$\text{SFDR}\left[\text{dB} \cdot \text{Hz}^{2/3}\right] = \frac{2}{3}(6 - \text{RIN}_{\text{laser}}\left[\text{dBc/Hz}\right]) \tag{9-24}$$

式中：$\text{RIN}_{\text{laser}}$ 为激光器的相对强度噪声。由式(9-24)可知，当系统输出噪声由激光器相对强度噪声决定时，系统无杂散动态范围仅与激光器相对强度噪声有关，相对强度噪声越小，系统无杂散动态范围越大。

### 9.5.4 隔离度

对于微波光子链路来说，隔离度概念与传统的微波通道间的隔离度相类似，它表征两个链路或多通道之间信号的串扰程度。对于两个完全独立的微波光子链路，每个链路使用单独的电光转换、光纤和光探测器，如果不考虑端口微波的空间耦合，光路造成的信号泄露可以忽略不计；对于共用部分光器件的两个或者多个微波光子链路来说，光器件的性能参数直接影响链路间的隔离度。

如图 9-25 所示，$f_1$、$f_2$、$f_3$ 分别调制在不同波长的光载波上，通过波分复用器合成一路光信号进行传输，在接收端通过波分解复用器对三种光波进行分离，通过光探测器转换成电信号。如果不考虑微波信号的空间泄露，三个链路之间的隔离度主要由波分复用以及解复用器信道间的隔离度决定，如图 9-26 所示。

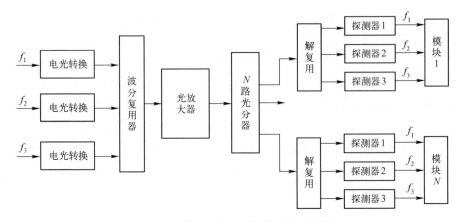

图 9-25　使用波分复用的微波光子链路

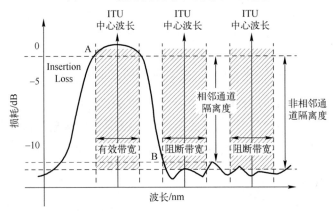

图 9-26　波分复用/解复用器通道隔离度

## 9.5.5　链路插损

微波光子链路的损耗包括光发射部分、光链路部分以及光接收部分的损耗,这些损耗来自电光、光电转换、光路附加损耗、阻抗适配等方面,通常会在电光转换的输入端或光电转换的输出端对链路损耗进行补偿。

(1) 直接调制链路插损。

直接调制链路插损包括光电转换增益和电增益两部分,在光纤传输链路中,对系统特性影响的关键是光电转换增益,在采用阻抗变换技术条件下,这部分传输增益约有 30dB 的衰减。

如图 9-27 所示为直接调制微波光子链路电路典型模型,光电转换增益约束于发射端激光器的调制和接收端光探测器的解调特性,特别是它们的交流特

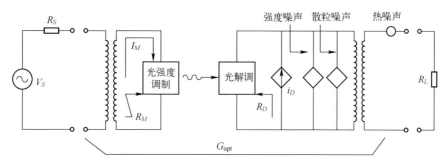

图 9-27 直接调制微波光子链路模型

性,即激光器的调制度和光探测器的响应度之间的关联。光电转换增益与调制度、响应度之间的关系为

$$G_{opt} = (S_M S_D)^2 \frac{R_D}{R_M} \quad (9-25)$$

式中:$S_M$ 为激光器调制度(W/A);$S_D$ 为光电探测器响应度(A/W);$R_M$,$R_D$ 分别为激光器和探测器的交流特性阻抗。

常用的蝶形激光器的调制度 $S_M$ 为 0.15~0.25W/A,光探测器响应度 $S_D$ 一般为 0.70~0.90A/W。由式(9-25)可知,为了优化光电转换增益特性,可以选用调制度高(即电光转换效率高)的激光器,也可以选用响应度高(即光电转换效率高)的探测器。此外,阻抗匹配对光电转换增益也有较大的影响。

(2) 外调制链路插损。

基于马赫-曾德尔调制器的外调制微波光子链路典型模型如图 9-28 所示。

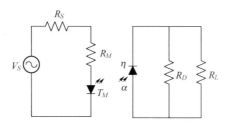

图 9-28 外调制微波光子链路模型

在图 9-28 中,$\alpha$ 为光纤接头处光损耗,$\eta$ 为探测器响应度,$T_M$ 为调制器透光率。$R_S$ 为微波源等效内阻,$R_M$ 为调制器等效内阻,$R_D$ 为探测器等效内阻,$R_L$ 为负载阻抗。假设 $V(t)$ 是加载在 $R_M$ 两端的等效微波电压,根据电路理论,信号源实际输出的等效微波电压为

$$V_S(t) = \frac{R_M+R_S}{R_M}V(t) \tag{9-26}$$

信号源实际输出的等效微波信号功率为

$$P_S = \frac{V_S^2}{2(R_M+R_S)} = \frac{R_M+R_S}{2R_M^2}V_{RF}^2 \tag{9-27}$$

微波信号经微波光子链路传输后,输出微波光电流,其分流到负载上的功率为

$$P_L = \frac{V_L'^2}{2R_L} = \frac{R_D^2 R_L}{2(R_D+R_L)^2}I_{PD}'^2 \tag{9-28}$$

式中:$R_L$ 为负载电阻;$V_L'$ 为负载上有效电压;$I_{PD}'$ 为探测器的电流。

微波光子链路增益与光功率、调制器调制效率、光电探测器的响应度密切相关。要获得更高的链路增益,可以通过提高光源输出功率、降低外调制器的半波电压,以及提高探测器响应度来实现。

### 9.5.6 增益平坦度

微波光子链路的增益平坦度是用来衡量增益起伏变化的参数,定义为在给定的带宽范围内增益"增加"和"下降"的数值,常用分贝(dB)表示,即

$$\Delta G = \pm(G_{max}-G_{min})/2 \tag{9-29}$$

式中:$\Delta G$ 为链路增益平坦度;$G_{max}$ 为链路最大增益;$G_{min}$ 为链路最小增益。

影响微波光子链路增益平坦度的因素有:链路中微波放大器的增益起伏;电光调制器的幅频响应特性,即信号幅度随频率的起伏变化;光探测器的转换效率以及匹配电路的幅频响应起伏;在微波光子链路中,端口电压驻波比引起的幅度起伏,包括微波器件和光学器件。

### 9.5.7 幅相误差

利用微波光子链路进行模拟光传输时,激光器、调制器和探测器会对信号附加一定的噪声,引起微波光子链路幅度和相位的波动[185];外界环境温度的变化也会影响光器件和传输光纤的损耗和时延特性,最终影响微波光子链路幅度和相位的变化。

(1) 幅度、相位的反馈控制技术。

有效的幅度、相位反馈控制技术是高质量微波光子链路模拟光传输技术的关键。微波光子链路幅度的波动主要是由光器件的光插入损耗、激光器的输出

功率波动和探测器幅频特性的变化引起。微波光子链路幅度控制原理如图 9-29 所示。

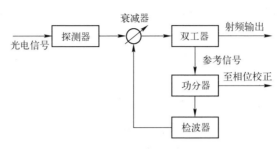

图 9-29　微波光子链路幅度控制原理图

光电探测器输出的射频信号含有有用信号和参考信号,通过双工器将这两个信号分离,参考信号通过功分器输出两路信号分别进行幅度和相位的检测,微波信号幅度的调节通过检波器来实现[186]。当检波器检测到链路的幅度发生变化时,通过调节链路中衰减器的衰减量,达到各通道间幅度的一致。

采用光电锁相环来实现微波光子链路相位的检测和控制,如图 9-30 所示,该锁相环有两个功能:一是实现对微波光子链路的相位进行测量[187];二是对微波光子链路的相位进行控制和校正。

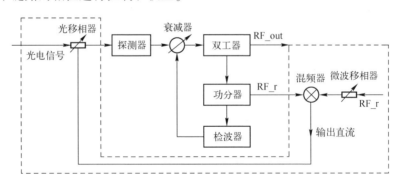

图 9-30　微波光子链路相位控制原理图

对系统进行标定,假设参考信号源的幅值为 $A$,参考信号经过微波光子链路后幅值为 $B$。需要先移动移相器,标定在不同相位时,混频器的直流输出,形成一个数据表。将移相器调节到信号源 45° 正交工作点处,测量微波光子链路的相位,根据混频器的直流输出和标定的数据表就可以得到微波光子链路的相位波动。

通过混频器的直流输出得到了收发链路的相位波动,就可以通过控制光移相器来实现链路相位的补偿。常用的有三种不同工作方式的光移相器:①基于压电陶瓷的光纤拉伸器,光移相器插入损耗小,速度快,调节精度高,但相位补偿量较小;②光纤延迟线,光移相器的相位补偿量大,但插入损耗一般在 1.5dB 以上;③温控型光纤环,光移相器相位补偿量大,插入损耗可低至 0.1dB 以下,但该方法补偿速度不高。具体可以根据系统需求进行选择。

(2) 时间定标。

时间定标由时间内定标和时间系统定标组成。基于微波光子接收机在中心站完成数据采集和时间测量,而时差接收机定位测量原理是测量目标信号到达不同接收子站之间的时间差,因此系统需对不同接收机的处理时间进行校准。该校准由内定标完成,由中心站发出一个时间定标脉冲信号,通过光子链路送到各接收子站信号输入端口,通过接收机链路后在中心站进行对比测量[188]。为保证路径一致,采用波分复用技术使微波光子信号上、下行通过同一光纤链路。时间测量定标工作原理如图 9-31 所示。

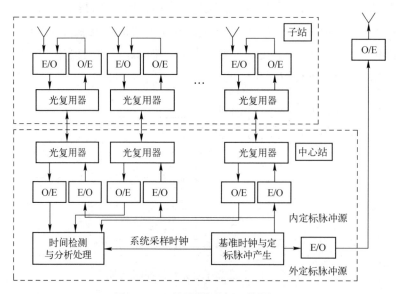

图 9-31 时间测量定标工作原理

内定标只能对多子站接收机处理时间进行定标,无法对系统时间定位精度进行定标,定位精度涉及系统诸多参数设定与稳定性[189],如基线设计、接收机参数一致性、门限检测设计、时间测量与定位方程等。这种定标将采用系统时间定标,即在一已知位置点上发射一脉冲信号,由系统对此信号进行接收、定位,实现系统定标。

## 9.6 应用举例

如图 9-32 所示为一种宽带光控相控阵天线实验系统[72]，该系统利用光延迟线提供实时延迟，以实现宽的瞬时带宽。天线阵列由 24 列宽带辐射单元构成，每一列单元有 4 个辐射单元，由 T/R 组件中的 5bit 微波移相器控制，每三列组合成一个天线子阵，共有 8 个天线子阵，每一个天线子阵由一个 5bit 光纤延迟线控制。光纤延迟线为天线子阵提供长的大时延，而 T/R 组件中的微波移相器为天线单元提供相位移相，即小的精细时延。

宽带光控相控阵天线实验系统原理如图 9-32 所示，实物照片如图 9-33 所示。

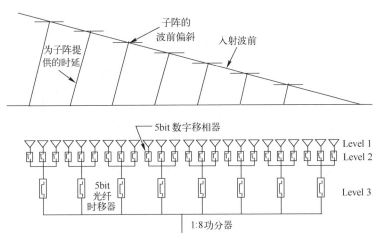

图 9-32 时延网络图

图 9-33 宽带光控相控阵天线实验系统照片

图9-32表示时延网络及其形成的波前,其中每一个元素都代表一列(4个)阵单元,每一列阵单元受控于一个T/R单元。每一个T/R单元提供5bit电延迟,这个时延用于精调级(0.01~0.5ns)延时。每一个5bit光延迟时间单元控制3个T/R单元,且这3个光延时时间单元组成一个子阵,控制12个天线单元。光延时单元提供0.25~7.75ns的时间延时,共有32种光延时可供控制,用于形成大的带宽及±45°的扫描。

如图9-34所示为基于RF开关的5bit光纤延迟线组件的结构,它为子阵天线提供步长范围为0.25~7.75ns的大时延。光纤延迟线组件内部关键元件是单刀8掷RF开关、8只半导体激光器、一只4×8光纤耦合器和单刀4掷RF开关和后置放大器。

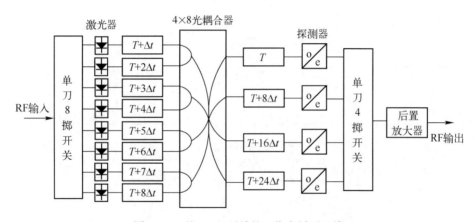

图9-34 基于RF开关的5位光纤延迟线

微波信号通过单刀8掷射频开关,对8只激光器之一进行调制。该激光器将微波信号变换成光信号,光信号再被耦合进入4×8光纤耦合器。经耦合器分束后,光信号入射到探测器上。通过单刀4掷射频开关接通4个探测器中的一个,就能输出可选择32种预置延迟之一的射频信号。然后,射频信号经后置放大并分成三路,分别馈送给5位微波移相器。

光纤延迟线某一通道的绝对相位测试结果如图9-35所示。从图9-35可以看出,光纤延迟线的相位是线性的,且频率失真小,光纤延迟线延迟时间的测试结果如图9-36所示,延迟偏差小于0.03ns。

光纤延迟线测试结果如表9-8所列。

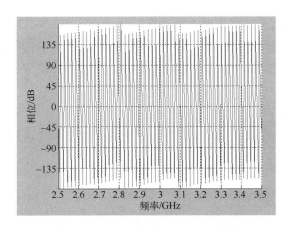

图 9-35　光纤延迟线绝对相位测量

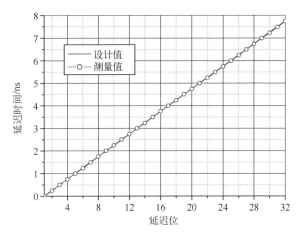

图 9-36　光纤延迟线延迟时间的测量

表 9-8　光纤延迟线测试结果

| 频率/GHz | 2.5~3.5 |
| --- | --- |
| 时延范围/ns | 0.25~7.75 |
| 时延步长/ns | 0.25 |
| 延时精度/ns | ≤0.03 |
| 开关时间/μs | ≤10 |
| 输入 1dB 压缩点/dBm | ≥+10 |
| 幅度平坦度/dB | ≤±0.5 |
| 输入/输出端口电压驻波比 | ≤2 |
| 输入/输出接头 | SMA |
| 控制电平 | TTL |

宽带光控相控阵天线实验系统方向图测试结果如图 9-37 和图 9-38 所示。图 9-37 是天线波束没有扫描，天线方向图测试结果，其中：图 9-37(a) 是延迟线补偿了基准时延，且移相器补偿了基准相位；图 9-37(b) 是延迟线置零态，且移相器补偿了基准相位。图 9-38 是天线波束扫描到 45°，天线方向图测试结果，其中：图 9-38(a) 是延迟线补偿了天线孔径渡越时延，且移相器补偿了 45°波束扫描所要求的相位；图 9-38(b) 是延迟线置零态且移相器补偿了 45°波束扫描所要求的相位。其中测试频率范围为 2.5~3.5GHz，100MHz 一个点进行天线方向图测试。

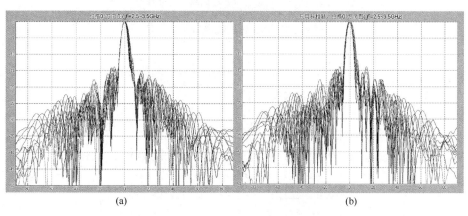

图 9-37　扫描 0°方向图
(a) 延迟线和移相器；(b) 移相器。

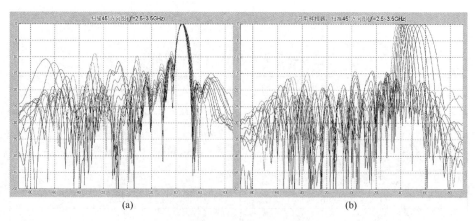

图 9-38　扫描 45°方向图
(a) 延迟线和移相器；(b) 移相器。

从图 9-37 和图 9-38 中可以看出,在 2.5~3.5GHz 范围内,天线波束没有扫描时,有无真实时间延迟线天线,波束指向未出现偏移;当天线波束扫描时,控制真实时间延迟线,可以保证天线波束指向一致。如果没有真实时间延迟线,天线波束指向将发生偏移,当天线工作频率带宽越宽,或者天线波束扫描角越大,天线波束指向角偏移越大。

# 参考文献

[1] 李德仁,童庆禧,李荣兴,等. 高分辨率对地观测的若干前沿科学问题[J]. 中国科学:地球科学,2012,42(6):805-813.

[2] 鲁加国. 合成孔径雷达设计技术[M]. 北京:国防工业出版社,2017.

[3] RAHMAT-SAMII Y. How should we excite non-engineers about our professions as antenna engineers and researchers? [EB/OL]. [2019-05-16]. https://aps.ieee.org/images/pdfs/featureart050609.

[4] LU JIAGUO. The technique challenges and realization of space-borne digital array SAR[C]// IEEE 5th Asia-Pacific Conference on Synthetic Aperture Radar (APSAR). Singapore:IEEE,2015:1-5.

[5] MOORE G E. Cramming more components onto integrated circuits[J]. Electronics,1965,38(8):114-117.

[6] 汪洋,鲁加国,吴先良. 极化目标分解在目标分类中的应用[J]. 安徽大学学报(自然科学版),2006,30(5):33-36.

[7] 汪洋,鲁加国,张芬. 基于极化合成的目标分类算法[J]. 计算机科学与发展,2007,17(3):30-32.

[8] 鲁加国. 微波技术在星载SAR中的应用[C]//2015年微波与毫米波全国年会论文集. 2015:10-15.

[9] 王阳元,王永文. 微纳电子学科/产业发展历史及规律[J]. 中国科学:信息科学,2012,42(12):1485-1508.

[10] FISCHER A,TONG Z,HAMIDIPOUR A,et al. 77-GHz multi-channel radar transceiver with antenna in package[J]. IEEE Transactions on Antennas and Propagation,2014,62(3):1386-1394.

[11] ZHANG Y P. Integration of microstrip antenna on ceramic ball grid array package[J]. Electron. Lett.,2002,38(1):14-16.

[12] BEER S, GULAN H, RUSCH C, et al. Coplanar 122-GHz antenna array with air cavity reflector for integration in plastic packages[J]. IEEE Antennas Wireless Propag: Lett., 2012,11:160-163.

[13] LUNA J Z, DUSSOPT L, SILIGARIS A. Hybrid on-chip/in-package integrated antennas for millimeter-wave short-range communications[J]. IEEE Transaction: Antennas Propag.,2013,61(11):5377-5384.

[14] KUO J L, LU Y F, HUANG T Y, et al. 60-GHz four-element phased-array transmit/receive system-in-package using phase compensation techniques in 65-nm flip-chip CMOS process[J]. IEEE Transaction: Microw. Theory Tech.,2012,60(3):743-756.

[15] 鲁加国,王岩. 后摩尔时代,从有源相控阵天线走向天线阵列微系统[J]. 中国科学:信息科学,2020,50:1091-1109.

[16] 鲁加国,汪伟,卢晓鹏,等. 波导缝隙天线研究中的"三匹配"问题[J]. 雷达科学与技术,2020,18(2):115-123.

[17] SANTAGATA F, SUN F W. System in package(SiP) technology: fundamental, design and applications[C]. Microelectronics International,2018,4:231-243.

[18] SU Y-F, CHIANG K-N. Design and reliability assessment of novel 3D-IC packaging[J]. Journal of Mechanics,2017,33:193-203.

[19] LAU J H, LI M, LI Q Q, et al. Design, materials, process, fabrication, and reliability of fan-out wafer-level packaging[J]. IEEE Transactions on Components, Packaging and Manufacturing Technology,2018,8:991-1002.

[20] MERKLE T, GÖTZEN R, CHOI J-Y, et al. Polymer multichip module process using 3-D printing technologies for D-Band applications[J]. IEEE Trans. Microw. Theory Tech,2015,63:481.

[21] 钟顺时. 天线理论与技术[M]. 北京:电子工业出版社,2011.

[22] BALANIS C A. Antenna Theory-Analysis and Design[M]. 3rd ed. New Jersey: John Wiley & Sons,2005.

[23] LUDWIG A C. The definition of cross polarization[J]. IEEE Transactions on Antennas and Propagation,1973,21(1):16-19.

[24] 聂在平. 天线工程手册[M]. 成都:电子科技大学出版社,2014.

[25] LO Y T, LEE S W. Antenna Handbook: Theory, Applications, and Design[M]. New York: Van Nostrand Reinhold,1982.

[26] 张洪涛,汪伟,金谋平,等. 宽频带低副瓣平板波导缝隙天线设计[C]//全国微波毫米波会议. 杭州:中国电子学会,2017:850-852.

[27] 汪伟,傅德民,陈胜兵,等. 波导行波阵单元电导的计算[J]. 西安电子科技大学学报,2001,28(2):234-237.

[28] 方正新,金谋平. L 波段双脊裂缝波导低副瓣阵列天线的设计[J]. 雷达与对抗,2012,32(4):43-46.

[29] 邹永庆,汪伟,吴瑞荣. 倾斜放置二维数字阵列雷达天线参数优化[J]. 雷达科学与技术,2008,6(6):481-485.

[30] RICARDI L J. Radiation properties of the binomial array[J]. Microwave Journal,1972,15(12):20-21.

[31] BARBIERE D. A Method for Calculating the Current Distribution of Tschebysheff Arrays[J]. Proceedings of the IRE,1952,40(1):78-82.

[32] SCHELKUNOFF S A. A mathematical theory of linear arrays[J]. Bell System Tech. Journal,1943,22:80-87.

[33] TAYLOR T T. Design of line-source antennas for narrow beamwidth and low side lobes[J]. Transactions of the IRE Professional Group on Antennas and Propagation,1955,3(1):16-28.

[34] VILLENEUVE A T. Taylor Patterns for Discrete Arrays[J]. IEEE Transactions on Antennas and Propagation,1984,32(10):1089-1093.

[35] MAILLOUX R J,SANTARELLI S G,ROBERTS T M. Wideband arrays using irregular (polyomino) shaped subarrays[J]. Electronics Letters,2006,42(18):1019-1020.

[36] TOYAMA NOBORU. Aperiodic array consisting of subarrays for use in small mobile earth satations[J]. IEEE Transactions on Antennas and Propagation,2005,53(6):2004-2010.

[37] KERBY K C,BERNHARD J T. Sidelobe level and wideband behavior of arrays of random subarrays[J]. IEEE Transactions on Antennas and Propagation,2006,54(8):2253-2262.

[38] 鲁加国,汪伟,齐美清. 星载 SAR 相控阵天线栅瓣抑制技术[J]. 微波学报,2013,29(5/6):135-138.

[39] ZHANG H T,WANG WEI,ZHENG ZHI,et al. Design of A Beamforming Circular-polarization Waveguide Antenna Array[C]. New Zealand:Proceedings of the 2018 IEEE 7th Asia-Pacific Conference on Antennas and Propagation(APCAP),2018:66-67.

[40] 刘昊,郑明,樊德森,等. 遗传算法在阵列天线赋形波束综合中的应用[J]. 电波科学学报,2002,17(5):539-548.

[41] 孙慧峰. SAR 天线宽带及优化技术研究[D]. 北京:中国科学院大学,2012.

[42] 徐惠,李建新,胡明春. 星载 SAR 波束展宽研究[J]. 电子与信息学报,2007,29(3):540-543.

[43] 焦永昌,杨科,陈盛兵,等. 粒子群优化算法用于阵列天线方向图综合设计[J]. 电波科学学报,2006,21(1):16-20.

[44] 齐美清,汪伟,金谋平. 基于粒子群算法的天线阵方向图优化[J]. 雷达科学与技术,2008,6(3):231-234.

[45] R F 哈林顿. 正弦电磁场[M]. 上海:上海科学技术出版社,1964.

[46] 汪伟,李磊,张智慧. 星载合成孔径雷达双极化天线阵研究[J]. 遥感技术与应用,2007,22(2):166-172.

[47] 齐美清,汪伟,金谋平,等. 星载SAR天线阵波束指向偏差探讨[C]//全国微波毫米波会议. 青岛:中国电子学会,2011:733-736.

[48] 卢晓鹏,李雁,李昂. 一种用于微带半波振子天线的新型Balun[J]. 雷达科学与技术,2006,4(4):236-239.

[49] WANG WEI, LIANG XIANLING, ZHANG YUMEI, et al. Experimental Characterization of a Broadband Dual-Polarized Microstrip Antenna for X-Band SAR Applications[J]. Microwave and Optical Technology Letters, 2007, 49(3):649-652.

[50] ZHANG HONGTAO, WANG WEI, ZHANG ZHIHUI, et al. A Broadband Single Layer Edge-Fed Cavity-Backed Microstrip Antenna[J]. Microwave and Optical Technology Letters, 2011, 53(2):2831-2834.

[51] 卢晓鹏,汪伟,高初. 微带线馈电的宽带单层贴片天线[J]. 雷达科学与技术,2012,(04):112-116.

[52] WANG WEI, ZHANG HONGTAO, ZHANG ZHIHUI, et al. Broadband Antenna Array for SAR Applications[C]//IEEE Antennas and Propagation Society International Symposium (APSURSI). Memphis, TN:IEEE, 2014:138-139.

[53] WANG WEI, ZHONG SHUNSHI, ZHANG YUMEI, et al. A Broad Bandwidth Slotted Ridged-Waveguide Antenna Array[J]. IEEE Transaction on Antennas and Propagation, 2006, 54(8):2416-2420.

[54] 方正新,鲁加国. 宽频带宽角压窄矩形波导天线的研究[J]. 雷达与对抗,2008,(2):16-17.

[55] LEE J, LEE Y, KIM H. Decision of Error Tolerance in Array Element by the Monte Carlo Method[J]. IEEE Transactions on Antennas and Propagation, 2005, 53(4):1325-1331.

[56] AUMANN H M, FENN A J, Willwerth F G. Phased Array Antenna Calibration and Pattern Prediction Using Mutual Coupling Measurements[J]. IEEE Transactions on Antennas and Propagation, 1989, 37(7):844-850.

[57] 邹永庆,张玉梅,曹军. 用串馈矩阵开关BIT测试系统对相控阵天线的检测、校正及补偿[J]. 雷达科学与技术,2003,1(1):60-64.

[58] 何诚,张玉梅,陈嗣乔. 有源相控阵天线接收通道的逐一校正与通道诊断的可行性分析[J]. 雷达科学与技术,2005,3(3):185-188.

[59] 李磊,汪伟,冯文文. 酉矩阵在相控阵天线监测中的应用[J]. 雷达与对抗,2009,4:38-42.

[60] 郑雪飞,高铁. 相控阵天线中场校正技术研究[J]. 微波学报,2005,21(5):22-25.

[61] 毛乃宏,俱新德,等. 天线测量手册[M]. 北京:国防工业出版社,1987.

[62] 张福顺. 超低副瓣天线平面近场测量误差分析与补偿技术研究[D]. 西安:西安电子科技大学,1999.

[63] 金剑,万笑梅,汪伟,等. 波导平板裂缝天线阵的设计[J]. 雷达科学与技术,2007,5(3):232-235.

[64] 刘浩,杨涛,陈旭. 基于方向图乘积的阵列天线口径反演[J]. 雷达科学与技术,2015,13(3):305-309.

[65] LU JIAGUO. Design Techniques of Synthetic Aperture Radar [M]. Hoboken, NJ: Wiley,2019.

[66] 韦春海,金谋平,何诚. 宽带相控阵天线延迟线分析[J]. 雷达科学与技术,2012,10(6):668-670.

[67] 卫健,束咸荣,李建新. 宽带相控阵天线波束指向频响分析和实时延迟器应用[J]. 微波学报,2006,22(1):23-26.

[68] 李敏慧,江居德,朱力. 实时延迟线性能对SAR成像质量的影响分析[J]. 中国电子科学研究院学报,2006,1(6):536-539.

[69] SKOLNIK M I. 雷达手册[M]. 3版. 南京电子技术研究所,译. 北京:电子工业出版社,2010.

[70] 孙慧峰,邓云凯,雷宏. 一种C波段宽带二维扫描固态有源相控阵天线设计与实现[J]. 中国科学院研究生院学报,2012,29(2):282-287.

[71] 张金平,李建新,孙红兵. 宽带相控阵天线实时延时器分级应用研究[J]. 现代雷达,2010,32(7):75-78.

[72] 金谋平,官伟,郭俊,等. 一种宽带光控相控阵天线实验系统[J]. 电子学报,2006,34(6):1127-1129.

[73] 崔乃迪,寇婕婷,赵恒,等. 应用于相控阵雷达的光子晶体慢光波导光实时延迟线[J]. 光学学报,2016,36(6):1-7.

[74] 吴曼青,靳学明,谭剑美. 相控阵雷达数字T/R组件研究[J]. 现代雷达,2001,23(2):57-60.

[75] 鲁加国,吴曼青,靳学明,等. 基于DDS的有源相控阵天线[J]. 电子学报,2003,31(2):199-202.

[76] 吴曼青. 数字阵列雷达及其发展[J]. 中国电子科学研究院学报,2006,1(1):11-16.

[77] ROBERTSON I,LUCYSZYN S. 单片射频微波集成电路技术与设计[M]. 文光俊,谢甫珍,李家胤,译. 北京:电子工业出版社,2007.

[78] MORRISON R A. Improved Avionics Reliability Through Phase Change Conductive Cooling [C]// IEEE National Telesystems Conferece. Galveston,TX:IEEE,1982:B5.6.1-B5.6.5.

[79] 戈海清,刘永锋,何建平. C波段延时组件幅度补偿设计[J]. 雷达与对抗,2017,37

(4):15-19.

[80] WANG WEI,LU JIAGUO,ZHANG HONGTAO,et al. A Brief Review of SAR Antenna Development in China[C]// CIE International Conference on Radar. Guangzhou:IEEE, 2016:1-4.

[81] 汪伟. 频扫天线波导慢波线研究[D]. 西安:西安电子科技大学,2001.

[82] 宋小弟,汪伟,金谋平,等. 一种Ku波段混合馈电频扫天线阵设计[J]. 电波科学学报,2016,31(2):340-345.

[83] WANG WEI,ZHANG HONGTAO,LU JIAGUO,et al. Dual band dual polarized antenna for SAR[C]// IEEE International Symposium on Antennas and Propagation & USNC/URSI National Radio Science Meeting. Vancouver,BC,Canada:IEEE,2015:220-221.

[84] 王小陆,王周海,邹永庆. 片式有源阵列天线关键技术研究[J]. 微波学报,2012,(s2):160-162.

[85] 王小陆. 一个多层组装架构的瓦片天线[C]//2013年全国天线年会论文集. 北京:电子工业出版社,2013:847-849.

[86] 王小陆,王周海,张轶江. S波段片式阵列模块的设计与集成[C]//第十一届全国雷达学术年会论文集. 北京:国防工业出版社,2010:685-687.

[87] 鲁加国,吴曼青,陈嗣乔,等. 基于FFT的相控阵雷达校准方法[J]. 电波科学学报,2000,15(2):221-224.

[88] 吕春明,戴跃飞,汪伟. X波段双极化收/发组件优化设计[J]. 雷达科学与技术,2012,10(1):108-111.

[89] 张德智,戴跃飞,徐今,等. 一种S波段T/R组件的设计与制造[J]. 现代雷达,2008,30(2):76-78.

[90] 戈江娜. 基于LTCC基板的Ku波段八通道T/R组件设计与实现[J]. 舰船电子对抗,2016,39(2):74-78.

[91] 郝金中,张瑜,周扬. 一种宽带多通道瓦片式T/R组件的研制[J]. 电讯技术,2015,55(1):108-112.

[92] WILLIAM A IMBRIALE,STEVEN GAO,LUIGI BOCCIA. Space antenna handbook[M]. John Wiley & Sons,Ltd,2012.

[93] 王志刚,杨听广,汪伟. 星载SAR微带天线和波导缝隙天线的结构设计[J]. 电子机械工程,2011,27(3):40-43.

[94] 王小陆,郑林华,张轶江,等. X波段64单元低剖面片式集成阵列天线研制[C]// 2017年全国微波毫米波会议论文集(上册). 杭州:中国电子学会微波分会,2017:809-812.

[95] 钟顺时. 微带天线理论与应用[M]. 西安:西安电子科技大学出版社,1991.

[96] 汪伟,钟顺时,梁仙灵. 电磁工程中的美学改进天线设计[J]. 应用科学学报,2007,

25(4):424-427.

[97] R.F. 哈林登. 正弦电磁场[M]. 上海科学技术出版社,1964.

[98] SUN ZHU,ZHONG SHUNSHI,KONG LINGBING,et al. Dual-band dual-polarised microstrip array with fractional frequency ratio[J]. Electronics Letters,2012,12:674-676.

[99] ZHONG SHUNSHI,YANG XUEXIA,GAO SHICHANG,et al. Corner-Fed Microstrip Antenna Element and Arrays for Dual-Polarization Operation[J]. IEEE Transactions on Antennas and Propagation,2002,50(10):1474-1480.

[100] LIANG XIANLING,ZHONG SHUNSHI,WANG WEI. Dual-Polarized Corner-Fed Patch Antenna Array with High Isolation[J]. Microwave and Optical Technology Letters,2005,47(6):520-522.

[101] WANG WEI, ZHONG SHUNSHI, LIANG XIANLING. A Dual-Polarized Stacked Microstrip Antenna Subarray for X-Band SAR Application[C]// IEEE Antennas and Propagation Society Symposium. Monterey,CA:IEEE,2004:1604-1606.

[102] LIANG XIANLING, ZHONG SHUNSHI, WANG WEI. Design of Dual-Polarized Microstrip Patch Antennas with Excellent Polarization Purity[J]. Microwave and Optical Technology Letters,2005,44(4):329-331.

[103] TSO C H,HWANG Y M,KILBURG F,et al. Aperture-Coupled Patch Antenna with Wide-Bandwidth and Dual-Polarization Capabilities[C]// IEEE Antennas and Propagation Society International Symposium, Antennas and Propagation. Syracuse, NY: IEEE, 1988: 936-939.

[104] GAO SHICHANG,LI LEWEI,LEONG MOOK-SENG,et al. Dual-plarized slot-coupled planar Antenna with Wide Bandwidth[J]. IEEE Transactions on Antennas and Propagation,2003,51(3):441-448.

[105] 汪伟. 宽带印刷天线与双极化微带及波导缝隙天线阵[D]. 上海:上海大学,2005.

[106] 梁仙灵,钟顺时,汪伟. 双极化微带线阵的交叉极化抑制[J]. 微波学报,2005,21(1):22-25.

[107] LIANG XIANLING,ZHONG SHUNSHI,WANG WEI. Cross-polarization suppression of dual-polarization linear microstrip antenna arrays[J]. Microwave and Optical Technology Letters,2004,42(6):448-451.

[108] ZAWADZKI M,HUANG J. A dual-polarized microstrip subarray antenna for an inflatable L-band synthetic aperture radar[C]// IEEE Antennas and Propagation Society International Symposium. Orlando,FL:IEEE,1999:276-279.

[109] PATEL P D. A dual polarization microstrip antenna with low cross-polarization for SAR application[C]// IEEE Antennas and Propagation Society International Symposium. Baltimore,MD:IEEE,1996:1536-1539.

[110] KABACIK P, BIALKOWSKI M. Microstrip patch antenna design considerations for airborne and spaceborne applications[C]// IEEE Antennas and Propagation Society International Symposium. Atlanta, GA:IEEE,1998:2120-2123.

[111] ROSTAN F, WIESBECK W. Dual polarized microstrip patch arrays for the next generation of spaceborne synthetic aperture radars[C]// IEEE Antennas and Propagation Society International Symposium. Firenze:IEEE,1995:2277-2279.

[112] 鲁加国,曹军,刘昊. 一种适于卫星通信系统的圆极化相控阵天线[J]. 雷达科学与技术,2003,1(1):54-59.

[113] TARGONSKI S D, POZAR D M. Design of wideband circularly polarized aperture-coupled microstrip antennas[J]. IEEE Transactions on Antennas and Propagation,1993,41(2):214-220.

[114] 鲁加国. 矩形腔十字裂缝天线的研究[J]. 微波学报,2001,17(1):1-6.

[115] 吴瑞荣,邹永庆,汪伟. 移动卫星通信终端天线极化跟踪研究[J]. 微波学报,2012,28(3):48-50.

[116] GAO STEVEN, LUO QI, ZHU FUGUO. Circularly polarized antennas[M]. West Sussex: John Wiley & Sons Ltd,2014.

[117] WANG WEI, ZHONG SHUNSHI, QI MEIQING, et al. Broadband ridged waveguide slot antenna array fed by back-to-back ridged waveguide[J]. Microwave and Optical Technology Letters,2005,45(2):102-104.

[118] WANG WEI, ZHENG ZHI, FANG XIAOCHUAN, et al. A waveguide slot filtering antenna with an embedded metamaterial structure[J]. IEEE Transaction on Antennas and Propagation,2019,67(5):2954-2960.

[119] ZHANG HONGTAO, WANG WEI, JIN MOUPING, et al. A novel broadband slotted waveguide antenna array in the single waveguide cavity[C]// 9th International Conference on Microwave and Millimeter Wave Technology. Beijing:IEEE,2016:1-3.

[120] 鲁加国,吴双桂,陈嗣乔. 非对称单脊波导裂缝阵天线分析[J]. 电波科学学报,1998,13(4):388-392.

[121] MORADIAN M, TAYARANI M, KHALAJ-AMIRHOSSEINI M. Planar slotted array antenna fed by single wiggly-ridge waveguide[J]. IEEE Antenna an Wireless Propagation Letters,2011,10:764-767.

[122] WANG WEI, ZHANG HONGTAO, QI MEIQING. Ridged waveguide slot antenna array with low cross-polarization[C]//International Conference of Microwave and Millimeter Technology(ICMMT). Shenzhen:IEEE,2012:1-3.

[123] HASHEMI-YEGANEH S, ELLIOTT R S. Analysis of untilted edge slot excited by tilted wires[J]. IEEE Transactions on Antennas and Propagation,1990,38(11):1737-1745.

[124] HIROKAWA J, KILDAL P S. Excition of an untilted narrow-wall slot in a rectangular waveguide by using etched strips on a dielectric plate[J]. IEEE Transactions on Antennas and Propagation, 1997, 45(6): 1032-1037.

[125] WANG WEI, ZHONG SHUNSHI, JIN JIAN, et al. An untilted edge-slotted waveguide antenna array with very low cross-polarization[J]. Microwave and Optical Technology Letters, 2005, 44(1): 91-93.

[126] MALLAHZADEH A R, MOHAMMAD ALI NEZHAD S. An ultralow cross-polarization slot array antenna in narrow wall of angled ridge waveguide[J]. Journal of Communication Engineering, 2012, 1(1): 46-59.

[127] LU JIAGUO, ZHANG HONGTAO, WANG WEI, et al. Broadband dual-polarized waveguide slot filtenna array with low cross-polarization and high-efficiency[J]. IEEE Transactions on Antennas and Propagation, 2019, 67(1): 151-159.

[128] ZHANG HONG-TAO, WANG WEI, ZHANG ZHI-HUI, et al. A novel dual-polarized waveguide antenna with low cross-polarization for SAR applications[C]. International Conference on Microwave and Millimeter Wave Technology, 2012: 1-4.

[129] WANG WEI, ZHANG HONG-TAO, JIN MOUPING, et al. A Circularly Polarized Waveguide Slot Antenna[C]// IEEE Antennas and Propagation Society International Symposium. Fajardo: IEEE, 2016: 1709-1710.

[130] ZHANG HONG-TAO, WANG WEI, ZHENG ZHI, et al. A novel dual circularly-polarized waveguide antenna array[C]// 2018 IEEE-APS Symposium on Antennas and Propagation and URSI CNC/USNC Join Meeting (AP-S/URSI 2018). Boston, Massachusetts, USA: IEEE, 2018: 509-510.

[131] 张洪涛, 汪伟, 梁仙灵, 等. 宽频带低轴比双圆极化波导阵列天线设计[J]. 雷达科学与技术, 2017, 15(1): 50-54.

[132] LI T, MENG H, DOU W. Design and implementation of dual-frequency dual-polarization slotted waveguide antenna array for ka-band application[J]. IEEE Antenans and Wireless Propagation Letters, 2014, 13: 1317-1320.

[133] POZAR D M, SCHAUHERT D H, TARGONSKI S D, et al. A dual-band dual-polarized array for spaceborne SAR[C]// IEEE Antennas and Propagation Society International Symposium. Atlanta, Georgia: IEEE, 1998: 2112-2115.

[134] 陈明, 姜兆能, 李磊, 等. L/S双频段共口径圆极化微带天线阵的设计[C]//2017年全国天线年会论文集. 西安: 中国电子学会, 2017: 282-284.

[135] ZHONG SHUNSHI, SUN ZHU, KONG LINGBING, et al. Tri-Band Dual-Polarization Shared-Aperture Microstrip Array for SAR Applications[J]. IEEE Transactions on Antennas and Propagation, 2012, 60(9): 4157-4165.

[136] LU JIAGUO. Design technology of synthetic aperture radar[M]. Hoboken,NJ:Wiley,2019.

[137] KUMAR G,RAY K P. Broadband Microstrip Antennas[M]. Norwood, MA: Artech House,2003:12-13.

[138] SABBAN A. A new broadband stacked two-layer microstrip antenna[C]. Houston:IEEE AP-S International Symposium Digest,1983:64-66.

[139] CROQ F,PAPIERNIK A. Large bandwidth aperture-coupled microstrip antenna[J]. Electronics Letters,1990,26(16):1293.

[140] WANG WEI,CHEN SHENG-BING,ZHONG SHUN-SHI. A broadband slope-strip-fed microstrip patch antenna[J]. Microwave and Optical Technology Letters,2004,43(2):121-123.

[141] BYSTROM A,BERNTSEN D G. An Experimental Invertigation of Cavity Mounted Helical Antenna[J]. IRE Transactions on Antennas and Propagation,1956,4(1):54-58.

[142] 孙立春,汪伟,官伟. 一种新型宽带金属腔体天线[J]. 雷达科学与技术,2017,15(4):439-442.

[143] FANG XIAOCHUAN, WANG WEI, HUANG GUAN-LONG,et al. A wideband low-profile all-metal cavity slot antenna with filtering performance for space-borne SAR application[J]. IEEE Antennas and Wireless Propagation Letters,2019,18(6):1278-1282.

[144] 蒋琪. 毫米波宽带高效背腔天线阵列技术研究[D]. 成都:电子科技大学,2015:8-10.

[145] CASSIVI Y,WU K. Substrate integrated nonradiative dielectric waveguide[J]. IEEE Microwave and Wireless Components Letters,2004,14(3):89-91.

[146] WEI WANG,ZHI ZHENG,HONG-TAO ZHANG,et al. Waveguide slot filtering antenna with metaterial surface[C]. 2018 International Symposium on Antennas and Propagation (ISAP2018),Oct.,Busan,Korea,2018:497-498.

[147] 王连杰. 相控阵前端垂直互连技术研究[D]. 成都:电子科技大学,2018.

[148] 张明友. 数字阵列雷达和软件化雷达[M]. 北京:电子工业出版社,2008:140-192.

[149] 谢仁宏,是湘全. 直接数字频率合成器相位截断杂散谱的精确分析[J]. 电子与信息学报,2004,26(3):495-499.

[150] 戈稳. DDS在雷达系统中的应用[C]// DDS技术与应用研讨会论文集. 合肥:中国电子学会,1997:44-47.

[151] 陈曾平,张月,鲍庆龙. 数字阵列雷达及其关键技术进展[J]. 国防科技大学学报,2010,32(6):1-7.

[152] 郭崇贤. 相控阵雷达接收机技术[M]. 北京:国防工业出版社,2009:246-269.

[153] 伍小保,王冰. 宽带数字下变频和重采样处理Matlab仿真与FPGA实现[J]. 现代电子技术,2015,(23):6-9.

[154] 张卫清,谭剑美,陈菡. DDS 在数字阵列雷达中的应用[J]. 雷达科学与技术,2008, 6(6):80-83.

[155] 靳学明,谭剑美. 基于 DDS 的通用雷达波形产生器的实现和性能[J]. 雷达科学与技术,2004,2(3):184-187.

[156] 谭剑美,孙婧,张卫清,等. 高分辨率线性调频信号产生及预失真补偿[J]. 雷达与对抗,2007,3(3):29-32.

[157] LU JIAGUO,WU MANQIN,JIN XUEMING,et al. Active phased-array antenna based on DDS[C]// IEEE International Symposium on Phased Array Systems and Technology. Boston,MA:IEEE,2003:511-516.

[158] 刘明智,王明宇,杨峰. 线性调频信号的产生和压缩方法研究[J]. 弹箭与制导学报,2003,23(1):205-206.

[159] 李飞,沈睿. 使用直接数字频率合成的雷达线性调频信号产生技术[J]. 电子技术, 2004,31(9):11-13.

[160] NICHOLAS H T,SAMUELI H. An analysis of the output spectrum of direct digital frequency synthesizer in the presence of phase accumulator truncation[C]// 41st Annual Frequency Control Symposium. Philadelphia,Pennsylvania:IEEE,1987:495-502.

[161] REINHARDT VS. Spur reduction techniques in direct digital synthesizers[C]// IEEE International Frequency Control Symposium. Salt Lake City,UT:IEEE,1993:230-240.

[162] THOMPSON D,KELLEY R,YEARY M,et al. Direct digital synthesizer architecture in multichannel,dual-polarization weather radar transceiver modules[C]// 2011 IEEE Radar Conference. Kansas City,MO:IEEE,2011:859-864.

[163] 鲁加国. 星载合成孔径雷达中的微波技术[C]//2015 年全国微波毫米波会议论文集. 合肥:中国电子学会,2015:15.

[164] FORREST S R,TAYLOR R B. Optically controlled phased array radar[C]// Meeting on Microwave Photonics. IEEE,1996:193-196.

[165] LEE J J,LOO R Y. Photonic wideband array antennas[J]. IEEE Transactions on Antennas and Propagation,1995,43(9):P. 966-982.

[166] LEE J J,YEN H W,LOO R Y,et al. System applications of photonics to phased arrays [J]. Proceedings of SPIE-The International Society for Optical Engineering,1992,1703: 491-501.

[167] VANBLARICUM M L. Photonic systems for antenna applications[J]. IEEE Antennas and Propagation Magazine,1994,36(5):30-38.

[168] 方立军,李佩,等. 基于微波光电技术的未来数字阵列构想[J]. 雷达科学与技术, 2013,11(6):583-586.

[169] FRANKEL M Y,MATTHEWS P J. Fiber-optic true time steering of an ultrawide-band

receive array[J]. IEEE Transactions on Microwave Theory and Techniques,1997,45(8):1522-1526.

[170] ROMAN J E,NICHOLS L T,Wiliams K J,et al. Fiber-optic remoting of an ultrahigh dynamic range radar[J]. IEEE Transactions on Microwave Theory and Techniques,1998,46(12):2317-2323.

[171] LI RUOMING,LI WANGZHE,DING MANLAI,et al. Demonstration of a Microwave Photonic Synthetic Aperture Radar Based on Photonic-Assisted Signal Generation and Stretch Processing [J]. Optics Express,2017,25(13):14334-14340.

[172] DOLFI D,JOFFRE P,ANTOINE J,et al. Experimental demonstration of a phased-array antenna optically controlled with phase and time delays[J]. Applied Optics,1996,35(26):5293-5300.

[173] ETEM Y,LEWIS M F. Design and performance of an optically controlled phased array antenna[C]//Meeting on Microwave Photonics, Mwp 96 Technical Digest. IEEE, 2002:209-212.

[174] BENJAMIN R,SEEDS A J. Optical beam forming techniques for phased array antennas[J]. Microwaves, Antennas and Propagation, IEE Proceedings H, 1993, 139(6):526-534.

[175] ZHANG FANGZHENG,GUO QINGSHUI,WANG ZIQIAN,et al. Photonics Based Broadband Radar for High-Resolution and Real-Time Inverse Synthetic Aperture Imaging[J]. Optics Express,2017,25(14):16274-16281.

[176] TE-KAO WU,et al. Optical beam forming techniques for phased array antennas[J]. International Journal of Infrared and Millimeter Waves,1993,4(6):1191-1199.

[177] FRANKEL M Y, ESMAN R D. True Time-Delay Fiber-Optic Control of an Ultrawideband Array Transmitter/Receiver with Multibeam Capability[J]. IEEE Transactions on Microwave Theory and Techniques,1995,43(9):2387-2394.

[178] MATTHEWS P J,LIU P L,MEDBERRY J B,et al. Demonstration of a wide-band fiber-optic nulling system for array antennas[J]. IEEE Transactions on Microwave Theory and Techniques,1999,47(7):1327-1331.

[179] XU L, TAYLOR R, FORREST S R. Correction to "The Use of Optically Coherent Detection Techniques for True-Time Delay Phased Array and Systems"[J]. Erratum,1995,13:1663-1677.

[180] MONSAY E H,BALDWIN K C,CACCUITTO M J. Photonic true time delay for high-frequency phased array systems[J]. IEEE Photonics Technology Letters,1994,6(1):118-120.

[181] GOUTZOULIS A P,DAVIES D K,ZOMP J M,et al. Development and demonstration of

the Westinghouse hardware-compressive true time delay(TTD)fiber optic system[C]// Oe/lase. International Society for Optics and Photonics,1994,2155:275-286.

[182] 胡先志. 光器件及其应用[M]. 北京:电子工业出版社,2010:56-58.

[183] RIDGWAY R W,CONWAY J A,DOHRMAN CL. Microwave Photonics:Recent Programs at DARPA [C]// IEEE International Topical Meeting on Microwave Photonics. Alexandria,VA:IEEE,2013:286-289.

[184] 常乐,董毅,孙东宁,等. 光纤稳相微波频率传输中相干瑞利噪声的影响与抑制[J]. 光学学报,2012,32(5):59-64.

[185] 左平. 有源相控阵雷达多通道幅相校准研究[J]. 现代雷达,2009,31(10):14-16.

[186] LI PENGXIAO,SHI RAN,CHEN MINGHUA,et al. Downconversion and linearization of X- and K-band analog photonic links using digital post-compensation[C]// Optical Fiber Communication Conference and Exposition and the National Fiber Optic Engineers Conference. Anaheim,CA:IEEE,2013:1-6.

[187] 张焱,方立军,柳勇,等. 基于微波光电技术多点定位时差接收系统[J]. 雷达科学与技术,2017,15(3):291-295.

[188] SPARKS R A. The applications of photonics to radar:a system designer's perspective [C]// International Microwave & Optoelectronics Conference. IEEE,1995:717-724.